西南山区高速公路关键工程
施工安全控制技术及应用

袁广学　周明发　主　编
李文祥　杨　立　刘晓威　副主编

中国建筑工业出版社

图书在版编目（CIP）数据

西南山区高速公路关键工程施工安全控制技术及应用 /
袁广学，周明发主编；李文祥，杨立，刘晓威副主编
. — 北京：中国建筑工业出版社，2023.11
ISBN 978-7-112-29319-3

Ⅰ. ①西… Ⅱ. ①袁… ②周… ③李… ④杨… ⑤刘
… Ⅲ. ①山区道路 - 高速公路 - 工程施工 - 安全控制技术
- 西南地区 Ⅳ. ①U415.12

中国国家版本馆 CIP 数据核字（2023）第 217100 号

责任编辑：高　悦　张　磊
责任校对：赵　颖
校对整理：孙　莹

西南山区高速公路关键工程施工安全控制技术及应用

袁广学　周明发　主　编
李文祥　杨　立　刘晓威　副主编

*

中国建筑工业出版社出版、发行（北京海淀三里河路 9 号）
各地新华书店、建筑书店经销
国排高科（北京）信息技术有限公司制版
临西县阅读时光印刷有限公司印刷

*

开本：880 毫米 × 1230 毫米　1/16　印张：24¼　字数：619 千字
2023 年 12 月第一版　　2023 年 12 月第一次印刷
定价：**338.00** 元
ISBN 978-7-112-29319-3
（42007）

本书编委会

主　　编　袁广学　昭通市高速公路投资发展有限责任公司
　　　　　周明发　昭通市大永高速公路投资开发有限公司
副 主 编　李文祥　昭通市高速公路投资发展有限责任公司
　　　　　杨　立　昭通市大永高速公路投资开发有限公司
　　　　　刘晓威　山东省交通规划设计院集团有限公司
参编人员　赵才聪　昭通市大永高速公路投资开发有限公司
　　　　　蔡　姝　昭通市大永高速公路投资开发有限公司
　　　　　程立志　昭通市大永高速公路投资开发有限公司
　　　　　石通乾　昭通市大永高速公路投资开发有限公司
　　　　　李仲康　中国水利水电第十四工程局有限公司
　　　　　赵大伟　中国水利水电第十四工程局有限公司
　　　　　安湘山　中铁隧道局集团有限公司
　　　　　张俊波　中铁隧道局集团有限公司
　　　　　刘维青　中铁十九局集团有限公司
　　　　　王　松　中铁十九局集团有限公司
　　　　　卢宏宇　中国铁建大桥工程局集团有限公司
　　　　　张学辉　中国铁建大桥工程局集团有限公司
　　　　　杨泽楠　中铁十九局集团有限公司
　　　　　万　利　山东省交通规划设计院集团有限公司
　　　　　孙玉海　山东省交通规划设计院集团有限公司
　　　　　张凌涛　山东省交通规划设计院集团有限公司
　　　　　李　帅　山东省交通规划设计院集团有限公司
　　　　　苏聚卿　山东省交通规划设计院集团有限公司
　　　　　魏东旭　山东省交通规划设计院集团有限公司
　　　　　孙昌海　山东省交通规划设计院集团有限公司
　　　　　娄文杰　山东省交通规划设计院集团有限公司

崔玉桥　山东省交通规划设计院集团有限公司
夏增选　山东省交通规划设计院集团有限公司
张含飞　山东省交通规划设计院集团有限公司
刘传利　山东省交通规划设计院集团有限公司
韩孟谕　山东省交通规划设计院集团有限公司
郑　扬　山东大学
邢志豪　山东大学
李奉廷　山东大学
常　昊　山东大学
肖文斌　山东大学
刘大鹏　山东大学
许文彬　山东大学

高速公路是现代化的重要标志，是一个国家综合国力的体现，其建设和运营涉及国家经济和社会生活的各个方面。我国西南山区地处云贵高原，是"一带一路"联通南亚、东南亚国家的纽带。建设西南山区高速公路，助力脱贫攻坚已成为重要的政治任务和重大民生工程，也是推进中国与东盟国家互联互通的国家战略所系，对于促进西南山区资源开发和经济社会发展等均具有重要意义。

为贯彻落实习近平总书记对云南工作的重要指示精神，云南省委、省政府作出了进一步加快综合交通基础设施建设的决策部署，全面构建以高速化、便捷化、网络化为目标的快速公路交通网。云南省投资建设的大永高速公路项目，全长 61.691km，概算总投资是 127.347 亿元，东联 G85 银昆高速、西联 G4216 成都至丽江高速，是滇川省际的重要通道。它的建设，对于完善高速公路网布局、打通昭通与周边川、黔、渝地区的交通互通能力，有效改善区域交通出行条件、促进区域旅游资源和矿产资源开发，为昭通融入成渝经济区对接"一带一路"、实现昭通市"县县通高速"目标都具有重要的作用。

在云南省大永高速公路建设中，面临着地质条件极为复杂、工程难题众多、建设安全问题突出、施工组织困难等建造难题。大永高速公路建设者们致力于技术创新和管理创新，为解决西南山区高速公路建设的难题交上了完美的答卷。具体来讲，在重山峻岭、负崎依险等典型西南山区地形地貌条件下高边坡施工安全问题的分析研究方面，查明了西南山区高速公路高边坡病害形式和成因，揭示了高边坡失稳破坏机理，提出了西南山区高速公路高边坡工程施工安全控制关键技术，解决了大永高速公路地形地貌起伏多变条件下高边坡施工条件苛刻、地质灾害风险巨大、施工安全控制要求高等技术难题。在地质构造复杂多变长大隧道施工安全问题的分析研究方面，研究了隧道洞口变形破坏规律、岩溶区隧道支护结构失稳特征、跨越断层破碎带隧道围岩与支护结构变形破坏规律、高地应力对隧道稳定性的影响机理，提出了易滑塌地层隧道洞口施工变形控制关键技术、跨越岩溶区隧道地质灾害防控技术、跨越断层破碎带隧道支护结构安全控制技术、穿越瓦斯地层隧道施工安全保障技术，形成了一套系统、完整的西南山区长大隧道施工安全控制关键技术体系，保障了大永高速公路长大隧道穿越复杂断层、涌水涌泥、软弱围岩大变形、高地应力、有害气体等各类风险环境的施工安全。在深切峡谷桥梁施工问题的分析研究方面，分析了大永高速公路桥梁设计的特殊因素和特点，提出了西南山区高速公路桥梁设计的基本原则和桥梁施工关键技术，研究了大永高速公路桥址区滑坡体变形滑移机制，形成了大永高速公路桥梁桥址区滑坡体工程施工关键技术，解决了穷崖绝谷地形地貌条件下桥梁基础易失稳滑塌技术难题。在高速公路路面材料施工方面，研发了一种生态环保新型路面材料，并成功应用于大永高速公路路面施工中，为新材料、新工艺的推广应用奠定了基础。针对上述技术难题的勘察调查、分析评价、论证研究，形成了一套完整的西南山区高速公路关键工程施工安全控制技术体系，为我国西南山区的高速公路建设提供了技术积累和完美的"西南方案"。

大永高速公路建设过程中，项目团队以高度的使命感、责任感，通过科学组织、管理创新，通过高标准的项目管理策划和超强的执行力，取得了显著的施工成果，谱写了我国西南山区高速公路建设史上的新篇章。依托大永高速公路建设实践总结凝练而形成的专著——《西南山区高速公路关键工程施工安全控制技术及应用》，特色鲜明，内容丰富，系统展示了大永高速公路建设过程的艰辛历程和丰硕成果，分高边坡篇、隧道篇、桥梁篇、路基路面篇，对大永高速公路工程技术难题的研究方向、内容及其研究思路、方法、过程和成果进行了全面的介绍，所提出的具体工艺方法和安全控制技术对类似工程、类似问题的解决具有重要的参考意义和借鉴作用。

在未来的发展中，立足建设面向南亚、东南亚的辐射中心的战略需求，我国西南山区高速公路网将继续发挥重要的作用，是促进地区之间的交流与合作、推动国内外经济融合与发展的"开路先锋"，仍然处于发展的战略机遇期。然而在工程建设过程中将不可避免地面临自然环境恶劣、施工安全风险高等技术难题，相信这本专著的出版，将会为广大公路建设者提供一定的启发和帮助，成为我们应对挑战的有力工具。

交通运输部专家委员会主任委员、交通运输部原总工程师

2023 年 12 月 17 日

　　高速公路建设是中国交通基础设施建设的重要组成部分之一。随着高速公路建设向贫困山区延伸，山区高速建设助力脱贫攻坚已成为重要政治任务和重大民生工程。与一般地区公路相比，我国西南地区基本上地处我国第一台阶和第二台阶的过渡地带，境内山高谷深、沟谷纵横、地理地质条件极为复杂恶劣，危害较大的崩塌、滑坡、泥石流、岩溶塌陷等地质灾害频频发生，对承包商的施工能力、技术力量、项目管理水平是极大的考验。为此，本书基于对云南省大永高速公路特点的分析，结合高速公路建设技术难点，详细阐述了高边坡、隧道、桥梁、路基路面四部分施工原理与关键技术。

　　大永高速是云南省昭通市"县县通高速"的组成部分，从大关县高桥乡牛舌头复合式互通衔接 G85 高速，顺洒渔河西岸沿 G85 廊带向北，于永善县墨翰乡柏林村折向西，路线经上高桥、墨翰乡、莲峰镇、黄华镇，在国高网 G4216 线屏山新市至金阳段永善支线跨越金沙江大桥的云南岸桥台台尾处止，全长 61.691km，概算总投资 127.35 亿元，每千米造价达 2.1 亿元。因其地处山区，沿线高山峡谷并存，施工困难重重，其主要特点为"三长五难三险"：便道长，达 157km；隧道长，15 座 52277m，特长隧道 4 座 24714m，单个隧道最长为 11216m；桥梁长，19 座 5967m；便道修建难、场站建设难、材料进场难、隧道进洞难、出渣难，桥梁施工风险大、滑坡体多风险大、交通风险高。桥隧比达 94.4%，是昭通在建高速中桥隧占比最高的。隧道进洞口堆积体占所有洞口进洞的 60%，地质复杂，有瓦斯、岩溶。

　　本书主要内容包括山区高速公路高边坡病害成因、失稳机理与治理技术，山区高速公路隧道洞口稳定性施工技术、穿越岩溶区域、断层破碎带、高地应力、瓦斯等不良地质条件的隧道安全施工关键技术，山区高速公路桥梁桥址区滑坡体治理、桥梁施工等技术，山区高速公路高填方路基、路面新材料等施工关键技术。本书编写力求理论与实践结合，希望通过本书的学习，读者能够初步掌握山区高速公路建设的关键技术和方法，提高工程建设质量，提升建设者的专业水平和管理水平。

　　本书的编写得到昭通市高速公路投资发展有限责任公司、昭通市大永高速公路投资开发有限公司、山东省交通规划设计院集团有限公司、中国水利水电第十四工程局有限公司、中铁隧道局集团有限公司、中铁十九局集团有限公司、中国铁建大桥工程局集团有限公司和山东大学等单位专家和研究人员的支持和帮助，特此对他们表示感谢。

山区高速公路建设所面临的问题随工程地质特点和周边环境的改变而不断发生变化，其科学和技术问题非常复杂，有很多问题还需不断深入研究。本书立足于抛砖引玉，希望以后有更好的成果涌现，以便能更好地指导工程实践。由于时间仓促，加之作者水平有限，错误之处在所难免，敬请读者批评指正。

袁广学　周明发

2023 年 11 月

	CONTENTS 目 录

第 5 篇 ｜ 路基路面篇

第1篇

工程背景篇

山区高速公路

　　中国是世界上最大的发展中国家，面对现代化建设的挑战，中国必须构建一个完整的交通运输网络，以降低地域的隔阂，提高生产力和经济水平。高速公路建设正是中国交通基础设施建设的重要组成部分之一。高速公路在我们生活中如同人体内的心血管系统一样，是国民经济的动脉，也是国家发生突发事件时名副其实的生命线。

　　高速公路建设可以改善沿线地区交通条件，对周边地区的人口、经济、产业等结构，都有显著的优化、促进作用；与此同时，高速公路还代表着公众利益、社会责任、国家的长远利益、国际社会利益诉求。

第 1 章

我国西南山区高速公路的特点

随着高速公路建设向贫困山区延伸，山区高速建设助力脱贫攻坚已成为重要政治任务和重大民生工程。与一般地区公路相比，山区高速公路因穿越区域水文地质条件复杂，周围环境情况不断变化，具有涉及结构类型多（如高墩大跨桥梁、软弱围岩隧道、高填深挖路基路堑等）、施工难度大、技术要求高等特点，对承包商的施工能力、技术力量、项目管理水平是极大的考验，各类风险因素的耦合极易导致生产安全事故。

一方面，我国西南山区地处云贵高原，也是"一带一路"联通东南亚国家的纽带，山高水长，气候多变，局部气候影响非常大，地形地质条件复杂、地质灾害突出，生态脆弱。尤其是 2008 年汶川大地震发生之后，部分西南山区高速公路因灾造成的各种坍塌、损毁，以及产生的次生灾害影响着西南山区高速公路路线技术指标和设计方法。另一方面，生态环境脆弱是我国西南山区最显著的环境特点，也是公路建设所面临的最严峻的环境问题。根据中国科学院的研究，西部地区的生态环境属于脆弱型和极脆弱型，是我国生态环境最脆弱地区。西南地区基本上地处我国第一台阶和第二台阶的过渡地带，境内山高谷深、沟谷纵横、地理地质条件极为复杂恶劣，危害较大的崩塌、滑坡、泥石流、岩溶塌陷等地质灾害频频发生。四川、重庆、贵州和云南四省市是西南山区环境特征的典型代表；境内海拔高度起伏大、立体气候明显、生物物种多样、山涧河流众多、水利电力资源丰富、地质奇观和自然风光秀丽，具有丰富而多彩的自然和人文生态资源。

1.1 地质概况

西南地区山高谷深，山区面积占 85%，是我国地形地质条件最为复杂的地区。区内面临的主要不良工程地质有：滑坡、崩塌、岩溶、活断层、高地应力、有害气体等。查清工程地质条件对做好高速公路总体设计尤为重要。

1.1.1 气象天气

中国西南地区以盆地、丘陵地形为主，北有黄土高原，南有云贵高原，西有青藏高原，东有巫山、大巴山，四周均是高山峻岭，又处于中国气候南北分界线附近，致使这一地区长期处于冷空气与暖湿气流交汇地带，夏季闷热潮湿，冬季阴冷多雨，春秋季多云多雾，一年四季难有几个晴爽天气，是中国日照时间最短、光照强度最差的地区。与地形区域相对应，西南地区的气候也主要分为三类：四川盆地湿润中亚热带季风气候、云贵高原低纬高原中南亚热带季风气候、热带季雨林气候。西南地区降水主要以中雨为主，年中雨量可达 340mm 以上，约占年降水量的 1/3，其次为小雨，年降水量最少的是暴雨。

1.1.2 地形地貌

西南区位于青藏高原东侧，占有我国三大地阶梯各一部，地势西高东低、北高南低。川西滇西山地自北而南的走向清晰地反映了山脊线、高原面和谷地海拔沿同一方向递降的特点。以高原面为例，实际情况是雅砻江源区及沙鲁里山原海拔为 4500～4700m，向南到德钦、中甸一带降到3400～3700m，到大理降到 2100～2500m，到景洪以南就在 1000m 以下了。东经 103°～107° 之间，云贵高原北部向北倾斜，最终没入四川盆地，形成南高北低的地势，是一个例外。地势自西向东阶状下降的特点同样显著，从横断山经云南高原、贵州高原而至桂南平原，海拔由 4500m 降到不足 100m。南盘江、右江总体上向东流和元江流向东南也是一个佐证。

地势起伏之大也为其他各区所罕见。本区的主要地貌特征可概括为：

（1）宏观地貌格局深受大地构造制约，本区各基本地貌类型和较大的地貌单元都有其独特的构造背景，尤其是燕山运动以来的构造背景，使地貌单元与构造单元在平面轮廓上表现出某种相互吻合的特点，或者山脉、谷地走向与构造线走向的一致性。例如，若尔盖高原是以松潘—甘孜褶皱带为其构造背景，横断山地是以甘孜—理塘、金沙江、滇西等若干板块俯冲带为其构造背景，四川盆地是以扬子地块内坳陷为其构造背景的，而贵州高原与上扬子台褶、广西盆地与华南褶皱带内的小型拗陷，同样有成因联系。

由于褶皱带分布很广，而扬子地块并不十分稳定，构造背景对西南区地貌格局的决定性作用导致其多山地、高原。四川省和重庆市山地与高原共占 78.82% 面积，丘陵占 18.64%，平原只占2.54%。云南省山地与高原占全省面积的 94%。贵州省素有"地无三里平"之说，虽不免夸张，毕竟表明山地、高原居绝对优势。实际上这个省的山地、高原占 87%，平原（坝子）只不过 3%，余为丘陵。位置偏东的广西，山地也占 60.24%。

（2）岩石性质强烈影响地貌发育，并造成了喀斯特地貌、红色丘陵广泛分布的深远后果坚硬的岩浆岩、变质岩在经过强烈褶皱或断裂形成高大山体后，由于其抵抗风化和侵蚀能力均较强，可以长期保持其雄伟、陡峻的外貌特点，谷地切割极深的情况下，侧向侵蚀也比松软岩层缓慢，因而显得狭窄幽深、谷坡陡峭。横断山地的高山峡谷、长江三峡等的形成，都与岩性有关。比较松软的红色建造，在近期隆升幅度不大、局部侵蚀基准面不至太低的情况下，形成相对高度不大、坡度亦较和缓的红色丘陵。意义最深远的是碳酸盐岩石在本区湿热气候条件下侵蚀溶蚀并举，形成大面积的典型喀斯特地貌。

古生界的大规模海侵和中生界的局部沉陷，使黔、桂两省（区）大部、云南东部和川渝两省市边缘区沉积了质纯层厚的古生界和中生界碳酸盐岩。贵州省面积的 73%、广西区面积的51% 和滇东地区被厚层碳酸盐岩占据，重庆市北、东和东南部、川黔、川陕边界也有碳酸盐岩广泛出露。

这类岩石在热带、亚热带气候条件下，被含有大量溶解 CO_2 并能不断从土壤中补充 CO_2 的水强烈溶蚀和侵蚀，形成了小至溶痕、石芽、落水洞、漏斗、竖井、溶蚀洼地，大至峰丛、峰林、孤峰、残丘、石林，甚至广大的喀斯特高原、平原、盆地等地貌，以及溶洞、地下河、暗湖等地下形态。

云南地势西北高东南低，海拔高差异常悬殊。最高点为滇藏交界的德钦县梅里雪山主峰卡格博峰，海拔 6740m；最低点在与越南交界的河口县境内南溪河与元江交汇处，海拔仅 76.4m。两地直线距离为 900km，高低相差 6000 多米。

云南属青藏高原南延部分，地形以元江谷地和云岭山脉南段宽谷为界，分为东西两部。东部为滇东、滇中高原，地形小波状起伏，平均海拔 2000m 左右，表现为起伏和缓的低山和浑圆丘陵，发育着各种类型的岩溶地形。西部为横断山脉纵谷区，高山深谷相间，相对高差较大，地势险峻，西南部海拔一般在 1500～2200m，西北部一般在 3000～4000m。西南部只是到了边境地区，地势才渐趋和缓，这里河谷开阔，一般海拔在 800～1000m，个别地区下降至 500m 以下，形成云南的主要热带、亚热带地区。

云南地貌有五个特征：

一是高原波状起伏。相对平缓的山区只占总面积 10%，大面积土地高低参差，纵横起伏，一定范围又有和缓的高原面。

二是高山峡谷相间。滇西北有著名的滇西纵谷区，高黎贡山为伊洛瓦底江与怒江的分水岭，怒山为怒江与澜沧江的分水岭，云岭为澜沧江与金沙江的分水岭，各江强烈下切，形成极其雄伟壮观的地貌形态。怒江峡谷、澜沧江峡谷和金沙江峡谷，气势磅礴，山岭和峡谷相对高差超过 1000m，其中怒江峡谷南北长 300 余 km，人称"东方大峡谷"。在 5000m 以上的高山顶部，常有永久积雪，形成奇异、雄伟的山岳冰川地貌。金沙江"虎跳涧"峡谷，与两侧山岭相对高差达 3000 余 m，为世界著名峡谷之一。澜沧江的西当铁索至梅里雪山的卡格博峰顶，直线距离约 12km，高差竟然达到 4760m，在 10 余 km 的狭小范围内，呈现出亚热带干热河谷和高山冰雪世界的奇异景观，自然景色相当于广东至黑龙江跨过的纬度，全国罕见。

三是地势阶梯递降。全省分三个梯层，滇西北德钦、香格里拉县一带为第一梯层，滇中高原为第二梯层，南部、东南和西南部为第三梯层，平均每公里递降 6m。

四是断陷盆地错落。盆地和高原台地，西南地区俗称坝子，这种地貌云南随处可见。云南有面积在 $1km^2$ 的大小坝子 1442 个，面积在 $100km^2$ 以上的坝子 49 个，最大的坝子是陆良坝子，其次是昆明坝子。

五是江河纵横、湖泊棋布。云南不仅山多，河流湖泊也多，构成了山岭纵横、水系交织、湖泊棋布的特色，山系主要有乌蒙山、横断山、哀牢山、无量山等。云南有大小河流 600 多条，分别属于伊洛瓦底江、怒江、澜沧江、金沙江（长江）、元江（红河）和南盘江（珠江）六大水系。这些河流分别注入南中国海和印度洋，多数具有落差大、水流急的特点，水能资源极其丰富。其中伊洛瓦底江、怒江、澜沧江、元江为国际河流。云南有 40 多个高原湖泊，较著名的湖泊有滇池、洱海、抚仙湖、星云湖、阳宗海、程海、泸沽湖等。天然湖泊像颗颗明珠，点缀在群山之间，显得格外瑰丽晶莹。

1.1.3 地质构造

西南山区属于亚欧板块内中国板块的一部分，其地质构造、地层和岩性之复杂为国内罕见。早在 8.5 亿年前的晋宁运动，就奠定了区内三个构造单元的基础，这三个构造单元是：

（1）西部中生界褶皱带。位于龙门山断裂带—金沙江早中生界板块俯冲带—元江板块缝合线以西，包括川西北、川西、滇西北、滇西和滇南一部，实际上是青藏高原多个古生代和中生代褶皱带如秦岭褶皱带、松潘—甘孜褶皱带、三江褶皱带的东延部分，以早中生代印支褶皱为主，但高黎贡山以西的腾冲一带属冈底斯—念青唐古拉晚古生代褶皱即燕山褶皱。这一地区的大部分在印支运动前，小部分在燕山运动前，是古特提斯海的边缘海，印支和燕山期发生板块俯冲，才成为褶皱带。最大的板块俯冲带呈北西走向穿过若尔盖北部，相当于岷山主脉位置的晚古生代板块俯冲带、甘孜—理塘早中生代板块俯冲带，金沙江早中生代板块俯冲带，滇西晚中生代板块俯冲带等。喜马拉雅运动中，亚欧板块与印度板块、太平洋板块碰撞，喜马拉雅山及青藏高原强烈地大面积隆起，川西、滇西等地形成一系列高山深谷，川西北参与整体隆升，最终成为青藏高原的组成部分。新构造运动中属强烈上升区，新老断裂活跃，地震既频繁又强烈，常造成灾害。

（2）扬子地块。龙门山—金沙江—元江线以东，包括四川东半壁、重庆市、滇黔两省大部和广西西半部，属于扬子地块的一部分。扬子地块的演化过程最早可以追溯到太古代，但其形成应在晚元古代末期。晚震旦世海侵后，扬子地块基底上形成了两套沉积盖层。第一套沉积盖层广泛分布于全区，为震旦系至志留系，其中的震旦系至奥陶系主要是浅海相碳酸盐建造。第二套沉积盖层为泥盆系至中三叠统，其中的中上泥盆统、下石炭统、中上石炭统及下二叠统等，都有岩相稳定且分布广泛的碳酸盐建造，成为本区喀斯特地貌发育的物质基础。

印支运动造成龙门山强烈褶皱、逆掩。三叠纪末川中、滇中成为陆相沉积盆地，其侏罗系、白垩系均为红色建造。燕山运动中整个地块的盖层普遍褶皱。喜马拉雅运动中，地台西部全面褶皱、隆起，东半部则剧烈沉陷。

（3）华南早古生代褶皱带。位于哀牢山南段元江至湘、桂、黔三省（区）交界地一线之东南，包括滇东南、黔南一隅、桂东、桂南地区。地槽型建造主要由震旦系—志留系组成，加里东运动后转化为地台并与扬子地块合并，海西期广西境内发生大规模海侵，造成泥盆系—中三叠统沉积盖层特别发育，碳酸盐建造分布极广。其中，泥盆系—下石炭统显著厚于扬子地块，印支运动导致盖层全面褶皱，燕山期多岩浆喷发和侵入活动，小断陷盆地则堆积了特别厚的含膏盐建造。喜马拉雅运动中继续隆起。作为华南褶皱带与扬子地块之过渡带的右江印支褶皱带，在晚古生代本已成为中国地台的一部分，但在三叠纪活化而沉入古特提斯海，直到晚三叠世经印支运动成为褶皱带。

云南省位于中国西南边陲，与缅甸、老挝、越南接壤。大致以澜沧江一线为界，以东属扬子地台，以西属滇西造山带，是古特提斯洋及其以西冈瓦纳亲缘陆块与欧亚大陆拼接的产物。自东向西可分为思茅地块、保山地块和腾冲地块，它们彼此之间都以蛇绿岩或蛇绿混杂带代表的洋壳隔开。思茅地块是印支地块向北的延伸，普遍为中生代红层所覆盖，出露最老的地层为志留系笔石相砂岩、板岩和硅质岩。石炭系、二叠系浅海碳酸盐岩伴有高成熟度的陆源碎屑。东界哀牢山双沟蛇绿混杂岩带是它和扬子地台的缝合带，辉长岩角闪石的 40Ar39Ar 年龄 339 百万年。向南进入越南即黑水河缝合带。地块的上古生界可和扬子地台对比，其所含化石为典型的华夏植物群和暖水动物群，表明两者之间的亲缘关系。保山地块位于澜沧江和怒江之间，是缅甸掸邦地块的向北延伸。中元古界大勐龙群变粒岩、片麻岩夹大理岩系（SmNd 等时线年龄 14.36 亿年）和新元古界澜沧群片岩夹变基性火山岩，变质基底成长条状沿地块东部出露。含化石的最老地层为寒武系公养河群浅变质复理石。古生界为碳酸盐岩和碎屑沉积，水深向东加大。上石炭统丁家寨组的含砾板岩含冷水动物群，属冈瓦纳相。它和以东思茅陆块之间的昌宁—孟连地区从早泥盆世到中三叠世都是放射虫硅质岩，与枕状熔岩共生。二叠纪的浅水碳酸盐台地直接盖在玄武岩上面，表明为洋盆中的海山。由玄武岩、二辉橄榄岩和绿片岩组成的蛇绿混杂体与之密切共生，因此是把欧亚和冈瓦纳构造域分开的古特提斯洋主干通过处。平行造山带、南北长达 350km 的临沧花岗岩带，是洋壳向东消减形成的岩浆弧。最西面的腾冲地块，中、新元古界变质基底沿高黎贡山及盈江、瑞丽地区广泛出露。混合岩化黑云母片麻岩的变质年龄为 806 百万年。勐洪群杂砾岩和粉砂岩中，含石炭纪、二叠纪的冷水动物群。中生界缺失。上新世以来有大规模碱性橄榄玄武岩和英安岩喷发，形成著名的腾冲火山群和伴生的热泉。云南东部扬子地台的基底中元古界昆阳群出露在昆明以西的安宁、玉溪一带，为浅变质的板岩、富藻白云岩夹火山岩系。沿哀牢山东部出露的古元古界大红山群深变质杂岩是遭受强烈剪切变形的活化基底。晋宁运动后南华纪开始沉积，澄江海口虫等原始生物的发现使这里成为研究全球早期生命演化的理想地点。下古生界至三叠系总的保持陆表海沉积环境。上古生界以碳酸盐台地组合为主，二叠纪中期有峨眉山玄武岩喷发。上二叠统上部出现海陆交互相含煤沉积。侏罗纪起全区进入陆相环境，下侏罗统产著名的禄丰动物群。古近系为磨拉石，新近系为河湖相碎屑含煤建造。下更新统产出元谋猿人。扬子地台的南部大陆边缘位于滇东南地区，那里的南华系、震旦系、中泥盆统、上泥盆统、三叠系都是陆坡相深水沉积，建水附近有大塘期的枕状玄武岩。三叠系含浮游生物的陆坡深水浊积岩从广西西延到滇东的广南、丘北地区。

1.1.4　水文特征

西南山区是我国水系最发达的地区之一。区内含长江、黄河、珠江、桂南沿海诸河，红河、澜沧江、怒江和伊洛瓦底江八大水系。前面六个水系均注入太平洋，总集水面积近 $1.31 \times 10^6 km^2$，占我国注入太平洋河流总面积的 24.0%，占西南总面积的 96.0%。怒江和伊洛瓦底江注入印度洋，集水面积 5.2 万 km^2，占我国注入印度洋河流总面积的 8.0%，占西南总面积的 4.0%。在区内的八大水系中，长江水系的集水面积最大，水量最丰富，黄河水系的集水面积和水量最小。从单位面积产水量看，伊洛瓦底江水系最大，黄河水系最小，其次为长江水系。西南地区平均单位面积产水量为 $6.07 \times 10^5 m^3/km^2$。云南省境内河流具季风性山区河流特点，水位季节变化大，水流湍急，水力资源丰富。受山脉走向控制，滇西北地区怒江、澜沧江、金沙江顺地势自北向南平行流动，其间最近处相隔仅 76km，向南渐疏展。金沙江流至丽江石鼓附近突然折向东流，怒江和澜沧江流至北纬 25° 附近呈辐射状散开，以形似扫帚而称"帚形"水系。河流分属伊洛瓦底江、怒江、澜沧江、金沙江、元江和南盘江大水系，分别注入印度洋和太平洋。受巨大断裂影响，省境呈南北向条状分布的断层湖多达 40 余个，如滇池、洱海、抚仙湖、程海、泸沽湖等。云南省昭通市水文特征见图 1-1。

图 1-1　云南省昭通市水文特征

1.1.5　地质病害发育特征

西南山区是中国构造活动最强烈、地貌演化最复杂、气候变化最敏感、高陡地形最发育的地区，区内地质内、外动力耦合作用强，是国内地质灾害最为发育的地区。西南山区地势跌宕起伏、高差大，构造活动强烈、地震频繁，断裂褶曲发育、岩体破碎，内外动力地质作用复杂、灾害频发。复杂艰险山区发育众多不良地质，如崩滑泥石流、岩溶涌突水泥、深大活动断裂、高地应力、地震及其引发的次生灾害等给公路工程地质选线、桥位、工程建设、运营维护等带来了巨大挑战。

1. 重力地质作用下的崩塌、滑坡、泥石流灾害

首先，西南山区复杂艰险山区地质构造复杂，新构造运动强烈，节理裂隙发育，岩体破碎，为斜坡重力不良地质如崩塌、滑坡、泥石流等的产生提供了良好的物源基础；其次，区内地形陡峻，地势高差大，为重力不良地质如崩塌、滑坡、泥石流等的发生和发展提供了巨大的势能条件；再者，降雨、地震及人类活动等内外动力因素的影响，加剧了重力不良地质的产生，加速了其发生和发展的过程。崩塌、滑坡地质灾害见图 1-2。

图 1-2　崩塌、滑坡地质灾害

2. 岩溶山区隧道施工突水、突泥、地表失水灾害

据统计，我国岩溶总面积约 363 万 km²，占国土面积的 1/3 以上，主要分布于我国西南山区，西南地区云、贵、川、桂、渝及中南地区湘、鄂、粤等地的裸露型岩溶面积约 75.64 万 km²。其境内气候湿润，雨水充沛，岩溶极为发育，且类型之多，堪称世界之最，主要有岩溶盆地、岩溶洼地、岩溶槽谷、岩溶丘陵、峰林、峰丛、盲谷、漏斗、落水洞、岩溶（准）平原、岩溶高原、溶沟、石芽等。岩溶地质问题已成为西南公路建设中最突出的工程地质问题之一。岩溶区域隧道突水灾害见图 1-3。

图 1-3　岩溶区域隧道突水灾害

3. 高地应力环境隧道岩爆大变形灾害

西南复杂艰险山区构造环境复杂，具有深大活动断裂发育、地震活动频发、新构造运动强烈等构造特征，地应力场尤其是构造应力场复杂多变。高地应力环境下隧道开挖硬岩岩爆及软岩大变形灾害问题较为突出，是西南山区公路工程建设中不可回避的工程地质问题之一。近年来，随着西南山区公路建设的加速，工程建设中岩爆和大变形问题越来越突出。高地应力隧道岩爆灾害见图 1-4。

图 1-4　高地应力隧道岩爆灾害

4. 有害气体灾害

公路工程呈线状展布，当穿越煤系地层、深大断裂带、岩浆岩分布区等区域时，往往会遇到 CO、H_2S 等瓦斯有害气体，这也是复杂艰险山区公路建设无法完全绕避的地质灾害问题。有害气体按其产生成因大致可以分为煤系气、构造气和非煤瓦斯三类。（1）煤系气即煤系地层、含炭质地层中往往高瓦斯聚集，如不按规范严格施工及防护，极易产生爆炸事故；（2）构造气即深大断裂因其剖面上发育的深度深、平面上发育的广度延伸具有区域性，往往把深部有害气体或断层穿越远处煤系地层、含沥青地层等所含瓦斯气体随水导入隧道区，随着隧道开挖压力的降低，溶解于水的有害气体释放出来，造成瓦斯聚集对施工和运营产生较大影响；（3）非煤瓦斯即当隧道穿越岩浆岩发育区时，由于岩浆岩冷却时，局部有害气体无法排出而形成高浓度、高压气包裹体埋藏于地下，当隧道穿越此包裹体时，高浓度、高压有害气体瞬间释放而产生爆炸，对施工人员和机具产生较大的危害，此类有害气体难以勘测，具有不可预测性，危害较大。

5. 高烈度地震山区工程震害及地震引发的次生地质灾害

我国是一个地震多发的国家，历史上曾多次发生较大地震，尤其在西南山区。地震震害主要体现在两方面，一是对工程的震害，如损毁房屋建筑、桥梁、隧道、路基等；二是地震诱发的系列次生地质灾害，如崩塌、滑坡、泥石流等山地灾害。据研究，山区地震次生地质灾害具有沿主发震断裂带和河流、沟谷成带状分布的特点，其规模大、数量多、密度高、类型复杂、损失惨重，是改变山河地貌的主控因素。

6. 高山峡谷区沟谷型灾害链

在强震、降雨等因素的影响下，高山峡谷区沟谷型灾害，尤其是高海拔、大高差沟谷型高位滑坡—堵江—溃决、高位崩塌—泥石流—堵江—溃决等灾害时有发生，造成重大人员伤亡、构筑物破坏及巨大的财产损失。

7. 高地温热水灾害

我国西南山区处于印度板块与欧亚板块碰撞而隆升的青藏高原东、南部及其边缘地带，属于地中海—喜马拉雅地热带范围，区内地质构造复杂，岩浆活动频繁，变质作用强烈，岩类繁杂多变。地热往往受控于褶曲、活动断裂及深大断裂，呈带状展布。地热成因类型总体可划分为褶皱断裂型和岩浆活动型两类。随着西南山区公路隧道建设向山体纵深发展，高地温及热水活动已成为公路选线和工程建设的拦路虎之一。

1.2 施工与安全特点

在我国很多偏远山区，仍然存在着十分贫困的地区，生活质量堪忧。改善西南山区的公路状况，连接山区与城市的道路，是加快西南山区建设发展的前提。我国西南山区高速公路在施工的过程中，会存在着区别于普通高速公路施工的特点和安全风险。

1.2.1 施工特点

我国西南山区因为所处的地理位置特殊，通常地形、地势、气候和水文都有自身明显的特征，在施工的过程中难度很大，包括对地势的勘测、材料的运输、施工框架的搭建等，相较于普通的项目工程难度大很多。只有充分了解西南山区高速公路的施工特点，才能更好地开展后续的施工工作：

1. 地貌和岩层组成情况复杂

在我国西南山区高速公路施工的过程中，首先要面临着山区地貌和岩层组成复杂的局面，不管是背斜还是向斜的地形，亦或者是各种类型的地貌，在施工的过程中，都要对岩层的土壤特性和岩层的风化程度及稳定性状况进行考虑。由于在山区中，沟谷地貌比较多，山间的水流变化也会受到季节和气候的影响，特别是在季风气候区，多雨和少雨的季节沟谷地貌的地质环境会存在着比较大的差异，这些情况的存在都会给高速公路的施工地质勘测工作带来比较多的困难，因此需要反复地开展勘测工作，才能够得到一个综合的方案。

2. 高差比较大

在我国西南山区高速公路施工的过程中，山区高差比较大，通常都要在高速公路的施工当中增加高速公路的比例，且这些高速公路一般桥隧比例都比较大，因此高填深挖路段是比较多的。受到水文地质条件等各种因素的影响，人们在进行高速公路施工的时候，需要考虑路基施工的问题，同时也要对抵御恶劣自然条件和灾害性的自然现象能力进行思考。在实际施工的过程中，无论是工程的设计人员还是施工人员，都要考虑山区高差所带来的影响，在这个过程当中增加填挖的工作。对山区高差比较大的现象，它在一定程度上导致施工的难度和工程的综合成本出现了明显的增大。

3. 交通系统不便利

我国西南山区地区的交通系统一般都不是特别便利，整体的级别比较低，同时运输能力也比较有限，因此在施工的材料运输和采购方面，存在着比较大的难度。特别是在一些边远的山区，交通系统都是以山路作为主要的形式，因此不能够承担一些大型车辆的进出，运输的距离往往会大幅增加，这些情况的存在，也会使山区高速公路的施工受到严重的影响。

4. 不利条件气候带来的影响

对于我国西南山区高速公路的施工来说，施工的过程当中，也需要面临着各种不利气候条件的影响。由于山区地区比较荒芜，缺乏合理的布局和建设，在一些不良气候条件情况下，容易出现各种各样的问题，例如在下雨的时候，对于整个工期的影响会比其他地区要明显。高速公路本身就是一些基础性的交通设施建设，它的工期非常重要，一旦由于下雨导致工期受到了延误，这会使得施工的进度被严重地阻碍，最终导致整体工程的进度比较缓慢，在一定程度上导致整体的建设没有办法按时完成，也无法为建筑企业带来比较可观的经济效益，同时也影响了人们的出行。除此之外，下雨的天气也容易带来泥石流或者滑坡，这些情况的存在都是不良气候条件，对于整个工程推进带来影响，并且也是山区高速公路区别于其他地方工程施工的一个特点。

1.2.2　施工安全特点

与一般地区的公路相比，山区高速公路建设，受地形、地貌、地质、气象、水文等自然条件的影响，建设难度大，施工安全问题突出。其特点主要有以下几个方面：

1. 现场作业环境条件艰巨复杂，施工难度大

我国西南山区高速公路施工现场地处高山河谷，地形起伏变化大，地质条件复杂，作业环境

十分复杂，条件恶劣，安全隐患源、风险源较多且分布范围较广。在气候冷暖、洪水、雨雪、大风、暴雨等自然灾害影响下，水毁、滑坡、泥石流、塌方、倒塌等安全事故随时都会发生。

2. 重大风险源数量多，风险防控难度大

我国西南山区高速公路桥隧比高，施工难度大。桥梁高墩数量多，高空作业难度大；隧道长度长，地质条件复杂，一般软弱围岩较多，节理裂隙及岩溶发育，可能存在溶洞、断层，还可能穿越煤矿采空区、煤层区、瓦斯等不良地质，安全控制难度大。路堑高边坡数量多、高度大、不良地质和特殊岩土多发。山区高速公路地质条件复杂，特别是滑坡、崩塌与岩堆、岩溶、泥石流等不良地质和特殊岩土地段，危险性大，风险等级高。还有部分地段为泥质页岩和红砂岩，具有遇水膨胀泥化特征，严重影响边坡稳定性，开挖及防护施工安全风险较大，施工安全控制难度大。

3. 安全生产事故诱因多样化

我国西南山区高速公路构造物形式种类多，包括路基、路面、桥梁、涵洞、隧道、防护构造物和交通工程设施等，如高墩桥梁、隧道、高边坡等工程施工难度大；施工作业周期长，涉及的材料、机械和人员多，管理较为困难，且从业人员安全素质普遍偏低；陆地、水下、水上、高空、爆破等各种特种作业多，且各工序间施工协作性要求高；传统的质量、进度、效益与安全之间对立统一的矛盾突出，很难平衡四者之间的关系；项目前期工作深度不足，例如，勘察设计深度特别是地质勘探精度不够，地质情况变化大，增大了后期施工难度，留下安全隐患。

4. 安全事故易发、多发，应急救援困难

高速公路工程作为线状工程，施工点多线长，一个施工标段短则几千米，长则十到几十千米，且往往施工场地狭小，地质条件差，工种繁多，交叉作业多，施工技术难点多，存在许多不可预见的因素，因此易发、多发施工安全事故。山区远离城市，交通条件不便利，且应急救援条件差，一旦出现事故，很难及时到达现场开展救援。

1.3 关键工程施工安全控制技术

1.3.1 高填土施工安全控制技术

高填土施工安全控制技术是山区高速公路施工中的重要技术。高效的高填土施工技术，能直接提高路基的稳定性。因此在具体的施工中要充分结合回填的材料、施工地质的特点和边坡环境的施工要求等因素，采取科学合理的施工形式。同时，要重视对施工图纸的科学分析和有效论证，保障数据的应用和施工技术有效融合。在实际的填土施工中，要针对具体的地质结构采取对应的措施，使施工更加规范合理。另外，在路堤的施工过程中，要加强对路基的沉降情况及类型的检查和分析，并且制定科学的处理方案，保障高填土施工技术的质量。

1.3.2 桥梁施工安全控制技术

在高速公路的桥梁施工中，要根据实际的特点采用最佳的施工技术。如果具体的施工地点是在河流处，则应当采取钻孔桩的施工方法，同时要加强对施工杂物的清理力度，避免钻孔的过程中出现断裂的现象。此外，要采取连续的灌注方式，保障混凝土的密度和强度。同时还要加强对施工材料的质量控制，使施工材料满足具体的施工形式的要求。在上部施工过程中，通常情况下都是采取的预制安装的方式。针对部分大型公路桥梁的施工，均是采用集中预制，之后再分别进行吊装安装的方式。这样不仅能保证预制施工的技术和质量，还能在吊装安装的环节中保证对接的精准性和稳固性，提升桥梁的整体施工质量。

1.3.3　隧道施工安全控制技术

山区中崇山峻岭的现状给高速公路施工增加了隧道施工的频率，要保证整体施工周期和质量，就必须做好隧道施工，采取最佳的隧道施工技术。在目前的隧道施工技术中，使用频率最高的技术就是新奥法技术，其能实现建筑设计与施工的完美结合，促进施工监管质量的提升，为各环节的施工工作的有序开展提供保障。同时，此技术还能保障高速公路施工的实际综合效益，对各个阶段的施工工作进行准确的校对和修正，能根据实际情况调整隧道的施工方法，规范施工要求，提高施工质量。另外，在高速公路的隧道施工中，要重视排水和防水工作，保障排水与防水措施的科学性和有效性，并且及时开展优质的水文探测工作，为隧道的防水排水工作提供科学的参考意见，保障隧道的防水排水措施的科学合理性。

1.3.4　路面混凝土施工安全控制技术

在对高速公路的路面进行基础混凝土施工时，首先，要根据实际的需求选择最佳的混凝土的强度配合比例，同时对所用的水泥和水灰的具体用量要按照相关规定进行严格把控，使得混凝土的孔隙率和收缩量更符合工程的要求。其次，要及时对路面混凝土的结构采取有效的固定措施，保证路面拼接处不出现缝隙，使施工的整体定位和钢筋的加固保持措施都符合相关的质量要求，确保整体路面的稳定性，提高路面的垂直应力的承受范围。另外，在对路面进行防水施工时，要保证填土的压实性和稳定性，对沉降度的控制要科学合理，才能提高路面与防水层的粘结性。

第 2 章

大永高速公路

2.1 工程概况

2.1.1 概述

云南地处中国经济圈、东南亚经济圈和南亚经济圈的结合部，是中国连接南亚东南亚的国际大通道，拥有面向南亚、东南亚以及西亚，肩挑两洋，通江达海沿边的独特区位优势。长期以来，由于云南省公路等级结构不合理，特别是高速公路网络布局还不均衡、总体规模不足、区域快速通达水平较低等原因，全省公路建设对经济社会发展的促进作用还未全面显现，云南区位优势也未能充分体现，还不能满足"一带一路"、长江经济带等国家战略实施的需要。

为贯彻落实习近平总书记对云南工作的重要指示精神和省委、省政府关于进一步加快综合交通基础设施建设的决策部署，昭通市在"十三五"期间将全面开展"综合交通大会战"，构建以高速化、便捷化、网络化为目标的快速公路交通网，实现"县县通高速"的目标。

昭通市位于云南省东北部，地处云、贵、川三省结合处；金沙江下游沿岸；坐落在四川盆地向云贵高原抬升的过渡地带。昭通地势南高北低，最低海拔 267m（水富县），最高海拔 4040m（巧家县），总面积 23021km²。昭通辖一区（昭阳区）10 个县 143 个乡镇（办事处）。2010 年末总人口 521.3 万，其中有苗、彝、回等 23 个少数民族 54.2 万人。昭通历史上是云南省通向四川、贵州两省的重要门户，是中原文化进入云南的重要通道，云南文化三大发源地（大理、昭通、昆明）之一，素有小昆明之称，为中国著名的"南丝绸之路"的要冲，素有"锁钥南滇，咽喉西蜀"之称。

大关县位于滇东乌蒙山区，地处云、贵、川三省结合部的昭通地区腹心地带，东北与盐津县接壤，东南与彝良县毗邻，南面和昭通市接界，西面和北面与永善县相连，全县东西横距 43.7km，南北纵距 73.2km，总面积 1721km²。

永善县位于云南省东北部，昭通市北面，地处金沙江下游东南岸的五莲峰山系段上，东与盐津、大关县毗邻，南连昭通市昭阳区，东北接绥江县，西隔金沙江与四川省雷波、金阳县相望。县境东西横距 46.6km，南北纵距 121.2km，总面积 2789km²，拥有全国第二大水电站——溪洛渡水电站。

大关至永善高速公路上高桥至黄华段（以下简称本项目）位于云南省东北部昭通市境内，地处滇川两省结合部，乌蒙山区腹地。功能定位为省际连接主要城市的主要干线公路，是对国高网的加密和补充。本项目的建设，东联 G85 银昆高速、西联 G4216 成都至丽江高速，是滇川省际的重要通道，对于完善高速公路网布局、打通昭通与周边川、黔、渝地区的交通互通能力、有效改善区域交通出行条件、促进区域旅游资源和矿产资源开发、为昭通融入成渝经济区对接"一带一路"、实现昭通市"县县通高速"的目标等有重要作用。本项目与区域内其他高速公路一道形成完善的地区高速公路网络，对提高路网连通性和可达性、加密国家高速公路网、提升公路网运输服务效率均具有重要意义。

2.1.2 路线走向、主要控制点，沿线主要城镇、河流、公路及铁路

起点：本项目起于大关县上高桥村附近 G85 银昆高速上高桥互通立交北，桩号 K0＋500。

终点：本项目终点为滇川省界，顺接国高网 G4216 线永善支线跨越金沙江的大桥云南岸桥台台尾处，止点桩号 K62＋050.188。

路线走向：项目起点位于大关县上高桥村附近 G85 银昆高速上高桥互通立交北，通过上高桥枢纽连接 G85 银昆高速，向北至耿家湾进入永善县境内，顺洒渔河西岸沿 G85 廊带向北，经文山村、小向阳坪村至桃子坪村西，路线局部转西偏北方向，经王家坪子、核桃树村南至富民村，设置富民互通立交连接墨翰至莲峰公路，经富民西侧跨越石场沟后进入莲峰隧道，出莲峰隧道后路线转向北方向，在三合村设置三合互通立交，通过连接线连接沿江道路，经新坪村后，路线转向东北，经下沟子、毛坪子至金竹林，路线经鲁溪后转向西，绕过金沙江转弯处，沿金沙江北岸布线，经黄华镇至黄华新区，在朝阳坝南接国高网 G4216 线屏山新市至金阳段永善支线跨越金沙江大桥的云南岸桥台台尾处，至项目终点。本项目全长 61.691km。

主要控制点：起点（G85 上高桥互通）、洒渔河、富民村、莲峰镇、S101、三合村、黄华镇综合规划、金沙江、G4216 成丽高速。

主要城镇：本项目位于昭通市大关县、永善县境内，主要经过大关县上高桥镇，永善县茂林镇、墨翰镇、莲峰镇、黄华镇。

主要河流：本项目属金沙江—长江水系。骨干河流有金沙江、大关河、高桥河、洒渔河、下水河等河流。沿线水系发育，分布较多，主要沿线路区山涧沟谷分布。

主要公路：G85 银昆高速、S101、X035。

2.1.3 设计标准及工程规模

1. 技术标准

根据工程交通量预测结果，全路段 2040 年平均日交通量为 32782pcu/d。本项目按全封闭、全立交高速公路标准建设，双向四车道，设计速度 80km/h、路基宽度 25.5m、分离式路基宽度 2×12.75m，桥梁设计荷载为公路-Ⅰ级。其余技术指标按《公路工程技术标准》JTG B01—2014 执行，主要技术指标见表 2-1。

主要技术标准表 表 2-1

序号	技术指标名称	单位	规范值	采用值
1	公路等级		高速公路	
2	设计速度	km/h	80	

续表

序号	技术指标名称	单位	规范值	采用值
3	停车视距	m	110	
4	圆曲线最小半径	m	250	800
5	不设超高最小半径	m	2500	2500
6	最大纵坡	%	5	2.95
7	凸形竖曲线最小半径	m	3000	13000
8	凹形竖曲线最小半径	m	2000	8000
9	路基宽度	m	25.5	
10	汽车荷载等级		公路-Ⅰ级	
11	设计洪水频率		特大桥：1/300；其他：1/100	
12	地震动峰值加速度系数	g	0.15	

2. 工程规模

本项目全长 61.425km，共设桥梁 5732.7m/18 座（特大桥：1200.6m/1 座，大桥：4308.3m/13 座，中桥：223.8m/4 座）；隧道 52134.5m/15 座，其中特长隧道 36448.5m/7 座，长隧道 15686m/8 座，均为分离式，莲峰隧道 1 号斜井（单洞）长 2397m，2 号斜井（双洞）长 2118m；涵洞 1 道。全线桥隧比 94.2%。沿线设互通立交 4 处，停车区 1 处，匝道收费站 3 处，桥隧管理所 4 处，养护区 1 处，通信监控分中心 1 处，超限超载监测站 1 处。主要工程量见表 2-2。

项目主要工程数量表　　　　　　　　　　　　　　　　　表 2-2

方式类别	单位	数量	备注
路线长度	km	61.425	
计价土石方	万 m²	305.5	不含隧道
隧道	m/座	52134.5/15	
特长隧道	m/座	36448.5/7	
长隧道	m/座	45686/8	
中、短隧道	m/座	0/0	
单个隧道最大长度	m/座	10989.5	
桥梁长度	m/座	5732.7/18	含互通主线桥
特大桥	m/座	1200.6/1	
大桥	m/座	4308.3/13	
中桥	m/座	223.8/4	
桥梁最大跨径	m	150	
互通立交	处	4	
枢纽互通	处	1	
一般互通	处	3	

方式类别	单位	数量	备注
停车区	处	1	
桥隧比	%	94.2	

2.2　工程地质与水文特征

2.2.1　自然概况

路线所经地区为云贵高原与四川盆地的结合部，属典型的山地构造地形，区内地形切割较大，山高谷深，沿线最低海拔 640m，最高海拔 2300m，高差大，沟谷纵横交错，基岩裸露，地形复杂，为典型的山区高速公路。

2.2.2　气象、水文特性

1. 气象特征

昭通在特殊的地势、地貌作用下构成了错综复杂的立体气候特色。因乌蒙山脉和五莲峰山脉横据其间，加之全境地势呈西南高、东北低，并向北倾斜，当北方冷空气经四川盆地向云贵高原推进时，受两大山脉的阻挡影响，使北方南下冷空气移速逐渐减慢或滞留在境内北部、东部地区，而西南暖湿气流在翻越两大山脉过程中沿途减弱，冷暖两支气流常在两山脉附近形成一条东南至西北向的静止峰，即昆明静止锋，在静止峰两侧的天气、气候特征迥然不同。静止锋东北部的绥江、盐津、大关和永善北部地区阴雨日数较多，气候湿润，静止锋西南部的昭阳、鲁甸、永善南部地区则晴天多雨水少，气候干燥，形成了"南干北湿"的气候特点。山脉两侧相同海拔高度气象要素的分布特点是：在水平方向上气温南高北低、西高东低，降雨量北多南少、东多西少，日照南多北少、西多东少。在垂直方向上江边河谷区气温高，坝区温暖，高山寒冷，气温垂直递减率北部小于南部，气温年较差北部大于南部，气温日较差北部小于南部。降雨递增率北部大南部小。金沙江河谷区地带即永善务基以南属五莲峰和乌蒙山的西南坡，常年降水较少，气候干热，为干热河谷地区，而北部属五莲峰和乌蒙山的东北坡，多静止峰天气，阴雨多，为湿热河谷区。全市总的气候特点是冬无严寒，夏无酷暑，四季不分明，干冷同季，雨热同季，干湿分明。

本项目路线经过大关县、永善县，属季风影响大陆性高原气候。总的特点是气候温和，四季分明，热量充足，雨水充沛，春湿多雨，夏秋多旱，严寒期短，暑热期长。降雨多集中于 4～7 月，约占全年降雨量的 55%，年均降雨量 1540.5mm，年均蒸发量 1197.9mm，年平均气温 17.3℃，极端最高气温 40.7℃，极端最低气温−10℃，年平均风速 1.4m/s，最大风速 20m/s，有下雪、霜冻等不良天气。

气候明显受地形影响，特别是受高程控制，垂直分带十分明显，而水平变化不大，具有"一山分四季，十里不同天"的说法。项目区受气候及地形影响，雾天气较常发生，全年雾日 60～80d，秋冬两季较集中发生，一般发生在夜间或早晨，多为辐射雾，太阳出来后即散去。由于项目区地形起伏大，受地形影响，浓雾～特浓雾现象时有发生（图 2-1）。

图 2-1 冰雪大雾天气

2. 水文特征

境内地表水系较发育，河流、溪涧切割深，落差大，高低悬殊，呈枝状分布。路线所经区域河流众多，地表径流主要来源于上游冰雪融化及季节性降水。受年内、年际降水量不均影响，汛期降水集中，径流量大，河水暴涨。

与项目关系密切的主要河流均属金沙江—长江水系。骨干河流有金沙江、横江等，主要支流有大关河、洒渔河、上小河等河流。主要水库有莲峰水库。

金沙江为长江上游，从青海省玉树市巴塘河口至四川省宜宾岷江口，全长 2308km。因盛产金沙故名金沙江，古代又称丽水。金沙江发源于青藏高原唐古拉山中段，经德钦县进入云南流于横断山区，而后进入滇中高原、滇东北与四川西南山地之间，最后从水富县流入四川境内，自宜宾以下称长江。金沙江在云南境内长 1560km，流域面积 10.9 万 km²，占全省总面积的 28.6%，是云南流域面积最大的河流。

横江是金沙江下游右岸一级支流，横跨川、滇、黔三省，全长 307km，发源于贵州威宁草海，形成洛泽河，自南向北流至云南彝良县，与洒鱼河、昭鲁大河、牛街河汇合后始称横江河，经盐津县、水富县，至四川宜宾小岸坝河口注入金沙江。流域面积达 15000km²，年径流总量约 88.2 亿 m³，多年平均流量约 280m³/s。

2.2.3 地形、地貌

路线所经地区地形复杂，为云贵高原与四川盆地的结合部，属典型的山地构造地形。区内地形切割较大，山高谷深，沟谷纵横交错，基岩裸露。区内地貌主要可分为构造侵蚀深切峡谷地貌（Ⅰ）、构造侵蚀中山地貌（Ⅱ）两种。

构造侵蚀深切峡谷地貌（Ⅰ）：强侵蚀地形指金沙江、横江以及洒鱼河等各大支流。这些河流沿北东向华夏系裙皱、断流发育，河流强烈侵蚀，河谷深狭，山峰陡峻，基岩裸露，堆积物稀少，山坡均在 40°以上，高差 500～1200m。河床纵坡较大，水能资源丰富。弱侵蚀地形指铜厂沟、上小河、沙河沟等，河流受构造及外营力作用，以北东褶皱为主，断块式上升以流水侵蚀为主。景观特征沟谷呈 V 字形峡谷，少量沟谷较宽缓，呈箱形或 U 形。山坡一般较陡，部分山顶呈浑圆状，高差一般小于 500m，多数沟谷窄狭壁陡，为小型峡谷，部分沟谷较宽缓，并发育漫滩和一、二级阶地，纵坡坡降较大，小型急流、瀑布、漫滩、阶地及沟口洪积扇为主要形态。河谷内堆积物稀少，为构造侵蚀剥蚀成因类型，属基岩型河床，地表分布较多崩、坡积块石土、碎石土、角砾土。常有小型急流和瀑布。由于软硬岩层相间，水流择其软弱岩层和构造低凹部位下蚀。深切峡谷地貌见图 2-2，金沙江峡谷地貌见图 2-3。

图 2-2　深切峡谷地貌　　　　　　　　　图 2-3　金沙江峡谷地貌

　　构造侵蚀中山地貌（Ⅱ）：为拟建道路区的主要地貌，主要分布于河谷两侧的分水岭地区，以北北东宽缓的背斜和向斜构造相对均一的大面积抬升面形成山地。五莲峰为金沙江与横江的分水岭，地势总体由西南向东北缓倾，呈带状。五莲峰山系纵贯全境，境内山高坡陡，沟谷纵横。外营以剥蚀为主，多形成宽缓的斜坡，斜坡上散布低丘，形浑圆，馒头状，顺缓坡散布，排列无序。山体总体走势与构造线基本一致，呈近北东～南西走向，斜坡坡度一般 30°～40°，部分形成顺向河、层面斜坡、单面山和向斜谷等地形。地形呈波状起伏，峰顶海拔标高 1500～2400m，相对高差 300～850m。沟谷多呈宽缓的 U 形，河流缓慢弯曲，顺走向有时与窄谷交替。纵向上有小裂点和分段堆积现象，水系展布呈网状格，沟头多形成沼泽和水草地，部分河段发育漫滩或阶地，边缘地区有单面山。主要为构造侵蚀、剥蚀成因类型，地表分布较多残坡积块石土、碎石土、角砾土。由于区内地质构造较复杂，新构造运动强烈，山区地形陡峻，地层岩石风化强烈，岩层破碎，软弱相间，成条带产出，加之降雨集中，为地质灾害的发生提供了有利条件，使滑坡、泥石流灾害发育。构造侵蚀中山地貌见图 2-4～图 2-7。

图 2-4　构造侵蚀中山地貌（山高坡陡）　　　图 2-5　构造侵蚀中山地貌（沟谷纵横）

图 2-6 构造侵蚀中山地貌（连峰）　　　图 2-7 构造侵蚀中山地貌（斜坡低丘）

2.2.4 地质构造

1. 地层岩性

项目区沿线地层属扬子地层区（Ⅲ）～滇中分区（Ⅲ1）。

据已有 1：20 万区域地质调查报告（昭通幅），区域地层除白垩系、石炭系、泥盆系、震旦系缺失以外，其余发育较齐全。其中分布面积较大的有古生界二叠系上统峨眉山玄武岩（$P_2\beta$），终点位置多见奥陶系中统巧家组灰岩（O_2），各时代地层接触关系及层序清楚，出露地层及其岩性特征具体见区域地质分布图（图 2-8）、区域地层及岩性总表（表 2-3）。

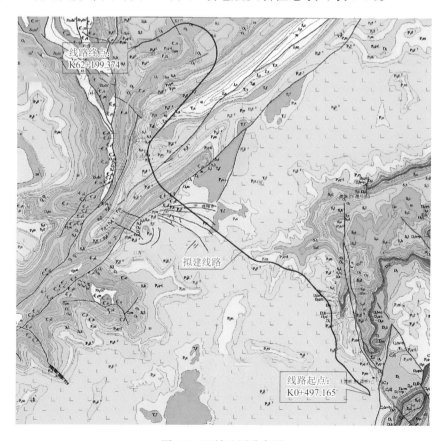

图 2-8 区域地层分布图

区域地层及岩性总表　　　　　　　　　　　　　表 2-3

年代地层			岩石地层		厚度	岩性岩相简述
			单位及代号			
界	系	统	组	代号	（m）	
新生界	第四系	全新统		Q_4^{el+dl}	1～3	残坡积物，位于斜坡上部，主要为黏性土夹碎石堆积体
				Q_4^{col+dl}	3～10	崩坡积物，位于斜坡及坡脚、陡崖下部，主要为松散～稍密砾石、碎石、黏性土及少许块石堆积体，多层倒三角锥状
				Q_4^{al+pl}	5～20	现河流阶地砾石、沙黏土层
上古生界	三叠系	中统	关岭组	T_2g	165～274	深灰色薄层—中厚层状泥灰岩、灰岩、白云岩夹砂质页岩、粉砂岩
		下统	永宁镇组	T_1y	52～230	浅灰色、紫红色中厚层状砂岩、页岩、灰岩、泥灰岩、白云岩、生物碎屑灰岩
			飞仙关组	T_1f	252～652	下部紫红色长石岩屑砂岩夹同色粉砂岩、粉砂质泥岩，上部紫红色泥质粉砂岩、粉砂质泥岩夹同色长石岩屑砂岩、灰色灰岩
上古生界	二叠系	上统	宣威组	P_2x	77～194	灰、灰绿色，紫红色砂岩、页岩夹煤线，底部砾岩夹铝土岩及赤铁矿层
		中统	峨眉山组	$P_2\beta$	404～1859	上部深灰、灰绿色致密、杏仁状玄武岩夹凝灰岩；中部深灰色斑状玄武岩夹致密杏仁状玄武岩；下部灰绿、暗灰色、灰黄色玄岩质火山集块岩、火山角砾岩
			茅口组	P_1m	112～641	深灰、灰白色灰岩、生物碎屑灰岩夹泥灰岩、虎斑状灰岩
			栖霞组	P_1q	76～430	浅灰、灰白色灰岩夹白云岩及假鲕状灰岩
			梁山组	P_1l	2～100	浅灰色石英砂岩、灰黑色碳质泥岩、页岩、泥质粉砂岩夹煤层、铝土矿及赤铁矿
下古生界	志留系	中统	嘶风崖组	S_2s	61～220	顶部为紫红色页岩、粉砂岩，中部为灰绿黄绿色页岩夹砂岩、灰岩
		下统	黄葛溪组	S_1h	72～167	上部为灰色、灰绿色灰岩、砂质灰岩，中部灰白色砂岩，下部深灰色结晶灰岩、瘤状灰岩
			龙马溪组	S_1l	135～322	上部深灰、灰黑色泥灰岩、灰岩、页岩、粉砂岩，下部灰黑色粉砂质页岩、粉砂岩
下古生界	奥陶系	上统		O_3	7～28	灰黑色薄层状泥灰岩、钙质页岩
		中统	巧家组	O_2	65～263	上部深灰色中厚层状灰岩，下部紫红色灰岩、钙质页岩、泥灰岩
		下统	湄潭组	O_1m	166～262	上部灰色结晶灰岩、泥质灰岩，中部灰黑色页岩、砂岩，下部灰色页岩、砂质页岩
	寒武系	上统	二道水组	$\in_3e$	163～254	灰—深灰色粉—细晶白云岩，夹同生白云质角砾岩，下部夹燧石团块及条带，顶部夹紫红色、灰色页岩
		中统	西王庙组	$\in_2x$	117～180	紫红色粉砂岩、泥岩夹灰绿色粉砂岩、泥岩及灰岩、白云岩、石膏层
			陡坡寺组	$\in_2d$	45～64	上部为灰色灰岩、白云岩，下部为灰绿色页岩、粉砂岩

据本次调查及钻探结果，沿线出露的地层岩性主要为第四系覆盖层，岩性为粉质黏土、碎石土、砂砾石及卵砾石等；三叠系中统关岭组（T_2g）、下统永宁镇组（T_1y）、下统飞仙关组（T_1f），岩性主要为灰色、灰白色泥灰岩、灰岩，紫红色、暗紫色砂岩、粉砂岩、泥岩、页岩；二叠系宣威组（P_3x）、峨眉山玄武岩（$P_2\beta$）、茅口组（P_1m）、栖霞组（P_1q）、梁山组（P_1l），岩性主要为青灰色灰岩及深灰色峨眉山玄武岩，局部夹砂岩及页岩；志留系嘶风崖组（S_2s）、黄葛溪组（S_1h）、龙马溪组（S_1l），岩性主要为青灰色灰岩、生物灰岩、砂岩、粉砂岩及页岩等；奥陶系上统（O_3）、巧家组（O_2）、湄潭组（O_1m），岩性主要为灰色灰岩、泥质灰岩、砂岩、页岩；寒武系上统二道水组（$\in_3e$）、西王庙组（$\in_2x$），岩性主要为灰—深灰色白云岩、紫红色粉砂岩、泥岩夹灰绿色粉砂岩、泥岩。因沉积相原因本区缺失石炭系、泥盆系地层，由于区内逆断层影响，局部地层出露不连续（图 2-9～图 2-32）。

图 2-9　第四系全新统冲洪积粗砂夹卵石

图 2-10　第四系更新统崩坡积碎石土

图 2-11　第四系全新统残坡积物

图 2-12　第四系全新统冲洪积层

图 2-13　关岭组（T_2g）泥灰岩

图 2-14　永宁镇组（T_1y）砂岩

图 2-15 飞仙关组（T_1f）砂岩

图 2-16 宣威组（P_2x）砾岩

图 2-17 峨眉山组（$P_2\beta$）玄武岩

图 2-18 峨眉山组（$P_2\beta$）凝灰岩

图 2-19 茅口组（P_1m）灰岩

图 2-20 梁山组（P_1l）页岩

图 2-21　黄葛溪组（S₁h）泥灰岩

图 2-22　龙马溪组（S₁l）页岩

图 2-23　宝塔组（O₂）灰岩

图 2-24　十字铺组（O₂）紫红色灰岩

图 2-25　湄潭组（O₁m）泥灰岩

图 2-26　湄潭组（O₁m）砂岩

图 2-27　二道水组（∈₃e）白云岩　　　　　图 2-28　西王庙组（∈₃e）砂岩

2. 区域地质构造

路线通过区域主要发育莲峰断裂、五莲峰断裂带主断裂和次级断裂及相关褶皱构造。

1）莲峰断裂带

该断裂带为测区主要断裂构造，主要由北东向断裂组成，拟选路线通过区主要有主断裂 F12。F12：莲峰断裂带主断裂，走向约 40°～45°，倾向 310°～315°，断层面倾角约 80°～85°，为一顺时针压扭性断裂。该断层区内全长 86km，所切地层最老为上震旦统灯影组，最新地层为下三叠统飞仙关组。断裂所经过之处对地层破坏较大，平面展示上下相对断距可达数百米，造成不同时代地层对顶在一起。地层产状北西盘陡，可达 40°以上，南东盘缓，一般为 5°～15°。断面较平整光滑，向北西倾，倾角 80°～85°，断裂带一般宽 30～40m，岩石普遍片理化，局部可见受挤压的小褶皱和小透镜体。受构造影响，该盘地层靠近断裂带出多发育彼此垂直的张断裂和牵引褶曲，人字形分枝，莲峰帚状构造等，整体岩性十分破碎。根据断裂两侧地层出露状况判断其垂直断距大于 1500m，断裂破碎带主要位于北西盘，破碎带宽约 200～300m。该段在中～晚更新世有较明显的活动。强震活动主要集中在断裂两端与近南北向断裂的复合部位。在头坪次级断层取断层泥热释光法测定，年龄为（174.7±12.9）ka，在新田次级断层所取断层泥用电子自旋共振法测得年龄为（106.2±31.8）ka。表明莲峰断裂在新生代有过多次活动，最晚活动年代在中更新世末至晚更新世初。断裂周边未见有形态完整的构造裂缝及呈线状分布泉水出露，泉水水温及矿化度没有明显增大，断层区植被分布均匀未见特殊规律性分布，属于非全新活动断裂。该断裂分布于莲峰隧道出口（K31＋610）附近。

莲峰断裂次级构造莲峰帚状构造：本区中部莲峰附近出现一个发育于上二叠统峨眉山玄武岩和宣威组中的帚状构造，面积约 49km²。组成这个帚状构造的右砥柱和旋回面。砥柱位于仙鹅山，由上二叠统宣威组和下三叠统飞仙关组组成。旋回面由一系列密集成带的节理面组成，节理面平直光滑，产状向外旋回面方向倾斜，倾角为 65°～75°。它们以一致的步调向北西收敛，向南东撒开，旋扭轴近于直立，为一发育良好的帚状构造。旋回面主要发育在一系列沟谷中，旋回层主要为一系列小山脉、小山丘组成，帚状构造的收敛方向旋回面之间发育一系列锯齿状沟系，锐角指向收敛方向，推断这可能是与帚状构造配套的一组羽毛状张裂隙，显示顺时针扭动。根据上述可以得出，这个帚状构造的形成与莲峰断裂是有其成生联系的。它们既没有穿过莲峰断裂，也没有超越所控制的范围。根据它们的相互关系、力学性质和扭动方向，完全可以认为是莲峰断裂的派生构造。

2）五莲峰断裂带

F42：五莲峰断裂带主断裂，走向 40°～45°，倾向 310°～315°，断层面倾角 50°～60°，为一右行压扭性逆冲断裂。断裂南东盘出露二叠纪峨眉山玄武岩及飞仙关组碎屑岩，该侧地层倾向北西，倾角 10°～20°。断裂北西盘出露寒武系—志留系碎屑岩集碳酸岩，最老地层出露寒武系中统西王庙组，受构造影响，该盘地层靠近断裂带出多发育揉褶及次级小断裂，整体岩性十分破碎。根据断裂两侧地层出露状况判断其垂直断距大于 1500m，断裂破碎带主要位于北西盘，破碎带宽 200～300m。该段在中～晚更新世有较明显的活动。强震活动主要集中在断裂两端与近南北向断裂的复合部位。在头坪次级断层取断层泥热释光法测定，年龄为（174.7±12.9）ka，在新田次级断层所取断层泥用电子自旋共振法测得年龄为（106.2±31.8）ka。表明莲峰断裂在新生代有过多次活动，最晚活动年代在中更新世末至晚更新世初。该断裂分布于莲峰 2 号隧道进口（K31＋535）附近。

F42-1：该断裂为 F42 断裂带次级断裂，其平行于 F42 发育，走向 40°～45°，倾向 310°～315°，倾角约 60°，为一压扭性断裂，其两盘主要为峨眉山玄武岩。推测其垂直断距 100～200m，水平走滑断距 500～1000m，破碎带多沿沟发育，多被覆盖，宽度不详。该断裂分布于狮田大桥（K34＋670）附近。

F42-2：次级断层，走向 155°～160°，其余性质不明，其两盘均为 O_1m 砂岩、页岩。该断层分布于黄泥嘴大桥（K57＋680）附近。

3）褶皱

拟选路线通过区褶皱较为发育，主要褶皱包括蒿枝坝向斜（22）、勺寨向斜（25）、小褶皱背斜 1 和向斜 1、黄葛村向斜（A1）、老君山背斜（A2）、中梁子向斜（A3）。其特征如下：

蒿枝坝向斜（22）：该向斜位于拟选路线里程（BK38＋950）附近，与拟建线路近于直交，向斜轴向 45°～50°，轴面近于直立，枢纽起伏不大，组成这个向斜的最新地层为中侏罗统遂宁组，最老地层为下寒武统龙王庙组。两翼不对称，为弓形向斜。

勺寨向斜（25）：该向斜主要位于拟选路线里程 K22＋647 及 BK22＋648 附近，与拟建线路近于直交。组成这个向斜的地层主要为上二叠统峨眉山玄武岩，局部片段有残留宣威组。两翼地层平缓而对称。一般为 10°～20°，左右枢纽起伏不大，轴线方位有所摆动，为一舒缓开阔的向斜。

向斜 1：长约 15km，走向 N19°E，两翼较对称，均平缓，倾角 5°～14°，轴部与线路相交 K13＋200 附近，为一储水构造。

背斜 1：长约 13.5km，走向 N20°E，两翼较对称，均平缓，倾角 6°～20°，轴部与线路相交 K18＋570 附近。

黄葛村向斜（A1）：该向斜位于拟选路线末端，向斜轴向 45°～50°，轴面近于直立，枢纽向背心仰起，核部及两翼地层均为奥陶纪中上统碎屑岩—碳酸岩地层，北西翼地层倾向 140°～160°，倾角 30°～50°，南东翼地层倾向 320°～340°，倾角 30°～45°，两翼基本对称，为直立对称向斜。该褶皱分布于黄华隧道洞身 K55 + 300 附近。

老君山背斜（A2）：该背斜主要位于拟选路线中末端，向斜轴向与 45°～50°，轴面向南东倾斜，枢纽向背心仰起。背斜核部最老地层至寒武系上统二道水组（金沙江峡谷），最新地层至志留系黄葛溪组。北西翼出露奥陶系中上统碎屑岩—碳酸岩，层倾向 320°～340°，倾角 30°～45°，南东翼主要出露志留系，主要为碎屑岩夹碳酸岩地层倾向 140°～150°，倾角 10°～20°。为倾斜背斜。该褶皱分布于鲁溪隧道洞身 K52 + 750 附近。

中梁子向斜（A3）：给背斜主要为拟选路线中部及南部，拟选路线约有 50% 路线穿越该背斜。背斜轴向 40°～45°，轴面向南东倾斜，枢纽较平缓但有起伏。背斜向斜核部最新地层出露至朱罗系中统沙溪庙组；北西翼出露志留系至三叠系碎屑岩—碳酸岩地层，中部二叠系夹巨厚玄武岩，地层倾向主要为碎屑岩夹碳酸岩地层倾向 140°～150°，倾角 10°～40°，该翼与靠近向斜核部倾角越陡；南东翼主要出露二叠纪火山岩及三叠纪碎屑岩—碳酸岩，地层产状 30°～60°，该向斜为一倾斜向斜。该褶皱分布于新坪 2 号隧道出口和桃子树隧道进口 K41 + 700-K42 + 100 附近。

4）节理

在构造应力的作用下，本路段岩层变形破坏强烈，由岩层褶皱、断裂派生出来的各级节理裂隙十分发育，主要为构造节理与风化裂隙，它们共同构成节理系统，不同程度破坏了岩体的完整性。岩体表层裂隙发育，较密集，多为风化裂隙，岩体多被切割呈碎块状、块状，岩体破碎，裂隙面较粗糙，延展性较差，裂隙多充填泥质物；岩体深部节理裂隙较发育，多为构造节理，节理面多见铁、锰质浸染，浅部节理大多呈微张状，深部多呈闭合状，一般 0.1～1mm，节理面较平直、光滑，节理间距 0.2～0.5m，延展性一般（图 2-29、图 2-30）。

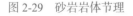

图 2-29　砂岩岩体节理　　　　　　　　　　　图 2-30　粉砂质页岩岩体节理

综上所述：路线区地质构造复杂，以经向构造体系为主体，控制着沿线地形地貌、山脉水系及地层展布，以纬向构造体系为次级构造对区内地层影响相对较小，褶皱及节理裂隙发育，受地质构造的影响，勘察区内岩体多为破碎～较破碎，褶皱核部往往是地下水富集带，也是风化强烈的风化破碎带，对线路影响较大，在路线设计中应充分考虑到地质构造对沿线地层、地形、路线工程的控制作用，确保沿线公路工程设施安全及道路运营安全，特别是隧道工程在勘察、设计、施工中，应充分考虑褶皱、裂隙及渗水对工程的控制作用。

2.2.5 水文地质

1. 地表水

项目区属金沙江—长江水系。骨干河流有金沙江、横江等，主要支流有大关河、洒渔河、上小河、小河、三合沟、沙坝河、禹家河沟、金家沟、龙冲河沟等河流，最终均汇入金沙江（图2-31、图2-32）。主要水库有莲峰水库。

地表水系较发育，主要为洒渔河及溪沟等。

洒渔河位于线路起点东侧约100m，与线路不相交，流向由南向北，水面宽10~30m，水深0.50~1.50m，水流缓慢，河中部由上至下分布有柏香林电站、箐林电站、白水沟电站、悦乐电站等。

线路区较大的溪沟为洒渔河一支流，流向由西向东，该段水面宽10~30m，水深0.4~1.0m，水流缓慢。

图 2-31　小河

图 2-32　沙坝河

2. 地下水

区内地下水根据地形地貌、地层结构及地下水赋存条件，地下水类型可分为：松散岩类孔隙水、基岩裂隙水、岩溶水，其中以后两者为主。各类型地下水赋存于不同时代的地层中，组成不同的含水层。不同类型的地下水，由于受地质构造和含水岩组分布的控制，彼此之间水力联系密切，形成相互联系、互为补给的水文地质单元

1）松散岩类孔隙水

分布于河流阶地及山谷沟口，岩性为粉质黏土、碎块石、砂砾石、卵砾石等地层，结构松散、透水性强、富水性好，形成潜水或上层滞水，局部具承压性，地下水位一般随地形起伏变化。主要受大气降雨及地表水的补给，地下水径流途径短、排泄迅速、水力坡度小，一般在阶地前缘陡坎和冲沟切割处以下降泉形式排泄，泉水流量 0.1~1L/s；水化学类型为 $HCO_3-Ca \cdot Mg$ 型和 HCO_3-Na 型，矿化度一般小于 1g/L。

2）基岩裂隙水

可分为层间裂隙型、带状型二类。

层间裂隙型以基岩层间裂隙水为主，赋存于粉砂质泥岩与长石石英细砂岩层间接触带，连通性较好。因沟谷切割强烈，地形陡峭，水力坡度大，径流途径短，交替迅速，具就地补给就地排泄的特点，主要受大气降水补给，沟谷地段受地表水体侧向补给，于沟谷两侧呈散状或以下降泉的形式排泄，少量向深部运移，形成带状型基岩裂隙水的补给源，径流途径较远。该类地下水具有流量较大，动态变化较大的特点，一般地下径流模数 $1.0\sim2.0L/s\cdot km^2$，富水性一般较弱，属潜水类型，水化学类型为 HCO_3-$Ca\cdot Mg$ 及 HCO_3-Na 型，矿化度一般小于 $1g/L$，水质较好。

带状型多沿断裂带及风化脉状体分布，在硬脆性岩石的张性、张扭性断层及其交汇带为富水带，柔性泥质岩层及软硬相间层中富水性较弱。一般径流途径较远，水力坡度较大，交替缓慢，主要受大气降水、河流侧向补给，向深远处运移，多具承压性，以上升泉形式于远处排泄，泉水流量相当可观。本类地下水类型以 HCO_3-$Ca\cdot Mg$ 型为主，局部为 HCO_3-Ca 及 HCO_3-Na 型，矿化度一般小于 $1g/L$，pH 值 $5.8\sim7.6$，水质良好。

3）碎屑岩层间裂隙水

含水岩组为三叠系沙溪镇组、飞仙关组地层，岩性为厚层砂岩间夹相对隔水的泥、页岩或煤层，该类型水主要靠暴露地表的砂岩层接受大气降水的补给，其富水性和水压值与地形、构造密切相关。该类型地下水以砂岩孔隙、裂隙水为主，富水不均一，由于沙溪镇组、飞仙关组地层砂岩分布厚度有限，且顶底板及含水岩组内均有相对隔水层存在，故具有承压水性质，也决定了地下水主要沿岩层走向径流排泄。

4）碳酸盐岩岩溶水

赋存于 $S2$、P_1q+m 等灰岩、白云岩中，本项目区厚层状灰岩面积较大，洼地、漏斗、落水洞等大型岩溶形态较多，岩溶发育程度强，富水性强。碳酸盐岩岩溶水为拟建道路区的主要地下水类型，线路区广泛分布。该类型地下水富水程度主要受地形、构造、岩溶发育程度及岩层组合等条件控制，主要接受大气降水补给，沿出露地表的可溶岩的岩溶裂隙、落水洞、漏斗等下渗，汇集于地下岩溶管道，沿地下岩溶裂隙、暗河溶洞运移，并以泉水和暗河的形式排泄于区内赤水河及其支流，线路区内盖类型地下水极为丰富，也是对拟建道路尤其是隧道影响较大的地下水。

沿线地下水水质较好，对混凝土结构及混凝土结构中的钢筋具有微~弱腐蚀性。

2.2.6 地震及新构造活动

1. 新构造活动

1）新构造运动分区

根据新构造运动发育历史、运动方式、性质、幅度及其造成的构造变形特征以及地貌形态、地震活动的差异，路线区域属于青藏高原新构造区（Ⅰ），二级区划为川滇断块差异掀斜隆起区（I_1）。

由近南北向峨边—金阳断裂带、北东向洒鱼河断裂、北西向马边—盐津断裂和北东向莲峰断裂所围限。区内高峰顶标高在 $2000\sim3000m$，向东北降为 $2000m$ 左右。大致在峨眉山—雷波东—莲峰东一线出现高 $1500m$ 左右的地貌陡坎。区内主要发育近南北向和北东向断裂，其中近南北向峨边—金阳断裂带和北西向马边—盐津断裂带的南段晚第四纪以来活动强烈，是强震和古地震发生带。

2）新构造运动的基本特征

项目区位于云贵高原的北部，新构造运动主要以地壳抬升和河流的强烈切割为主。据1：20万地质普查资料，强烈的燕山运动奠定了本区构造轮廓，第三纪一直到中新世晚期地壳处于较稳定时期，长期地进行了剥蚀夷平作用，使地形得到了准平原化阶段；中新世末期及以后的数次运动中发生断块式上升，准平原抬升为高原；进入全新世以来，上升加剧，表现为河流强烈下切侵蚀，迅猛的溯源侵蚀形成峡谷陡壁。项目区地形遭受剥蚀削缓，形成丘陵台地，具有较明显的上、中、下三层地形之特点。上层是老第三系形成的夷平面，即现在的山顶分水岭，中层即上新世晚期形成的剥蚀面（包括上更新世剥蚀面），下层即现在的主要河流谷底。

本区的新构造活动在不同地点和不同时期内的强度具有显著的不均匀性；在时空方面，既有显著的继承性，又有一定程度的新生性。在运动学方面，它还具有如下特性。

（1）整体性掀升。

上新世时期，区域基本上处于一个相对活跃的构造环境，在一些中小型山间盆地形成了一套山间含煤亚建造，如布拖盆地。直至上新世末期，地壳活动趋于平稳，全区基本上处于夷平状态。上新世末以来，地壳活动加剧。根据地形地貌的变化，并结合在区域外围地区发现的植物化石，通过环境对比，自上新世以来，区域存在着由西向东的快速掀斜式抬升运动，其幅度500～2000m。

（2）断块差异性抬升运动。

随着青藏高原的掀斜式抬升运动，区内的一些断裂又重新活动起来，如龙泉山、马边—盐津断裂和华蓥山断裂，构成了区内次级断块差异性运动的基本活动图像。前述地层发育及分布的不均匀性以及阶地的差异是这一运动长期结果之反映。

（3）断裂与裂陷。

区内多为构造侵蚀山地，山间或山前发育有一定规模的断陷盆地，如布拖等。经考察，这种盆岭地貌多为断裂所控制，裂陷活动显著。

3）新构造与地震活动

结合本区及邻近地区的地震活动状况，区域内的地震活动具有明显的块体和条带特征。

（1）川西南—滇东北断块高原。

断块处于青藏高原强烈隆起区的边缘地带，抬升幅度在1000～2000m之间，在掀斜式抬升的背景下，断块还具有向南南东方向的水平滑移活动。断块内部，盆岭地貌醒目，以近南北向的断陷活动为主。$M \geqslant 6.0$ 级地震活动多分布在断块东部边界的北北西向边缘断裂带内，从发震断裂来看，主要与北西西向的马边—盐津断裂相关，断块内部仅记录有一次 7.0 级 $> M \geqslant 6.0$ 级地震。6级以下的地震活动具有近南北和北东向条带状分布的特征，与该地区的活动断裂具有一定的相关性。

（2）四川中生代—早新生代压扭盆地。

处于华南条块状中等隆起区的西部边缘，抬升幅度在 500m 以下，夷平面保留完整，新构造活动微弱，第四纪断裂活动主要表现在北东向华蓥山断裂。盆地内部无 $M \geqslant 6.0$ 级地震记录，5级左右的地震活动相对频繁，部分地震集中在北东向华蓥山断裂及附近，又有一部分地震呈北北西向条带展布在盆地的中部。与川西南—滇东北断块高原接壤地带有 $M \geqslant 6.0$ 级地震活动。

（3）川滇黔桂断块高原。

处于华南条块状中等隆起区的西部边缘，高原面保留更加完整。就新生代盆地而言，断陷盆地的数量较侵蚀盆地或岩溶盆地为少，且规模也小得多。第四纪以来的断裂活动反映在少数几条北东或北西向断裂。断块内部的地震活动弱小，是本区域范围内地震活动最弱的新构造。

2. 区域地震综合评价

1）区域内近现代地震情况

区域属我国强震多发区，地震活动频繁而强烈，但东南部地震活动相对西、北部要弱小得多。据不完全统计，自本地区有历史地震文字记载以来，共记录多次 $M \geqslant 4.7$ 级地震，绝大部分发生在川西盆岭地貌区，且集中了全部 6 级以上地震；距县城 100km 范围内，记载有破坏性的地震 21次，震中烈度在七度以上者 14 次。

现就近现代主要破坏性地震发生的构造环境剖析如下：

（1）1974 年大关 7.1 级地震。

震中烈度九度，县城六度。极震区（Ⅸ度）位于大关县木杆乡和永善县团结乡一带，长轴北西—南东向，长约 16km；短轴北东—南西向，长约 8km。经地震现场考察，在Ⅸ和Ⅷ度区内产生大量的滑坡、崩塌、地裂等地震地质灾害，但未发现地震断层或有构造意义的地裂缝，先存断裂也不显著。

通过判读 1∶100 万地质图和 1∶50 万卫星照片，在Ⅶ度区的中和场—元江溪—黄荆坝一带发育有数条北西向断裂，为马边—盐津断裂的组成部分，卫星照片显示出左旋断错地貌，北东向莲峰断裂未进入Ⅶ度区内，两条断裂在极震区及附近形成闭锁状态。从地球物理异常场来看，马边—盐津强震区的布格重力异常值介于 150～200mgal 之间，等值线总体呈北北西—南南东向，但在震区及附近具有向北东—南西方向转折的趋势，并出现低异常区，地震活动分布带两侧的等值线密度明显变疏。航磁异常以低异常、分布零散和走向不稳定为其特征，但大致是以震中分布的轴线为界，东北侧为负异常，西南侧为正异常，值的大小在 20～60gal，其分区的界线与马边—盐津断裂基本吻合。

（2）1936 年马边 6.75 级地震。

1936 年 4 月 27 日和 5 月 16 日，在四川马边玛瑙和雷波西宁附近相继发生一次 6.75 级地震，经四川省地震局多次考证，1936 年 4 月 27 日马边 6.75 级地震震中烈度Ⅸ度，极震区长轴方向近南北，基本上围绕着马边—盐津断裂的东支全新世活动断裂段展开，确认此东支断裂为该地震的发震构造。

（3）2006 年 7 月 22 日和 8 月 25 日盐津两次 5.1 级地震。

该 2 次地震发生在莲峰断裂上，极震区长轴方向与之一致。但极震区无地表断裂，而在地表发育有密集的北东向断裂及与之相交的北西向断裂。

虽不能完全确认该处的北东向断裂为发震构造，但基本可以确定该处北东向莲峰断裂和北西向马边—盐津断裂具有晚更新世以来的活动性，对这次地震的破坏具有一定的控制作用。

（4）2012 年 9 月 7 日彝良 5.7 级、5.6 级地震。

2012 年 9 月 7 日 1 时 19 分 40 秒、12 时 16 分 29 秒，云南省昭通市彝良县境内先后发生 5.7级、5.6 级地震，2 次地震震中相距不足 10km，致使彝良县、昭阳区、大关县、镇雄县、贵州威宁县等地不同程度受灾，灾区总面积 3697km²，其中云南灾区面积 3118km²，贵州灾区面积 579km²。

2 次地震均发生于北东向的昭鲁断裂和会泽断裂之间，宏观震中位于彝良县洛泽河镇的毛坪村至老洛泽河村一带，极震区烈度达Ⅷ度，等震线形状呈椭圆形，长轴走向北东向。Ⅷ度区：主要涉及彝良县洛泽河镇与角奎镇，总面积约 263km²。Ⅶ度区：主要分布在云南省彝良县、昭阳区与贵州省威宁县境内，云南灾区面积约 674km²。Ⅵ度区：主要涉及云南省彝良县、昭阳区、大关县、镇雄县及贵州省威宁县，云南灾区面积约 2181km²。

2）区域地震构造综合评价

区域地处我国一级大地构造扬子准地台（Ⅰ）的西北部，二级大地构造为滇东台褶带（Ⅰ₁），公路线路位于三级大地构造单元滇东北台褶束（Ⅰ₁₁）内。

区域新构造运动十分强烈，反映了青藏高原的快速隆起对云贵高原、四川盆地的强烈影响。区内新构造运动总体表现为大面积间歇性抬升，并具继承性、新生性、差异性和掀斜性，以及近南北和北北西向断裂左旋位移为代表的断裂活动。

区内断裂构造发育，以北东、北西向为主。其中马边—盐津断裂带南段西支中的玛瑙断裂、猗子坝断裂、洛泽河断裂在全新世有明显的走滑倾滑活动，是大震的发震断层，为潜在 7.0 级及以上强震的危险段；南段东支活动相对较弱，分析认为具备发生 6.5 级左右地震的构造条件；莲峰断裂、昭鲁断裂等历史上也曾发生多次 5.0 级以上地震，认为具有发生 6.0 级左右地震的构造条件；区域其他断裂最新活动时代一般为早第四纪，晚更新世以来无明显活动迹象，认为不具备发生 6.0 级以上地震的构造条件。

3. 区域地震参数

根据《中国地震动参数区划图》GB 18306—2015 表明，工程区地震动峰值加速度为 0.15g，相应地震烈度为Ⅶ度，地震动反应谱特征周期为 0.45s，公路工程应采取相应的抗震设防措施。

2.3　不良地质作用和特殊性岩土

根据现场地质调查，结合区域地质资料、工程资料，项目区域内主要分布的不良地质作用及特殊性岩土如下：

2.3.1　不良地质作用

根据现场地质调查，结合区域地质资料、前期资料，项目区域内主要分布的不良地质现象有滑坡、不稳定堆积体、危岩和崩塌、岩溶、煤系地层、泥石流等。

1. 滑坡

（1）K0＋830～K0＋910 处不稳定斜坡

该不稳定斜坡位于上高桥大桥桥址区桥址区发育 K0＋830～K0＋910 处不稳定斜坡，岩性以全新统（Q_4^{ml}）人工填土为主，其为水电站出渣堆积体，堆填时间超过 15 年，下覆基岩为二叠系上统峨眉山玄武岩组中段（$P_2\beta^3$）杏仁状玄武岩、致密玄武岩为主。不稳定斜坡成分主要是玄武岩爆破后的碎石，棱角状，主要粒径 20～200mm，从上至下由松散—稍密—中密状态，呈扇形展布，堆填于洒渔河河岸北侧，宽约 80m，厚度 5～28m，方量约 24 万 m³，坡面坡度较陡，约 40°，下覆岩面坡度约 50°，坡脚与洒鱼河相邻，坡脚被河水淘蚀，坡体松动部分随河水冲走，现状坡体处于基本稳定状态。拟建桥梁桥墩位于碎石土斜坡中上部，如对桥墩开挖施工，可能产生局部滑塌，洒渔河河水长年累月掏蚀坡脚,将引发不稳定坡体持续的滑塌甚至整体滑动。

（2）K4 + 200～K4 + 300 左侧约 25m 处滑坡

该滑坡位于耿家垮隧道左幅出口左侧,岩性以全新统（Q_4^{c+dl}）碎石土为主,滑坡体长 72m,纵宽 43m,面积约 3096m²,堆积体厚约 5～8m,体积约 18600m³,为一个小型滑坡,属牵引式滑坡,由于暴雨导致崩塌碎石土沿着土岩结合面滑动,滑坡主滑方向 344°,与线路呈 25°～30°夹角。在乡村道路上方的滑坡体已经清理干净,乡村道路下方剩余滑坡堆积体的前缘已采用简易挡墙进行支挡处理,滑坡现状基本稳定,但在暴雨、人类工程活动、地震等不利条件下滑坡可能失稳滑塌,隧道洞口通过滑坡前缘,滑坡产生滑塌,将对耿家湾隧道出口及桥梁产生不利影响。

（3）K4 + 300～K4 + 475 不稳定斜坡

该不稳定斜坡发育于哈米德大桥 K04 + 300～K4 + 475 处,岩性以全新统（Q_4^{del}）块碎石夹粉质黏土为主。下覆基岩为二叠系上统峨眉山玄武岩组中段（$P_2\beta^2$）斑状玄武岩夹致密、杏仁状玄武岩为主,厚度 5～20m,地形坡度较陡,坡脚与溪河相邻,现状处于基本稳定状态,拟建桥梁桥墩位于崩坡积斜坡中上部,如对桥墩开挖施工,可能产生局部滑塌。建议加强斜坡支护,路线设计以桥梁形式通过,建议采用基岩做基础持力层,避免在斜坡上堆载和禁止施工车辆在线路范围内行驶。

（4）K9 + 480～K9 + 550 不稳定斜坡

该不稳定斜坡发育于向阳坪大桥 K9 + 480～K9 + 550 左侧 100m 处,岩性以第四系崩坡积块碎石夹粉质黏土为主。下覆基岩为二叠系下统茅口组（P_1m）灰岩为主,厚度 5～60m,地形坡度较陡,现状基本稳定—欠稳定状态,雨后局部存在溜滑现象,大里程桥台和桥墩位于崩坡积斜坡中部,如对桥梁墩台开挖施工,可能产生局部滑塌。建议加强斜坡支护,路线设计以桥梁形式通过,建议采用基岩做基础持力层,避免在斜坡上堆载和禁止施工车辆在线路范围内行驶。

（5）K10 + 690～K10 + 830 不稳定斜坡

该不稳定斜坡发育于打场沟大桥 K10 + 690～K10 + 830 处,岩性以第四系崩坡积块碎石夹粉质黏土为主。下覆基岩为二叠系下统茅口组（P_1m）灰岩为主,地形坡度较陡,现状基本稳定状态,雨后坡体饱和其稳定性降低将处于欠稳定状态,极有可能出现滑坡现象。桥梁墩台位于崩坡积斜坡中上部,如对桥梁墩台开挖施工,可能产生局部滑塌。

（6）K15 + 280～K15 + 442 不稳定斜坡

该不稳定斜坡发育于铜厂沟大桥 K15 + 280～K15 + 442 处,岩性以第四系崩坡积块碎石夹粉质黏土为主。下覆基岩为二叠系下统茅口组（P_1m）灰岩,栖霞组（P_1q）灰质白云岩、灰岩,主要由块碎石组成,松散～中密,厚度 3～10m,平面上呈扇形,地形坡度上陡下缓,现状处于基本稳定状态,位于桥址区上方,村级公路外侧边缘,如对桥墩台开挖施工,可能产生局部滑塌。

（7）莲峰 2 号隧道 K31 + 800 右侧 20～80m 处滑坡

该处原为一条小型冲沟,冲沟内堆积体成分由崩坡积碎石土和山顶公路开挖抛填的碎石组成,结构松散。滑坡体主滑方向约 140°,宽约 60m,沿主滑方向长约 90m,厚度 3～5m,方量约 10400m³。滑坡滑塌主要因降雨加之山顶道路涵洞位于该冲沟内,将周边地表水汇积至该冲沟内,从而导致堆积体滑塌,目前堆积体仅局部滑塌失稳。

（8）椿坪 2 号隧道出口滑坡

该滑坡位于椿坪 2 号隧道出口,溪沟南侧斜坡体底部,与路线相交于 K49 + 540～K49 + 640

段，由两滑坡体组成。西侧滑坡体主滑方向约 14°，沿与线路相交，路线方向宽约 70m，沿主滑方向长约 40m，厚度 3~5m，方量约 7200m³；东侧滑坡体主滑方向约 353°，东西向向宽 70~110m，沿主滑方向长约 150m，厚度 1~3m，方量约 13500m³。其周界清晰可见，呈"长舌"状；滑坡后缘裂缝张开 30~60cm，两侧以山脊为界，见基岩出露，前缘为沟谷，滑坡物质成分主要为第四系含碎石黏土、含黏碎石、块石等。系一个小型牵引式堆积层滑坡，目前该滑坡处于欠稳定状态。

（9）鲁溪村隧道进口滑坡

鲁溪村隧道进口位于堆积体前缘。堆积体沿线路方向长约 1.7km，横向长约 2.6km，堆积体厚度 35~80m，为碎石土、粉质黏土及粉质黏土夹碎石，通过钻探揭露堆积体表层结构松散，下部结构稍密。堆积体上分布四级台阶，第一级台阶分布标高为 1000~1030m，台阶长约 420m，宽 80~180m，位于田坝头；第二级台阶分布标高为 1050~1100m，台阶长约 540m，宽 230~350m，位于鲁溪小学一带；第三级台阶分布标高为 1230~1280m，台阶长约 800m，宽 150~350m，位于中坝；第四级台阶分布标高为 1300~1400m，台阶长约 730m，宽 160~430m，位于上坝。通过调查分析，堆积体前缘第一、第二级台阶为古滑坡体，古滑坡体主轴长约 930m，宽约 700m，滑坡体厚 30~50m，方量约 2800 万 m³ 特大型滑坡。滑坡体前缘因沟谷冲刷等作用曾造成前缘发生大规模滑动，形成次级滑坡。次级古滑坡主滑方向约 145°~150°，宽约 550m，沿主滑方向长约 330m，厚度 35~45m，方量约 630 万 m³。线路从古滑坡体前缘斜交通过。据访问古滑坡体整体已稳定，仅前缘受雨水冲刷，邻近沟谷处形成多处小型滑塌且每年均有变形，小型滑塌体主滑方向约 195°，沿主滑方向长 40~50m，宽 20~30m，厚度 6~15m，方量 8000~15000m³，因鲁溪村隧道进口边坡刷方，小型滑塌体已被掩埋。

（10）卢家墕大桥 4 号~6 号桥墩区滑坡

卢家墕大桥 4 号~6 号桥墩区崩坡堆积层分布厚 5~54.5m，堆积体成分为碎石土、块石土，结构松散~稍密，孔隙比较大，斜坡体现状整体基本稳定，施工期间因施工单位修建施工便道开挖坡脚，导致堆积体变形滑塌。变形区位于 5 号、6 号桥墩区左侧 25m 至右侧 115m 范围，其中变形区 1 范围沿滑塌方向长约 20m，横向长约 50m，滑塌厚度 3~5m，主滑方向约 177°，滑塌方量 2000~5000m³，变形区后缘见拉张裂缝，裂缝呈东西向延展，延伸长度约 20m，裂缝宽度 10~30cm，裂缝可见深度 30~60cm，变形区 1 现状处于欠稳定状态。变形区 2 范围沿滑塌方向长 25~35m，横向长 35~45m，滑塌厚度 5~10m，主滑方向约 190°，滑塌方量 4000~12000m³，变形区后缘见拉张裂缝，裂缝呈南西—北东向延展，延伸长度约 26m，裂缝宽度 10~30cm，裂缝可见深度 8~26cm，变形区 2 现状处于欠稳定状态。变形区 3 范围沿滑塌方向长约 75m，横向长约 130m，滑塌厚度 8~20m，主滑方向约 177°，滑塌方量 9×10^4~15×10^4m³，变形区后缘见拉张裂缝，裂缝呈东西向延展，延伸长度 20~30m，裂缝宽度 3~10cm，裂缝可见深度 10~30cm，变形区 3 现状处于欠稳定状态。

2. 不稳定堆积体

沿线部分地段存在崩坡堆积体，堆积体为上部岩体裂隙发育，岩体破碎，长年累月崩塌堆积至坡底或沟谷底部形成。由于施工扰动，不稳定堆积体有可能滑塌，带来额外的损失。

（1）新坪隧道出口与顺田隧道进口堆积体分布厚 15~40m，堆积体成分为碎石土，偶见块石，斜坡体现状整体稳定，但邻近沟谷边缘多处已滑塌，滑塌体方量 60～300m³，隧道开挖易进一步导致堆积体滑塌失稳。

（2）椿坪 2 号隧道出洞口斜坡体上覆盖第四系崩坡积成因的碎石土，厚度 18.6～42.0m。斜坡体前缘分布两处滑坡，堆积体现状欠稳定，隧道开挖振动和暴雨状态下易诱发崩坡堆积体滑塌失稳。

（3）鲁溪村隧道进口地势较陡，地形坡度 25°～40°，底部为陡坎，洞顶为平台，覆盖层为第四系崩坡积成因的碎石土，厚度一般 30～40m，通过调查访问隧道进口区域土体稳定，未发生大型土体滑塌，斜坡现状整体稳定。隧道进口底部邻近沟谷边缘多处见小型滑塌，隧道开挖振动和暴雨状态下易诱发崩坡堆积体滑塌失稳。

（4）黄华隧道进口斜坡体上覆盖第四系崩坡积成因的碎石土，厚度 6.0～10.0m。隧道洞口开挖放坡即可处理。隧道进口右侧斜坡体上覆盖层成分为碎石土和粉质黏土，结构松散，粉质黏土可塑状，层厚 10～25m，斜坡现状基本稳定。堆积体标高与洞口标高相差不大，对隧道影响较小。

3. 危岩和崩塌

K4＋344～K4＋354 左侧 68m 危岩，岩性以二叠系上统峨眉山玄武岩组中段（$P_2\beta^2$）斑状玄武岩、致密玄武岩为主。危岩为一孤石，位于公路外侧边缘，直径约 12m。拟建公路以桥梁方式通过，孤石位于桥梁墩台所在沟谷上游，对拟建桥梁的安全存在较大影响。

K4＋410～K4＋420 左侧 35m 危岩，岩性以二叠系上统峨眉山玄武岩组中段（$P_2\beta^2$）斑状玄武岩、致密玄武岩为主。为一孤石，位于公路外侧边缘，直径约 8m。拟建公路以桥梁方式通过，孤石位于桥梁墩台所在沟谷上游，对拟建桥梁的安全存在较大影响。

K4＋430 左侧 68m 处危岩，岩性以二叠系上统峨眉山玄武岩组中段（$P_2\beta^2$）斑状玄武岩、致密玄武岩为主。位于村级公路内侧陡壁上，直径约 7m，已脱离母岩。拟建公路以桥梁方式通过，危岩位于桥梁墩台所在沟谷上游，对拟建桥梁的安全有影响。

K4＋445 左侧 62m 处危岩，岩性以二叠系上统峨眉山玄武岩组中段（$P_2\beta^2$）斑状玄武岩、致密玄武岩为主。位于村级公路内侧陡壁上，直径约 7m，已脱离母岩。拟建公路以桥梁方式通过，危岩位于桥梁墩台所在沟谷上游，对拟建桥梁的安全有影响。

K9＋185～K9＋202 处危岩带，岩性以二叠系下统茅口组（P_1m）灰岩，白云质灰岩为主。位于隧道洞口上方，崩塌体外形呈条带形，沿山体发育，长度约 400m，陡峭、直立，崩塌体内植被稀少。存在松脱危岩危石，危岩将对隧道进口及桥位墩台产生不利影响。拟建公路以隧道方式通过，崩塌及危岩带位于隧道上方，对拟建隧道及进口桥位墩台的安全存在影响。

K10＋655～K10＋770 处危岩带，岩性以二叠系下统茅口组（P_1m）灰岩，白云质灰岩为主。位于隧道洞口上方，崩塌体外形呈条带形，沿山体发育，长度约 480m，陡峭、直立，崩塌体内植被稀少。存在松脱危岩危石，危岩将对隧道进口及桥位墩台产生不利影响。拟建公路以隧道方式通过，崩塌及危岩带位于隧道上方，对拟建隧道及进口桥位墩台的安全存在影响。

K10＋811～K10＋864 处危岩带，岩性以二叠系下统茅口组（P_1m）灰岩，白云质灰岩为主。位于隧道洞口上方，崩塌体外形呈条带形，沿山体发育，长度约 1000m，陡峭、直立，崩塌体内植被稀少。存在松脱危岩危石，危岩将对隧道进口及桥位墩台产生不利影响。拟建公路以隧道方式通过，崩塌及危岩带位于隧道上方，对拟建隧道及进口桥位墩台的安全存在影响。

K17+780~K17+840处危岩带，岩性以二叠系下统栖霞组（P₁q）白云质灰岩、白云岩为主。位于隧道洞口上方，崩塌体外形呈条带形，沿山体发育，长度大于400m，陡峭、直立，崩塌体内植被稀少。存在松脱危石，危岩将对隧道进口及桥位墩台产生不利影响。

K18+045~K18+065处危岩、危岩带，岩性以二叠系下统栖霞组（P₁q）白云质灰岩、白云岩为主，位于隧道洞口上方，块体较大，卸荷裂隙已形成；崩塌体外形呈条带形，沿山体发育，陡峭、直立，崩塌体内植被稀少，存在松脱危石，危岩崩塌碎落将对隧道进口及桥位墩台产生不利影响。

K18+080~K18+120处危岩带，岩性以岩性以二叠系下统栖霞组（P₁q）白云质灰岩、白云岩为主。位于隧道洞口上方，崩塌体外形呈条带形，沿山体发育，长度大于400m，陡峭、直立，崩塌体内植被稀少。存在松脱危石，崩塌碎落将对隧道进口及桥位墩台产生不利影响。

K4+230~K4+310处危岩带，岩性以二叠系上统峨眉山玄武岩组中段（P₂β²）斑状玄武岩、致密玄武岩为主。位于隧道洞口上方，危岩带外形呈条带形，沿山体突出的山脊发育，长度157m，宽25m，厚度5m，约2万m³，陡峭、直立，危岩带内植被稀少。存在松脱危石，将对隧道进口及桥梁墩台产生不利影响。

ZK4+376处危岩，岩性以二叠系上统峨眉山玄武岩组上段（P₂β²）致密玄武岩为主。位于桥梁左侧，危岩体积约3m×2m×1.5m，已脱离母岩，为上方崩落块石落于岩壁临空平台之上，对桥位桥墩将产生不利影响。

K19+450~K20+300处危岩带，岩性以二叠系下统茅口（P₁m）、栖霞组（P₁q）灰岩、白云质灰岩、白云岩为主。位于桥梁左侧 64~196m，崩塌体外形呈条带形，沿山体发育，长度大于824m，陡峭、直立，岩体内存在外倾裂隙，局部临空，未见软弱结构面，现状整体较稳定，崩塌体内植被稀少，存在松脱危石，崩塌碎落将对K19+450~K20+300段桥位桥墩产生不利影响。

K19+500左侧64m处危岩，岩性以二叠系下统栖霞组（P₁q）白云质灰岩、白云岩为主。位于桥梁左侧，危岩直径约16m，已脱离母岩，拟建公路以桥梁方式通过，危岩位于桥梁桥墩所在斜坡坡顶，对拟建桥梁的安全有影响。

K20+570~K21+080处危岩带，岩性以二叠系下统茅口组（P₁m）灰岩，白云质灰岩为主。位于隧道洞口上方，崩塌体外形呈条带形，沿山体发育，长度544m，陡峭、直立，崩塌体内植被稀少。存在松脱危石，崩塌碎落将对隧道进口产生不利影响。

ZK31+500处危岩，岩性以二叠系上统峨眉山玄武岩组上段（P₂β²）斑状玄武岩、致密玄武岩为主。受玄武岩垂直向节理控制，在莲峰断层及风化作用下形成的一条上宽下窄的卸荷裂隙，属顺坡向裂缝，导致其外侧岩体成为一危岩，该危岩体尺寸约15m×10m×2m，位于隧道口处，隧道洞口施工可能引发其外倾崩塌。

新坪隧道进口上部陡崖上分布不稳定岩体，为玄武岩，在裂隙切割下顶部岩体局部已悬空，隧道施工爆破过程中易失稳坠落。

顺田隧道进口危岩，该处地形陡峭，为玄武岩，在裂隙切割下顶部岩体已悬空，左侧危岩出露面积为3m×4m，位于洞门顶部左上侧；中间危岩出露面积为2m×4m，位于洞门顶部；右侧危岩出露面积为3m×3m，位于洞门顶部右上侧。

桃子树隧道进口上部陡崖上分布不稳定岩体，为砂岩，位于洞门顶部左上侧，危岩出露面积为 2m×4m。隧道洞口顶部危岩及不稳定岩体对隧道洞口和桥梁施工及运营安全影响较大，由于危岩体位于陡崖上部，清除或支挡较困难，建议采取被动防护措施，在洞门上部设置足够宽度的碎落台，避免零散的落石块侵入到行车道，且碎落台的宽度范围内宜设置防护落石栅栏。

椿坪 1 号隧道进洞口顶部局部玄武岩岩体被切割成块体，局部岩体已悬空。出洞口顶部灰岩岩体裂隙发育，局部已被切割成块体。对隧道洞口及桥梁施工及运营安全影响较大，勘察期间隧道出口顶部有碎石坠落。

椿坪 2 号隧道进口正在进行危岩体清除，前期陡崖上可见危岩体已被清除，但陡崖高度大，裂隙发育，顶部未进行清除处理，任有小部分不稳定岩体。

鲁溪村隧道出口洞顶陡崖上局部岩体在裂隙切割下已形成岩腔，隧道开挖易导致危岩体坠落，从而威胁隧道洞口和下部桥梁。危岩体位于陡崖上部，清除和治理较困难。

黄华隧道出口上部陡崖上分布不稳定岩体，为灰岩，在裂隙切割下顶部岩体局部已悬空，隧道施工爆破过程中易失稳坠落。

隧道洞口顶部危岩及不稳定岩体对隧道洞口和桥梁施工及运营安全影响较大，由于危岩体位于陡崖上部，清除或支挡较困难，建议采取被动防护措施，在洞门上部设置足够宽度的碎落台，避免零散的落石块侵入到行车道，且碎落台的宽度范围内宜设置防护落石栅栏。

4. 岩溶

项目区沿线分布奥陶系、二叠系、三叠系灰岩地层，该类岩石受地下水长期溶蚀侵蚀形成一定程度的岩溶不良地质现象，其发育特征受节理与岩层产出关系影响较大。岩溶发育在水平上反映为岩溶循构造线呈条带状分布，自河谷向分水岭岩溶由强变弱；其主要形态主要有溶洞、溶蚀洼地、漏斗、落水洞、暗河等。

哈米德隧道和向阳坪隧道钻孔揭露溶洞洞身最大超过 100m，钻探揭露岩溶率约为 13%，结合采用物探手段所做岩溶专项调查综合分析判定沿线路碳酸盐岩区域整体上岩溶中等发育，局部路段（里程 K7+300～K11+000）岩溶强烈发育。沿线部分桥梁、隧洞均穿越岩溶区，对线路建设有较大影响。

桃子树隧道进口岩溶 YR3 水平发育，洞径约 3m×1.6m，可见洞深约 7m，洞口标高 1149.23m，无水，北侧陡崖中部见直径约 0.7m 的溶洞，洞口无水流出。位于隧道顶板以上 23.5m，为干溶洞，溶洞水平发育，对隧道稳定性影响较大。在桃子树隧道进口右侧 60m 处发现岩溶 YR4 为暗河出口，水平发育，洞径约 1.8m×2.8m，可见洞身 8m，洞口标高 1151.71m，水量约 1950m³/d，暗河走向顺岩层走向，沿向斜轴部发育，其方位角约为 230°。暗河出口底标高比隧道顶板标高约高 17m。暗河底部为厚 3～5m 的砂质泥岩，为相对隔水层，隧道开挖施工过程及后期，暗河地下水仅有部分通过基岩裂隙排入隧道，雨期施工，可能发生突水。

根据钻探揭露，沿线黄华大桥和黄葛树大桥、黄华互通仅局部钻孔揭露岩溶，多为溶蚀裂隙、孔洞，岩芯呈碎块状、半柱状，岩溶影响直径 0.2～1.0m。

5. 煤系地层

（1）莲峰 2 号隧道

隧道穿越 ZK33+950～ZK34+040、K33+960～K34+050 段梁山组（P_1l）地层，为含煤地层；穿越 ZK33+190～ZK33+530、K33+190～K33+540 段为志留系龙马溪组（S_1l）地层，为

储藏页岩气地层。为隧道疑似瓦斯地层，有产生瓦斯气体的可能，建议施工单位做好专项应急预案方案，施工期间穿越该地层段时加强洞内瓦斯气体的超前地质预报工作，加强洞内瓦斯气体监测和通风。如后期确定为瓦斯隧道，则在隧道掘进中，严格执行监测监控，先抽后采的瓦斯防治方针，并采取合理、可靠、稳定的通风系统，加强瓦斯检查，及时、准确掌握隧道掌子面瓦斯浓度的变化，当掌子面瓦斯浓度超过 0.5%时，应加大通风，将掌子面瓦斯浓度降低至 0.5%以下，并布置超前钻孔对前方 30m 地层进行瓦斯排放。

（2）顺田隧道

隧道 ZK38＋662～ZK38＋822、K38＋649～K38＋814 段为二叠系宣威组（P_2x）地层，为隧道疑似瓦斯地层，建议施工单位做好专项应急预案方案，施工期间穿越该地层段时加强洞内瓦斯气体的超前地质预报工作，加强洞内瓦斯气体监测和通风。在隧道掘进中，严格执行监测监控，先抽后采的瓦斯防治方针，并采取合理、可靠、稳定的通风系统，加强瓦斯检查，及时、准确掌握隧道掌子面瓦斯浓度的变化，当掌子面瓦斯浓度超过 0.5%时，应加大通风，将掌子面瓦斯浓度降低至 0.5%以下，并布置超前钻孔对前方 30m 地层进行瓦斯排放。

6. 泥石流

（1）金竹林沟

金竹林沟分布于路线 K48＋400，沟宽 5～25m，沟谷纵坡 10°～25°，局部陡坎。河流发源于东北侧泡桐树一带，汇入禹家河沟，流域面积约 10km²，呈树枝状，上游主流长约 3km。水面宽度 1.0～3.0m，水深 0.30～0.50m，常年流水，调查期间流量 120L/s（2019.3.26）。根据岸边洪痕推测最高洪水位比沟底约高 1.0m，最大流量约 700L/s，最高洪水位于标高约 942m。主要受大气降水的补给，受季节降水影响较大。拟建金竹林中桥横跨沟谷，该处桥面设计标高约 966m。

金竹林中桥桥位区东侧约 2.5km 处因修建乡村道路抛填的碎石土，结构松散，在 2018 年 5 月～2018 年 7 月期间因暴雨导致堆积体被地表水冲刷携带，从而形成泥石流，沿沟而下从桥位区通过。同时桥位区两侧桥台处，因修建隧道进口，斜坡及沟谷堆填碎石弃土，暴雨季节易形成泥石流。建议桥墩台加强刚度，加强桥墩处防冲刷防撞措施，桥位区加强地表水的沟渠的输排措施。

（2）禹家河沟

禹家河沟位于椿坪 2 号隧道出口与鲁溪隧道进口之间的溪沟，禹家河沟从线路 K49＋850 处通过，沟宽 5～25m，水面宽度 1.0～3.0m，水深 0.30～0.50m，路线垂直跨越，调查期间流量 122L/s（2019.5.16）。最高洪水位比沟底高 1.5～2.0m，溪沟最大流域长度约 12km，溪沟汇水面积约 45km²。

沟谷上游及两侧斜坡分布有崩坡积碎石土及冲洪积卵石土、漂石土，表层土体结构松散。沟谷两岸植被较发育，以黑桃树、柏树、花椒树、灌木为主。在暴雨季节，沟内有泥石流发生。建议线路区内及上下游做好地表水疏排，防止因施工开挖抛填的弃渣淤塞溪沟，并做好两侧岸坡防护。

2.3.2 特殊性岩土

线路沿线分布有红黏土和次生红黏土，红黏土主要分布在碳酸盐岩地层地表，厚度 1～5m。红黏土厚度不均匀，变化较大，干强度及韧性较高，压缩性高，根据实验成果红黏土具有弱膨胀性。

2.4 工程建设关键技术难题

2.4.1 工程建设特点

1. 工程建设意义重大

大永高速公路是张掖至打洛高速公路中的一段，是国家高速公路网中的一条新纵线，也是连接四川攀枝花与云南丽江、大理的重要通道，也是我国西南出境的一条重要便捷通道之一。工程建设图见图 2-33。

图 2-33 工程建设图

2. 地质地形特殊

沿线山高峰陡、峡谷纵横，地形高差巨大、起伏频繁。区域地质构造复杂、断裂带发育，滑坡、崩塌、岩堆、危岩体、溶洞、地下暗河等各种不良地质严重。耿家湾隧道出口见图 2-34。

图 2-34 耿家湾隧道出口

3. 工程技术复杂

项目结构类型多，技术复杂，需突破的科研技术难点多，工程技术和安全、质量控制难度非常大。沿线桥梁多位于跨悬崖峭壁的峡谷之上。全线多条隧道穿越地下暗河、断层破碎带、软岩、岩溶等不良地质段，突泥、突水、垮塌、围岩大变形等高风险地灾随时可能发生。路基边坡高陡，地质破碎，地质病害多。

4. 施工条件艰难

项目地处山区，施工用水困难，天然砂稀缺，筑路材料缺乏，工程造价控制难度大；本地区交通设施落后，现有公路坡陡弯急，桥梁载荷低，大件设备、材料运输十分困难；由于地处高山峡谷，山高坡陡，施工场地狭小；通道资源十分有限；民爆物品使用频繁，安全生产管理难度大。隧道施工场地见图2-35。

图 2-35　隧道施工场地

2.4.2　工程建设难点

由于特殊的地形地质条件，大量的工程问题在世界上尚属先例，项目建设风险极大，有大量技术难题需要突破。

大永高速公路地质条件极为复杂，存在滑坡、岩堆、岩溶、地下暗河、断裂带等不良地质情况，极易发生各种地质灾害（图2-36）。区内地形切割较大，山高谷深，沟谷纵横交错，基岩裸露。区内地貌主要可分为构造侵蚀深切峡谷地貌（Ⅰ）、构造侵蚀中山地貌（Ⅱ）两种；岩土体分别为松散工程地质岩类（Ⅰ）、碎屑岩工程地质岩类（Ⅱ）、碳酸盐岩工程地质岩类（Ⅲ）、侵入岩工程地质岩类（Ⅳ）四大类。

1）工程难题众多

与平原微丘区相比，大永高速公路建设主要面临深切峡谷桥梁建造、复杂地质条件下隧道的施工与安全控制、高填深挖路基的稳定与工程措施、生态环境的保护和恢复、施工便道、作业场地困难等工程技术难题。路线中卢家湾大桥桩基建造、黄华养护工区边坡治理、众多隧道口边坡防护、哈米德隧道岩溶地质灾害治理、莲峰隧道断层破碎带防护、椿坪 1 号隧道高地应力防护等重难点工程。

卢家湾大桥边坡抗滑与隧道洞口加固工程见图 2-37。

2）桥隧比例高、长大隧道多

大永高速公路建设中桥隧比例较高，且长大隧道多，如哈米德隧道、莲峰隧道、椿坪 1 号隧道、黄华隧道（图 2-38）、鲁溪村隧道等。

(a) 岩溶不良地质

(b) 滑坡不良地质

图 2-36　复杂地质情况

图 2-37 卢家湾大桥边坡抗滑与隧道洞口加固工程　　　　图 2-38 黄华隧道进口段施工图

3）隧道进出口多处于不良地质中

由于受地形条件的限制，大永高速公路隧道的进出口往往会遇到危岩落石、岩堆、滑坡、顺层、偏压、浅埋、软弱围岩、陡坡进洞等问题。因此，隧道在进洞施工时往往会发生高边坡滚石伤人、边坡滑塌、隧道塌方冒顶等事故，安全风险极高，施工难度大。如椿坪1号隧道、黄华隧道、鲁溪村隧道洞口段浅埋、偏压、围岩软弱、破碎，施工极其困难。黄华隧道进口段加固施工见图 2-39。

4）安全问题突出

大永高速公路有众多的高边坡施工、高架桥梁高空作业、爆破作业、复杂地质条件下的隧道施工，还有众多的施工车辆运输、机械作业，成千上万人在地形陡峭、险峻的线路上施工，安全管理难度极大。

凤凰大桥施工过程见图 2-40。

图 2-39 黄华隧道进口段加固施工　　　　图 2-40 凤凰大桥施工过程

5）施工组织困难

大永高速公路很多地段山高谷深，人迹罕至，基本上没有可利用的乡村道路作为施工便道，设备、人员、材料进场难度大，如图 2-41 所示；地形的复杂导致施工单位之间和施工工序之间的衔接十分困难，从而导致工程质量、进度保障等一系列问题。

图 2-41　哈米德隧道出口与向阳坪隧道进口原地形图

6）环保问题突出

大永高速公路大多数路段为未被开发的原始自然状态下的生态带,而高速公路施工高填深切,高边坡多,填挖方量大,不可避免地会对生态环境、水土保持、水环境、自然景观等造成一定程度的影响和破坏。大永高速 A4 标黄华互通及连接线全景见图 2-42。

图 2-42　大永高速 A4 标黄华互通及连接线全景

这些特点决定了大永高速公路建设规模大、技术复杂、存在众多的技术难题亟待探索和研究,为我国今后大规模的西南山区高速公路建设提供技术支撑。

第 2 篇

高边坡篇

高陡边坡施工

　　伴随着我国经济的迅猛发展和交通体系的日趋完善，人类工程活动逐渐深入偏远山区，由于发展需要，工程边坡数量越来越多，边坡高度也愈渐加大。而在丘陵、山区具有险峻的地势区域进行道路路线设计规划时，路线经过陡峭、高耸的山体无可避免，进而在道路修建过程中，如何保证高陡山体边坡的稳定性及在运营后的稳定性显得尤为必要，亦成为各工程师们关注的焦点之处。高陡边坡主要包括岩质边坡和土质边坡两种类型，岩质边坡岩性较硬，不容易破坏，在受到破坏因素影响下，形变缓慢，当其达到临界值时，灾害破坏力度大；土质边坡一般主要分布在黄土高原区等松散层厚度较大的区域，其受到土质特性影响，在变形过程中，形态等变化明显，易于发现。采矿扰动、水利及交通建设、降雨、地震等因素是高陡边坡破坏主导因素。

第 3 章

西南山区高速公路高边坡病害形式及成因

西南山区地形地貌复杂多变，公路工程的建设往往要面临大量的填方和挖方问题，高填方和高挖方自然形成高边坡，其稳定性问题成为施工和运营阶段的关键因素。山区高速公路的高边坡是指土质边坡高度在 20～100m 之间；岩质边坡高度在 30～100m 之间。受到施工干扰后就不同于其原有的自然状态，边坡就有滑塌的风险，其风险程度与地质环境和外部环境相关。由于山区环境与平原地区不同，边坡的稳定性问题也不一样。常见的山区边坡病害包含了滑塌、泥石流、局部坍塌沉陷、落石等，其中滑塌是最常发生的，影响也极其恶劣；山区公路高边坡一旦发生滑塌，将对高速公路建设与运营造成很大影响与破坏。

3.1 高边坡病害形式

3.1.1 坡体变形

边坡所在山体或斜坡体工程地质条件较差，有不良坡体或岩体结构，还有贯通且延伸度长的倾向临空的不利结构面或软弱夹层，地下水发育，影响范围深。边坡高度较高时，会产生规模较大的滑坡、崩塌、错落和坍塌等坡体整体失稳变形，其范围常超出边坡范围。

3.1.2 边坡变形

在边坡范围内，工程地质条件较差或含水量高，或有倾向临空的不利结构面，变形破坏可以是一级或数级边坡的变形，但破坏深度一般 6～7m，在边坡内会发生如坍塌、浅层滑坡、局部楔形体滑动等病害。

3.1.3 坡面变形

坡体边坡自身是稳定的，但坡面在外界因素作用下，会因风化剥蚀、水流冲刷等产生坡面变形，如碎落、剥落、落石、溜坍、冲沟等，破坏深度一般为坡体表层 1～2m 的范围内。

对于坡体的变形，结合坡形、坡度设计，必须采取工程支挡措施：对于边坡变形，采用改变坡形、坡度或做一些加锚杆框架、培植植被、加设排水孔等加固及排水措施，即可防止病害的发生及变形规模的进一步扩大；对于坡面变形，只需采取防护措施即可防止。

3.2 高边坡病害成因

西南山区高速公路高边坡病害成因一般分为两方面，即内在因素与外在因素。

3.2.1 内在因素

西南山区高速公路高边坡病害的内在因素多由岩体特征及地质构造两种因素构成。

岩体特征指包括岩体内部结构、强度、抗侵蚀性等特征，这些特征直接关系到岩体的稳定性。如在边坡其他条件都相同的前提下，拥有更高强度的岩体在稳定性上要胜过强度较低的岩体，强度高的岩体变形系数低，因此也就能保证边坡的稳定性，从而使山区公路的安全得到相应保障。就岩体内部结构而言，内部结构复杂的岩体更易受到其他因素影响，造成岩体抗变形能力相对低下，更易造成岩体的变形、崩裂等，从而促使边坡破坏崩塌的出现。

地质构造是指构成边坡的地质条件，一般情况下自然形成的高边坡多由不同的岩体构造及形状组合形成，这种构造具有一定的随机性，因此可能使岩体处在不稳固的地理条件下，为失稳破坏提供了相应的条件。此外，如果高边坡岩体并不具有相应的连续性，也就意味着岩体抗变形能力较低，更易形成失稳破坏。

3.2.2 外在因素

西南山区高速公路高边坡病害的外在因素包括水分含量、气候条件、地形三方面。

岩体水分含量会受到降雨的影响，少量降水对岩体的影响较小，但也存在减弱岩体关键位置摩擦力，促使岩体变形失稳形成的可能。持续性高、降水量大的降雨会致使边坡岩体内的水分含量上升，致使岩体结构出现一定程度软化，当岩体结构中某一部分的摩擦力及稳定性不足以支撑岩体重量时，就会出现岩体失稳，造成边坡破坏的情况。

能对岩体产生较大影响的气候条件多为降雨及风力。降雨除了减弱岩体之间的摩擦力之外，还具有增加岩体重量、软化岩体结构的作用，因此山洪往往发生在降水量大、持续时间长的降雨过程中。风力影响主要体现在拥有一定高度的高边坡，往往会承受较大的风力，大风会对岩体结构处的构造造成一定侵蚀，再加上生物影响，当结构不足以支撑岩体时即产生失稳破坏。

边坡失稳破坏受地形影响多是因为高度。由于山区公路所处地形多险恶，大部分情况下的地势较为陡峭，边坡高度越高，则产生失稳破坏的可能性越高。

第 4 章

西南山区高速公路高边坡病害防治措施

4.1 高边坡病害防治原则

西南山区高速公路的边坡崩塌防护治理的工程技术较为复杂、施工也较为困难，在防护治理时必须本着"安全可靠、技术先进、经济合理、施工方便、环境协调"的原则。

4.2 高边坡病害防治措施

国内外对于高边坡防护工程的研究主要分为三个阶段。第一阶段始于 20 世纪中期，欧美等发达国家为了寻求工业化的发展，大力修路架桥，在一些地质不好的区域需要修建边坡，出现了大规模的人造边坡，由于当时缺乏系统的研究和分析，出现了较多的边坡失稳情况，造成了巨大的经济损失，人们开始逐渐意识到边坡工程的重要性，一些对于边坡失稳机理和治理措施的研究开始兴起；第二阶段出现于 20 世纪 70 年代，随着工业化进程的不断加快，人们意识到使用挡土墙已经不能解决所有的边坡问题，为了对边坡进行加固，开始使用抗滑桩等装置。抗滑桩的使用不仅增加了施工效率，也大大提高了边坡的稳定性。一些国家为了增加抗滑桩的承载能力，提高其抗剪切能力，对抗滑桩的桩顶利用承台进行连接，这种连接使得稳定性进一步提高；第三阶段始于 20 世纪 80 年代以后，工程项目建设的规模不断扩大，难度系数也相应增大，失稳破坏带来的影响更为恶劣，上个阶段使用的小型抗滑桩已经远远不能满足要求，施工人员开始使用直径较大的钻孔抗滑桩对大型边坡工程进行支护，同时，锚索也被开发出来，其相对于抗滑桩有着更好的力学性能，造价也相对较低，很多项目中开始将二者统一，协同受力。经过对近年来国内外山区高边坡病害治理的研究与实践，我国在这方面积累了大量的经验，目前关于山区公路高边坡病害治理主要有以下措施：

4.2.1 坡体削方卸载

针对山区高速公路高边坡的不稳定岩体，采用削方卸载的措施能够减小坡体自重和坡顶荷载。与此同时，削方卸载还可以通过控制边坡的坡度，使原来陡峻的山坡变得平缓，从而减少坡体的下滑力，提高坡体的稳定性。如果公路高边坡的表面存在松散的岩体，那么该松散岩体也必须清除，直到露出"新鲜"的岩体表面，削方卸载最终确定的边坡的坡度必须经过验算且满足稳定性要求。

4.2.2 坡面防护和深层加固

降水和环境变化等会对山区高速公路高边坡的表层产生一定的破坏。如果表层受到破坏，就会使得边坡的内在构造受到影响，从而改变边坡的稳定性。鉴于此，为了减小高边坡崩塌的可能性，需要通过在边坡坡面设置一些措施来保护边坡免受破坏，满足规范或设计文件要求的稳定性。岩体高边坡通常可以采用的坡面防护方式有混凝土（框架梁、喷浆、坡面护槽等）或浆砌块石。这些措施可在公路高边坡的坡面形成固定骨架，用来提高公路高边坡的表面粗糙系数，可以起到减缓水流、稳定边坡的作用。常用的坡面框架加固形式有石拱、预制块、六边形等，这些坡面框架加固形式不仅能提高边坡稳定性，还能协调自然环境，具有一定的美观效果。

如果山区公路高边坡位于非常陡峭的地段，则应当对表层岩体进行修理，降低岩体向外倾角，并采用支撑、支护和嵌补等方式。如果岩体高边坡本身就存在较大的安全隐患，那么除了对其坡面进行防护加固外，还应当同时开展深层加固以保障边坡稳定性。工程中经常应用的深层加固手段有土钉加固、全长粘结锚杆加固、预应力锚索加固以及注浆加固等。土钉、全长粘结锚杆、预应力锚索的加固原理大体相同，基本上都是采用预应力对边坡施加压应力并将其锚固到相对稳定的岩层上，使得外露边坡与内部的稳定岩层共同形成一个整体从而提高边坡稳定性；注浆加固就是通过改变边坡坡体的组成成分和特性，使得边坡与新注入浆液形成一个整体连接从而提高边坡稳定性。

4.2.3 排水设施布设

边坡排水设计的原则一般有：预防为主，防治结合；分级截流，纵横结合；因地制宜，经济适用。特别需要强调的是，如果山区公路高边坡位于非常陡峭的地段，那么排水工程应当遵循"分级截流、纵横结合"的原则来进行排水，这样不仅可以充分排除坡体内部和坡表的积水，还能消减水势，减小排水结构的受力，增加排水结构的使用寿命。

4.3 高边坡安全监测

4.3.1 高边坡安全监测技术

1. 应力监测技术方法

在西南山区高速公路高边坡安全监测工作当中，应力监测技术是其中比较常用的监测技术方法之一，在监测岩体受力变化工作当中，使用较多的是应力锚杆和应力锚索监测技术方法。通过该方法的应用，可以实现对边坡位置进行精确监测，有效判断高边坡产生的实时性位移和受力变化情况，该方法除了可以对高边坡位移情况进行监测，同时还可以为高边坡的治理工作开展打下良好的基础。

2. 边坡位移监测技术方法

在边坡位移监测工作过程中，首先，比较常用的技术方法主要包含 GPS 定位技术、RS 技术以及 JNSS 技术等。其中 GPS 技术指的是全球卫星定位系统，可以对所测量区域的地理位置进行精确定位。RS 系统主要是基于电磁波，可以对所测量的地面信息进行拍摄扫描以及设计工作。GIS 技术属于一种地理信息计算分析工作软件，通过 GPS 与 RS 技术进行大量的数据收集工作，以此实现对高边坡安全性和稳定性的实时性监测。随着科学技术的不断向前发展，GPS 技术的应用日渐完善，同时 GS 技术的分析和建模能力也在不断提升，因此通过上述几种监测工作方法，为高速公路高边坡的监测工作顺利开展打下良好的基础。

其次，测斜仪监测技术。为了全面实现高速公路高边坡变形监测工作目标，通常情况下会在高边坡内部安装测斜管，同时在测斜管内部安装导轮测斜仪器设备来完成相关测量工作，测斜技术因在使用过程中具有精度较高、漂移程度较小以及稳定性更强等多方面优势，被工程单位广泛使用。

3. 光纤传感监测技术

光纤传感监测技术，主要是基于光在传播过程中，所产生的变化参数来进行地形监测，通过反映出环境的变化情况，以及信号变化所对应的岩石物理变化，实现对高速公路高边坡的稳定性情况进行实时性监测。光纤传感技术依照不同的监测工作范围，通常情况下可以将其分为分布式、准分布式以及点分布式三种监测工作方法，根据光纤工作原理对其进行分类，可以将其分为光栅光纤与光纤两种监测工作形态。

当前在变化监测工作过程中，比较常用的监测工作方法，主要包含的是光纤布拉格光栅传感技术，该项技术可以充分实现点式和准分布式的高速公路边坡监测方式，尽管光纤传感器具有较强的抗干扰能力和精确性更高等多方面监测工作优势，但是对于边坡滑坡的物理运动方向还无法做出正确的判断，因此需要进行进一步优化和完善。

4.3.2　高边坡安全监测工作实施策略

高边坡监测，主要是指路基山体开挖后的边坡监测，监测内容为人工巡视、裂缝观测、坡面观测、沉降观测和水平位移观测，土石方大开挖后是观测的重点时间段，暴雨期间加强监测频率。

1. 监测要求

边坡监控质量包括施工安全监测、处置效果监测和动态长期监测。一般应以施工安全监测和处置效果监测为主。边坡工程应由设计单位提出监测要求，由建设单位委托有资质的监测单位编制监测方案，经设计、监理和业主等共同认可后实施。

方案应包括监测项目、监测目的、监测方法、测点布置、监测项目报警值、信息反馈制度和现场原始状态资料记录等内容。

设计单位根据施工开挖反馈的更详实的地质资料、边坡变形量、应力监测值等对原设计作校核和补充、完善设计，确保工程安全，设计合理。监测单位应严格按照监测方案进行监测，保证监测数据的准确。目测巡视，指定有工程经验的工程师进行肉眼巡视，主要是对支护结构顶部、邻近建（构）筑物及邻近地面可能出现的裂缝、塌陷和支护结构工作失常、流土、渗漏等不良现象的发生和发展进行记录、检查和综合分析。肉眼巡视包括用裂缝读数显微镜量测裂缝宽度和使用一般的量衡手段。

2. 地基表面及内部形变监测

监测项目及方式见表 4-1。

监测项目及方式一览表 表 4-1

监测项目			监测装置
变形	地表变形监测	水平位移监测	全站仪、光电测距仪、水准仪、观测标
		垂直变形监测	
		裂缝监测	观测标、直尺、裂缝仪
	内部变形监测		测斜仪、分层沉降仪
应力	孔隙水压力监测		孔压计
	土压力监测		土压力计
其他	雨量监测		雨量计
	地表水监测		流量计、流速仪、围堰等
	地下水监测		水位观测孔、水位计、流量计等
	支挡结构变形和内力		观测标、测斜仪、应力计等

由专业监测单位编制监测方案，对上述项目监测，并经过相关专家审查评估通过后实施。

3. 监测方法

支挡结构施工前，进场设置监测点，建立基点网，顶梁施工中装设位移和沉降点，处理测斜管管口，然后进行初值观测监测系统的全面启动从正式填筑开始。观测总的时间初定为 3 个月左右。当主体结构施工完毕并回填后，支护监测工作结束，周边环境的监测工作继续直至稳定为止。观测次数视施工情况而定，在施工期间，一般 1～2d 观测 1 次，根据变形等综合监测的发展趋势及时调整频率，出现险情时则监测时间为 1d2 次或数次，监测项目的监测频率应满足国家相关规范要求。在深层水平位移监测过程中，主要是在边坡的指定位置建立起斜孔然后进行周期性测量，有效获取边坡位置的变形和位移参数，可以有效反映出深层土体变形量、位移量等，通过这种监测工作方法可以有效了解边坡在施工过程中或者是使用过程中位移情况，位移监测使用的是测斜仪器设备进行观测，观测结果通过计算之后可得土体水平位移数值。在测量工作过程中，需要将测斜仪器探头直接深入到测斜管内部，并且根据测定点的间距大小进行向上滑移，获取测量仪器设备当中的相关参数数据，然后在计算机当中通过数据处理软件编制出位移监测参数值和参数图表。

第 5 章

西南山区高速公路高边坡失稳机理与治理

20 世纪 60 年代左右，国内外众多学者采用地质分析法，数值模拟等多种方法，开始致力于高边坡破坏机理的研究。为此，本书依托黄华互通养护工区高边坡工程，采用数值计算分析方法，研究了山区高边坡失稳机理；结合工程建设实际滑坡情况，提出了滑坡治理方法。

5.1 高边坡失稳机理

5.1.1 工程概况

1. 工程基本情况

大关至永善高速公路土建工程第 4 标段，项目位于云南省昭通市永善县黄华镇，线路全长 16.903km，起讫桩号为 K43 + 927～K60 + 830，主要构筑物：4 隧 4 桥 1 互通。包含特长隧道 18236m/2 座（单线），长隧道 7772.5m/2 座（单线），桥梁 3464m/4 座（单线），路基 1.85km；互通立交一处，连接线 3.898km。

本标段主线路基横断面采用整体式和分离式两种，整体式路基总宽度 25.5m：中间带宽度 3.0m（中央分隔带 2.0m + 路缘带 2 × 0.50m），行车道 2 × 2 × 3.75m，硬路肩宽度 2 × 3.0m，土路肩宽度 2 × 0.75m。分离式路基单幅宽度为 12.75m，其中：行车道宽度 2 × 3.75m；左侧硬路肩宽度 0.75m；右侧硬路肩宽度 3m；土路肩宽度 2 × 0.75m。

黄华连接线东起黄华老镇，西达朝阳新区，承接黄华立交落地功能，并与养护工区平交，设计等级二级公路，设计速度 40km/h，起点路段路基标准宽度 8.5m（LK0 + 000～LK0 + 219.110），一般路段标准路基宽度 15.5m（LK0 + 219.110～终点）。

本标段内属于高边坡度的主要有 2 处。

1）K59 + 135～K59 + 500 右侧段

边坡支护的设计形式如下：

边坡支护结构：边坡采用台阶式放坡（台阶高 10m，平台宽 2m），最高为 4 级，边坡的坡度 1∶1，边坡主要采用"锚杆框格梁 + 锚索框格梁"的防护加固措施。

边坡排泄水系统：坡顶设置截水沟，防止地表水冲刷坡面及入渗坡体；坡脚结合拟建道路排水系统设置边沟，以得使坡顶排水通畅，坡脚不积水为原则；分别在第一、三级边坡坡脚段设置一排疏干孔，孔径φ130，间距 10m，孔深 15m。

坡面绿化系统：锚杆框架内采用绿化挡土袋护坡或土工格式植草。

具体分布情况见表5-1。

高边坡分布情况一览表　　　　　　　　表 5-1

序号	起讫桩号及位置	边坡长度	最大边坡高度	设计坡比	设计防护形式
1	K59＋135～K59＋500	365m	33.2m	1∶1	锚杆框格梁＋锚索框格梁
2	K59＋570～K59＋692与DK0＋112～DK0＋270	280m	44.3m	1∶0.75（1∶25）	锚杆框格梁＋锚索框格梁

2）黄华互通 K59＋570～K59＋692 与 DK0＋112～DK0＋270 右侧

边坡支护的设计形式如下：

边坡支护结构：边坡采用台阶式放坡（台阶高 10m，平台宽 2m），最高为 4 级，边坡的坡度分别为：1∶0.75，1∶1，1∶1.25，1∶1.25，边坡主要采用"锚杆框格梁＋锚索框格梁"的防护加固措施。

边坡断面形式见图 5-1。

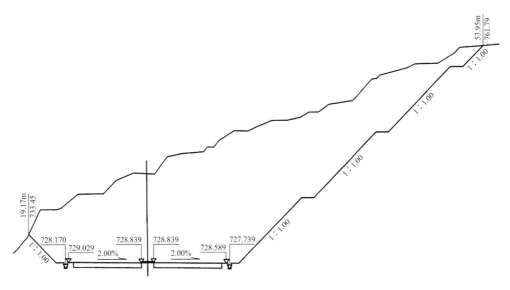

图 5-1　边坡断面形式

2.边坡设计情况

（1）边坡采用台阶式边坡：挖方边坡根据地质条件的不同采用不同的形式，每一级边坡高度 8～10m，每一级处设 2m 平台，并设置 2%的外倾横坡。在局部有现状构筑物限制的地段，采用 1∶0.5～1∶0.75 的较陡坡率。

（2）边坡的坡面防护形式主要采用锚杆框格梁进行防护。框格梁采用 C25 混凝土，锚杆采用 $\underline{\Phi}$32 的 HRB400 钢筋。锚杆长 11.5m，设计抗拔力为 90kN。采用一次注浆，锚杆灌浆采用 M30 水泥砂浆用新鲜的强度等级为 42.5MPa 的普通硅酸盐水泥，注浆压力不小于 0.60MPa。

（3）预应力锚索钻孔直径 150mm，锚索体采用 4 束ϕ^s15.2，标准抗拉强度为 1860MPa 的高强度、低松弛的普通预应力钢绞线编制。锚固段长 10m，锚索设计张拉力 400kN，锁定拉力为 440kN。采用二次注浆法，灌注强度为 M30 的水泥浆，第一次注浆压力不小于 0.51MPa，第二次注浆压力不小于 1.52MPa。

（4）坡顶面设置梯形截水沟，采用 C25 混凝土；每级平台设排水沟，采用 C25 混凝土。

3. 地质和气候条件

1）地形地貌

（1）大挖方段地面高程介于 726～762m 之间，相对高差约 36m。纵向地形坡度 10°～15°，横向坡度 10°～20°，边坡上部土质为碎石土，厚 10～15m；下部岩质为灰岩与泥灰岩，岩层顺倾。

（2）深挖路段位于拟建路线永善县黄华镇附近，起点里程 K59 + 570，止点里程 DK0 + 270。大挖方段地面高程介于 735～780m 之间，相对高差约 45m。该段地势陡峻，纵横向坡度均平缓，纵向坡度 3°～15°，横向坡度 5°～15°，覆盖层为残坡积红黏土、角砾及碎石土，厚 1.0～15m。

黄华互通施工区地形地貌图见图 5-2。

图 5-2　黄华互通施工区地形地貌图

2）地层岩性

（1）红黏土：黄褐色，灰褐色，呈可塑～硬塑状，干强度及韧性高，切面稍有光滑，无摇振反应，局部少量含灰岩碎石，上部含植物根系，为残坡积成因，Ⅱ级普通土。

（2）角砾：灰黄色，较干，稍密，成分为黏性土及灰岩角砾，角砾含量 20%～30%，多呈棱角状，胶结一般，工程分级为 1Ⅱ级硬土。

（3）碎石土：灰褐色、灰色，稍湿，结构松散稍密，成分多为灰岩碎石、角砾，及砾砂、黏土，粗粒粒径 2～180mm，呈棱角状，含量 45%～55%，偶见灰岩块石，粒径 30cm，胶结一般较好，周边可见 56m 高近直立的稳定土层陡坎，少许掉块。工程分级Ⅱ级硬土。

（4）灰岩：深灰色，微晶结构，中厚层状构造，以碳酸盐矿物为主。岩芯呈短柱状，柱状，节长 4～90cm。未揭穿，为中风化带，工程分级为Ⅴ级坚石。

（5）泥灰岩：浅肉红色，灰绿色，隐晶质结构、泥质结构，中厚层状构造，以碳酸盐矿物为主，岩芯较完整，呈柱状，短柱状，节长 8～70cm，为中风化带，未揭穿，工程分级为Ⅳ级软石。

3）水文、气候

项目沿线区域水系发育，主要河流有金沙江及其他小支流。据各岩组的岩性及赋水特征，区内地下水按其赋存形式有松散堆积层孔隙水和基岩裂隙水、构造裂隙水、岩溶水四大类型，主要受河水、大气降水补给。

5.1.2 数值计算模型与分析方法

1. 强度折减法的基本原理

强度折减法是基于变形系数计算模型在已有应力状态下岩土稳定系数的一种方法。它是被研究的岩石和土壤的抗剪强度的持续降低。在不同的抗剪强度条件下，反复分析边坡的稳定系数，直至边坡达到破坏状态。具体过程是不断降低岩土的抗剪强度指标（黏聚力c和内摩擦角φ），并按式(5-1)和式(5-2)不断降低，直至边坡处于极限平衡状态。

$$c_i = \frac{1}{F_s}c \tag{5-1}$$

$$\varphi_i = \arctan\left(\frac{1}{F_s}\tan\varphi\right) \tag{5-2}$$

$$\tau_{fi} = c_i + \sigma\tan\varphi_i \tag{5-3}$$

式中：c_i——折减后的粘结力；

$\quad\varphi_i$——折减后的内摩擦角；

$\quad\tau_{fi}$——折减后的抗剪强度；

$\quad F_s$——折减系数。

强度折减法作为一种精确的近似解，能满足边坡各点的力平衡条件、变形协调条件和边界条件组成方程，能很好地反映出接近实际情况的破坏现象。无需假定滑动面，边坡的破坏过程可以自动描述。

2. 数值计算模型

采用FLAC 3D有限差分软件对边坡开挖过程进行模拟，研究开挖过程中的稳定性。在建立边坡模型时，边坡的表面形态和内部岩石分布特征是以地质调查资料为基础的。该模型共有 21736个单元和 25286 个节点。边坡为 6 级边坡，模型长 108m，高 57m，宽 30m，模型右侧 6 个不同颜色的模块，自上而下代表 6 个开挖台阶，高边坡路基施工力学模型如图 5-3 所示。在模型的左侧，自上而下有三层不同性质的土体。模型采用莫尔-库仑模型计算。模型开挖步骤如下：

（1）初始应力场。模拟开挖时，首先进行自重作用下的边坡稳定计算，得到自重作用下的位移场和应力场，然后去除自重作用下的岩土位移。

（2）自然条件下边坡稳定性计算。根据实际施工步骤进行模拟，并在开挖完成后对数值结果进行分析。模型分为强风化砂岩、强中风化砂岩和中风化砂岩。岩土力学参数见表 5-2。

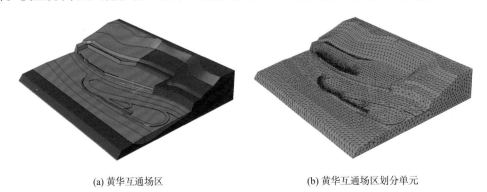

(a) 黄华互通场区　　　　　　　　　　　(b) 黄华互通场区划分单元

图 5-3　高边坡路基施工力学模型

岩土力学参数　　　　　　　　　　　　表 5-2

名称	容重γ（kN/m³）	抗剪强度c（kPa）	内摩擦角φ（°）	变形模量（GPa）	泊松比υ
强风化砂岩	18.4	32.6	18.4	0.94	0.25
强中风化砂岩	24.5	96.5	21.6	1.12	0.23
中风化砂岩	30.2	186.4	24.3	1.09	0.21

5.1.3　山区高速公路高边坡失稳机理

1. 不同开挖时步对边坡安全系数的影响

图 5-4 为边坡安全系数随边坡开挖过程变化的曲线图。由图可知：随着开挖的进行，边坡的安全系数呈现出先增大后减小的态势。未开挖前，边坡的安全系数为 1.22，处于稳定状态。开挖第一步，边坡的安全系数变为 1.08，小于临界状态，不满足规范的要求，说明开挖对边坡的扰动影响非常大，使边坡应力进行重分布。但开挖第二步后，边坡的安全系数有所回升，其原因可能为：（1）开挖掉部分土体后，使得边坡的自重减小，下滑力减小，从而稳定性提高；（2）新开挖部分坡体的推动力不足以使下部未开挖部分的坡体发生变形，这意味着下部未开挖部分坡体可以充当类似于挡土墙，阻止上部坡体发生下滑。到开挖第三步结束后，边

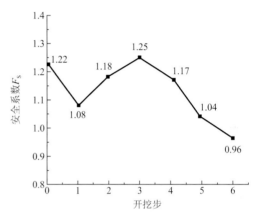

图 5-4　边坡安全系数

坡的稳定性系数达到最大值，但随着开挖的进行，边坡安全系数呈明显下滑的趋势，原因是坡脚被大面积开挖，削弱了其支撑力，造成上部坡体可能整体滑动，形成推动式滑坡。直到最终开挖结束，边坡的安全系数降为 0.96，处于欠稳定状态，需进行加固处理。

2. 不同开挖时步的边坡应变分析

图 5-5 是各级边坡上测点位移与开挖时间步关系图。由水平位移图可看出：监测点 1、2 的水平位移随开挖步的增加逐渐增大，表明开挖卸荷程度越大，该部分变形越大，但总的变形量较小。监测点 3、4、5、6 则表现出先增大后减小再增大的趋势，当开挖第三步结束后，其变形量急剧增大并在第四步结束后达到最大值，第五步开挖完后又减小，最后第六步开挖完成后又都增大。由竖直位移图可看出，监测点 1、2、4、5 的直位移先增大后减小再增大，同样是第三步开挖结束后竖向位移急剧增大并在第四步达到最大值，之后又有所回升，监测点 5 在第五步开挖后的位移变为竖直向上；监测点 3 的位移在 $-8.2 \sim -3.7$cm 间变化，趋于平稳；测点 6 的位移在 $-2 \sim 0.8$cm 间变化，同样趋于平稳，但在第五步开挖后有向上回弹的现象。

3. 不同开挖时步的边坡应力分析

图 5-6 是各级边坡上监测点的大小主应力与开挖时间步关系图。从最大主应力图可以看出，监测点 4、5、6 的大主应力一直表现为压应力，但在开挖到第三步后，压应力值大小逐渐减小，并有转变为拉应力的趋势，这说明开始边坡下部土体主要受到上部土体的挤压，随着开挖的进行，下部土体变为受到坡脚土体的拉动。从最小主应力图可以看出：测点 1、2 的小主应力趋于平稳，监测点 3、4、6 的小主应力值从开挖第三步后逐渐向坐标轴上方延伸，并且监测点 3、4 的小主应

力在开挖后半段由压应力转变为拉应力。综上所述，边坡在开挖完前两步后，位移、应力变化不明显，安全系数趋于稳定，但在第三步后位移、应力开始增大，安全系数开始减小，此时边坡处于最不稳定的状态，需要对其施加支护措施。

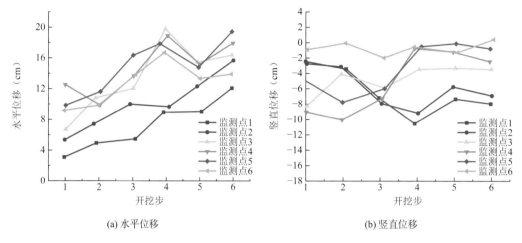

(a) 水平位移　　　　　　　　　　　　(b) 竖直位移

图 5-5　监测点位移图

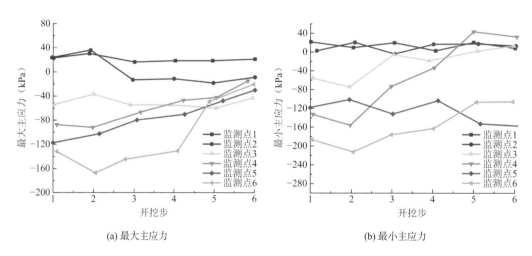

(a) 最大主应力　　　　　　　　　　　(b) 最小主应力

图 5-6　监测点应力图

4. 边坡支护措施研究

将已建立的数值模型利用 FLAC 3D 软件进行边坡稳定性安全系数的计算，计算得到边坡安全系数为 0.96，小于边坡稳定性安全系数的临界值 1.2，边坡目前处于欠稳定状态的蠕动挤压变形阶段，并且其边坡坡顶距离坡面的距离为 1m 处的监测点的累计沉降位移为 41mm，大于边坡沉降位移警戒值 35mm，所以需对边坡采取防护措施，否则易发生边坡滑塌等工程事故。根据滨莱高速当地实际工程经验，可以对该边坡采取放坡、锚杆支护、多重防护等支护措施，但需对其进行对比分析，然后选择最优化设计方案。

5. 放坡对边坡稳定性的影响

对边坡进行放坡，改变边坡的坡率，即减少边坡的土体的重量从而达到增大边坡安全系数的目的。对前三级边坡进行放坡，放坡的坡率为 1∶1，并分别计算安全系数，确定最佳放坡的方法，计算结果见表 5-3。由表可知：对边坡进行放坡处理时，从三级边坡开始依次放坡，其安全系数的变化梯度逐渐增大，对二级边坡进行放坡，其安全系数变化最为明显。主要原因是在未进行边坡开挖时，二级边坡为最危险截面，对二级边坡及其上部土体进行放坡能加速对二级边坡的稳定。当对边坡进一步放坡时，虽然进一步减轻整个边坡的重量，但对边坡稳定性并没有太大的提高。由上述分析结果可知，对边坡进行放坡能提高边坡的稳定性，但是过度的开挖，易形成大量的挖方，不仅增加了施工成本，延误工程进度，而且对开挖的边坡所在环境造成较大的影响。

放坡对边坡安全系数的影响　　　　　　　　　　　　　　　　　　　表 5-3

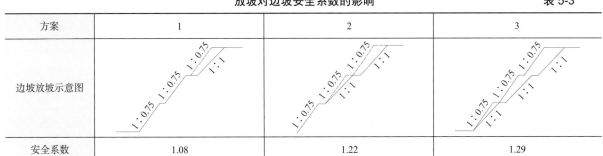

方案	1	2	3
边坡放坡示意图			
安全系数	1.08	1.22	1.29

6. 锚杆支护位置对边坡稳定性的影响

采用锚杆对前三级边坡进行支护，改变锚杆支护位置，计算分析锚杆所处的边坡位置对边坡稳定性的影响。采用三根长度为 18m 的锚杆对边坡进行支护，根据相关研究人员的研究成果，锚杆的最佳支护倾角为 17°。锚杆长度设计为 18m，间距 2.8m，从三级边坡坡顶至一级边坡对每级边坡依次支护，计算边坡稳定性的安全系数，计算结果见表 5-4。从表 5-4 可知：用锚杆对边坡进行支护，支护一级边坡时，边坡的安全系数从原来的 0.98 增加到 1.15，支护后的边坡仍处于欠稳定状态，而支护二级边坡和三级边坡，边坡的安全系数分别为 1.29 和 1.27。所以就本边坡而言，利用锚杆支护二、三级边坡对边坡的稳定性更为有利。

锚杆支护对边坡安全系数的影响　　　　　　　　　　　　　　　　　表 5-4

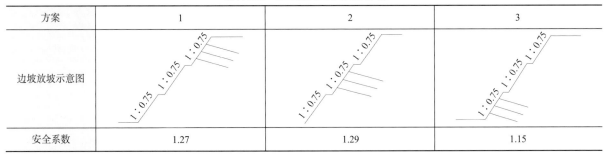

方案	1	2	3
边坡放坡示意图			
安全系数	1.27	1.29	1.15

7. 多重支护对边坡稳定性的影响

多重支护方案制定的原则是基于对边坡的稳定性、边坡开挖对周边环境的影响、边坡的坡面美观等方面因素综合考虑，其最主要的方面是确保边坡的稳定性。

分析表 5-5 计算结果可知：通过采用多重支护方法后的边坡稳定性安全系数，明显大于边坡稳定性安全系数临界值 1.2。方案二相对于其他方案而言，其土方开挖量大于方案一和方案三，考虑到滨莱高速的实际情况和边坡稳定性安全的考虑，所以对于本边坡防护措施优选第一种方案（安全系数为 1.32）和第三种方案（安全系数为 1.30）；方案一的土方开挖量小于方案二并且安全系数最大，所以采用方案一来加固。所以对本边坡而言，综合各个因素考虑，应优选方案一（安全系数 1.32）（即第一、二级边坡采用锚杆防护，锚杆长度设计为 18m，支护倾角为 15°，锚杆间距 2.8m）。第三级边坡采用放坡支护。此时采用方案一防护的边坡坡顶处监测点的累计位移沉降为 5.9mm，小于边坡沉降的警戒值 35mm，说明加固后的边坡处于安全状态，边坡防护方案合理可靠。

多重支护方案对边坡安全系数的影响　　　　　　　　　　　　　表 5-5

方案	1	2	3
边坡放坡示意图	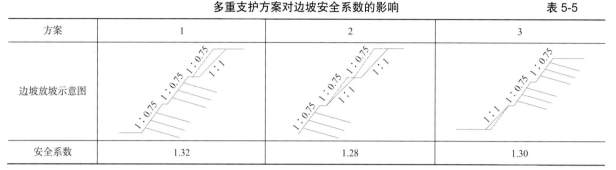		
安全系数	1.32	1.28	1.30

8. 抗滑桩加固

图 5-7、图 5-8 给出了三排抗滑桩受力状态和应力曲线图。由图可知：（1）随着抗滑桩位置从高边坡底部向顶部布置，其受力状态从桩体中下部向顶部偏移。（2）抗滑桩抵抗高边坡滑移力随着抗滑桩位置从底部向顶部逐渐减小。因此，黄华互通高边坡场区施工应加强下部抗滑桩设计与施工，保证其有足够的抗滑力。

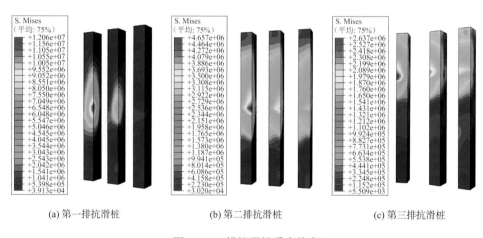

(a) 第一排抗滑桩　　　　　　(b) 第二排抗滑桩　　　　　　(c) 第三排抗滑桩

图 5-7　三排抗滑桩受力状态

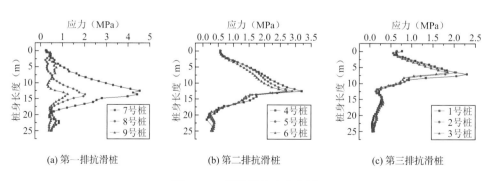

(a) 第一排抗滑桩　　　　　　(b) 第二排抗滑桩　　　　　　(c) 第三排抗滑桩

图 5-8　三排抗滑桩应力曲线

9. 支护加固措施

参照国内外对边坡体进行支护的各种措施与方法，在总结研究区其他边坡体成功或失败的支护工程实际的基础上，结合研究坡体的实际情况，以经济有效、科学合理的原则对本开挖坡体的支护方案进行选取，可选取的支护措施如下：

（1）挡土墙：对坡体高度不大，岩土体自稳性较好，土体主动压力较小的边坡，为防止岩土体在雨水或长期自然力的作用下发生表层垮塌和溜滑现象，可采取挡土墙对裸露坡体进行封闭防护。该措施根据主要原材料的不同可分为片石、块石、条石挡土墙和混凝土挡墙两大类，其结构形式可根据具体坡体结构和断面的不同采用重力式、衡重式、仰斜式等。

（2）挂网喷射混凝土：该措施常用于对表层坡体的防护，主要是对表层岩土体较为散碎的边坡，为防止坡体表面个别碎块石、卵碌石的滚落，对坡体表面进行封闭防护。该措施在施作前，应先对坡体上的松散岩土块进行清除，绝不能将已发生松动的卵石或大块石封入喷射混凝土内，这将为坡体的变形破坏埋下较大的隐患。

（3）驻板墙：对容易发生滑移破坏的边坡，由于坡体失稳产生较大的下滑推力或由于坡度较陡产生较大的主动土压力，常用的表层防护措施无法抵挡下滑推力作用，这时，就必须采用具有较强抗滑作用的抗滑桩进行抗滑支挡，同时，为防止桩间土体的外鼓破坏，在桩间还应采用混凝土挡土板对土体进行挡护。

（4）锚拉桩：在坡体更大、开挖更高、边坡失稳破坏产生的下滑推力更大时，虽然可采用刚性的钢筋混凝土抗滑桩作为主要支护结构，但由于桩体悬臂过长，桩顶易产生较大的位移量，为了防止桩顶位移量超限，可采用桩上布设锚索的方法，对桩体悬臂段进行锚拉，从而确保桩顶不产生较大的偏移，使桩体受力均一，坡体也能长期保持稳定。

黄华互通施工图见图 5-9。

图 5-9　黄华互通施工图

5.2　高边坡滑坡治理技术

5.2.1　工程概况

养护工区 JK0 + 720～JK0 + 930 左侧，原设计衡重式路肩墙，墙高 6～12m，采用 C20 混凝土浇筑，挡墙泄水孔间距2～3m，按梅花形布置，挡墙基础埋深不小于100cm。该段挡墙已完成施工。

养护工区JK0＋930～JK1＋000左侧，原设计衡重式路堤墙，墙高7m，墙顶填土高度8m，采用C20混凝土浇筑，挡墙泄水孔间距2～3m，按梅花形布置，挡墙基础埋深不小于100cm。该段挡墙已施工完成。

A匝道AK0＋030～AK0＋182右侧，原设计衡重式路堤墙，墙高4～10m，采用C20混凝土浇筑，挡墙泄水孔间距2～3m，按梅花形布置，挡墙基础埋深不小于100cm。该段挡墙已完成施工。

收费站办公区道路TK0＋000～TK0＋131.23左侧，原设计衡重式路堤墙，墙高4～8m，采用C20混凝土浇筑，挡墙泄水孔间距2～3m，按梅花形布置，挡墙基础埋深不小于100cm。该段挡墙已完成施工。

由于黄华镇近期连续降雨，黄华养护工区 JK0＋830～JK1＋000、A 匝道 AK0＋030～AK0＋182、收费办公区厂区 TK0＋000～TK0＋131.23 段部分已施工完成，挡墙出现滑移。黄华养护工区上部填筑区出现长达80m的纵向裂缝。挡墙发生变形后，参建各方高度重视，须积极采取措施防止变形的加剧。

5.2.2 挡墙滑移现场情况

（1）滑移挡墙段属于构造溶蚀侵蚀低山地貌底部斜坡地段，现状地形相对较平缓。挡墙位置覆盖层厚0.5～27m，为红黏土和碎石土，表层红黏土可塑—硬塑状，碎石土结构松散—稍密。

（2）该段路肩挡墙出现滑移，与两侧挡墙沿伸缩缝出现滑移错台（图 5-10），部分挡墙段上部挡墙沿施工界面被向外挤压错位（图 5-11～图 5-13）。

（3）填土顶面出现纵向裂缝（图 5-14），缝宽 3～5cm，距墙顶约 17～20m，走向平行于路肩墙。

 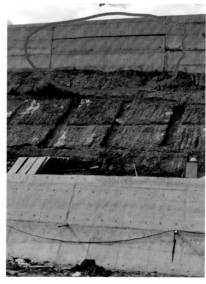

图 5-10　挡墙沿伸缩缝滑移错台　　　　　　图 5-11　上部沿施工界面出现挤压错位

（4）人工填土边坡与下挖方边坡富水，滑移挡墙段的下部路堑边坡坡脚护脚墙墙面渗水严重，坡脚积水。

图 5-12 护脚墙渗水严重且出现滑移迹象

图 5-13 A 匝道挡墙渗水

图 5-14 挡墙顶填土纵向裂缝

5.2.3 挡墙变形规律

1. 养护工区挡墙变形特征

监测数据显示，2020 年 11 月底，养护工区挡墙累计位移 45～65cm，累计沉降 40～60cm。如图 5-15～图 5-18 所示。

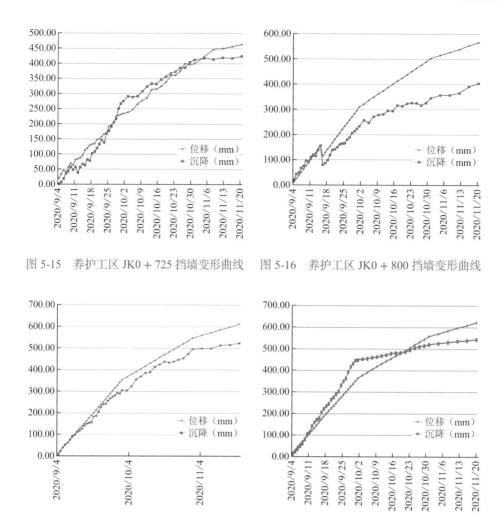

图 5-15　养护工区 JK0＋725 挡墙变形曲线　图 5-16　养护工区 JK0＋800 挡墙变形曲线

图 5-17　养护工区 JK0＋850 挡墙变形曲线　图 5-18　养护工区 JK0＋930 挡墙变形曲线

2. A 匝道及收费站办公区道路挡墙变形特征

监测数据显示，2020 年 12 月底，A 匝道及收费站办公区道路挡墙累计位移 30～65cm，累计沉降 30～75cm。如图 5-19～图 5-23 所示。

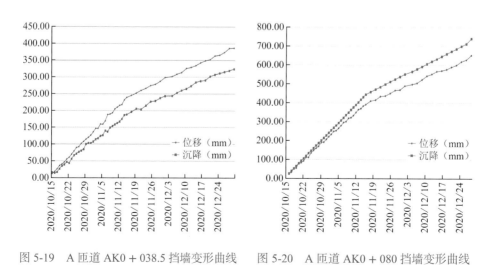

图 5-19　A 匝道 AK0＋038.5 挡墙变形曲线　图 5-20　A 匝道 AK0＋080 挡墙变形曲线

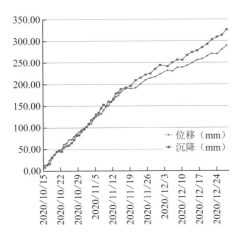 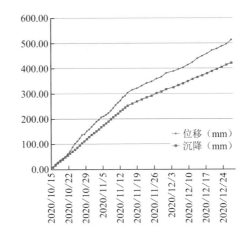

图 5-21　A 匝道 AK0＋170 挡墙变形曲线　　图 5-22　收费站办公区道路 TK0＋120 挡墙变形曲线

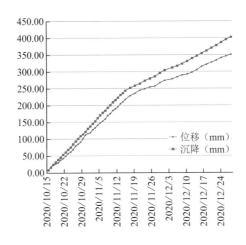

图 5-23　收费站办公区道路 TK0＋010 挡墙变形曲线

5.2.4　养护工区场地自然条件及工程地质条件

1. 自然条件

拟建项目位于昭通市永善县黄华镇，属季风影响大陆性高原气候。水系属金沙江—长江水系。骨干河流为金沙江，位于拟建场区南东侧，距场区最近距离 610m，高差 158m；主要支流有大关河、洒渔河、上小河等河流。主要水库有莲峰水库。

2. 地质条件

黄华互通养护工区边坡区属于构造溶蚀侵蚀低山地貌底部斜坡地段，现状地形相对较平缓，分布高程 745～806m，相对高差约 61m。场区原始横向地形坡度一般 5°～10°，原始纵向地形坡度一般 10°～25°，边坡区因施工开挖形成坡度约 45°的斜坡。施工场区内岩层产状，实测岩层产状 140°-178°∠11°-30°。在基岩露头处量测裂隙产状如下：裂隙①：180°∠88°，延伸长 3～9m，裂隙宽 0.1～0.5cm，间距 1.0～2.0m，结合程度一般，无充填或少许泥质充填，属硬性结构面；裂隙②：230°∠88°，延伸长 3～8m，裂隙宽 0.1～0.4cm，间距 1.0～2.0m，无充填或少许泥质充填，结合程度一般，属硬性结构面。

根据《中国地震动参数区划图》GB 18306—2015 表明，工程区地震动峰值加速度为 0.15g，相应地震烈度为Ⅶ度，地震动反应谱特征周期为 0.45s，公路工程应采取相应的抗震设防措施。

3. 地层岩性

根据地质调绘结合钻孔统计，边坡区覆盖层主要为第四系全新统残坡积（Q_4^{el+dl}）红黏土和碎石土，下伏基岩主要为奥陶系中统宝塔组和十字铺组（O_2^{b+s}）灰岩、泥灰岩，根据本次勘察结果，管理区分布的地层由新至老描述如下：

1）土体

（1）红黏土（Q_4^{el+dl}）：红褐色，黄褐色，可塑—硬塑状，稍有光泽，无摇振反应，干强度及韧性高，局部段落含灰岩碎块石，直径3～30cm，含量5%～10%，呈棱角状。层厚15.40m（HHHT4）。承载力基本容许值[f_{a0}] = 130kPa，摩阻力标准值q_{ik} = 60kPa。

（2）黏土（Q_4^{el+dl}）：黄褐色、灰色，可塑—硬塑状，稍有光泽，无摇振反应，干强度及韧性中等，局部段落含灰岩、页岩碎石，直径1～10cm，含量5%～10%，呈棱角状。层厚2.30m（HHBK1）～10.60m（HHBK3）。承载力基本容许值[f_{a0}] = 130kPa，摩阻力标准值q_{ik} = 60kPa。

（3）红黏土夹碎石（Q_4^{el+dl}）：黄色—黄灰色，黄褐色，可塑—硬塑状，稍有光泽，无摇振反应，干强度及韧性高，含灰岩碎石，直径1～11cm，偶见块石，含量10%，局部达25%～30%，呈棱角状。层厚31.20m（HHHT5）。承载力基本容许值[f_{a0}] = 140kPa，摩阻力标准值q_{ik} = 60kPa。

（4）黏土夹碎石（Q_4^{el+dl}）：灰黄色、灰色，黏土呈可塑状，稍有光泽，无摇振反应，干强度及韧性高，含灰岩、页岩碎石，直径1～20cm，含量10%～20%，局部达30%～40%，呈棱角状。层厚6.2m（HHBK4）～15.2m（HHBK3）。承载力基本容许值[f_{a0}] = 140kPa，摩阻力标准值q_{ik} = 60kPa。

（5）碎石土（Q_4^{el+dl}）：黄灰色、黄色，稍湿，结构松散—稍密，碎石含量占20%～60%不等，主要含量为40%～50%，粒间充填黏土，碎石成分主要为灰岩，棱角状—次棱角状，直径0.5～20cm，偶见灰岩块石，少量钻孔夹灰黑色碳质黏土或碳质页岩碎屑。层厚9.80m（HHFZK3）～42.80m（HHFZK31）。承载力基本容许值[f_{a0}] = 180kPa，摩阻力标准值q_{ik} = 100kPa。

2）岩体

（1）中风化灰岩（O_2^{b+s}）：灰色，微晶结构，中厚层状构造，以碳酸盐矿物为主。岩芯呈短柱状，柱状，局部碎块状。浅部岩芯表面溶蚀发育，为中风化带。揭露厚度2.0～15.0m，承载力基本容许值[f_{a0}] = 2200kPa。

（2）中风化泥灰岩（O_2^{b+s}）：浅肉红色，紫红色，隐晶质结构、泥质结构，中厚层状构造，以碳酸盐矿物为主，岩芯较完整，呈柱状，短柱状，为中风化带，揭露厚度5.0～10.0m，承载力基本容许值[f_{a0}] = 1800kPa。

5.2.5 应急抢险措施

挡墙出现变形后，设计单位发布应急处置措施如下：

（1）对JK0 + 830～JK0 + 930段挡墙采用每隔5m采用1排1孔6束锚索纵梁加固。

（2）护脚墙及路肩挡墙沿墙脚及墙体中部按梅花形设置2排仰斜式排水孔。

（3）墙顶裂缝采用黏性土封闭，并在降雨时采用彩条布遮蔽。

（4）对JK0 + 710～JK0 + 930段挡墙进行位移、沉降监测，对裂缝进行宽度观测。

5.2.6　挡墙滑移机理分析

养护工区 JK0 + 720～JK1 + 000、A 匝道 AK0 + 030～AK0 + 182、收费站办公区道路 TK0 + 000～TK0 + 131.23 段，根据目前地质调查资料分析，受近期连续强降雨影响，挡墙墙背填土饱和，使墙后填土重度增加，滑体下滑力增大，滑面强度参数降低，抗滑力减小；饱和水不能及时排出，产生静水压力；饱和水下渗使挡墙基础土体饱和，减小了挡墙地基的抗滑移能力。

三处挡墙滑移破坏模式为持续强降雨、填土坡体富水、饱和引发的边坡滑移。

5.2.7　边坡稳定性分析

滑坡稳定性的定量计算主要是在合理确定计算断面和计算参数的基础上，通过数值分析计算，定量评价该滑坡的稳定现状及其发展趋势。

对于计算参数的选择与确定，是基于该边坡防护工程实施前各可能滑面的变形活动特点及相应稳定程度，反算各滑动面的主滑带力学指标，即以反算参数为主，结合本次工程地质补勘所进行的岩土室内试验结果，及原有的工程地质勘查时所获得的岩土室内试验资料，依据《建筑地基基础设计规范》GB 50007—2011、《建筑边坡工程技术规范》GB 50330—2013 和《公路路基设计规范》JTG D30—2015 中有关规定。

关于滑坡稳定性计算方法的选择，有关规范和手册一般采用传递系数法（或称不平衡推力传递法），近年来，Janbu 法、Bishop 法和 Morgensten&Price 法等严格的刚体极限平衡方法在边坡或滑坡稳定性分析计算中广泛应用并渐趋成熟和完善。经过大量的对比计算工作表明，不平衡推力传递法与严格的刚体极限平衡方法在滑坡稳定性计算中存在一定的差异，但是，只要是采用滑坡稳定度反算确定主滑带指标，无论是采用不平衡推力传递法，还是采用严格的刚体极限平衡方法，其滑坡推力计算或滑坡稳定性预测结果基本一致。本次滑坡稳定性计算是以反算参数为主，结合相关试验与经验参数综合确定滑带岩土力学指标，因此，本次计算采用当前国内外广泛应用的边坡工程专业软件 Geo-Slope 之 Slope/W 软件包进行滑坡稳定性计算，具体选用较为严格的刚体极限平衡方法——Morgensten&Price 法。

依据《建筑边坡工程技术规范》GB 50330—2013，滑坡稳定安全系数 $F_S > 1.35$，选取 JK0 + 860 断面作为计算断面，计算结果见表 5-6、表 5-7、图 5-24～图 5-26。

滑坡稳定程度分析计算成果一览表　　　　表 5-6

计算断面	工况	评估稳定程度	计算稳定系数 F_S	稳定状态
JK0 + 860	现状挡墙边坡	$1.00 < F_S < 1.05$	1.001	欠稳定
	场坪堆载	$F_S < 1.00$	0.947	不稳定
	边坡采用抗滑桩加固	$F_S > 1.35$	1.366	稳定

滑坡计算参数取值　　　　表 5-7

计算断面	土层	反算参数	
		C（kPa）	φ（°）
JK0 + 860	人工填土	15	10
	碎石土	20	11.2

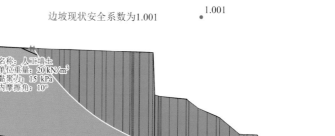

图 5-24　滑坡现状安全系数为 1.001

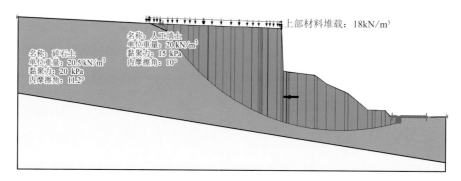

图 5-25　场坪堆载后，边坡安全系数为 0.947

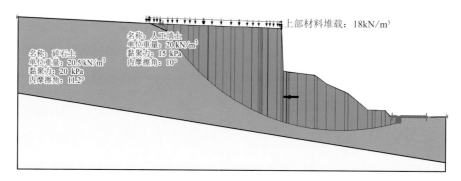

图 5-26　场坪堆载后，滑坡下滑力为 1030kN/m

5.2.8　处置措施

抗滑桩采用矩形截面，截面尺寸 2m × 2.5m，桩中到中间距 5m，内力和变形计算采用悬臂桩 m 法。桩身材料采用 C30 钢筋混凝土。桩底边界条件按铰接端考虑，地基土水平抗力系数的比例系数 $m = 40MN/m^4$，土压力计算考虑桩前剩余抗滑力。结构重要性系数取 1.0，永久荷载的分项系数取 1.30，抗滑桩桩身按受弯构件设计，以岩土分界面为抗滑桩嵌固段起点，考虑岩层为顺层坡，倾角约为 15°，无效嵌固段约为 1.5m。考虑抗滑桩为柔性结构，防止以后产生路面裂缝，设计桩顶位移不超过 90mm，计算采用理正岩土抗滑桩设计软件 6.5 进行计算，结果如下：

1.抗滑桩内力计算

抗滑桩内力计算结果见表 5-8，抗滑桩内力图见图 5-27。

抗滑桩内力计算结果　　　　　　　　　　表 5-8

典型断面（JK0＋860）	理正岩土 6.5
截面类型	矩形截面
下滑力	1030kN/m
抗滑桩总长	24.5m
嵌固段长	8.5m
有效嵌固段长	7m
桩中心距	5.0m
桩截面	2.0m×2.5m
最大弯矩（无锚索）	60787.906kN·m
最大剪力（无锚索）	12178.324kN
最大位移（无锚索）	124mm
最大弯矩（有锚索）	42775.703kN·m
最大剪力（有锚索）	8779.186kN
最大位移（有锚索）	84mm

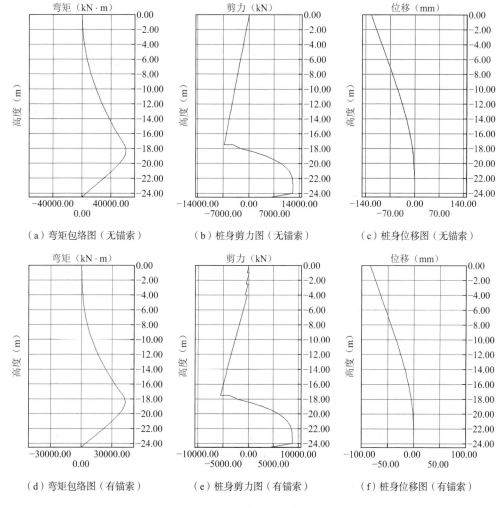

（a）弯矩包络图（无锚索）　　　（b）桩身剪力图（无锚索）　　　（c）桩身位移图（无锚索）

（d）弯矩包络图（有锚索）　　　（e）桩身剪力图（有锚索）　　　（f）桩身位移图（有锚索）

图 5-27　抗滑桩内力图

考虑到锚索随时间应力损失、地质变化、施工控制等各种不利情况，以最大弯矩 59000kN·m、最大剪力 10000kN，进行配筋计算。计算结果见表 5-9。

抗滑桩桩身结构计算表　　　　表 5-9

计算项目名称	大永高速黄华养护工区、A 丽道、收费站办公区道路滑坡抗滑桩桩身结构计算								
项目名称	需输入数据	项目名称	需输入数据	项目名称	需输入数据	项目名称	需输入数据	项目名称	需输入数据	备注
混凝土强度等级系数 $al=$	1.0	混凝土构件宽 $b=$	2000mm	受拉钢筋 $A_s=$	83641.8mm²	箍筋 $A_{sv}=$	1017.9N/mm²	排间距	125m
C30 混凝土 $f_c=$	14.3N/mm²	混凝土构件高 $h=$	2500mm	受压钢筋 $A'_s=$	24014.3mm²	箍筋间距 $s=$	150mm	有效高度	2289m
HRB400 受拉钢筋 $f_y=$	360N/mm²	底排受拉钢筋边距 $a=$	80mm	C30 混凝土 $f_t=$	1.43N/mm²	设计弯矩 $M=$	59000kN·m
HRB400 受压钢筋 $f'_y=$	360N/mm²	底排受压钢筋边距 $a'=$	80mm	箍筋 $f_{yv}=$	360N/mm²	设计剪力 $V=$	10000kN

计算结果

项目名称	计算结果	备注	重要提示	备注
混凝土受压区高度 $x=$	750.6m			
当 $x>2a'$ 时，弯矩承载力 $M=$	60171.9kN·m	配 HRB400 钢筋 104.05mm²	配筋满足要求	
当 $x<2a'$ 时，弯矩承载力 $M=$				
混凝土受剪承载力 $V_c=$	4582.2kN			
箍筋受剪承载力 $V_p=$	5591.4kN			
受剪承载力 $V=$	10173.6kN	配 ϕ18 箍筋 4 肢	配筋满足要求	
箍筋配筋率验算	0.34%	配筋满足要求	供参考，规范未做要求	
纵向钢筋配筋率验算	1.83%	配筋满足要求		

2. 应急处置措施

（1）挡墙外侧自坡脚起向上 1.5m 处每隔 5m 设置 1 排 1 孔 6 束锚索纵梁，锚索张拉力 500kN，倾角 30°，锚索长度以锚固段深入稳定岩层 10m 为准动态调整。

（2）护脚墙及路肩挡墙墙脚与中部设置 2 排 ϕ110 仰斜式排水孔，仰角 5°，长 25m，间距 5m，梅花形布置。

3. 永久处置措施

1）JK0+720～JK1+000 段

（1）紧贴挡墙墙趾内侧设置 1 排 2×2.5m 抗滑桩，桩间距 5m，桩身采用 C30 混凝土。

（2）抗滑桩墙顶标高距挡墙顶距离 2m，与挡墙浇筑成一个整体。

（3）嵌岩型抗滑桩入岩深度 ≥7m，钻孔过程中应及时记录岩土层变化，发现与设计不符时及时报告设计单位，以便修正设计。

（4）桩头锚索：为加强抗滑桩工作的协调性，在抗滑桩桩头增设 3 孔 6 束预应力锚索，锁定张拉力为 500kN。

2）AK0＋030～AK0＋180 段

（1）紧贴挡墙墙趾内侧设置 1 排 2×2.5m 抗滑桩，桩间距 5m，桩身采用 C30 混凝土。

（2）抗滑桩墙顶标高距挡墙顶距离 2m，与挡墙浇筑成一个整体。

（3）嵌岩型抗滑桩入岩深度 ≥6.5m，钻孔过程中应及时记录岩土层变化，发现与设计不符时及时报告设计单位，以便修正设计。

（4）桩头锚索：为加强抗滑桩工作的协调性，在抗滑桩桩头增设 3 孔 6 束预应力锚索，锁定张拉力为 500kN。

3）TK0＋000～TK0＋131 段

（1）紧贴挡墙墙趾内侧设置 1 排 2×2.5m 抗滑桩，桩间距 5m，桩身采用 C30 混凝土。

（2）抗滑桩墙顶标高距挡墙顶距离 2m，与挡墙浇筑成一个整体。

（3）嵌岩型抗滑桩入岩深度 ≥6.5m，钻孔过程中应及时记录岩土层变化，发现与设计不符时及时报告设计单位，以便修正设计。

（4）桩头锚索：为加强抗滑桩工作的协调性，在抗滑桩桩头增设 3 孔 6 束预应力锚索，锁定张拉力为 500kN。

4. 场坪裂缝处置

场坪纵向裂缝采用翻挖回填碾压密实或注浆处置。

5.2.9　场地区域整体稳定性分析

为充分考虑区域整体稳定性，选取 JK0＋205～JKK0＋860～LK1＋660～AK0＋030 断面为计算断面，复核抗滑桩处置后的区域稳定性，计算结果见表 5-10、表 5-11、图 5-28～图 5-30。

滑坡计算参数取值　　　　　　　　　　　　　　表 5-10

滑带土	计算参数	
	C（kPa）	φ（°）
牵引段	0	15
主滑段 1	23	12.5
主滑段 2	20	11.2

整体稳定性计算成果一览表　　　　　　　　　　表 5-11

工况	计算稳定系数F_s	稳定状态
现状	1.376	稳定
抗滑桩处置后（一般工况）	1.628	稳定
抗滑桩处置后（地震工况）	1.357	稳定

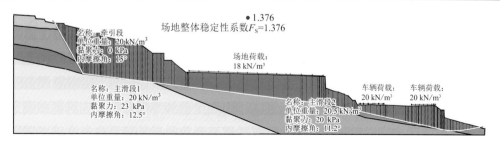

图 5-28　场地区域现状整体稳定性系数F_s＝1.376

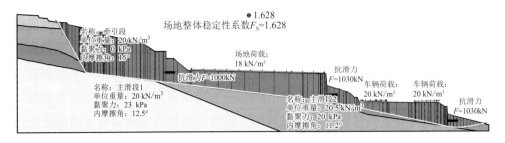

图 5-29　场地区域加措施后整体稳定性系数 $F_s = 1.628$

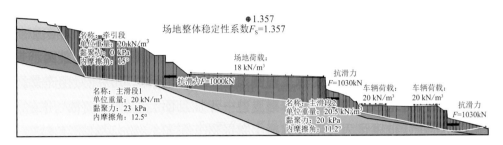

图 5-30　场地区域加措施后整体稳定性系数 $F_s = 1.357$（地震工况，地震峰值加速度 0.15g）

5.2.10　滑坡监测系统

为达到信息化施工、动态设计的目的，需对滑坡防治进行监测。监测信息用于指导施工，同时可将监测成果作为动态设计的依据。

滑坡防治监测分为施工安全监测、防治效果监测和营运期监测，以施工安全监测和防治效果监测为主。防治效果监测应结合施工安全和营运期监测进行，监测周期应为整治工程完工且公路投入运营后不少于一年。监测项目主要包括裂缝监测、地表水平位移和垂直变形监测、地下深层位移、地下水位、抗滑桩变形及内力监测以及人工巡视监测。

1. 地表位移观测

（1）在挡墙顶布置地表位移监测点，形成地表位移监测网，采用全站仪进行位移和沉降观测。

（2）若因施工原因导致地表位移观测点破坏，应在附近相对稳定位置补设对应观测点。

（3）地表位移施工期间原则上每 3d 观测一次，遇连续降雨或滑坡变形加速期间适当加密，施工结束后一年内每月观测一次。

2. 地表裂缝观测

（1）裂缝采用游标卡尺观测，滑坡周界裂缝采用钢卷尺观测。

（2）地表裂缝观测周期与地表位移观测周期一致。

（3）地表裂缝在裂缝夯填或坡面修复后可停止观测。

3. 抗滑桩监测

（1）安装声测管进行质量监测。

（2）安装钢筋计监测抗滑桩内力。

（3）安装土压力盒监测桩后土压力。

4. 锚索应力监测

安装锚索进行应力监测。

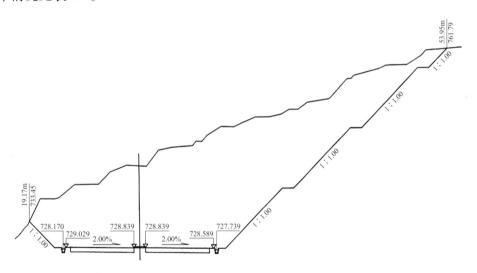

第 6 章

西南山区高速公路高边坡施工安全控制技术

以黄华互通养护工区高边坡工程为例，详细论述了西南山区高速公路高边坡施工安全控制技术，为类似工程提供参考。

6.1 工程概况

大关至永善高速公路土建工程第 4 标段内存在高边坡度的主要有 2 处。其断面形式如图 6-1 所示，分布情况见表 6-1。

图 6-1　边坡断面形式

高边坡分布情况一览表 表 6-1

序号	起讫桩号及位置	边坡长度	最大边坡高度	设计坡比	设计防护形式
1	K59 + 135～K59 + 500	365m	33.2m	1：1	锚杆框格梁 + 锚索框格梁
2	K59 + 570～K59 + 692 与 DK0 + 112～DK0 + 270	280m	44.3m	1：0.75（1：25）	锚杆框格梁 + 锚索框格梁

6.2 边坡设计概况及要求

6.2.1 边坡设计概况

（1）边坡采用台阶式边坡：挖方边坡根据地质条件的不同采用不同的形式，每一级边坡高度

8~10m，每一级处设 2m 平台，并设置 2%的外倾横坡。在局部有现状构筑物限制的地段，采用 1：0.5~1：0.75 的较陡坡率。

（2）边坡的坡面防护形式主要采用锚杆框格梁进行防护。框格梁采用 C25 混凝土，锚杆采用 ⊕32 的 HRB400 钢筋。锚杆长 11.5m，设计抗拔力为 90kN。采用一次注浆，锚杆灌浆采用 M30 水泥砂浆用新鲜的强度等级为 42.5MPa 的普通硅酸盐水泥，注浆压力不小于 0.60.8MPa。

（3）预应力锚索钻孔直径 150mm，锚索体采用 4 束 ϕ^s15.2，标准抗拉强度为 1860MPa 的高强度、低松弛的普通预应力钢绞线编制。锚固段长 10m，锚索设计张拉力 400kN，锁定拉力为 440kN。采用二次注浆法，灌注强度为 M30 的水泥浆，第一次注浆压力不小于 0.51.0MPa，第二次注浆压力不小于 1.52.0MPa。

（4）坡顶面设置梯形截水沟，采用 C25 混凝土；每级平台设排水沟，采用 C25 混凝土。

6.2.2　边坡设计施工要求

（1）在边坡开挖前做好坡顶截水沟，并视土质情况做好防渗工作。

（2）开挖前应将适用于种植草皮和其他用途的表土储存起来，用于绿化填土。

（3）当边坡为石方时，石方爆破应以小型爆破、控制爆破或静态破碎为主，爆破时应由专业爆破人员进行。宜采用综合开挖法施工。在接近设计坡面 1m 范围以内应采用人工配合机械开挖，以保护边坡稳定和整齐，爆破后的悬凸危岩、破裂块体应及时清除整修。

（4）对边坡加固工程的施工（框架锚杆）坡面必须分段跳槽由上至下开挖，坡面开挖一级即施工坡面加固工程，完毕后方可进行下部边坡的开挖及加固防护的工程施工。

6.3　施工方法及工艺

6.3.1　施工技术参数

1.边坡坡形、坡率

（1）边坡各级的坡率具体如下：

一级：坡高 10m，坡率为 1：1.00；

二级：坡高 10m，坡率为 1：1.00；

三级：坡高 10m，坡率为 1：1.00；

四级：坡高不等，坡率为 1：1.00。

（2）平台宽度均为 2m。

（3）碎落台宽度为 1.25m。

2.边坡加固防护措施设计

（1）一级：采用锚杆框格梁＋植生袋防护，每台边坡每 3~4m 范围内均设置四个框格。

（2）二级：采用锚杆框格梁＋植生袋防护，每台边坡每 3~4m 范围内均设置四个框格。

（3）三级：采用 3 排预应力框架锚索加固，锚索长 19~23m，格梁内采用复合网防护。

（4）四级：喷播植草。

3. 排水设计

（1）每级边坡平台上按大样图要求均设置平台截水沟，采用 C25 现浇混凝土。

（2）堑顶部开口线 5m 外设置堑顶截水沟，用于堑顶挡水及排除平台截水沟汇水，采用 M7.5 浆砌片石砌筑。

（3）各级边坡平台小里程端设引流槽连通平台截水沟与堑顶截水沟，排除坡面汇水，引流槽形式与堑顶截水沟。

（4）一级边坡坡脚设置边沟。

（5）分别在第一、三级边坡坡脚段设置一排疏干孔，孔径ϕ130，间距 10m，孔深 15m。

（6）在坡面上每 20.8m 增设一道急流槽，用以排除坡面及平台汇水。

6.3.2　边坡总体施工流程

边坡总体施工流程如图 6-2 所示。

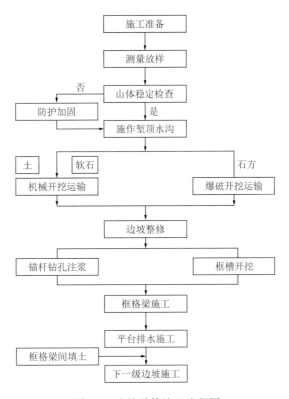

图 6-2　边坡总体施工流程图

6.3.3　边坡开挖方法及工艺

（1）土质路堑从上至下逐层顺坡（按设计坡率）采用挖掘机、推土机开挖，用挖掘机将土方装入自卸汽车运输，人工刷坡修整，并及时做好临时排水设施。

（2）路堑开挖要保证排水系统的畅通。

（3）开挖应自上而下纵向、水平分层开挖，严禁掏底开挖。

（4）膨胀土路堑要避开雨期施工，基床换填、边坡防护封闭应与开挖紧密衔接。支挡不能紧跟开挖时，应预留厚度不小于 30cm 的保护层。

（5）设有支挡结构的路堑边坡应分段开挖、分段施工。设计要求分层开挖、分层防护的路堑边坡，应自上而下分层开挖、分层施工，支挡工程施工与开挖紧密衔接。如果风雨不能紧跟完成的，应预留厚度不小于50cm的保护层。

（6）严格控制每层开挖深度在1.5m左右，每层开挖的边坡一次成形，刷坡工作紧跟开挖，形成开挖、刷坡多个工作面同时进行的流水线作业。每段开挖工作完成后，对边坡进行及时防护。开挖出的弃土运到弃土场堆放。种植土和其他用途的表土储存于指定地点用于复耕或种植植被。

（7）路堑短距离的土方，从路堑的一端或按横断面全宽逐渐向前开挖。

（8）对于距离很长的集中性土方，采用纵挖法施工，即沿着路堑纵向将高度分成不同的层次依次开挖。挖方挖至设计标高后，再超挖30cm，而后按填方路基进行施工，以确保路基的平整度及压实度。

6.3.4 石方路堑施工

1. 石方路堑施工流程见图6-3。

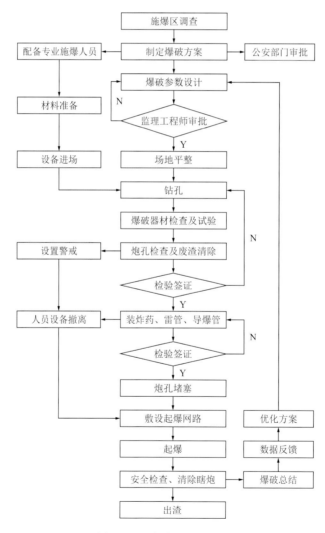

图6-3 石方路堑施工流程

2. 施工方法

对于石质破碎和较软的地段采用挖掘机开挖；对于石质较硬的地段，采用手风钻或潜孔钻孔、控制松动爆破方法进行施工，靠近边坡及路基面采用光面爆破。

运输则根据具体情况采用小型自卸运输车进行。控制爆破施工采用多台阶、小孔距、浅孔松动控制爆破方案，其特点："眼较浅、密打眼、少药量、强覆盖、间隔微差"，在爆破中做到"松而不散、散而不滚、碎而不飞"。用不同方向上的抵抗线差别和起爆顺序控制爆破时岩石移动方向，利用钢轨排架防护和"炮被"覆盖相结合的防护措施，抑制爆破飞石、滚石。

3. 爆破前施工准备

1）爆破原理

炸药在一定的外界作用下（如受热、撞击）发生爆炸，同时释放热量并形成高热气体。施工中，就是利用炸药的这种性质来为施工服务，达到工程建设的需要。炸药爆炸时的危害主要是产生爆炸地震、空气冲击波、飞石和噪声等，一旦失控，就会造成事故。要避免这些危害必须按照爆破的有关技术操作规程，确保必要的安全距离和采取相应的安全技术措施。

2）现场调查

首先对管区的大土石方需要爆破的地段，进行全面调查，查清爆破所处的位置、地形，有无障碍物等。如空中有缆线，应查明其平面位置和高度；还应调查地下有无管线，如果有管线，应查明其平面位置和埋设深度；同时应调查开挖边界线外的建筑物结构类型、完好程度、距开挖界距离，然后再制定爆破方案，确保空中缆线、地下管线和施工区边界处建筑物的安全。

3）爆破方案的确定

不同的地质，采用不同的爆破方法。根据该段地址，采用预裂爆破。

在石方爆破区注意施工排水，在纵向和横向形成坡面开挖面，其坡度应满足排水要求。

4）试爆

正常爆破施工前必须进行试爆。

（1）试爆位置。选在具有代表性的地段，且该地段环境较好。

（2）爆破参数。按照设计最大单响药量的 2/3 爆破规模。

（3）试爆时必须进行必要的监测，取得实际的爆破振动衰减规律，并根据监测结果，优化爆破参数（须经监理同意）。

4. 大土石方爆破施工程序

施工爆区管线调查→炮位设计与设计审批→配备专业施爆人员→用机械或人工清除施工爆区覆盖层和强风化岩石→钻孔→爆破器材检查与试验→炮孔检查与废碴清除→装药并安装引爆器材→布置安全岗和施爆区安全员→炮孔堵塞→撤离施爆区和飞石、强地震波影响区内的人、畜→起爆→清除瞎炮→解除警戒→测定爆破效果。

5. 施工人员

进行爆破作业时必须由经过专业培训并取得爆破证书的专业人员施爆。

6. 爆破器材的存储

结合笔者单位的实际情况，笔者单位项目部直接负责炸药的供应、配送、安装及爆破。

7. 爆破安全距离的确定

爆破施工中发生的安全事故，主要是由于爆炸引起的飞石导致的安全事故，确定爆破的安全距离就显得特别的重要。如果处理不当，会有些岩块飞散很远，对人员、牲畜、机具、建筑物和构筑物造成危害。确定飞石的安全距离可采用下列计算公式：

$$R = 20 \times k \times n \times w \tag{6-1}$$

式中：R——飞石安全距离；

k——安全系数，根据爆破的综合因数考虑；

n——最大药包爆破作用指数；

w——最大药包的最小抵抗线，一般为阶梯高度的 $0.5 \sim 0.8$ 倍，取 $R = 300$m。

8. 炮眼位置选择应注意以下几点

（1）炮位设计应充分考虑岩石的产状、类别、节理发育程度、溶蚀情况等，炮孔药室宜避开溶洞和大的裂隙。

（2）避免在两种岩石硬度相差很大的交界面处设置炮孔药室。

（3）非群炮的单炮或数炮施爆，炮孔宜选在抵抗线最小、临空面较多且与各临空面大致距离相等的位置，同时应为下次布设炮孔创造更多的临空面。

9. 路基土石方爆破施工工艺以及流程图

现场勘察、资料收集→提出、选择爆破施工方案→爆破施工设计→爆破施工准备→爆破施工→起爆→爆破后现场检查和处理→效果分析和记录，具体的爆破施工工艺流程图见图 6-4。

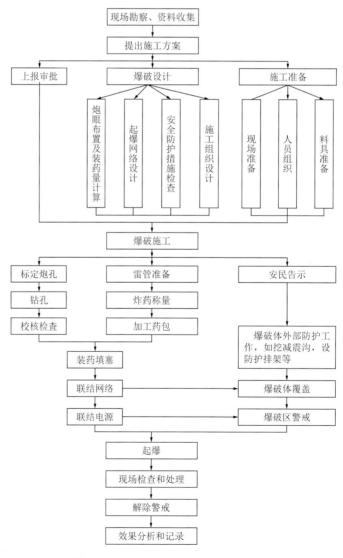

图 6-4　路基土石方爆破施工工艺流程图

1）路基土石方爆破施工

（1）钻眼。

①选择炮位时，炮眼口应避开正对的电线、路口和构造物，采取梅花形布孔，根据实际情况，选择直孔或者 75° 的倾斜孔。

②机械打眼，宜采用湿式凿岩或带有捕尘器的凿眼机。凿岩机支架要支稳，严禁用胸部和肩头紧顶把手。风动凿岩机的管道要顺直，接头要紧密，气压不应过高。电动凿岩机的电缆线宜悬空挂设，工作时应注意观察电流值是否正常。

③空压机必须在无荷载状态下起动。开启送气阀前，应将输气管道连接好，不得扭曲。在征得凿眼机操作人员同意后方可送气，出气口前方不得有人工作或站立。贮气瓶内压力不得超过规定值，安全阀应灵敏有效。运转中应注意检查是否有异常情况，不得擅离岗位。

④炮眼直径，由于采用浅孔凿岩设备，孔径多为 36～42mm，药卷直径一般为 32～35mm。

⑤炮眼深度与超深：

$$L = H + \Delta h \tag{6-2}$$

式中：L——炮孔深度，单位 m；

　　　H——台阶高度，单位 m；

　　　Δh——超深，单位 m。

浅孔台阶爆破的台阶高度（H）视一次起爆排数而定，一般不超过 5m。超深（Δh）一般取台阶高度的 10%～15%，即

$$H = (0.1 \sim 0.15)H \tag{6-3}$$

对少部分的大块孤立石头与石方量较小的工点，钻孔机械采用风钻，炮眼深度 3m；对于开挖深度大于 6m，且石方量较大的工点，采用潜孔钻机钻孔，炮眼深度 7m。

⑥炮眼间距。群炮炮眼间距宜根据地形、岩石类别、炮型等确定，并根据炮眼间距、岩石类别、地形、炮眼深度计算确定每个炮眼的装药量和炸药种类。炮眼间距参照式(6-4)计算：

$$a = (0.5 \sim 1)L = (0.5 \sim 1) \times 3 = 1.5 \sim 3，取 2m；$$

$$或 a = (0.5 \sim 1)L = (0.5 \sim 1) \times 6 = 3 \sim 6，取 5m。 \tag{6-4}$$

⑦底盘抵抗线。

$$W = (0.4 \sim 1.0)H = (0.4 \sim 1.0) \times 3 = 1.2 \sim 3，取 2m；$$

$$W = (0.4 \sim 1.0)H = (0.4 \sim 1.0) \times 6 = 2.4 \sim 6，取 5m。 \tag{6-5}$$

（2）装药与填塞。

①炸药的搬运。

a. 作业人员在保管、加工、运输爆破器材过程中，严禁穿着化纤衣服。

b. 爆破器材按规定要求进行检验，对失效及不符合技术条件要求的不使用。

c. 爆破器材应由专人领取，炸药与雷管由二人以上分开搬运。电雷管不与带电物品一起携带运送。爆破器材运送，避开人员密集地段，并直接送往工地，中途不得停留，并不得随地存放或带入宿舍。

②装药。

a. 主药包采取膨化炸药，起爆药包选用乳化炸药，为了避免盲炮，在深孔爆破时，选用两个起爆药包，一个放在孔底，另外一个放在距离孔底2m的地方。装药前对炮眼进行验收和清理；对刚打成的炮眼待其冷却后装药，湿炮眼擦干后才能装药。

b. 严禁烟火和明火照明，无关人员撤离现场。

c. 用木质炮棍装药，严禁使用金属器皿装药；深孔装药出现堵塞时，在未装入雷管、起爆药柱前，可采用铜和木制长杆处理。

d. 不得采用无填塞爆破（扩壶除外），也不得使用石块和易燃材料填塞炮孔，填塞采用专用炮泥进行。不得捣固直接接触药包的填塞材料或用填塞材料冲击起爆药包，填塞炮眼时不得破坏起爆线路。填塞时，应有专人负责检查填塞质量。填塞完毕，应进行验收。

e. 已装药的炮孔必须当班爆破，装填的炮孔数量以一次爆破的作业量为限。

f. 深孔填塞时，不得将雷管的脚线、导爆索或导爆管拉得过紧和被填塞物损坏，确保回填深度不少于4m。

（3）网络连接。

对于浅孔爆破，采取簇形连接方式；对于深孔爆破，采取排间微差起爆方式，选用国产导爆管雷管，孔内选用6段，孔外选用2段。

（4）起爆。

统一采用起爆器起爆。

（5）爆破。

施爆前，先规定醒目清晰的爆破信号，并发布通告，及时疏散危险区内的人员、牲畜、设备及车辆等；对附近的建筑物应采取保护、加固措施。并在危险区周围设警戒。起爆前15min，由指挥发布起爆准备命令，爆破站作最后一次验收检查和安全检查。如无新情况发生，在接到起爆命令后立即合闸施爆。起爆后应迅速拉闸断电。起爆后15min，由指定爆破作业人员进入爆破区内进行安全检查，确认无拒爆现象和其他问题后，方能解除警戒。

（6）盲炮处理。

盲炮包括瞎炮和残炮，发现盲炮和怀疑有盲炮，先立即报告并及时处理。若不能及时处理设置明显的标志，并采取相应的安全措施，禁止掏出或拉出起爆药包，严禁打残眼。盲炮处理，应由原施工人员参加处理。处理主要有下列方法：

①经检查确认炮孔的起爆线路完好和漏接、漏点造成的拒爆，可重新进行起爆。

②打平行眼装药起爆。对于浅眼爆破，平行眼距盲炮炮孔不得小于0.3m另行打眼爆破（当炮眼不深时，也可用裸露药包爆破），深孔爆破平行眼距盲炮孔不小于10倍炮孔直径。

③用木制、竹制或其他不发火的材料制成的工具，轻轻地将炮孔内大部分填塞物掏出，用聚能药包诱爆。

④若所用炸药为非抗水硝铵类炸药，可取出部分填塞物，向孔内灌水，使炸药失效。

⑤对于大爆破，应找出线头接上电源重新起爆或者沿导洞小心掏取堵塞物，取出起爆体，用水灌浸药室，使炸药失效，然后清除。

（7）爆破后处理。

石方地段爆破后，必须确认已经解除警戒，作业面上的悬岩危石也经检查处理后，清理石方人员方准进入现场。

撬动岩石必须由上而下逐层撬（打）落，严禁上下双重作业，不得将下面撬空使其上部自然坍落。撬棍的高度不宜超过人的肩膀，不得将棍端紧抵腹部，也不得把撬棍放在肩上施力。

6.3.5　锚杆（锚索）框格梁施工方法及工艺

1. 搭设施工脚手架及操作平台

1）脚手架搭设

脚手架钢管采用 $\phi48 \times 3.5$mm 钢管，钢管横向、纵向及竖直方向间距均为 1.5m。坡角第一根立杆顶入排水沟沟底，沿坡面的每根立杆及水平杆，都将其打入山坡土层或岩层内固定；顺坡面斜杆搭设三层，在架体下部作为斜撑，斜撑撑在水平地面上。锚杆在施工作业层铺设脚手板，以便放置锚杆施工机械及施工。脚手架搭设形式见图 6-5。

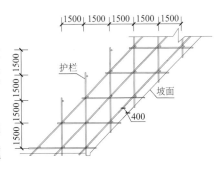

图 6-5　脚手架搭设形式

2）搭设要求

（1）在脚手架搭设前，必须先放出锚杆和框格梁的位置，以免与脚手架发生冲突。

（2）脚手架严格按照《建筑施工扣件式钢管脚手架安全技术规范》JGJ 130—2011 的要求进行搭设。

（3）脚手架所用钢管质量要好，无破损和变形现象，上下对齐。

（4）此工程属于高边坡工程，搭设施工平台采用竹跳板搭设，施搭过程中注意施工安全、扣件间的螺丝松紧程度、跳板两端应牢牢固定在脚手架上，禁止搭"瞎子跳、悬挑跳"。

（5）根据现场地形情况看地基均属于硬质页岩，采用人工对基底松动部分进行彻底清理并在地基上凿开凹凼，确保施工脚手架基础坚固。

（6）脚手架及平台搭设要稳固，具有抗冲击、振动能力。

2. 人工凿打清除坡面松散岩石

（1）进场后采用人工，从上往下清除坡面杂物和松动岩石，凿掉小块松动、悬浮岩石，达到施工面平整。

（2）对大块岩石采用人工配合机械切割方法，化整为零，逐步消除。

（3）清除危岩时在平台四周挂好安全网，每层平台铺满跳板，防止岩石滚出施工场地，损坏机械设计及造成人员伤亡事故。

3. 锚杆（索）框格梁复合防护工程

1）锚杆（索）施工要求

（1）锚杆（索）施工顺序。

锚杆施工顺序：钻孔→清孔→安装锚杆（与注浆管一起）→注浆→补浆（视实际情况而定）→施工锚梁。

锚索施工顺序：钻孔→清孔→下锚（与注浆管一起）→注浆→施工锚梁→张拉→锁定。

框格梁施工工序流程图见图 6-6。

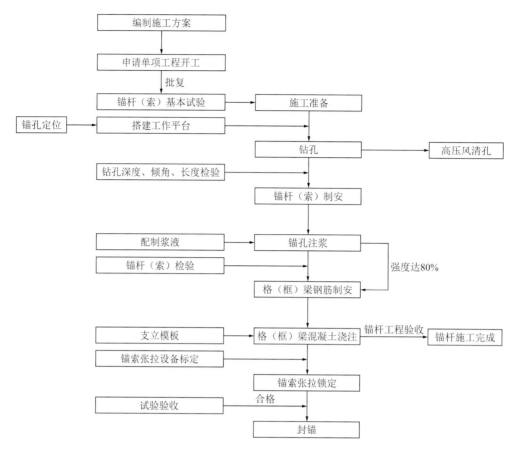

图 6-6 框格梁施工工序流程图

（2）砂浆锚杆制作工艺要求。

锚杆杆体采用ϕ32 螺纹钢筋，沿锚杆轴线方向每隔 2.0m 一组钢筋托架（ϕ8 钢筋），以保证锚杆有足够的保护层，锚杆外露弯折 40cm，锚孔直径 110mm。锚筋尾端防腐采用刷漆、涂油等防腐措施处理。锚杆端头应与框架梁钢筋焊接，如与框架钢筋、箍筋相干扰，可局部调整钢筋、箍筋的间距，竖、横主筋交叉点必须绑扎牢固。

①锚杆采用热轧螺纹钢筋，应符合国家标准《钢筋混凝土用钢 第 2 部分：热轧带肋钢筋》GB/T 1499.2—2018 的规定。

②锚杆钢筋连接采用对接帮焊工艺，焊接采用双面焊接，焊接长度不小于 5d；当采用单面焊接时，焊接长度不小于 10d。

③锚杆施工除不需对锚杆进行张拉外，其施工流程、孔位容许偏差、钻孔技术要求等均与锚索施工要求基本相同。

④锚杆钢筋如需连接，采用对接双面帮焊工艺，焊接长不小于 5d。

⑤锚杆定位筋间距 1.5m。定位筋和帮焊钢筋的焊接，应注意留出注浆管位置。

（3）锚索制作工艺要求。

①锚索材料选用ϕ^s15.24、$f_{pk}=1860$MPa 的高强度、低松弛预应力普通钢绞线，其力学性能必须符合国家标准《预应力混凝土用钢绞线》GB/T 5224—2014 的规定。锚具必须符合行业标准《预应力筋用锚具、夹具和连接器应用技术规程》JGJ 85—2010 的规定。

②锚索编束要确保每一束钢绞线均匀排列，平直、不扭不叉，并需要除锈、除油污，对有死

弯、机械损伤及锈蚀坑应剔除。

③锚索扩张环建议采用工厂生产的工程塑料环，购买时注意设计锚索体钢绞线根数与扩张环孔数配套。箍环可因地制宜采用薄铁皮或铁扎丝制作。

④锚索锚固段钢绞线应进行除锈处理：用塑料软管套钢绞线自由段，塑料软管端头用胶布裹缠。

⑤锚索制作中钢绞丝应预留 1.5m 的长度，以便张拉锁定，待张拉工作完全结束后，切除多余钢绞线。采用 C25 混凝土浇筑锚头。

（4）钻孔。

①测量定位：坡面检查合格后，按设计要求测量放线测定孔位，孔位误差不得超过+2cm，锚孔偏斜度不应超过 5%。

②钻机就位：用地质罗盘仪或量角器定向，钻杆与水平夹角为 20°，并确保钻机安放支架牢固稳定。

③钻孔机具：采用空压机供风，潜孔钻无水干钻成孔，禁用水冲成孔；使用钻头直径不得小于设计孔径。

利用ϕ48 脚手架杆搭设平台，平台用锚杆与坡面固定，钻机用三脚支架提升到平台上。锚杆孔钻进施工，搭设满足相应承载能力和稳固条件的脚手架，根据坡面测放孔位，准确安装固定钻机，并严格认真进行机位调整，确保锚杆孔开钻就位纵横误差不得超过±50mm，高程误差不得超过±100mm，钻孔倾角和方向符合设计要求，倾角允许误差为±1.0°，方位允许误差±2.0°。锚杆与水平面的交角z不大于 45°，设计为 10°～20°之间。钻机安装要求水平、稳固，施钻过程中应随时检查。

④钻孔深度：为确保锚孔深度，钻孔深度大于设计深度 0.5m 以上。

⑤特殊情况处置：钻孔速度应根据使用钻机性能和锚固地层严格控制，防止钻孔扭曲和变径，造成下锚困难或其他意外事故；如遇地层松散、破碎时，则采用套管跟进钻孔技术；如遇塌孔、缩孔现象，立即停钻，及时进行灌浆固壁处理（灌浆压力 0.1～0.2MPa），待水泥砂浆初凝后，重新扫孔钻进，以使钻孔完整；若遇锚孔中有承压水流出，必要时在周围适当部位设置排水孔处理。

⑥锚孔清理：使用高压空气（风压 0.2～0.4MPa）将孔内岩粉及积水全部清除出孔外，以免降低水泥砂浆与孔壁岩土体的粘结强度。

⑦锚孔检验：锚孔成孔结束后，须经现场监理检验合格后，方可进行下道工序。

⑧钻孔记录：钻进过程中应对锚索孔的地层变化，钻进状态（钻压、钻速）、地下水及其他特殊情况做好现场施工记录。

（5）注浆。

①注浆材料采用普通硅酸盐水泥。

②钻孔完成后必须用高压空气（风压 0.2～0.4MPa）将孔中岩粉及积水全部清除孔外。

③锚杆及锚索的锚孔内灌注 M30 纯水泥浆，必要时可适当添加早强剂。

④锚杆采用一次性注浆，即孔底返浆法进行注浆，注浆压力为 0.5～1.0MPa，注浆过程中，注浆管从孔底缓慢抽出，当孔口冒浆 10s 以上时才可停灌。

⑤锚索注浆工艺，一次注浆方法和压力与锚杆注浆相同。注浆结束后应观察浆液的回落情况，

若有回落应及时补浆。注浆作业过程应做好注浆记录。

⑥锚索：当地层软弱，为提高锚固段的抗拔能力，采用二次高压劈裂注浆。二次注浆在一次注浆完成后的 12h 进行，浆液选用 M30 纯水泥浆，水灰比 0.45~0.5，注浆压力不得低于 1.5~2.0MPa。

（6）张拉锁定。

锚斜托台座的承压面应平整，并与锚索的轴线方向垂直。

当锚索体浆液凝期达到 15（加早强剂）~20d 和锚梁混凝土强度大于设计强度 80%后方可进行张拉。为使框梁受力均匀，锚孔张拉顺序宜在每个框梁单元对称张拉，如图 6-7 所示。

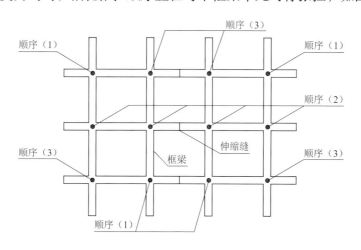

图 6-7　锚索张拉顺序示意图

①张拉作业前必须对张拉机具和仪器进行标定、调校。

②锚具安装应与锚垫板和千斤顶密贴对中，千斤顶轴线与锚孔及锚索体轴线在条直线上，不得弯压或偏折锚头，确保承载均匀同轴，必要时用钢质垫片调满足。

③为了使钢绞线受力均匀，在成束张拉之前，锚索体顺布平直。宜采用小千斤顶对钢绞线进行单根分别张拉，确保钢绞线平顺和均匀受力。随后应取 0.1~0.2 倍设计张拉力值对锚索进行 1~2 次预张拉，确保锚固体各部分接触密贴，最后按设计锁定吨位张拉锁定。

④锚索张拉为 5 级进行，即：设计张拉力的 25%、50%、75%、100%以及 110%，除最后一级需要稳定 20~30min 外，其余每一级需要稳定 25min，并分别记录各种情况（锚头位移、锚座变形、油表读数变化等）。

⑤锚头封锚：锚索锁定后，做好记号，观察 3d，没有异常情况即留长 10cm 后用手提砂轮机切割多余钢绞线（严禁电弧烧割）。最后用水泥浆注满锚垫板及锚头各部分空隙，并按设计要求支模，用 C25 混凝土封锚处理。

⑥未尽事宜，参照相关规程、规范办理。

2）钢筋混凝土框格梁施工

（1）施工程序为：测量放线→锚梁开挖→支立模板→绑扎钢筋→安装锚索孔口钢套管→安装螺旋筋→安装锚具（钢垫板）→现浇混凝土→混凝土养护。

（2）基础底面处理：基底用 2~5cm 厚水泥砂浆找平，遇边坡有局部超挖较大悬空处采用浆砌片石嵌补。

（3）钢筋制作安装、混凝土灌注和养护：

①钢筋的制作、绑扎、下料、弯制、焊接必须按设计或有关技术规范要求施作。

②混凝土浇筑时必须用插入式振动棒振捣密实，尤其在锚孔周围，钢筋较密集，应仔细振捣，保证质量。混凝土浇筑完成后，及时草袋覆盖洒水养生至张拉龄期。

③（锚索地梁）浇筑混凝土前，必须将锚具中的螺旋钢筋、钢套管和锚垫板按设计要求固定在纵梁钢筋上，方向与锚孔方向一致，摆放平整。

④锚索框架按设计分片施工，相邻两片框架横梁接触处留 2cm 宽伸缩缝，用浸沥青水板填塞。

（4）框架梁施工

①框架梁施工工艺流程。

施工准备→测量放样→基础开挖→钢筋绑扎→立模板→混凝土浇筑→修整边坡→回填种植土并挂网。

②测量放样。

框架梁的位置、间距、尺寸严格按设计要求测放，要在坡面（框架梁的外露面）用线绳交叉放射出框架梁的方格线。施工时按放出的线开挖沟槽。

③挖槽。

边坡开挖遵循从上往下，从两侧往中间分级分段施工的原则，每开挖一级加固一级，再向下开挖；每施工一段加固一段，再开挖临段。

框架梁基础采用人工开挖，根据放出的线开挖沟槽。石质地段使用风镐开凿，超挖部分采用与框架同强度等级的混凝土调整至设计坡面。土质基底必须平整夯实，检查合格后方可进行下道工序施工。如基坑内有水，先将水排走，确保基槽在无水条件下进行施工。

④钢筋工程。

a. 先施工竖梁，并于接点处预留横梁钢筋，竖梁形成后，再施工横梁。

b. 在施工安置框架钢筋之前，先清除框架基础底浮碴，保证基础密实，并在底部铺一层 5cm 厚 1∶3 水泥砂浆垫层。

c. 在坡面上打短钢筋锚钉，准备好与混凝土保护层厚度一致的砂浆垫块。

d. 绑扎钢筋，用砂浆垫块垫起，与坡面保持一定距离，并和短钢筋锚钉连接牢固。

e. 钢筋接头需错开，同一截面钢筋接头数不得超过钢筋总根数的 1/2，且有焊接接头的截面之间的距离不得小于 1m。因锚杆无预应力，锚杆尾部不需外露、不需加工丝口、不用螺母和混凝土锚头封块，只需将锚杆尾部与竖梁钢筋相焊接成一整体，若锚杆与箍筋相干扰可局部调整箍筋的间距。

f. 进场的钢筋必须具有甲方同意的厂家的出厂证明及合格证。使用前，按照批次抽取试件做钢筋强度试验。

⑤模板安装。

模板采用钢模板，其厚度为 3mm，宽 50cm，长 1.5m。模板缝采用双面胶粘贴，再用螺栓将模板连接成整体，模板外侧用两道钢管加固，上下两道钢管间距为 15cm，模板外侧用楔块，内侧用φ22 钢筋顶撑，内撑外顶从而保证了模板的稳固性。

模板使用前必须打磨、除锈、刷模板漆。模板安装完毕后，将混凝土顶面位置用红油漆标在模板内侧。

框架分片施工，横梁每3～5排设一道伸缩缝，设置在框架中间。缝宽2cm，内嵌沥青木板。

⑥框架梁钢筋笼与锚杆的连接。

因锚杆无预应力，锚杆尾部不需外露、不需加工丝口、不用螺母，只需将锚杆尾部做成90°弯钩与框架梁钢筋焊接成一整体，若锚杆与框架钢筋相干扰可局部调整框架钢筋的间距。

⑦浇筑混凝土。

框架采用C30混凝土浇筑，横向框架嵌入坡面30～55cm（Ⅰ型嵌入坡体30cm、Ⅱ型嵌入坡体55cm）。浇筑混凝土前的准备工作已就绪，包括模板、钢筋已经向监理报验，并且现场施工人员全部到位，施工工具如振捣棒等经调试正常，才能向监理申请浇筑混凝土。由搅拌站集中拌制，混凝土罐车运送到工地。

浇筑混凝土时应从下向上浇筑，采用插入式振动棒振捣，在锚孔周围，钢筋较密集，一定要仔细振捣。混凝土振捣合格的标志为停止下沉、表面泛浆。等混凝土初凝后再收面。

⑧封口。

锚头应与框架梁同时浇筑。纵向每隔10～20m框架梁设伸缩缝一条，缝宽0.02m，采用沥青麻丝填塞，伸缩缝置于两排节点中间。

⑨拆模、混凝土养护。

当框架梁混凝土达到2.5MPa时，即可拆除模板，拆除模板后应立即用土工布和塑料薄膜将混凝土覆盖并洒水养护，养护时间应不少于7d。

6.4　检查验收

6.4.1　工序检查

1. 正式施工前应加强人员材料设备检查。原材料必须具有出厂合格证，特殊工人（钻孔、张拉、灌浆、架子工）要经考核培训并有相关操作资格证，设备应处于良好状态，张拉等设备应进行标定。

2. 正式开工前进行首件工程，首件工程完工后进行抗拉拔破坏试验，其试验具体方法见工艺控制。以确定能确保质量的施工方法。

3. 锚索和锚杆完成后也应进行极限抗拔力试验，验证施工后的锚固力是否符合设计要求。

4. 锚索抗拉拔破坏试验

（1）试验目的：验证本工程设计采用的预应力锚索的性质和性能、施工工艺、设计质量、设计合理性、安全储备，锚索的抗拉拔承载能力、荷载与变形等问题，以及有关的搬运、储存、安装和施工过程中抗物理破坏的能力，以便发现问题，及时采取变更和完善等措施。

（2）试验孔选定：具体位置应与监理共同现场确定，试验孔位置的选择应体现工程孔锚固地层实际情况。试验孔自由段不注浆，锚固段与自由段之间设置止浆袋，锚固段外侧应设引排气管，排气管伸入锚固段内5～10cm，其注浆方法、充满标准与工程孔相同。试验时应记录各级荷载及锚头位移等详细数据，并在工程锚索施工前及时向设计单位提交试验报告，以验证和调整设计。

（3）试验方法及步骤：

①选点：工程现场根据不同地层、不同高度选择有代表性的孔位，每段坡面不少于 2 根锚索。

②试验装置的选定：本项目试验选用穿心式千斤顶，加载装置定额压力必须大于试验压力，检测装置必须满足精度要求。

③在基本试验锚孔施工完成后，待锚固浆体达到 28d 龄期后进行试验。

④分级加载：本工程锚索采用高强度、低松弛预应力钢绞线，$\phi^s15.2$，强度 1860MPa。张拉时应将施加的预应力值分成 3～5 级进行循环张拉，每级的张拉荷载为设计张拉力的 1/3～1/5。

⑤试验的终止。当出现下列情况之一时，可认为达到破坏性，即可终止试验：

a. 锚头位移不收敛，锚固体从岩层中拔出或锚索从锚固体中拔出；

b. 锚头总位移超过设计允许位移量，后一级荷载产生的位移增量超过前一级荷载产生的位移增量的 2 倍；

c. 锚索材料拉断；

d. 试验中若变位量不断增加至 2h 后仍不稳定，或变位过大，已超过设计所控制的变位值和极限抗拔力小于 2 倍设计值。

5. 锚杆抗拔力试验

为确保锚杆具有可靠的锚固力，要求在现场条件下对每段坡面不小于 2 根锚杆做严格的抗拔力试验，试验数据必须同原设计相比较，如试验结果与原设计结果有较大差异时，应由设计方调整锚杆锚固参数。

（1）在现场按设计要求施工 2～4 根锚杆，待砂浆达到强度后方可试验。试验前应平整山坡，做好仪器设备的安装工作。

（2）试验开始时，每级荷载按事先预计极限荷载的 1/10 施加，后期按极限荷载的 1/15 施加直至破坏为止。

（3）加载后每隔 5～10min 读一次变位值，每级加载阶段内记录值不少于 3 次。卸载分级约为加载的 2～4 倍，隔 10～30min 读一个变位值；荷载全部卸除后，再测读 2～3 次，读完残余变位数值后，通过分析，得出结论。

（4）锚索各施工阶段（特别是张拉各施工阶段）和锚杆施工各阶段均要认真做好施工观测和记录，所有观测数据和施工记录均应收入工程竣工报告中，以便验证和累积资料。

6. 锚索张拉工序检查

（1）预应力施工机具在使用前及施工过程中均需按规范要求进行标定。

（2）预应力施工操作人员需经培训考核，合格后方能上岗。

（3）预应力锚索安装前需对每个锚索孔规格及清孔质量检查。

（4）预应力锚索张拉工作结束后对每根锚索的张拉应力和补偿张拉的效果进行检查。

（5）预应力锚索施工中应按施工图纸和监理人员指示随即抽样进行验收试验，抽样数量不小于 3 束，对高边坡预应力锚索验收试验必须在张拉后及时进行。

（6）当完工抽样检查的锚索中有一束不合格时应加倍扩检，扩检不合格时必须按监理人员的指示进行处理。

7. 锚索灌浆工序检查

（1）锚固段灌浆前应检验浆液试验成果和对现场灌浆工艺进行逐项检查。

（2）灌浆中检查浆体强度、饱满度、注浆量。

8. 钻孔工序检查

（1）开工前检查钻孔位置的坐标和高程。

（2）钻孔中应检查钻渣判别地质变化情况，及时采取应对措施。

（3）钻孔中检查钻机的固定松动移位情况，及时调整。

（4）钻孔后及时检查孔距、高程、轴线偏差、锚索抗力。

6.4.2 锚索框格梁验收

1. 基本要求

（1）锚索钻孔采用无水干钻，钻后用高压空气吹干。

（2）预应力筋的各项技术性能必须符合国家现行标准和图纸要求。

（3）钢绞线应梳理顺直，不得有缠绞、扭麻花现象，表面不应有损伤。

（4）放入锚索时应及时注浆，注浆应饱满密实。

（5）混凝土和砂浆的强度符合图纸和规范要求。

（6）千斤顶、油表、钢尺等应经标定和检验校正。现浇混凝土锚固板强度达到设计强度或图纸规定值后方可进行锚索张拉。

2. 外观检查

（1）预应力筋表面应保持清洁，不应有明显的锈迹。

（2）锚固板表面平整光滑、无蜂窝麻面。

（3）封头混凝土牢固，锚头不外露。

3. 锚索实测项目

锚索实测项目见表6-2。

锚索实测项目 表 6-2

项次	检查项目		规定值或允许偏差	检查方法和频率
1	注浆强度（MPa）		在合格标准内	灌浆密实度检测
2	锚孔孔深（mm）		≥设计值	尺量：抽查20%
3	锚孔孔径（mm）		满足设计要求	尺量：抽查20%
4	锚孔轴线倾斜（%）		2	倾角仪：抽查20%
5	锚孔位置（mm）	设置框格梁	±50	尺量：抽查20%
		其他	±100	
6	锚索抗拔力（kN）		满足设计要求。设计未要求时，抗拔力平均值≥设计值；80%锚杆的抗拔力≥设计值；最小抗拔力≥0.9×设计值	抗拔力试验：检查数量按设计要求，设计未要求时按锚杆数5%，且不少于3根检查
7	张拉力（kN）		满足设计要求	查油压表：逐根（束）检查
8	张拉伸长率（%）		满足设计要求；设计为要求时±6	尺量：逐根（束）检查
9	断丝、滑丝数		每束1根，且每段面不超过钢丝总数的1%	目测：逐根（束）检查

6.5　安全保证措施

6.5.1　高边坡开挖安全措施

（1）土、石方开挖应严格按照自上而下，先清除危石、滑坡体，后开挖的程序施工，严禁将坡面挖成反坡。

（2）滑坡地段的开挖应从滑坡体两侧向中间、自上而下分层开挖，严禁全面抽槽开挖，弃土不得堆在主滑区。施工中应有专人观察，严防塌方。

（3）在靠近其他建筑物边沿或电杆、电缆、电线、水管等附近开挖时，安排专人到现场监控、指导作业。

（4）对边坡上出现的断层、裂隙、破碎带等不良地质构造，要及时处理，避免形成高边坡后再进行处理。

（5）开挖爆破作业除要严格执行爆破安全各项规定外，必须结合该部位的地质情况，组织爆破试验，选定合理爆破参数，并坚持不断优化爆破设计，防止爆破对边坡岩体和周边建筑物的破坏。

（6）每次爆破后必须检查爆破效果，消除安全隐患。发现哑炮必须按有关排炮程序和要求处理。对开挖的掌子面要进行全面检查，发现有松动的岩石散落在坡面上、路边不稳定的石块要及时清除。如出现不稳定的危岩体，要及时报告现场的监理工程师，进行技术处理。

（7）爆破作业需持证上岗。爆破时，应设专人指挥，待人员和设备都撤至安全地带后方能起爆。

（8）高边坡在实施梯段开挖时，应在施工平台或马道上设置拦渣墙等防护措施。

（9）要严格按设计边坡坡度施工，削坡要随进度进行，严禁在形成较大高差后再削坡的施工方法。

（10）削坡、危石挖掘人员必须掌握安全施工方法。严禁站在易滑坡落石块下方撬挖、严禁同一断面上下同时挖掘。挖掘作业应在白天进行。

（11）在开挖工作面的下方严禁人员、机械进入，除设有明显的安全警示外，还应派专人在现场监护。

（12）随着开挖高边坡的进行，一定要跟进形成边坡排水系统，防止施工用水、雨水及地下水的破坏，造成边坡失稳。做到边开挖边防护，禁止挖完第三层，再防护第一层。

（13）高边坡开挖现场周围及工作面的危险部位、出渣路口及可能遇到溶洞、地缝、地勘洞等情况，都应采取相应的安全措施，设置安全标志和必要的安全防护措施。需要设安全警戒哨卡的，必须确保班班落实到位。

（14）进入施工部位，必须给施工人员提供安全通道，上下爬梯应设扶手和防滑措施，较高爬梯中间应设休息平台，严禁违章攀爬。

（15）施工中要对边坡的稳定性进行严密监测，发现有异常变化，要立即报告处理。对风化危石要及时清除。

（16）进入工作面的临时机行道路，其宽度、坡度、转弯半径要满足规范要求，施工中对其有损坏时，要及时修整，要确保机械、运输车辆行走安全。

（17）在陡坡上修筑机行道时，必须保证机械的自身安全。如不能满足施工机械工作水平度，要先用人工整修，不得强行用机械作业。

（18）严禁在危险的边坡、峭壁处休息。严禁在高边坡下搭设临时设施、房屋。

6.5.2 高边坡防护安全措施

（1）边坡防护作业，必须搭设牢固的脚手架。脚手架必须落地，严禁采用支挑悬空脚手架。

（2）砌石作业必须自上而下进行。片石改小，不得在脚手架上进行。护墙砌筑时，墙下严禁站人。抬运石块上架，跳板应牢固，并设防滑条。

（3）抹面、勾缝作业必须先上后下。严禁在坡面上行走，上下必须用爬梯，作业在脚手架上进行。架上作业时，架下不准有人操作或停留，不得上面砌筑、下面勾缝。

（4）边坡支护应紧跟开挖进度进行，以确保施工安全和边坡稳定。即挖完一层，必须进行相关防护后才能挖下一层。

（5）施工前，应认真检查支护作业区及周边边坡的稳定情况。排除危石及障碍物，确保在安全的状态下进行边坡支护施工。

（6）边坡支护应在工作平台、脚手架上进行，工作平台、脚手架搭设必须牢固，并确保满足作业操作或承重荷载要求，承重连接部位应采用双扣件。在临空面应设置安全防护栏杆。

（7）在工作平台、脚手架上进行打孔、安装锚索、锚杆和混凝土喷护等作业，要严格执行其操作规程和高空作业的各项安全规定。

（8）向锚杆孔注浆时，注浆罐内保持一定数量的砂浆，以防罐体放空，砂浆喷出伤人。注浆管前方严禁站人。

（9）预应力锚索张拉时，应在千斤顶伸长端设置警戒线，以防出现异常情况伤人。

（10）预应力锚索张拉时，孔口前方严禁站人。

（11）检验锚杆锚固力时，拉力计必须固定牢靠；拉拔锚杆时，拉力计前方或下方严禁站人；锚杆杆端一旦出现缩颈，应及时卸荷。

（12）作业人员必须佩戴安全帽和绑系安全带。绑挂安全带的绳索应牢固地拴在树干或插固的钢钎上，绳索应垂直。不得同一安全桩上拴2根及以上的安全绳或在一根绳上拴2人及以上。

（13）作业发现有事故隐患时，应立即采取措施，消除隐患，必要时停止工作，待安全措施到位后才能作业。

（14）作业人员必须定期进行身体检查，诊断患有心脏病、贫血、高（低）血压、癫痫、恐高症及其他不适宜从事高处作业的疾病，不得从事高处作业。高处作业，严禁违章赤脚作业、酒后作业。

（15）在脚手架操作平台上面作业时，脚手架应设置防止人员坠落的防护栏杆。脚手架上的架板必须铺满，且牢固固定在脚手架上。

6.5.3 高边坡施工机械安全措施

（1）进入高边坡部位施工的机械，必须全面检查其技术性能，确保安全运行。

（2）施工机械进入施工部位，必须检查行走路线，确认道路宽度、坡度、弯度、桥梁、涵洞等能满足安全条件后方可行进。

（3）施工机械工作时，严禁一切人员在回转半径内停留。配合机械作业进行清理、平整、修坡等人员，应在机械的回转半径外工作，如必须在回转半径内工作时，必须停止机械并制动好以后方可工作。机上机下人员随时取得联系。

（4）挖掘机工作位置要平坦，工作前履带要制动，回转时不得从汽车的驾驶室顶部通过，汽车未停稳不许装车。

（5）机械在靠近边坡作业时，距边沿应保持必要的安全距离，确保轮胎（履带）压在坚实的基础上。大型设备进入工作面，必须保证道路有足够的承载力。

（6）钻爆机械要确保扑尘装置完好，风管接头必须绑扎牢靠，严防脱管伤人。

（7）装载机行走时，驾驶室两侧和铲斗内严禁站人。

（8）推土机在开山辟路时，要严格将其工作水平度控制在规范的规定以内。下坡时，严禁空挡滑行，必要时可放下刀片作为辅助制动。

（9）运输车辆必须确保方向、制动、信号等安全可靠。装渣高度不得高出车厢，要防止行进中掉石伤人。

（10）喷射机、注浆器等带压力工作的设备，均安装压力表和安全阀，并确保其灵敏可靠。

（11）施工机械停止作业，必须停放在安全可靠、基础牢固的地方。斜坡上停车，必须用三角木等对车轮阻滑，严禁在大于 15° 的斜坡上停放，夜间有专人看管。

（12）施工设备要坚持班班检查，加强现场维护保养，严禁"带病"运行；禁止在斜坡上或危险地段进行设备的维修保养工作。

（13）机械运转中不得上、下人。施工机械（运输车辆）驾驶室内严禁超载，严禁人、物混载。

6.5.4 高边坡施工监测监控

为达到信息化施工、动态设计的目的，对高危边坡施工期间应建立边坡监测系统。施工现场监测边坡围岩是否稳定，判断边坡防护设计是否合理，施工方法是否正确，保证高边坡防护安全施工。通过对量测数据的分析和判断，对边坡防护体系的稳定状态进行监控和预测，并据此制定相应的施工措施，以确保边坡岩体的稳定以及防护结构的安全。监测信息用于指导施工，同时可将监测成果作为动态设计的依据。本合同段高边坡施工监测监控设计采用"开挖一级，监测一级"的方式进行地表变形监测，如图 6-8 所示。

1. 量测点及断面布置

（1）地表变形监测观测点按路基设计图纵向40m 间距进行布设。

（2）测点的横向布置按路基监测设计图每级

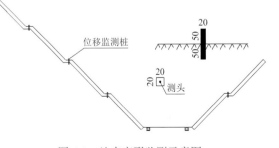

图 6-8 地表变形监测示意图

边坡埋设观测桩，若在观测过程中发现变形连续增加后应立即加密每级边坡埋设观测桩。

（3）测点布置及埋设。

利用全站仪放出测点，参照标准水准点埋设，所有基点应和附近水准点联测取得原始高程。在测点位置挖长、宽均为20cm，深度为100cm的坑，然后放入地表测点预埋件（自制），测点采用钢钉制成。测点四周用混凝土填实，待混凝土固结后即可量测，采用精密水准仪对下沉量进行观测，测量精度±1mm。

2. 量测方法

用全站仪将同一断面的测点布置在一条直线上，采用B20Ⅱ水准仪测量地面沉降。地面下沉量测量应在边坡尚未开挖前进行，借以获得开挖过程中的全部曲线。

3. 量测注意事项

（1）施工前应做好监测准备工作，引入高程控制点，配置必要的人员与仪器。

（2）在布置测点时应注意在位移量较大的地段将测点布置密一点。

（3）量测数据及分析结果全部纳入竣工资料，备查。

4. 量测数据的整理

（1）绘制每一横断面沉降值随时间的变化关系图；

（2）绘制每一断面最大沉降量随时间的关系图；

（3）绘制每一横断面最大沉降量与开挖面距离关系图。

5. 稳定性控制标准

（1）最大位移速率小于2mm/d；

（2）边坡开挖停止后位移速率呈收敛趋势；

（3）边坡、坡顶有无开裂，裂缝的变化趋势如何。

6. 人工巡视监测

人工巡视监测是一项经常性工作，应做到每天有人巡视检查。建立监测系统后，每天测读一次初读数，然后在边坡开挖过程中，定期进行巡回监测，同时结合地面位移监测和人工巡视监测及时预报出边坡岩土体位移动态。人工巡视监测是一项经常性工作，应做到每天有人巡视检查。地表位移的监测周期与降雨量相应，施工期间，旱季和少雨季节每天观测1～2次，雨期每周观测7次，暴雨期及雨后数天内每天观测一次，直至无明显变化为止。监测工作可在边坡加固工程完成后六个月内或当年雨期结束后三个月如无明显位移可结束，否则需视具体情况定。

7. 监测异常处理措施

所有高边坡的施工必须提前做好截水沟和排水沟，截断山体水流。在整理资料时，若发现地面位移量过大或下沉速度无稳定趋势时，对边坡结构应采取加设或加长加密锚杆、增加锚索或者加深锚索等补强措施。加强滑坡的监测监控，对点位有变化应立即停止现场的施工，加密观测次数，仔细分析点位的变动原因，及时将观测结果上报监理、业主和设计院。应会同监理、业主和设计分析滑坡产生的原因和确定具体处理方法。待按照处理方法进行处理完毕，经再次观察坡面无异动的情况下才能继续开始高边坡的挖方施工。

8. 落石观察站

为防止在石质地段开挖过程中产生碎石滚落造成安全事故，选取高坡点作为防石滚落观察点由专职安全人员全程监控。

6.5.5　应急救援方法

1.高空坠落应急救援方法

（1）现场只有1人时应大声呼救；2人以上时，应有1人或多人去打120急救电话及马上报告应急救援领导小组抢救。

（2）仔细观察伤员的神志是否清醒、是否昏迷、休克等现象，并尽可能了解伤员落地的身体着地部位，和着地部位的具体情况。

（3）如果是头部着地，同时伴有呕吐、昏迷等症状，很可能是颅脑损伤，应该迅速送医院抢救。如发现伤者耳朵、鼻子有血液流出，千万不能用手帕棉花或纱布去堵塞，以免造成颅内压增高或诱发细菌感染，会危及伤员的生命安全。

（4）如果伤员腰、背、肩部先着地，有可能造成脊柱骨折，下肢瘫痪，这时不能随意翻动，搬动时要三个人同时同一方向将伤员平直抬于木板上，不能扭转脊柱，运送时要平稳，否则会加重伤情。

2.坍塌应急救援方法

（1）当发生坍塌事故时，立即组织人员及时抢救，防止事故扩大，在有伤亡的情况下控制好事故现场；

（2）报120急救中心，到现场抢救伤员。应尽量说清楚伤员人数、情况、地点、联系电话等，并派人到路口等待；

（3）急报项目部应急救援小组、公司和有关应急救援单位，采取有效的应急救援措施；

（4）清理事故现场，检查现场施工人员是否齐全，避免遗漏伤亡人员，把事故损失控制到最小；

（5）预备应急救援工具：切割机、起重机、药箱、担架等。

3.物体打击应急救援方法

当物体打击伤害发生时，应尽快将伤员转移到安全地点进行包扎、止血、固定伤肢，应急以后及时送医院治疗。

（1）止血：根据出血种类，采用加压包止血法、指压止血法、堵塞止血法和止血带止血法等。

（2）对伤口包扎：以保护伤口、减少感染，压迫止血、固定骨折、扶托伤肢，减少伤痛。

（3）对于头部受伤的伤员，首先应仔细观察伤员的神志是否清醒，是否昏迷、休克等，如果有呕吐、昏迷等症状，应迅速送医院抢救，如果发现伤员耳朵、鼻子有血液流出，千万不能用毛巾棉花或纱布堵塞，因为这样可能造成颅内压增高或诱发细菌感染，会危及伤员的生命安全。

（4）如果是轻伤，在工地简单处理后，再到医院检查；如果是重伤，应迅速送医院抢救。

4.火灾事故应急救援

（1）施工现场发生火灾后，迅速组织扑救和人员疏散，并拨打抢救组组长电话，及时拨打119报警；

（2）现场抢救组立即展开扑救，防止火灾蔓延，并立即报告项目部相关部门；消防组接到报警后立即到现场组织扑救；报警时一定要讲清发生火灾的部署、着火的材料、大概面积并留下报警人的电话；拨打 119 报警后，报警人到场外马路上等候消防车的到来并做好向导工作；同时通知保卫处立即到达现场组织抢救；

（3）组织人员按照疏散图指示及时疏散留在现场的工作人员；安排人员管理现场，减少材料和工具的损失；发生火灾后立即切断电源，以防止扑救过程中造成触电；在火灾现场如有易爆物品，首先转移该物品，以防止爆炸的发生；

如电气起火应首先切断电源再组织扑救；

如精密仪器起火应使用二氧化碳灭火器进行扑救；

如油类、液体胶类发生火灾应使用泡沫或干粉灭火器，严禁使用水进行扑救；在扑救燃烧产生有毒物质的火灾时，扑救人员应该佩戴防毒面具后方可进行扑救；在扑救火灾的过程中，始终坚持救人第一的原则，严禁因拯救物资而置生命于不顾；

（4）对伤者实施急救措施后，立即送往医院治疗；

（5）消防组值班人员坚守岗位，认真负责、做好下传上达工作，对事件发展情况，所采取的措施，存在的问题，要认真做好记录，直至事件完全解决；

（6）事故调查组对事故原因进行调查、评价并提出相应的解决方案；事故调查组将事件发生、处理的全过程和预防的方案及时向公司汇报。

5. 触电事故应急救援

（1）如果发生触电事故时首先断开电源。项目部应立即组织人员进行抢救，并电话通知公司应急反应组织机构，同时迅速呼叫医务人员前来现场进行抢救。如果电源开关在较远处，则可用绝缘材料把触电者与电源分离。

（2）高压线路触电：马上通知供电部门停电，如一时无法通知供电部门停电则可抛掷导电体（如裸导线），让线路短路跳闸，再把触电者拖离电源。触电者脱离电源后马上进行抢救，同时拨打 120，送往最近的医院。

（3）由事故调查组进行事故调查，责任分析并形成调查报告上报上级主管部门。吸取事故教训，提高施工人员的安全意识。

（4）对施工现场供电线路及电气全面检查，彻底整改。

6. 机械伤害事故应急救援

（1）一旦发生机械伤害事故后，项目部应立即切断电源并组织人员进行抢救，并电话通知公司应急反应组织机构，同时迅速呼叫医务人员前来现场进行抢救。

（2）对伤员进行必要的处理，如止血：有创伤出血者，应迅速包扎止血，材料就地取材，可用加压包扎、上止血带或指压止血等。尽快调动车辆立即送往医院。

（3）事故调查组进行事故调查，责任分析并形成调查报告上报上级主管部门。对施工现场的所有机械，认真检查，排除隐患，消除带病作业，备齐防护设施，达到运转正常。

第 3 篇

隧道篇

隧道洞口自然因素

　　我国山区的地质地貌较为复杂，尤其是桥隧比大，给公路工程施工增加了难度。云南省的高速公路工程建设项目中，隧道施工多位于山岭重丘区，地理环境复杂，对施工技术水平要求较高。为此，本书依托大永高速公路隧道工程，针对隧道工程建设中遇到的技术难题，开展了相关研究，详细论述了隧道工程施工安全控制技术。

第 7 章

西南山区高速公路隧道工程施工难点

7.1 隧道施工的特点

7.1.1 很难预测地质变化

众所周知，隧道地质变化很难预测，特别是山区，地质变化更加复杂。因此，山区公路隧道施工存在安全隐患，如经常出现塌方、滑坡等自然灾害及安全事故。

7.1.2 存在大量的隐蔽工程

隧道施工属于地下工程，地质情况千变万化，施工影响巨大，易导致隧道工程中存在大量的隐蔽工程。隐蔽工程在施工中出现问题的概率也是最高的，并且出现质量问题时也不容易被施工人员发现，一旦出现质量问题，很难有相应的解决措施，会给整个公路隧道工程带来不利影响。

7.1.3 隧道施工具有时效性

在西南山区开挖隧道容易受自然环境和水文地质条件的影响，导致一些围岩会随着时间的推移发生改变。因此，在隧道施工过程中要根据现场实际情况，制定科学合理的施工方案，尽量避免因隧道围岩变形的时效性而引起事故的发生。

7.1.4 隧道施工环境差

从目前山区公路隧道开挖施工现状来看，隧道施工作业空间小、工序复杂，例如开挖、支护、防排水作业等。以上几类施工作业都属于不同工种，而且要在狭窄的工作面交叉施工作业，这样会给施工现场带来混乱的局面，导致施工难度系数增加。

7.2 地质结构特点以及对隧道施工的影响

西南山区地质结构大多十分复杂，具体可表现为各类微观构造组成的不连续性地层、层理断面所引起的各种异向地形、地表缺陷所引起的地质差异、水量分布不均引起的富水性等。地质条件的复杂性及特异性决定了山区地层的稳定性通常较差、地层种类较多，部分山区地质条件较为松散，给隧道施工造成了较大的困难。

7.2.1 地层连续形变

对于西南山区复杂地质条件下的地层连续形变而言，一般都具有较为相对的均匀性以及可预测性。通过连续地层介质下的力学弹塑性理论可进行预测，其中的形变程度与材料力学的参数、工程范围以及实际的隧道施工方法相关，与此同时还与地层预处理过程以及预支护的具体措施相关。通常，采取数值的计算方法可涵盖隧道施工理论的严谨性以及实际工程施工中的诸多优势，效果比较理想，目前被业内工程界及学术界广泛采用。值得注意的是，此方法仅对较为完整以及均匀的地质有效，且计算结果仅代表地层扰动下作为连续地层介质所权衡的部分形变，而非地质的全部形变，例如形变地层上方垮塌的范围λ与碎胀系数K的关系如图 7-1 所示。微观结构的失稳会造成地层不同程度的破坏及塌落，且松散状态的土质参数也会发生相应的变化。

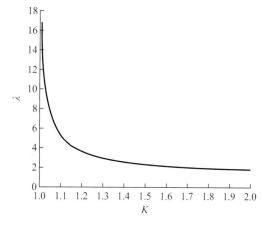

图 7-1 垮塌范围λ与碎胀系数K的关系示意图

7.2.2 地质成分复杂不均

西南山区地形错综复杂，地质成分各异，如大型卵石、岩溶地质以及其他湿陷性、淤泥质黏土成分等。此类复杂、特殊的地质结构无疑给隧道工程的施工带来极大的难度和挑战。对于较陡区域以及其他易出现山体滑坡和泥石流的区域，在隧道施工过程中应尽量避免对围岩的扰动，并采取支护措施。在隧道开挖前需对隧道附近的复杂施工区域进行实地勘探，比较常见的做法是采用直接法和间接法进行探测，做到对隧道埋深、岩土类型以及地下水和其他不良地质体的构造、参数都有充分的掌握。

7.2.3 复杂地质对西南山区隧道施工的影响

复杂地质的结构性在地层形变的过程中具有非常重要的作用，对隧道施工的影响很大。对于地层微观缺陷而言，所影响的方式主要是单独缺陷的结构失稳、多缺陷地层间作用以及缺陷构造的协调形变。在结构失稳和洞体扩散方面，地层微观缺陷中的失稳经常会触发大范围的地质破坏，随之而来的是地质构造的形变，并延伸到地表进而形成沉降槽，最终致使地质整体形变增加。当因隧道施工而受到扰动后，地层微观结构便以特定的方式向周边扩散，且范围将逐渐扩大，形成大范围的松软地层，某种程度上来说使地层刚度降低，直接导致地层形变的增加。

7.3 隧道施工的原则与质量问题

7.3.1 隧道施工的原则

西南山区隧道在施工过程中容易受到水文地质和工程地质条件的影响，所以在施工过程中要高度关注隧道围岩的稳定性，保障隧道施工安全，主要涉及以下几点：

（1）在开挖掌子面时，要用超前导管和大管棚进行注浆，从而加固周边的围岩，保障围岩的稳定性，避免在掌子面开挖过程中出现坍塌事故。完成支护工作后，要对周边岩石中存在的缝隙，以打孔注浆的方式进行填充，从而保障围岩的强度，提升围岩的稳定性。

（2）依照施工区域的地质状况，在有效的时间内利用混凝土进行加固，防止坍塌事故的发生。通常情况下，软弱围岩的开挖进尺控制在 0.5～0.8m。同时，要有效地应用强力支护，依照短开挖、混凝土喷射及时封闭、钢格栅或钢支撑的架立、钢筋网片以及混凝土的二次衬砌等方式实施，从而有效地实施支护工作。

（3）要保障整个支护构成一个环形结构，降低地基的不稳定性影响，在实施台阶法过程中，及时跟进下半段面，从而有效进行仰拱施工，早日成环。

7.3.2　隧道容易出现的质量问题

1. 衬砌裂缝问题

关于西南山区公路隧道衬砌裂缝问题，笔者通过对大永高速公路隧道的研究，总结出衬砌裂缝的三种形式，其中隧道纵向裂缝在隧道中比较常见，也是对隧道影响最大的一种裂缝形式。这种类型的裂缝容易出现在隧道的拱腰部位，在施工过程中要对其进行重点防御，利用各种举措防止裂缝的产生。经过大量的研究表明，隧道衬砌混凝土的裂缝主要是由于混凝土发生干缩，温度突然上升或下降引起的。除了混凝土自身收缩或者自身的施工质量等因素导致衬砌裂缝的产生之外，外力也会导致衬砌裂缝的产生，这里的外力主要指的是地震作用、地层压力及岩石的膨胀力等。导致衬砌受力裂损比较普遍的因素是，当岩体被挖开之后，其原始的稳定程度被破坏，岩体的整体受到外力影响而向洞内方向发生位移，或者是部分不稳定岩块向着洞内方向塌落。无论是哪一种情况，在隧道开挖之后都会发生不同程度的变形，所以已经完成灌注的衬砌结构，如果有不平衡荷载产生，就会发生不同程度的变形或者裂缝。

2. 渗漏水质量问题

在西南山区公路隧道中渗漏水现象是比较普遍的。笔者通过对大永高速公路隧道渗漏水的研究，将西南山区公路隧道渗漏水现象分为滴水、浸润、漏水、渗水、涌水和射水等几类，以上几类渗漏水都会在隧道的环缝、纵缝、注浆孔等位置出现。由于种种因素，施工方在施工过程中对围岩体原始的水系平衡造成破坏，导致新建隧道穿过山体附近地下水集中的通道时，如果隧道围岩与含水地层连通，再加上施工过程中防水工作没有做到位，地下水得不到有效的排放，时间一长，各种因素的积累肯定会导致山区公路隧道渗漏水现象的发生。

3. 衬砌变形质量问题

判断我国公路隧道衬砌变形的情况，主要以测量净空位移的变形速度为基准。西南山区公路隧道衬砌变形主要包括断面变形、错台错缝、边墙下沉等，变形是由于受到外力变化因素导致的。一旦受到外力作用的影响，衬砌的拱轴形状就容易发生变化，称之为断面变形，断面变形主要以横向变形为主。由于剪切作用导致错台错缝，一般在隧道的起拱线或施工缝位置有凸出错台或者凹进错台，主要原因是隧道的起拱线或者施工缝位置比较薄弱。边墙下沉是一个非常复杂的物理力学过程，与隧道围岩的性质、应力状态以及维护方式等都有直接关系。当边墙发生下沉的时候，常常会伴随着隧道底板的变形，导致山区公路隧道发生变形或破坏，甚至造成隧道稳定性严重下降，严重威胁公路运营安全。

7.4 隧道施工质量控制措施

7.4.1 隧道衬砌质量控制措施分析

首先，在二次衬砌未施工时，要对围岩变形的稳定性进行确定，保障围岩和掌子面之间的距离，保障开挖进度的合理性。在实施浇筑之前要对二次衬砌模板堵头板的密实性进行全方位检查，保障止水带能够紧贴，从而防止错台、漏浆现象的发生，促进二衬外观质量的提升。同时，在施工过程中要将准备工作做好，保障能够连续性开展浇筑工作，减少因浇筑不连续产生的施工缝数量。拱顶浇筑过程中，要通过补浆的方式防止出现拱顶空洞现象的发生，从而进一步加强二衬质量。其次，在山区公路隧道的实际施工过程中，二次衬砌容易出现开裂情况，例如隧道围岩沉降导致的开裂等。因此，在实施裂缝检查工作时，可利用雷达、超声波、刻度放大镜以及塞尺等工具和仪器对开裂的深度和宽度实施测量，从而进行针对性的补救和整治。蜂窝、空洞衬砌等现象的出现，导致衬砌厚度与设计规范的厚度不一致，对此要进行及时补救，从而有效提升隧道衬砌的质量。

7.4.2 隧道防水质量控制措施

山区公路隧道在日常使用过程中要保证其具备完善的防水排水功能，因此在施工过程中要严格限制防水材料的规格。通常情况下，山区公路隧道工程的防水层主要由两层衬砌和一层高分子防水卷材构成，以保障隧道排水系统的柔性、耐老化、耐酸碱腐蚀性，进一步提升防水系统的使用寿命。在架设排水管道时，要依照隧道壁环向、纵向以及横向实施敷设，同时敷管道之前要做好管道的剪裁工作，从而保障渗水能够从隐排流通到纵向排水管道当中。

目前，针对山区公路隧道的防水系统质量缺少比较严谨规范的操作标准和质量检测评定方法，只能对接头宽度和接头连接的牢固性进行有效控制，以及保障接头强度和同质材料相符。最后，要做好防水系统的检查工作，尤其是防水材料的松紧度、悬挂质量以及原材料质量，避免出现鼓包、孔洞以及褶皱情况。

7.4.3 隧道支护质量控制措施

当隧道开挖后要及时进行围岩支护体系的构建，并依照相关要求对喷射混凝土的质量进行严格控制。首先，要检测砂石、水泥等原材料的质量，并对喷射混凝土的厚度和强度进行试验与检测，对围岩和混凝土之间的粘结度进行检验，保障回弹率达到施工设计的目标要求，并严格控制围岩粉尘和变形情况，从而降低整体的荷载，进一步提升其自身的承载能力。其次，在混凝土浇筑过程中，除了混凝土试块的制作工作外，可直接在支护结构上获取混凝土块，从而完成混凝土强度的检测工作。最后，针对锚杆支护的质量控制，可以应用劈裂法对锚杆的抗拉强度、延展性、粗糙度、弹性以及材料质量进行标准检验，或者在围岩的岩面上直接埋设装有拉杆的加力板，从而对锚杆的规格和尺寸进行检验，也可以利用超声波探测技术对锚杆长度进行有效检测。

7.4.4　隧道工程施工安全管理措施

1. 隧道工程施工前准备

（1）隧道工程施工前，需要勘察施工现场环境，制定科学的施工组织方案，根据实际要求调整作业环节。

（2）加强对爆破公司资质和爆破质量的审核和比选，确保爆破实施过程中的安全性。

（3）合理规划弃渣场，避免造成周边环境污染，保护隧道周边的自然生态环境。

（4）通过前期地质调研，做好详细的地质预报并编制安全应急方案。

（5）确保施工各环节的有序进行，施工过程中做好通风、排水、通信等基础工作，满足隧道施工安全要求。

（6）建设"平安工地"，为安全施工生产提供保障。

（7）在施工企业内部进行安全生产教育全覆盖，加强对安全隐患的日常排查和处理，确保安全生产施工各项工作的有效落地、落实、落细，构建长效机制，形成安全生产管理常态化。在施工企业安全生产体系建设过程中，要从严治理、加强监管，将安全意识融入日常施工作业中。

2. 隧道分部工程施工阶段

隧道工程中，洞口施工是基础环节。为加强洞口的稳定性，需要设置边坡和仰坡，并在周围设置天沟等截排水设施，确保及时排出施工地表水，保证隧道工程施工安全。

在周边设定位移观测点也非常重要，不同等级围岩的观测点间距不同，见表 7-1。

不同等级围岩对应观测点间距　　　　　　　　　　　　　　　　　　　　表 7-1

围岩级别	间距（m）
Ⅰ～Ⅱ	50～100
Ⅲ	20～50
Ⅳ	10～20
Ⅳ～Ⅴ	5～10

高速公路隧道工程施工对施工人员和技术人员提出了更高的要求，在施工过程中应设立专职的安全管理人员，加强施工过程中的安全管控力度，促进工作效率提升。施工过程中会受到周围环境因素的影响，在复杂的环境中潜藏着多种危险因素，因此要求施工人员必须规范佩戴安全防护用品，且隧道内的施工行为应遵循安全生产管理规定，针对存在的不安全因素要及时整改到位。

3. 隧道爆破施工阶段

严格监管隧道爆破施工中所使用的炸药、导火索等各类危险器材，并在施工现场设立明显的警示标志、标牌。选择专业水平较高的爆破人员，爆破人员须持证上岗，确保爆破工作流程有序、合理。运输过程中应安全驾驶，避免出现紧急刹车等情况，防止因碰撞而引发爆炸。根据施工要求，明确规定每日的放炮时间和放炮次数。爆破前爆破人员严格检查爆破网格，确保一次起爆。对炸药的存放地点加强监管，采取防盗措施，安排专人定期检查炸药库，并做好炸药发放使用情况的记录和核对工作。

4.隧道施工风险应急管理

高速公路工程隧道施工作业开展前，需要对照图纸复核勘测区域内的山体情况，根据地质勘测结果明确工程项目管控的核心与难点。将施工风险应急管理作为工程项目管控的重点之一，对施工中可能涉及的风险源和风险因素进行系统分类和辨识，科学评估风险级别，编制相应的应急预案，完善风险预警制度并在施工过程中贯彻落实，以及时消灭可能存在的不安全因素，确保安全施工。

5.山区高速公路隧道安全管理优化策略

1）完善隧道施工前的检测工作

在山区高速公路隧道施工过程中，需要在隧道施工前完成地质检测、围岩监控、隧道有毒有害气体检测等前期检测工作，以便更好地掌握隧道周围围岩的变形情况，防止施工人员在隧道施工时中毒窒息。通过勘察施工路段的围岩地质条件，及时发现不良地质或存在的重大地质灾害隐患，消除或降低对隧道施工的影响。前期检测数据也可以为隧道施工方案、施工工艺等的确定提供参考数据，确保施工操作更加合理、安全。同时，对有毒有害气体的检测可以保障隧道内施工人员的人身安全。对于高风险的施工路段应安装固定式气体检测仪，检查人员定时反馈数据，一旦发现监测数据异常应及时上报。

2）加强隧道施工标准化管理工作

隧道工程施工的标准化管理有利于确保隧道施工的安全。隧道施工设计阶段要频繁测试数据，分析围岩等地质情况。施工期间根据现场实际进一步分析围岩等地质情况，如发生岩溶、偏压、涌水等情况，需要动态调整支护参数，并对隧道设计方案做相应的调整，保障施工安全。在隧道安全管理工作中，监测是极其重要的一项工作。应建立完善的安全管控体系，鼓励全员参与到安全管理工作中，加强全员安全生产意识，确保隧道工程施工安全；同时将"互联网+"技术引入到隧道施工监控中，利用视频监控、监测数据实时上传等功能，确保各项安全监测数据精确，从而提高监管效率。施工单位应积极引进新技术、新设备，通过机械化施工，实现"机械化换人、自动化减人"，减少危险作业中的人员参与数量，达到施工质量可控、施工人员安全的目标。

3）做好隧道施工现场安全保障工作

在高速公路隧道施工中，为加强安全管理工作，需要在现场设立安全管理部。为确保隧道掘进面施工的安全性，需要设立掌子面专职安全员，提高隧道施工的安全管控质量。施工过程中遵循"安全第一、预防为主、综合治理"的安全管理理念，明确划分施工职责，一旦发生安全问题应及时处理。施工企业应建立完善的安全生产组织结构，对施工项目进行分级管理，提高管理效率。加强对施工人员的安全生产培训，并确保施工技术人员严格执行操作规范，做到持证上岗。

第 8 章

隧道洞口段稳定性施工安全控制技术

西南山区高速公路隧道洞口段边坡工程，在隧道开挖爆破扰动、边坡防护施工、自然降雨等综合因素作用下，容易发生地质灾害。

西南山区高速公路隧道洞口施工加固见图 8-1。

图 8-1　西南山区高速公路隧道洞口施工加固

8.1　隧道洞口边坡稳定性的影响因素

8.1.1　自然因素

自然因素是山区高速公路隧道洞口边坡出现稳定性问题的主要因素，这些自然因素包括但不限于岩土的性质、结构、类型、地形地貌、地震、水等，其中岩土的性质与结构是致使隧道洞口边坡出现稳定性问题的主要原因。

（1）岩土体一般来说，在隧道洞口边坡的坡角和坡高相同的情况下，隧道洞口周围的岩土越坚硬，那么边坡的稳定性也就越好，相反如果隧道洞口周围的岩土越疏松，那么边坡的稳定性也就越差。而决定着隧道洞口周围岩土体坚硬度的，则是其内部所蕴含的泥土的比例，岩土体的泥土比例越高，相应的隧道洞口边坡的稳定性也就越差，相反如果岩土体所蕴含的岩石比例越高，那么边坡出现稳定性也就越高，出现稳定性问题的概率也越小。

（2）水作用对于山区高速公路隧道洞口边坡的稳定性造成影响的，除了岩土体以外，水也是造成边坡出现稳定性问题的一大原因，特别是在冬季转入到春季或者多雨季节之中，隧道洞口边坡出现事故的概率相比较其他时间段来说更高。这两个时间段，一个是冬季转春季，冰雪融化成水；另一个则是多雨季节，这足以说明水是造成边坡出现稳定性问题的主要原因之一。至于为什么会造成这一情况，主要是水在流动的过程中，会对山上的岩土体造成一定的侵蚀和渗透。在侵蚀过程中，水流会不断地带走岩土体中的泥土，使得原本完整的岩土体结构出现一些空洞，破坏了岩土体的整体结构。而在水的渗透过程中，则会同边坡的岩土体融合，对原本坚固的岩土体造成一定的软化，这也同样会破坏岩土体的整体结构，进而造成边坡的稳定性问题，如图 8-2 所示。

图 8-2　隧道洞口自然因素

8.1.2　人为因素

虽然自然因素是山区高速公路隧道洞口边坡出现稳定性问题的主要原因，但人为因素也同样会对边坡的稳定性造成影响。例如现如今很多高速公路设计单位在进行正式设计之前，没有对施工地区进行全方位的实地勘察，没有得出施工区域的各种实际数据，进而造成在进行项目设计时没有施工区域的实际数据作为参考，设计出的项目设计不符合施工区域的实际情况，以至于在施工过程中出现超挖或者施工不合理的情况，进而对边坡的稳定性造成影响。另外，若遇到山区隧道洞口的岩土体强度较高的情况，在施工过程中难免采用爆破的方法来进行施工，但如果在爆破的时候没有计算好爆破的力度，那么也同样会对岩土体的整体结构造成影响。除了以上两点，施工用水渗入到边坡之中，后期运营单位的维护力度不足等也会对稳定性造成影响。

8.2　隧道洞口段施工风险分析

隧道洞口段地质情况一般较差，且多为偏压、浅埋，在开挖过程中容易产生各种风险事故。根据一般隧道洞口处工程与地质特征及工程实例的调查分析，在安全和环境方面，公路山岭隧道洞口施工潜在风险主要有以下几方面。

8.2.1　地表下沉、开裂变形

隧道洞口段一般位于围岩软弱段，在开挖过程中洞口山体地表极易下沉、开裂变形，如未及时采取措施，雨期雨水容易沿裂缝侵入，使围岩强度降低，甚至造成洞口段坍塌。

8.2.2　洞口段坍塌、冒顶

隧道洞口由于覆盖层很薄、围岩软弱松散，开挖时岩土很难形成自承体系。施工过程中如果对变形控制不当，围岩会产生松弛破坏，导致直达地表面的塌陷。

8.2.3　边仰坡失稳

隧道洞口边仰坡开挖时，破坏了边仰坡岩土体原始应力平衡状态；在受到开挖、爆破振动等施工活动和地表水、潜在结构面综合影响时，极易使边仰坡岩体松弛引起表层剥落或滑坡。

8.2.4　洞口山体整体滑移

隧道洞口段围岩一般存在土层和岩层的交界面，受隧道开挖、爆破及雨期地表水等影响时，土层与岩层的沉降变形量不一致，易在掌子面前方沿土层与岩层交界面产生张拉裂缝；随着裂缝的横向发展，在整个坡体上形成椭圆弧线圈滑移。

8.2.5　支护结构开裂变形

隧道洞口段围岩自稳性差，在支护承载力不足或施工质量不合格的情况下，支护极易开裂变形。特别是由于有些洞口偏压甚至一侧临空，易造成进洞时该段围岩外扩，造成初支开裂、围岩失稳。

8.2.6　落石伤人危及施工安全

隧道洞口一般边仰坡较陡，地表截水沟开挖后，坡顶存在松散岩体和散石容易发生小型坍塌或落石，危及洞口人员和机械进出安全。

8.2.7　弃渣对环境影响、水系破坏

隧道洞口开挖不仅直接影响该地区的地下径流，开挖出的弃渣大部分就地堆放在附近山沟或空地；在雨期雨水的冲刷作用下，容易堵塞灌溉水渠和其他地表水系、破坏农田，甚至引起泥石流。

8.2.8　其他特殊地形与地质条件引起的风险

隧道洞口施工风险涉及多方面的因素，如水文和地质条件、地形地貌和周围环境、开挖方式、支护措施及参数、施工质量与管理、设计结构形式、施工扰动、水等影响因素，隧道洞口施工风险是开挖时各个因素的相互作用下产生的。

8.3 隧道洞口边坡稳定防护方法

8.3.1 做好前期的实地考察

对于山区公路的施工来说，施工前的实地考察是重中之重，这一点对于隧道洞口边坡的施工也同样是如此。在进行实地考察时，考察人员不仅要对施工区域的各种地质数据进行考察记录，还要对施工地区的岩土体情况进行详细的勘察记录，争取将每一处的岩土体的数据都考察一遍，以此来方便后期的施工。除此之外，还要对施工地区的各种可能影响到边坡稳定性的自然因素进行考察，并将所有因素都考虑到施工设计之中，以此来对自然因素进行一定的防护。

8.3.2 加固技术的应用

加固技术是防护岩土体稳定的最好的办法，在边坡的施工过程中应用了加固技术以后，不仅可以提高边坡岩土体的整体稳定性，还可以在一定程度上预防水对边坡造成的侵蚀和渗透作用。现如今比较常用的加固法有抗滑桩加固法、预应力锚索、注浆加固法、加筋边坡和加筋挡土墙、锚杆加固法等。

（1）抗滑桩加固法这种加固法主要是将抗滑桩自上而下地打入到边坡的下半部分，然后利用抗滑桩的桩型结构来阻止边坡出现岩土或者岩石下滑等问题。但在应用这个加固法加固边坡之前，一定要做好对抗滑桩下的基石的抗力检测，如果基石存在着裂缝、含水度高、密实度不足等问题，那么如果遇到如地震等自然灾害，同样会对边坡的稳定性造成影响，起不到加固法所应起到的作用。

（2）注浆加固法在如今被广泛地应用于边坡的岩土体结构改良过程中，其主要是通过液压或者气压将未凝固的浆液注入岩土体的裂缝或者孔隙当中，以此来改变岩土体的物理力学性质，不过注浆加固法在使用前也同样要做好施工地区岩体性质的考察工作，然后根据施工地区岩体体的实际情况，选择相应的注浆材料与压浆技术。加固完成后，便可以有效地改变岩体的整体结构和性质，降低水和岩土体对边坡稳定性的影响，提高边坡的稳定性。但如果没有做好前期的实地考察，那么不仅可能会导致注浆失败，还可能会导致加固起不到应有的作用。

8.3.3 生物防护法

生物防护法是近些年才兴起的山区高速公路隧道洞口边坡稳定性防护方法，其主要是在边坡中种植诸如树木、草坪、灌木植物等绿色植物，这样不仅可以利用绿色植物的根系加固土壤，还能够在一定程度上防止水流的冲刷和侵蚀作用，不过这个防护法也同样有着一定的缺点，那就是后期养护的费用比较高，养护团队需要不时对边坡上的植物进行修剪、施肥、除虫等工作，这样才能在保证其美观的同时，保证其应有的作用。

8.3.4　截水、排水法

截水、排水法主要是通过对地表排水与地下排水来将边坡内部的水引出坡体外的一定范围，进而降低水作用对边坡稳定性所造成的影响。在具体实施过程中，排水法在地表排水上可以通过在坡顶与坡面上修建截水沟，以此来有效地将水流引离边坡。而地下排水，则是将边坡内部的水进行引流，进而改变边坡内部岩土体因水而发生的软化情况，提高岩土体的整体强度，最终实现提高边坡稳定性的作用。

8.3.5　施工与养护

首先在进行边坡施工前，需要按照施工区域的实际情况做好施工方案，方案之中不仅要包含边坡的施工方案，还要规定出边坡的每一部分的施工工艺。其次在施工过程中，施工人员要严格按照施工方案来进行施工，如在施工过程中遇到不合理的施工设计要及时反馈，不能私自进行施工更改。最后在养护的过程中，养护团队要定时对边坡进行检修工作，如发现有裂缝要及时进行修补工作。每次大雨过后或者冰雪融化后，养护人员也要对排水设施进行检查，如有积水，应及时进行排水作业，减少水作用对于边坡的影响。

8.4　隧道口滑塌治理技术

8.4.1　滑坡区工程概况

拟建的新坪隧道进口位于永善县黄华镇三合村，出口位于永善县黄华镇新坪村，设计为分离式双洞隧道，隧道限界高度 5m，限界宽度 10.25m，进出口交通较为便利。左、右线隧道出口段隧道轴线方向约 5°，左、右线洞口位于斜坡地段，斜坡坡向约 5°，自然坡度 37°～56°，与地形等高线基本正交，该段洞口段覆盖层为第四系崩坡积成因的碎石土，厚度 5～15m。下伏基岩为峨眉山组（$P_2\beta$）玄武岩，裂隙：140°∠78°；L2：81°∠79°。地表水和地下水欠发育。隧道出口土层较厚，地形较陡，且上部有乡村公路，原设计洞顶仰坡采用 4.5m 直径 42mm 小导管注浆与 12m 长直径 32mm 自进式注浆锚杆，坡面采用挂网喷射混凝土。

受低涡切变线和冷空气共同影响，每年 8 月份昭通市大部地区出现强降水过程，暴雨、局部大暴雨天气频发，过程累计平均雨量 25～60mm，局地 80～120mm，并伴有明显强对流天气。受连续暴雨影响，山体富水近乎饱和，自重增大，于 2021 年 9 月 24 日发生滑塌，滑坡现状边界明显，前缘位于边坡坡脚，滑坡区平面形态呈矩形状，滑塌高度约为 20m。如图 8-3～图 8-8 所示。

8.4.2　测设过程

2021 年 9 月 24 日，山体滑塌后施工单位已对该区域进行紧急封闭，安排专人看守，防止无关人员进入危险区域，并立即上报指挥部，指挥部人员及设计代表立即赶赴现场进行应急指导。

图 8-3　滑塌前场区全貌

图 8-4　滑塌前边坡全貌

图 8-5　滑塌前右洞右侧全貌

图 8-6　滑塌前右洞右侧边坡

图 8-7　滑塌前双洞间边坡

图 8-8　滑塌后场区全貌

8.4.3　应急处置

边坡滑塌后，设计代表协同指挥部人员赶赴现场，进行应急指导，并出具应急处置方案如下：

1. 坡面反压

鉴于边坡已发生变形，为防止其变形进一步加剧，应立即对坡脚采取反压措施，具体说明如下：

反压宽度为从坡脚往外 8m，总高度为 8m，外侧坡率 1∶1.25；建设单位需安排相关责任单位依据相关规范及法规做好警示措施，禁止人员随意进出滑塌区域。

2. 裂缝封堵

及时封闭堑顶裂缝，裂缝采用黏性土回填夯实，并采用彩条布覆盖。

3. 临时排水

及时恢复堑顶截水沟拦截山顶汇水。

4. 地质勘测

待变形稳定后，及时启动地质补勘及地调工作，完善全边坡地质调查和病害分析，为处置方案拟定提供基础依据。

5. 变形监测

加强地表位移监测频率；为了对本滑坡体的变形情况及时掌握，为后续边坡治理提供依据，确保在治理措施实施过程中的安全，建议相关单位在坡顶布设深孔位移监测孔。

8.4.4 工程地质情况

1. 地形地貌

该隧道区属构造侵蚀中山地貌，地形起伏大。隧道范围内中线高程 1207.2～1904.0m，最大高差约 696.8m。山体自然坡度 30°～60°，整体植被均不发育，进、出口均处于山前斜坡地带，山坡处于基本稳定状态。

2. 地层岩性

隧址区第四系覆盖层主要为更新统崩坡积成因（Qp^{col+dl}）碎石土，下伏基岩为二叠系中统峨眉山组（P$_2$β）玄武岩。

3. 地表和地下水

隧址区地表水不发育，未见大的地表水体。

隧址区地下水主要有第四系覆盖层中的孔隙水、基岩裂隙水。第四系覆盖层中的孔隙水主要赋存于碎石层中，接受大气降水及地表水下渗补给，随季节变化较大，受陡坡地形控制，孔隙水补给、排泄快；基岩裂隙水主要赋存于基岩节理裂隙中，主要靠大气降水及孔隙水下渗补给，冲沟等低洼部位以地下径流形式排泄。勘察期间，钻孔揭露深度范围内未见地下水，说明拟建隧址区地下水贫乏（详见新坪隧道地勘设计说明）。

8.4.5 滑坡现状及原因分析

1. 滑坡现状

根据现场调查与测量结果，滑塌面积约为 1100m^2，高度约为 20m，滑塌体主要为崩坡积碎石土，为浅层小型土质滑坡，如图 8-8 所示。

2. 滑坡变形机理

1）数值计算模型

为了分析隧道洞口失稳机理，寻求解决方法，采用数值计算分析方法，建立了隧道洞口施工力学三维模型，开展了隧道洞口施工力学模拟。以现场地质情况和施工设计图纸为依据，建立三维数值计算模型如图 8-9 所示，模型长 50m，前后宽 70m，高 34m，前方为呈 70°倾斜的山体。采用六面体和四面体混合实体单元进行网格剖分，单元数为 66216，节点数为 26124。对模型四周及底部进行约束，其中明挖断前方的一面只约束边坡以下地层部分。隧道两边预留宽度约 5 倍洞径宽度，两侧边坡长度约 7 倍洞径，为隧道开挖变形保留充足的位移空间。

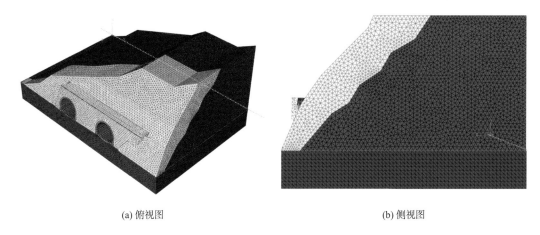

(a) 俯视图　　　　　　　　　　　　　　　　　　　　(b) 侧视图

图 8-9　有限元模型

2）数值计算结果分析

（1）隧道洞口围岩变形分析。

图 8-10 给出了不同上部荷载作用下隧道洞口围岩变形云图。由图可知：①在不同的上部荷载作用下，隧道洞口围岩变形趋势基本一致。②随着外部荷载的增加，隧道洞口围岩变形量逐渐增大。③随着外部荷载的增加，其隧道洞口围岩破坏区域也随之增大。由此可见，山区高速公路隧道在施工过程中，遇到雨水渗透且逐步侵蚀地层，致使掌子面围岩含水率逐渐增大，围岩变形也随之增加，造成拱顶失稳沉降，如果不及时采取有效的支护措施，极易造成隧道顶部坍塌。

（2）隧道洞口围岩应力分析。

图 8-11 给出了不同外部荷载作用下隧道竖向应力云图。由图可知：①在不同的外部荷载作用下，隧道竖向应力变化趋势基本一致。②随着外部荷载的增加，竖向应力值逐渐增大。③随着竖向应力值的增加，其产生的围岩破坏区域也随之增大，这与应变分析结论基本一致。

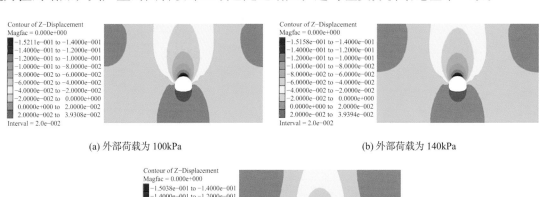

(a) 外部荷载为 100kPa　　　　　　　　　　　　　　(b) 外部荷载为 140kPa

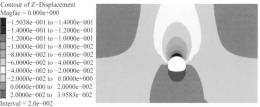

(c) 外部荷载为 170kPa

图 8-10　隧道洞口围岩变形云图

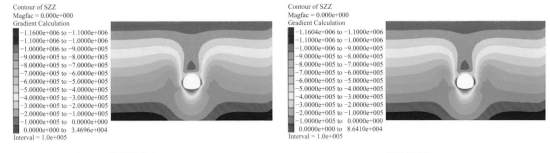

(a) 外部荷载为 100kPa　　　　　　　　　　　　　(b) 外部荷载为 140kPa

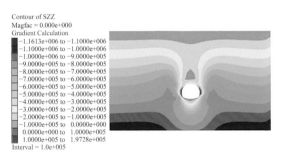

(c) 外部荷载为 170kPa

图 8-11　隧道洞口围岩竖向应力云图

（3）隧道洞口初期支护结构分析。

由图 8-12～图 8-14 可见，支护梁的剪力、弯矩和轴力的最大值都出现在仰拱和边墙结合区域，剪力和弯矩出现了明显的应力集中。最大剪力为 0.197MN，小于 C30 混凝土的抗剪强度设计值，最大正弯矩出现在右拱脚处，最大值为 0.135MN·m，最大负弯矩出现在左拱脚处，最大值为 0.197MN·m，支护梁的最大压应力为 5.2MPa，也小于 C30 混凝土的抗压强度设计值。由图 8-15 可以得出，锚杆最大拉力同样出现在左拱脚处，最大值为 0.011MN，则最大拉应力为 23MPa，小于锚杆的允许拉应力。由图 8-15 可以明显地看出隧道横向偏移的特征，而此时布置在左拱脚处的锚杆受拉作用明显，对围岩的稳定起到了非常大的作用，因此，需要密切注意该处锚杆的受力，必要时可采取加密锚杆布置的方案，增强围岩的整体稳定性。

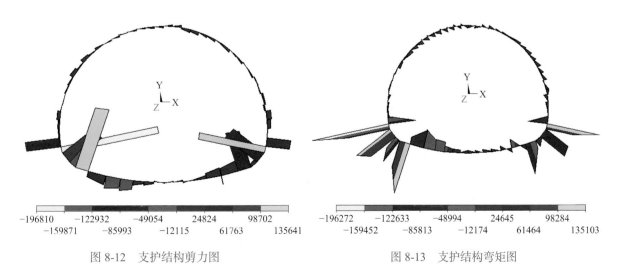

图 8-12　支护结构剪力图　　　　　　　　　　　图 8-13　支护结构弯矩图

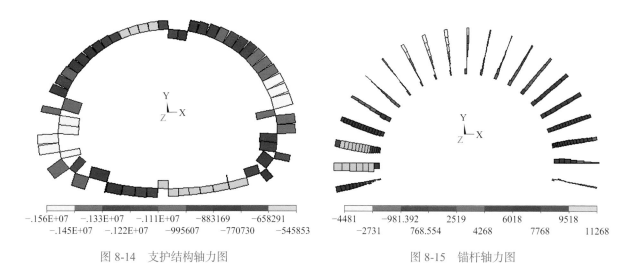

图 8-14 支护结构轴力图	图 8-15 锚杆轴力图

3. 滑坡原因分析

（1）边坡地形陡峭，坡度达 70°左右。

（2）边坡存在较厚的坡残积碎石土，受连续强降雨影响，坡体富水严重，自重增加，滑带土的 C、φ 值降低，最终导致边坡发生滑塌。

（3）边坡开挖后，坡体加固工程未及时跟进也是导致边坡滑塌的原因之一。

8.4.6 加固处置方案

1. 边坡治理

为防止左洞左侧未滑塌边坡受强降雨影响也发生滑塌，本次设计将未滑塌区域与滑塌区域一同处置设计。具体处置方案如下：

在隧道洞门墙后增设挡墙，墙高 2m，挡墙顶至滑塌区域顶部范围采用肋柱式挡土板，肋柱增设锚索，恢复已损坏的被动防护网与堑顶截水沟。典型横断图见图 8-16～图 8-18。

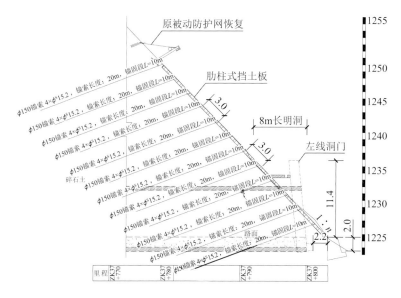

图 8-16 左洞左侧典型横断面图

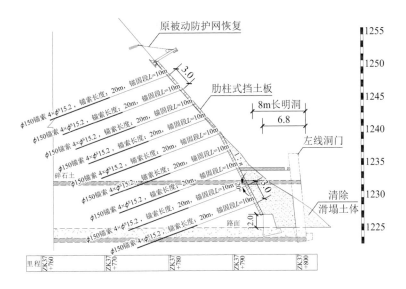

图 8-17　双洞之间典型横断面图

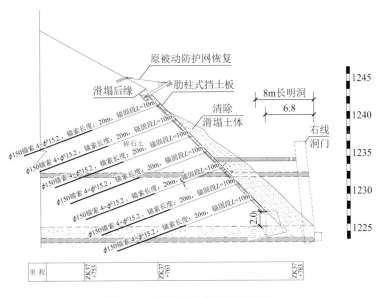

图 8-18　右洞右侧典型横断面图

2. 滑坡监测系统

1）深孔位移监测

（1）为了能对本滑坡体的变形情况及时掌握，确保在治理措施实施过程中以及在后期运营一定时期内的安全，同时为了更好地了解抗滑桩实施后滑坡稳定情况，建议业主协调监测单位布设坡体深孔位移监测孔。

（2）深孔位移监测施工期间原则上每周监测一次，遇连续降雨或滑坡变形加速期适当加密，施工结束后一年内每月监测一次。

（3）当滑坡深孔位移持续变形值达到 5mm/d 时，应立即提交紧急报告；当持续变形值达到 10mm/d 时，现场应停止施工，由建设单位会同有关单位制定应急处理措施。

2）地表位移观测

（1）布置地表位移监测点，形成地表位移监测网，采用全站仪进行观测。

113

（2）若因施工原因导致地表位移观测点破坏，应在附近相对稳定位置补设对应观测点。

（3）地表位移施工期间原则上每 3d 观测一次，遇连续降雨或滑坡变形加速期间适当加密，施工结束后一年内每月观测一次。

3）地表裂缝观测

（1）分别在滑坡后缘裂缝、牵引裂缝及滑坡侧界裂缝处布置观测裂缝，其中平台裂缝采用游标卡尺观测，滑坡周界裂缝采用钢卷尺观测。

（2）地表裂缝观测周期与地表位移观测周期一致。

（3）地表裂缝在裂缝夯填或坡面修复后可停止观测。

4）锚索应力监测

安装锚索进行应力监测。

8.4.7 施工注意事项

在坡体加固施工的同时，应进行边坡监测用于指导后续施工，加强日常巡查，保证治理工程的安全实施；及时封闭裂缝，防止雨水下渗，影响坡体的稳定性。如图 8-19 所示。

(a) 隧道口加固施工   (b) 隧道口加固效果

图 8-19 隧道洞口滑塌治理效果图

1．施工组织设计

应编制详实、合理、可行并满足工程进度要求的施工组织设计方案。

2．施工放线测量

对于加固工程结构放线，除特殊要求外，一般宜按设计桩号采用坡面拉线尺量结合水准测量放线，遇有坡面与设计差异或特殊地形地质情况，应及时通告设计单位、监理单位及建设单位代表，必要时进行调整或变更。

8.5 隧道洞口段施工关键技术

以黄华隧道进口工程为例，详细论述西南山区高速公路隧道洞口段施工关键技术。

8.5.1 工程概况

1. 工程概况

黄华隧道进口位于凤凰村大槽，出口位于凤凰村黄泥嘴，设计为分离式双洞隧道，隧道限高5m，限宽10.25m，进口段呈直线形展布，出口段呈曲线形展布。隧道总体轴线方向290°～235°；左线隧道起讫桩号 ZK54＋586～ZK57＋280，全长2694m，坡度−2.60%，隧道最大埋深约290.0m，位于 ZK56＋480 处；右线隧道起讫桩号 K54＋610～K57＋331，全长2721m，坡度−2.60%，隧道最大埋深约291.1m，位于 K56＋510 处。

黄华隧道左线Ⅴ级围岩长950m，占比35.26%；Ⅳ级围岩长1744m，占比64.74%。

黄华隧道右线Ⅴ级围岩长1107.5m，占比40.69%；Ⅳ级围岩长1614m，占比59.31%。

黄华隧道布设车行横通道3处、人行横通道7处、配电横通道2处，地震基本烈度值为Ⅶ度，隧道最大涌水量为14354.7m³/d，洞门形式为端墙式洞门。

隧道支护措施统计表见表8-1。

隧道支护措施统计表　　　　　　　　　　　　　　　　　　　　　　　表8-1

序号	左线					右线				
	起讫桩号			衬砌形式	衬砌长度（m）	起讫桩号			衬砌形式	衬砌长度（m）
1	ZK54＋586	～	ZK54＋592	洞门及明洞	6	K54＋610	～	K54＋615	洞门及明洞	5
2	ZK54＋592	～	ZK54＋627	SF5c	35	K54＋615	～	K54＋650	SF5c	35
3	ZK54＋627	～	ZK54＋665	SF5c	38	K54＋650	～	K54＋670	SF5c	20
4	ZK54＋665	～	ZK54＋730	SF5a	65	K54＋670	～	K54＋795	SF5a	125
5	ZK54＋730	～	ZK54＋770	SF5b	40	K54＋795	～	K54＋935	SF5b	140
6	ZK54＋770	～	ZK55＋328	SF4a	558	K54＋935	～	K55＋335	SF4a	400
7	ZK55＋328	～	ZK55＋378	S4jt	50	K55＋335	～	K55＋385	S4jt	50
8	ZK55＋378	～	ZK55＋763	SF4a	385	K55＋385	～	K55＋846	SF4a	461
9	ZK55＋763	～	ZK56＋028	SF5b	265	K55＋846	～	K56＋035	SF5b	189
10	ZK56＋028	～	ZK56＋078	S5jt	50	K56＋035	～	K56＋085	S5jt	50
11	ZK56＋078	～	ZK56＋404	SF5b	326	K56＋085	～	K56＋321	SF5b	236
12	ZK56＋404	～	ZK56＋805	SF4b	401	K56＋321	～	K56＋551	SF4b	230
13	ZK56＋805	～	ZK56＋855	S4jt	50	K56＋551	～	K56＋835	SF4b	284
14	ZK56＋855	～	ZK57＋105	SF4b	250	K56＋835	～	K56＋885	S4jt	50
15	ZK57＋105	～	ZK57＋185	SF5b	80	K56＋885	～	K57＋205	SF4b	320
16	ZK57＋185	～	ZK57＋230	SF5a	45	K57＋205	～	K57＋294	SF5b	88.5
17	ZK57＋230	～	ZK57＋275	SF5a	45	K57＋294	～	K57＋329	SF5a	35
18	ZK57＋275	～	ZK57＋280	洞门及明洞	5	K57＋329	～	K57＋331.5	洞门及明洞	3

根据施工进度及现场安排，黄华隧道进口段负责施工段为：ZK54＋586～ZK56＋068/K54＋610～K55＋970。

2. 气象及地质水文特征

1）气象资料

黄华隧道位于昭通市永善县，属季风影响大陆性高原气候。

2）地形地貌

该隧道区属构造侵蚀中山地貌，地形起伏较大。隧道范围内中线高程 774.1m～1060.7m，最大高差约 316.6m。山体自然坡度 30°～35°，顶部植被较发育，进出口处于山前斜坡地带，山坡处于基本稳定状态；隧道进出口距离公路较远，交通条件不便。

3）不良地质及特殊岩土

根据本次勘察结果，拟建隧址区除岩溶问题以外无其他不良地质现象及特殊岩土发育。

4）地震烈度资料

根据 1：400 万《中国地震动参数区划图》GB 18306—2015，隧道区地震动峰值加速度为 0.15g，相应地震烈度为Ⅶ度，地震动反应谱特征周期为 0.45s。

区域属我国强震多发区，地震活动频繁而强烈，但东南部地震活动相对西、北部要弱小得多。据不完全统计，自本地区有历史地震文字记载以来，共记录多次 $M \geqslant 4.7$ 级地震，绝大部分发生在川西盆岭地貌区，且集中了全部 6 级以上地震；距县城 100km 范围内，记载有破坏性的地震 21 次（表中 3、6、15、16 除外），震中烈度在七度以上者 14 次。

5）水文地质特征

隧址区进口有一条河流，为金家沟，分布于路线 K54＋520，沟宽 3～15m，水面宽度 0.5～1.0m，水深 0.1～0.4m，路线垂直跨越，调查期间流量 72L/s（2018.3.29），最高洪水位比沟底约高1.5m，隧道区未发现井泉出露。

隧址区地下水主要有松散岩类孔隙水、碎屑岩层间裂隙水及碳酸盐岩岩溶水三种类型。不同类型的地下水，由于受地质构造和含水岩组分布的控制，彼此之间水力联系密切，形成相互联系、互为补给的水文地质单元。

（1）松散岩类孔隙水。

分布于粉质黏土、碎块石等地层，结构松散、透水性强，富水性好，形成潜水或上层滞水，地下水位一般随地形起伏变化。主要受大气降雨及地表水的补给，地下水径流途径短，排泄迅速，水力坡度小，一般在阶地前缘陡坎和冲沟切割处以下降泉形式排泄，泉水流量 0.1～1L/s；水化学类型为 HCO_3-$Ca \cdot Mg$ 型和 HCO_3-Na 型，矿化度一般小于 1g/L。

（2）碎屑岩层间裂隙水。

岩性为砂岩、粉砂岩、页岩，该类型水主要靠暴露地表的岩层接受大气降水的补给，其富水性和水压值与地形、构造密切相关。该类型地下水以砂岩孔隙、裂隙水为主，富水不均一，由于分布厚度有限，且顶底板及含水岩组内均有相对隔水层存在，故具有承压水性质，也决定了地下水主要沿岩层走向径流排泄。

（3）碳酸盐岩岩溶水。

赋存于T1-2等灰岩、白云岩中，洼地、漏斗、落水洞等大型岩溶形态较少，岩溶发育程度一般，富水性强。碳酸盐岩岩溶水为拟建道路区的主要地下水类型，线路区广泛分布。该类型地下水富水程度主要受地形、构造、岩溶发育程度及岩层组合等条件控制，主要接受大气降水补给，沿出露地表的可溶岩的岩溶裂隙、落水洞、漏斗等下渗，汇集于地下岩溶管道，沿地下岩溶裂隙、暗河溶洞运移，并以泉水和暗河的形式排泄于区内赤水河及其支流，线路区内此类型地下水极为丰富，也是对拟建道路尤其是隧道影响较大的地下水。

沿线地下水水质较好，对混凝土结构及混凝土结构中的钢筋具有微～弱腐蚀性。

3. 周边环境介绍

周边环境见表8-2。

周边环境

表8-2

序号	涉及项目	说明
1	进/出洞口是否存在河流、冲沟	隧道进口端下方为金家沟，出口端下方为卢家湾龙冲河沟内
2	进/出洞口上下方是否存在既有道路	黄华隧道进口上方有施工便道通过
3	进/出洞口是否存在偏压和不良地质	本隧道进口处于堆积体上，且浅埋；出口位于陡崖下方，岩体裂隙发育，且有危石
4	隧址区是否存在房屋	隧道进出口上方均存在民房，但该段隧道埋深较深，隧道施工对其无影响
5	隧道周边是否存在水体	否
6	其他	黄华隧道进口与凤凰大桥起点相接，黄华隧道出口与卢家湾大桥起点相接

4. 工程沿线交通情况

本隧道位于昭通市永善县境内，线路区段内主要以国道、省道为主，主要有G213、S101、S307等，线路附近只能依靠黄码公路为唯一的运输通道，黄码公路为双向两车道，道路路况较差，弯道较多，坡度较大。进场后需依附黄码公路修建施工便道，施工便道高差较大，施工难度大，总体来说对外交通不便利。

5. 施工技术参数

（1）主要技术标准：

①公路等级：双向四车道高速公路。

②设计速度：80km/h。

③隧道主洞建筑限界：净宽10.25m，净高5.0m。

④隧道内纵坡：最大3%，最小+0.3%。

⑤隧道路面横坡：单向坡2.0%（不设超高段），洞内超高不大于+3%。

⑥汽车荷载等级：公路-Ⅰ级。

⑦路面设计标准轴载：BZZ-100。

⑧二衬抗渗等级：不低于P8。

隧道支护措施见表8-3。

项目名称			衬砌类型							
			SF5a	SF5b	SF5c	SF5s	SF4a	SF4b	SF4c	SF3
初期支护	锚杆	类型	中空锚杆	中空锚杆	中空锚杆	中空锚杆	砂浆锚杆	砂浆锚杆	砂浆锚杆	砂浆锚杆
		部位	拱墙	拱墙	拱墙	拱墙	拱墙	拱墙	拱墙	拱墙
		直径（mm）	$\phi25$	$\phi25$	$\phi25$	$\phi25$	$\phi22$	$\phi22$	$\phi22$	$\phi22$
		长度（cm）	350	300	350	400	300	250	250	250
		间距（m）	0.6×1	0.8×1	0.6×1	0.5×1	0.8×1.2	1×1.2	1.2×1.2	1.5×1.2
	钢筋网	直径（mm）	$\phi8$	$\phi8$	$\phi8$	$\phi8$	$\phi8$	$\phi8$	$\phi8$	$\phi8$
		间距（cm）	15×15	20×20	15×15	15×15	25×25	25×25	25×25	25×25
	C25 喷射混凝土	厚度（cm）	24	24	26	26	22	20	20	12
	钢支撑	部位	拱墙、仰拱	拱墙	拱墙、仰拱	拱墙、仰拱	拱墙	拱墙	拱墙	
		型钢规格	I 18	I 18	I 20b	I 20b	I 16	I 14	I 14	
		纵距（m）	0.6	0.8	0.6	0.5	0.8	1	1.2	
二次衬砌 C30 防水混凝土（cm）		拱墙	50（钢筋）	45（钢筋）	60（钢筋）	60（钢筋）	40（钢筋）	40	40	35
		仰拱	50（钢筋）	45（钢筋）	60（钢筋）	60（钢筋）	40（钢筋）	40	40	35
辅助施工措施			超前锚管	超前锚管	超前锚管	超前锚管	超前锚管	超前锚管		

隧道支护措施表　　　　　表 8-3

（2）总体工艺流程：

总体施工工艺流程图见图 8-20。

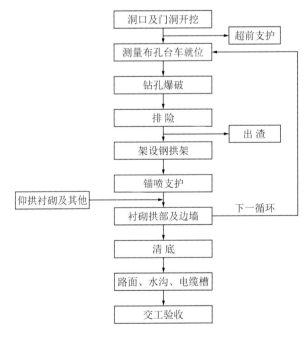

图 8-20　总体施工工艺流程图

8.5.2　隧道洞口碎石土堆积层施工

山地貌，上覆土层为残破积粉质黏土，局部及碎石，厚约 6.8m 下伏基岩为奥陶系下统湄潭组砂岩（O_1m），斜坡现状整体稳定；左、右线隧道出洞口段隧道轴线方向约 243°，左、右线洞口位于陡斜坡地段，地貌为构造侵蚀中山地貌，出口地势较陡，地形坡度 35°，接黄泥嘴大桥，覆盖层为第四系残破积成因的碎石土，厚度约 6.5m。结合详勘建议，须采取以下预防和处置措施：

（1）隧道进洞前应对滑坡、危岩带进行清除，对洞口影响范围内不易清除的危岩体进行锚固，对危岩后部的裂隙、空洞等采用喷锚支护进行封闭或充填，永善端施作被动防护网；

（2）洞口施工尽量避开雨期，施工前因地制宜做好地表排水、导水、防水系统，避免洞口积水；

（3）明洞段采用自上而下分台阶机械开挖，边开挖边进行喷锚防护，禁止一次开挖成型后再施作防护，成洞面预留核心土，严格控制洞口临时边仰坡高度，减少对洞口植被的破坏；

（4）在确保洞口边仰坡稳定及基底承载力满足设计要求前提下，先行施作套拱及管棚，在其保护下安全进洞，隧道进洞前必须完成边仰坡加固施工；

（5）隧道进洞后，由于永善端上方有一般民用建筑物，洞口段岩质地层应采用控制爆破，爆破振速 ≤ 2cm/s；

（6）尽早模筑全断面整体式钢筋混凝土衬砌，及时割除表面毛刺、施作防水层和水泥砂浆抹面，衬砌混凝土强度达到设计要求后方可两侧对称分层进行明洞回填。

8.5.3　隧道洞口土石方开挖

首先复核图纸，进行原地面复测，准确定出洞口位置，按设计位置放出边、仰坡及洞脸开挖边线。在洞口边、仰坡开挖线外 5m 处设截水沟一道，防止雨水冲刷洞脸，并在坡顶上部按要求埋设观测桩，定时观测下沉情况。截水沟应在洞门开挖前施工完成，以免沟身开挖完成后雨天积水并下渗造成边仰坡浸水性失稳。截水沟靠山体侧应与山体顺接，坑洼处应采用经监理工程师认可的材料回填到沟墙顶标高，以确保地表水顺畅流入截水沟。截水沟距开挖边坡不小于 5.0m。

隧道掘进施工前应具备的条件：边、仰坡顶处的截水沟施工好，防止地表水对边坡的冲刷、浸泡、造成边坡坍塌等现象，影响进洞施工。

洞口开挖前，首先应对洞口需开挖部分进行测量放线，并根据设计图对边、仰坡及防、排水设施等进行测量放线；根据测量放线的标准要求，先做洞口段的边、仰坡排水沟和截水天沟，洞口及明洞的土石方施工采用挖掘机配自卸汽车自上而下分层开挖，不能一次到位，遇中硬岩时，辅以浅孔松动爆破，减弱对边、仰坡的扰动。明洞段开挖在仰坡与边坡相交处采用圆角法开挖，人工刷坡，边刷坡边支护，避免坡面岩体暴露时间过长造成危险；施工时随时注意边、仰坡的变化，做好开挖中的支护和防塌工作。

施工注意事项：

（1）洞口土石方施工宜避开降雨期。

（2）洞口边坡、仰坡土石方的开挖应减少对岩、土体的扰动，严禁采用大爆破；边坡和仰坡上可能滑塌的表土、灌木以及边坡和仰坡上的浮石、危石要清除或加固，坡面凹凸不平应予整修平顺。通过在洞口边、仰坡上布置观测点，通过每天定期观测点位移的变化来判断边坡的变形状态。

（3）应在进洞前按设计要求对地表及仰坡进行加固防护；松软地层开挖边、仰坡时，宜随挖随支护，随时监测、检查山坡稳定情况。当洞口可能出现地层滑坡、崩塌时，应及时采取预防和稳定措施稳定坡体、确保施工安全。可采取地表砂浆锚杆、地表注浆等辅助工程措施或路基施工中稳定边坡的措施。

（4）偏压洞口施工应做好支挡、反压回填等工作后再开挖；开挖方法应结合偏压地形情况选定，不得因人为因素加剧偏压。

（5）洞口边坡及仰坡采用明挖法施工，自上而下分阶段、分层进行开挖。第一阶段挖至设计临时成洞面，并视围岩情况，结合暗洞开挖方法，预留进洞台阶；第二阶段开挖其余部分，形成永久边仰坡。不得掏底开挖或上下重叠开挖。

（6）洞口边仰坡排水系统应在雨期之前完成。隧道排水应与洞外排水系统合理连接，不得侵蚀软化隧道和明洞基础，不得冲刷洞口前路基边坡及桥涵锥坡等设施。

（7）预防坍塌相关措施：实施施工全过程的工程地质超前预报工作，通过超前预报以及全过程、全方位进行围岩量测，对已施工地段围岩及支护状况的安全、稳定做出定性、定量分析，反馈指导于施工，为维护围岩深层稳定，必要时加强初期支护，确保已开挖地段的工程地质体的稳定。

核实每次起爆破药总量对围岩及支护安全的影响，按设计严格控制每次起爆破药总量；严格实施光面爆破施工技术，确保开挖周边轮廓的平整及顺直，并严格控制初期支护的施工质量，确保初期支护及时可靠，严格执行掘进爆破后及时喷射混凝土封闭开挖面的规定，使围岩与初支护及时组成一个承载体系，充分发挥围岩自身承载能力。

8.5.4 隧道洞口防排水

隧道防排水遵循"防、排、堵、截结合，因地制宜，综合治理"的原则，隧道洞口区应避免水流的汇集，防止夏季水流冲蚀洞口和冬季洞口基础的冻胀破坏。根据地形情况在洞门、明洞边坡刷坡线 5m 外顺地势布设洞顶截水沟，截水天沟采用 M7.5 浆砌片石砌筑，将地面径流通过天沟引入自然沟谷排走。洞口路基水严禁流入洞内，必要时应设置反坡。

排水工程注意事项：

（1）边坡、仰坡外的截水沟或排水沟应于洞口土石方开挖前完成，防止地面水冲刷而导致边坡、仰坡落石、塌方。截水沟及排水沟的上游进水口应与原地面衔接紧密或略低于原地面，下游出水口应妥善地引入排水系统。

（2）边坡、仰坡以外的山体表面，如有坑洼积水时，应按设计要求予以处理；但不得用土石方填筑，以免流失堵塞排水沟渠，影响洞口安全。

（3）路堑两侧边沟应与排水设施妥善连接，使排水畅通。土路肩及碎落台，应按设计要求予以加固。

（4）反坡施工洞口，施工期间洞口应设渗水盲沟，并将两侧排水沟于洞口部位设浆砌片石隔墙和洞外隔离。

8.5.5　隧道洞口防护工程

1. 锚杆施工

1）锚杆施工

施工技术措施：

（1）锚杆采用 ϕ22 砂浆锚杆，长度 $L = 4$m，间距为 150cm × 150cm 梅花形布置。

（2）孔径要与锚杆直径相匹配。钻头直径应大于锚杆直径 15mm，孔距偏差为 ±15mm，孔深不应小于锚杆体有效长度但深度超长值不应大于 100mm。

（3）孔向应按设计方向钻进，垂直岩面；锚杆规格、长度、直径符合设计要求，锚杆杆体除锈除油。

2）锚杆施工工艺

砂浆锚杆施工工艺流程见图 8-21。

锚杆施工前的准备：

（1）检查锚杆类型、规格、质量及其性能是否与设计相符。

（2）根据锚杆类型、规格及围岩情况准备钻孔机具。

3）锚杆钻孔

锚杆采用风动凿岩机成孔，锚杆钻孔利用开挖台阶搭设简易台架施钻，按照设计间距布孔，孔位允许偏差为 ±150mm；钻孔方向尽可能垂直结构面；锚杆孔比锚杆直径大 15mm；深度误差不得大于 ±50mm；成孔后采用高压风清孔。

4）砂浆锚杆注浆及安装

锚杆注浆安装前须先做好材料、机具、脚手平台和场地准备工作，注浆材料使用硅酸盐或普通硅酸盐 42.5 水泥，粒径小于 2.5mm 的砂子，并须过筛，胶骨比 1∶0.5～1∶1，水灰比 0.38～0.45，砂浆强度等级不小于 M20。

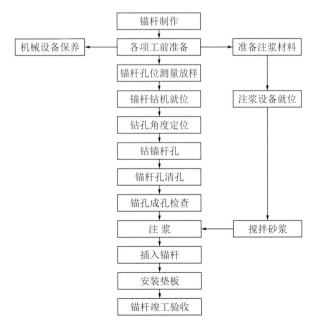

图 8-21　砂浆锚杆施工工艺流程

砂浆锚杆作业程序是：先注浆，后放锚杆。具体操作是：先将水注入牛角泵内，并倒入少量砂浆，初压水和稀浆湿润管路，然后再将已调好的砂浆倒入泵内。将注浆管插至锚杆眼底，将泵盖压紧密封，一切就绪后，慢慢打开阀门开始注浆。在气压推动下，将砂浆不断压入眼底，注浆管跟着缓缓退出眼孔，并始终保持注浆管口埋在砂浆内，以免浆中出现空洞，将注浆管全部抽出后，立即把锚杆插入眼孔，然后用木楔堵塞眼口，防止砂浆流失。

锚杆孔中必须注满砂浆，发现不满须拨出锚杆重新注浆。注浆管不准对人放置，以防止高压喷出物射击伤人。

砂浆应随用随拌，在初凝前全部用完，使用掺速凝剂砂浆时，一次拌制砂浆数量不应多于 3 个孔，以免时间过长，使砂浆在泵、管中凝结。

锚注完成后，应及时清洗，整理注浆用具，除掉砂浆凝聚物，为下次使用创造好条件。

2. 钢筋网施工

钢筋网应在岩面喷射一层混凝土保护层后再铺挂。钢筋网片采用ϕ8 的钢筋，钢筋网格间距为 20cm × 20cm，预先应按设计网格间距在洞外加工好备用，锚杆施做好后进行钢筋网的铺装，钢筋网应随高就低紧贴初喷面，钢筋网与锚杆尾部焊接。

1）钢筋网片加工

钢筋网片采用Ⅰ级ϕ8 钢筋焊制，在钢筋加工厂内集中加工。先用钢筋调直机把钢筋调直，再截成钢筋条，钢筋网片尺寸根据拱架间距和网片之间搭接长度综合考虑确定。

钢筋焊接前要先将钢筋表面的油渍、漆污、水泥浆和用锤敲击能剥落的浮皮、铁锈等均清除干净；加工完毕后的钢筋网片应平整，钢筋表面无削弱钢筋截面的伤痕。

2）成品的存放

制作成型的钢筋网片必须轻抬轻放，避免摔地产生变形。钢筋网片成品应远离加工场地，堆放在指定的成品堆放场地上。存放和运输过程中要避免潮湿的环境，防止锈蚀、污染和变形。

3）挂网

按图纸标定的位置挂设加工好的钢筋网片，钢筋网片随初喷面的起伏铺设，绑扎固定于先期施工的系统锚杆之上，再把钢筋网片焊接在一起，网片搭接长度为1～2 个网格。

4）施工控制要点

钢筋网在钢筋加工厂分片制作，安装时搭接长度应为 30d（d为钢筋直径）并不得小于一个网孔，偏差为±50mm；人工铺设，必要时利用风枪气腿顶撑，以便贴近岩面，与锚杆绑扎连接（或点焊焊接）牢固；

喷混凝土时，减小喷头至受喷面距离和风压，以减少钢筋网振动，降低回弹。钢筋网喷混凝土保护层厚度不小于 4cm。

3. 喷射混凝土施工

边仰坡防护喷混凝土采用湿喷法喷射 C25 混凝土，厚度 10cm。

1）喷射前准备

（1）喷射前应对受喷岩面进行处理。一般岩面可用高压水冲洗受喷岩面的浮尘、岩屑，当岩面遇水容易潮解、泥化时，宜采用高压风吹净岩面。若为泥、砂质岩面时应挂设细钢筋网，用环向钢筋和锚钉或钢架固定，使其密贴受喷面，以提高喷射混凝土的附着力。喷射混凝土前，宜先喷一层水泥砂浆，待终凝后再喷射混凝土。

（2）设置控制喷射混凝土厚度的标志，一般采用埋设钢筋头做标志，亦可在喷射时插入长度比设计厚度大5cm的铁丝，每1～2m设一根，作为施工控制用。

（3）检查机具设备和风、水、电等管线路，机械湿喷浆手或湿喷机就位，并试运转。

①选用的空压机应满足喷射机工作风压和耗风量的要求；高压风进入喷射机前必须进行油水分离。

②输料管应能承受0.8MPa以上的压力，并应有良好的耐磨性能。

③保证作业区内具有良好通风和照明条件。

④喷射作业的环境温度不得低于5℃。

2）混凝土搅拌、运输

湿喷混凝土搅拌采取全自动计量强制式搅拌机，充分搅拌2min。施工配料应严格按配合比进行操作，速凝剂在喷射机喂料时加入。

运输采用混凝土运输罐车，随运随拌。喷射混凝土时，多台运输车应交替运料，以满足湿喷混凝土的供应。在运输过程中，要防止混凝土离析、水泥浆流失、坍落度变化以及产生初凝等现象。

3）喷射作业

（1）喷射操作程序应为：打开速凝剂辅助风→缓慢打开主风阀→启动速凝剂计量泵、主电机、振动器→向料斗加混凝土。

（2）喷射混凝土作业应采用分段、分片、分层依次进行，喷射顺序应自下而上，分段长度不宜大于6m。喷射时先将低洼处大致喷平，再自下而上顺序分层、往复喷射。

①喷射混凝土分段施工时，上次喷混凝土应预留斜面，斜面宽度为200～300mm，斜面上需用压力水冲洗润湿后再行喷射混凝土。

②分片喷射要自下而上进行。

③分层喷射时，后一层喷射应在前一层混凝土终凝后进行，若终凝1h后再进行喷射时，应先用风水清洗喷层表面。一次喷混凝土的厚度以喷混凝土不滑移不坠落为度，既不能因厚度太大而影响喷混凝土的粘结力和凝聚力，也不能太薄而增加回弹量。边墙一次喷射混凝土厚度控制在7～10cm，拱部控制在5～6cm，并保持喷层厚度均匀。顶部喷射混凝土时，为避免产生坠落现象，两次间隔时间宜为2～4h。

（3）喷射速度要适当，以利于混凝土的压实。风压过大，喷射速度增大，回弹增加；风压过小，喷射速度过小，压实力小，影响喷混凝土强度。因此在开机后要注意观察风压，起始风压达到0.5MPa后，才能开始操作，并据喷嘴出料情况调整风压。

（4）喷射时使喷嘴与受喷面间保持适当距离，喷嘴与受喷面尽可能垂直，以使获得最大压实和最小回弹。喷嘴与受喷面间距宜为1.5～2.0m；喷嘴应连续、缓慢作横向环形移动，一圈压半圈，喷射手所画的环形圈，横向40～60cm，高15～20cm；如果喷嘴与受喷面的角度太小，会形成混凝土物料在受喷面上的滚动，产生出凹凸不平的波形喷面，增加回弹量，影响喷混凝土的质量。

4）施工控制要点

（1）喷射混凝土原材料先检验合格后才能使用，速凝剂应妥善保管，防止受潮变质。严格控制拌合物的水灰比，经常检查速凝剂注入环的工作状况。喷射混凝土的坍落度宜控制在 8～13cm，过大混凝土会流淌，过小容易出现堵管现象。喷射过程中应及时检查混凝土的回弹率和实际配合比。喷射混凝土的回弹率：侧壁不应大于 15%，拱部不应大于 25%。

（2）喷射混凝土拌合物的停放时间不得大于 30min。

（3）喷射混凝土严禁选用具有潜在碱活性骨料。喷混凝土厚度应预埋厚度控制标志，严格控制喷射混凝土的厚度。

（4）喷射前应仔细检查喷射面，如有松动土块应及时处理。喷射机应布置在安全地带，并尽量靠近喷射部位，便于掌机人员与喷射手联系，随时调整工作风压。

（5）喷射完成后应检查喷射混凝土与岩面粘结情况，可用锤敲击检查。同时测量其平整度，确认喷射混凝土厚度是否满足设计和规范要求。当有空鼓、脱壳时，应及时凿除，冲洗干净进行重喷，或采用压浆法充填。

（6）经常检查喷射机出料弯头、输料管和管路接头，发现问题及时处理。管路堵塞时，必须先关闭主机，然后才能进行处理。

（7）喷射完成后应先关主机，再依次关闭计量泵、插入式振动棒和风阀，然后用清水将机内、输送管路内残留物清除干净。

（8）喷射混凝土冬期施工时，洞口喷射混凝土的作业场合应有防冻保暖措施；作业区的气温和混合料进入喷射机的温度均不应低于 5℃；在结冰的层面上不得进行喷射混凝土作业；混凝土强度未达到 6MPa 前不得受冻。

5）材料要求

（1）水泥。

喷射混凝土应优先采用硅酸盐水泥或普通硅酸盐水泥，强度等级 42.5MPa。

根据工点特点，必要时可采用特种水泥。

（2）粗、细骨料。

粗骨料应采用坚硬耐久的碎石或卵石（豆石），或两者混合物，严禁选用具有潜在碱活性骨料。当使用碱性速凝剂时，不得使用含有活性二氧化硅的石料。喷射混凝土中的石子最大粒径不宜大于 15mm，骨料级配宜采用连续级配。按重量计含泥量不应大于 1%，泥块含量不应大于 0.25%。

细骨料应采用坚硬、耐久的中砂或粗砂，细度模数应大于 2.5，含水率宜控制在 5%～7%。砂中小于 0.075mm 的颗粒不应大于 20%。含泥量不应大于 3%，泥块含量不应大于 1%。

（3）外加剂。

应对混凝土的强度及围岩的粘结力基本无影响；对混凝土和钢材无腐蚀作用；对混凝土的凝结时间影响不大（除速凝剂和缓凝剂外）；吸湿性差，易于保存；不污染环境，对人体无害。

（4）速凝剂。

喷射混凝土宜采用液体速凝剂。在使用速凝剂前，应做水泥的相容性试验及水泥净浆凝结效果试验，严格控制掺量，并要求初凝时间不应大于 5min，终凝不应大于 10min。

（5）水。

水质应符合工程用水的有关标准，水中不应含有影响水泥正常凝结与硬化的有害杂质。该隧道均采用饮用水。

8.5.6　管棚施工方案

隧道进出口均采用超前大管棚进行超前支护，如图 8-22 所示。

1. 管棚设计参数

（1）导管规格：ϕ108，壁厚 6mm；

（2）管距：40cm；

（3）外插角：0°～3°为宜；可根据实际情况作调整；

（4）注浆材料：M10 水泥砂浆与水泥浆；

（5）设置范围：拱部 120°范围；

（6）长度：进口 35m（自进式），出口 25m（管棚设计长度 35m 或 25m，含搭接长度及套拱长度各 3m，管棚有效长度 30m 或 20m）。

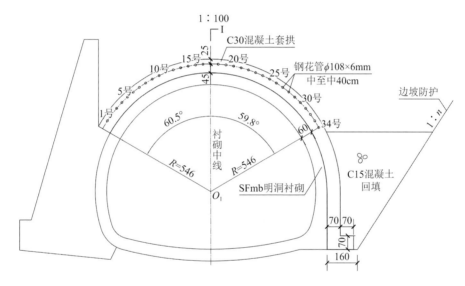

图 8-22　管棚平面布置图

2. 管棚加工

长管棚采用每节 1.5m 长的热轧无缝钢管（ϕ108，壁厚 6mm），利用螺栓套丝连接。

为提高导管的抗弯能力，在钢管内设置钢筋笼，钢筋笼由三根主筋和固定环构成，主筋直径为ϕ22，固定环采用短管节（ϕ42 × 3.5mm 钢管），节长 3～5cm，按 1m 间距设置。

钢花管上钻注浆孔，孔径 10～16mm，孔间距 15cm，梅花状布置，尾部留不钻孔的止浆段 150cm。

管棚外插角 1°～3°，长管棚的材料选用ϕ108 无缝钢管埋设，并压注质量比 1：1 的水泥净浆，注浆压力为 0.5～1.0MPa，终止压力为 2MPa，在孔口处需设置止浆塞，止浆塞应能承受最大注浆压力。注浆前应进行现场试验，以确定最终的注浆参数。

3. 管棚施工

洞外管棚施工，采用脚手钢管搭设管棚钻孔作业平台，管棚采用ϕ108 × 6mm 热轧无缝钢管制作，采用根管的安设方法，其施工工艺见图 8-23。

套拱部位开挖应根据现场地质条件确定，采用预留核心土法开挖，开挖后必须及时做好开挖面的防护工作，要做到钢架底脚坚实、孔口管位置准确、套拱混凝土成形美观。套拱施工工艺流程见图 8-24。

（1）洞口段套拱纵向设置 2m，套拱厚 60cm，套拱内预埋 $\phi140 \times 8mm$ 导向钢管，一共 35 根。套拱施工应在暗洞超前支护施作前施工，固定导向管时应结合施工预留变形量 10cm。

（2）套拱范围内布置 4 榀工字钢，型号为 I18，工字钢纵向间距为 50cm。工字钢之间用 M24 × 80mm，每个接头 4 个螺栓。相邻工字钢的内缘和外缘均用 $\phi20$ 钢筋作为连接钢筋，连接钢筋长度为 0.62m，环向间距为 1.0m，可以根据拱架的稳定情况加设交叉的连接筋。套拱混凝土采用 C25 模筑混凝土，如图 8-25 所示。

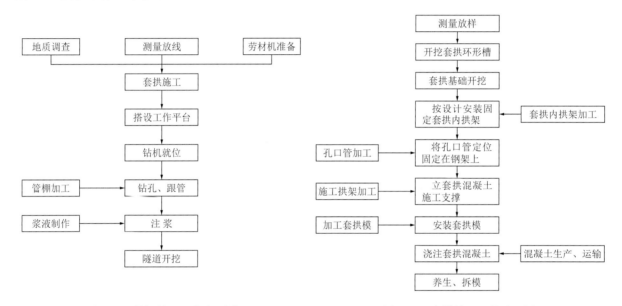

图 8-23 管棚施工工艺流程图　　　　图 8-24 套拱施工工艺流程图

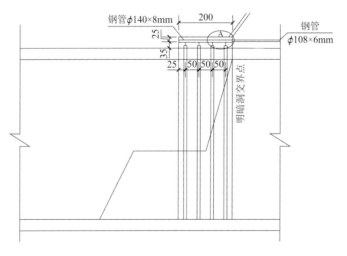

图 8-25 套拱剖面图

（3）支模：浇筑护拱混凝土需要架设底模、堵头模及背模，底模及堵头模采用木板钉白皮铁，背模采用木模，模板的固定用 $\phi22$ 的环向钢筋和纵向钢筋。同时要利用原有的工字钢，通过吊、拉、夹等方法将模板固定牢固，纵向钢筋间距为 1.0m。模板固定好后必须涂上隔离剂，并要求对模板间的缝隙采用泡沫或沥青麻丝进行封堵，严防漏浆。主要模板安装好后，要求及时检查中线、高程、断面和净空尺寸。

（4）混凝土的浇筑、养生：模板装好后，采用泵送浇筑 C30 混凝土，浇筑时左右两侧应对称浇筑，并及时采用振捣器振捣，以保证混凝土的密实性和套拱的整体稳定性。初期支护还存在较大变形时，混凝土结构达到设计强度的 70% 以上时方可拆模。为防止混凝土的早期干缩产生裂纹，应在拆模后立即洒水养护，使其经常保持湿润，养护时间应遵循有关规定。

第 9 章

跨越岩溶区域隧道施工安全控制技术

穿过岩溶区域隧道的围岩因受到岩溶的侵蚀作用而完整性被破坏，岩体的强度明显减弱，衬砌结构的耐久性也显著降低。岩溶区域隧道在修建和运营过程中，在自重应力、附加荷载以及各种扰动综合作用下，隧道与溶洞之间的围岩可能出现坍塌；紧邻溶洞上部的路基出现下沉，严重时甚至出现塌陷失稳破坏；位于溶腔上部的隧道由于下部空洞的存在容易出现悬空的现象；隧道穿过高压富水岩溶区域时，掌子面或周围围岩会出现突水突泥灾害。由此可见，岩溶塌陷是最主要的地质灾害类型之一，因其隐蔽性和突发性强，通常危险性较大，破坏性很强。哈米德隧道岩溶地质灾害见图 9-1。

图 9-1　哈米德隧道岩溶地质灾害

9.1　岩溶塌陷发育特征及成因机制

9.1.1　岩溶地质环境

云南省岩溶区主要分布于东经 102°以东、元江以北的滇东岩溶高原区，滇西北横断山中段至南缘的高山中山峡谷盆地区，以及滇西保山至沧源等褶断带中山宽谷盆地区。岩溶高原山区多为基岩裸露、地下水深埋的岩溶石山和峡谷区，仅在岩溶断陷盆地、岩溶槽谷（注）地、岩溶台地或古高原面等次级地貌单元存在产生岩溶塌陷的松散土覆盖层和岩溶化地层构成的浅表层岩土体双层结构，易于产生岩溶塌陷。

1. 岩溶断陷盆地

岩溶断陷盆地通常由断裂作用产生下陷并伴随着侵蚀、溶蚀作用形成，展布方向受区域构造控制，大多呈不规则形。盆地底部地形平坦宽阔，坡度小于 5°，为地表水的径流汇集带，地表水系发育，一般分布有湖、塘、湿地等地表水体，水深几米至几百米。

盆底覆盖层形成年代主要为更新世及以前，岩性多为冲积、湖积土层，土层固结度高，稳定性强，厚几米至几十米，由盆地边缘向中心逐渐增加，最厚可达几百米甚至上千米。周边基岩以广泛分布碳酸盐岩为主，连片或条带状分布，与非可溶岩交互产出。

受主干断裂导水、碎屑岩阻隔及断裂控制，盆地边缘大泉、暗河发育，部分地下水在盆地底部富集形成富水块段，地下水位埋深在 10m 左右，局部覆盖层厚度在 30m 以内，属浅覆盖型岩溶含水层。钻井开采时，水位的波动容易诱发潜蚀、真空吸蚀等作用，形成地下土洞、地面差异沉降及岩溶塌陷。

2. 岩溶槽谷（洼）地

受构造和溶蚀作用控制，岩溶槽谷两侧多由峰丛、孤峰组成正地形，横向上则较为开阔，多呈 U 形谷地。岩溶槽谷底部的第四系残坡积红土层，厚 2～30m，基岩零星出露。岩溶洼地底部常有黏性土松散堆积物覆盖，局部有少量残坡积层，厚度 0～10m 不等，岩溶槽谷（洼）地周边碳酸盐岩大多裸露地表。

岩溶洼地规模大小不一，平面形态多呈椭圆、圆形、长条形以及不规则形状，长、宽数十米至数千米不等，深 10～60m，剖面形态多呈碟状、盆状以及深陷的漏斗状，大多沿构造线及地层走向线呈串珠状排列。

岩溶槽谷底部的第四系残坡积红土层，厚 2～30m，基岩零星出露。岩溶洼地底部常有黏性土松散堆积物覆盖，局部有少量残坡积层，厚度 0～10m 不等。岩溶槽谷（洼）地周边碳酸盐岩大多裸露地表。

岩溶槽谷区易在底部形成饱水带储水构造，峰丛洼地区岩溶发育强烈但不均匀，地表落水洞、天窗分布较多，地下岩溶管道发育，很少形成区域性的地下水富集区。岩溶水位埋深一般小于 30m。钻井开采地下水引起水位波动较大时，若覆盖层以砂土、粉土类为主，较容易诱发产生岩溶塌陷。

3. 岩溶台地或古高原面

岩溶台地或古高原面为高原大幅隆升与流水强烈下蚀作用的残留地貌形态，分布或出露海拔高，主要分布在 2000～3000m 的分水岭地带，高原面上总体地形起伏不大，地形坡度 10°～25°。

高原面上表层残坡积土层的分布随地形起伏而变化，一般连续分布面积不大，厚度大多小于 10m。岩溶洼地、落水洞、溶洞管道较发育，为地表水产流区、地下水补给区。

降水从洼地、落水洞灌入式补给地下水，以垂直岩溶管隙和深部陡降的梯级状溶洞管道为径流通道，形成季节性急变管道流，地下水储存量小。岩溶塌陷的形成主要是人为开垦、挖填和线状工程建设、地下工程和矿山开采疏排水导致天然径流状态改变，使得地表水下渗和地下水潜蚀增强所致。

9.1.2 岩溶塌陷特征

云南已发生岩溶塌陷事件 1000 余起，累计造成经济损失超过 5000 万元，现状有一定规模的岩溶塌陷共 291 处，主要分布于曲靖、红河、昭通、文山和昆明等地。

1. 区域分布特征

受碳酸盐岩分布、岩溶发育特征、覆盖层结构特性、水文地质条件等自然因素和地下水开采、矿山开采、地下工程开凿、地表工程扰动等人类工程活动的影响，云南高原岩溶塌陷点的区域分布，总体上呈现零星分散、点状分布的特点。

（1）主要发育于岩溶断陷盆地、岩溶槽谷（洼）地、岩溶台地或古高原面等特定的岩溶地质环境单元，盆地中心一般岩溶塌陷发育较少。盆地中心覆盖层一般多以冲积、湖积为主，土体类型以黏性土为主，通常厚度大、塑性好、抗剪强度高，因而产生岩溶塌陷的可能性较低。盆地边缘和山区覆盖层一般多以冲积、洪积、残坡积为主，土体类型以砂土、粉土居多，通常厚度变化大。在覆盖层较薄的地带，若下部岩溶发育程度较高，分布有较大的溶孔、溶洞，容易产生岩溶塌陷。据统计，覆盖层厚度小于 30m 的浅覆盖岩溶发育区，现状岩溶塌陷占比达 90% 以上。

（2）易发区面积占比小，现状岩溶塌陷零星分散、点状分布，成区、成带趋势不明显。云南省总面积中，山区约占 94%，平坝仅占 6%。具备岩溶塌陷条件的浅覆盖岩溶平坝区面积约占平坝区的 16%，其中岩溶塌陷易发区面积占比更小。在有限的岩溶塌陷易发区中，地下岩溶发育不均匀，岩溶管道、溶洞等分布较为孤立分散，故形成了现状岩溶塌陷的分布宏观上呈现零星分散、点状分布的特点，未发现成区、成带规律和趋势。

（3）主要分布于滇东岩溶区。滇东岩溶高原岩溶断陷盆地和宽缓槽谷发育，山体残留高原面较多，其中冲湖积成因的松散盖层岩性变化大，结构稳定性差，含透镜状分布的砂质、淤泥质土，覆盖层厚度小于 30m 的浅覆盖区岩溶发育，往往地下水位在土石分界面附近。在人类活动影响下，易形成岩溶塌陷。滇西岩溶塌陷分布较少，主要因人为影响作用强度较弱。据统计，291 处岩溶塌陷点中，有 245 处位于滇东岩溶区，占 84.19%，有 46 处位于滇西岩溶区，占 15.81%。

2. 典型岩溶塌陷点剖析

1）昆明地区岩溶塌陷

昆明城区处于岩溶断陷盆地底部沉积平坝区，是产生岩溶塌陷最多的地区。

（1）地质环境条件。

昆明岩溶断陷盆地碳酸盐岩分布面积较广，约占盆地面积的 32%，呈片状出露或是呈条带状与非碳酸盐岩相间分布。新构造运动强烈，褶皱及断裂构造发育，主要有南北向、北东向、北西向、东西向 4 组断裂。新生界松散层主要分布在盆地底部和山间谷地、山前台地，面积约占盆地的 20%。盆地中部覆盖层厚度多大于 50m，由于间歇性的断陷与抬升交替进行，基底上多为更新统地层，土层固结度高，超固结比 OCR 多大于 1，因此塌陷很少发生。盆地边缘和丘峰谷地区覆盖层厚度小于 30m 的浅覆盖区主要分布在翠湖、金马寺、马街、海口、大板桥等区域，基底上多为全新统地层覆盖，土层固结度和力学强度较低（表 9-1）。这些区域下伏基岩岩溶化程度高，以孤立分散的溶隙、溶孔、管道、溶洞为主。地下水位埋深一般小于 20m，近滇池时仅 1m 左右。

昆明盆地浅覆盖区土层基本物理力学指标 表 9-1

性质	指标	γ （g/cm³）	W （%）	e	I_p	I_L	C （kPa⁻¹）	ψ （°）	a_{1-2} （kPa⁻¹）	E_s （kPa）	R （kPa）
残坡积 （Qᵈˡ⁺ᵉˡ）	最大平均值	1.96	33.86	0.98	20.54	0.40	69	21.10	0.00033	12464	270
	最早平均值	1.83	26.37	0.76	16.04	0.11	42	16.10	0.00017	7364	180
	算术平均值	1.89	29.73	0.87	18.08	0.21	56	18.20	0.00023	9728	220
冲洪积 （Qᵃˡ⁺ᵖˡ）	最大平均值	1.95	29.00	0.91	15.29	0.58	50	17.93	0.00024	9298	206
	最早平均值	1.89	25.62	0.76	11.00	0.31	37	16.30	0.00020	6928	174
	算术平均值	1.92	28.23	0.81	13.00	0.44	47	17.37	0.00024	8056	193

（2）基本特征。

昆明地区岩溶塌陷主要分布于翠湖—圆通山、马街、金马寺、浑水塘—秧田冲、海口、大板桥和贵昆铁路沿线等地段，此外大普吉、吴家营等地段零星分布。

这些岩溶塌陷集中发生于 20 世纪七八十年代，进入 2000 年后，塌陷零星、局部发生。据统计，全区已形成塌陷坑 405 个，大多数面积在 100～1000m²，平面形态以圆状、椭圆状为主，坑口直径 1～20m（87%直径≤5m），剖面形态多为漏斗状、鼓状、桶状和碟状（表 9-2）。因地下岩溶发育的不均匀性，易形成塌陷的管道、溶洞发育分布离散，控制了岩溶塌陷的分布难以成群、成排发育，总体上呈"点状"分布的特征，很少有群、成排发育。

昆明地区岩溶塌陷坑分布情况表 表 9-2

塌陷地段	翠湖—圆通山	金马寺	浑水塘—秧田冲	大板桥	马街	庄科山	明朗水库	海口	其他	合计
塌陷坑数 （处）	116	33	79	24	11	21	76	37	8	405
百分比 （%）	28.64	8.15	19.51	5.93	2.72	5.19	18.77	9.14	1.98	100

（3）成因机制。

昆明地区岩溶塌陷基本发生在盆地边缘浅覆盖型岩溶含水层分布区，已发生的岩溶塌陷的形成，多数情况下是多重因素复合叠加作用的结果，诱发因素主要有大气降水、地下水作用和人类工程活动。大气降水在通过覆盖层下渗补给地下水时有利于土洞的形成和发展，最终诱发岩溶塌陷。据统计，岩溶塌陷发生频次最高的时段为 1978～1982 年和 1985～1989 年，这两个时段恰好是丰水年；岩溶塌陷大多发生于 6～9 月，对应降雨集中的时段。工程建设破坏松散层的结构、地下水开采造成的水位下降、地面建筑物加载、建设过程对覆盖层的扰动、工程建设引起的振动等因素，都是已发生岩溶塌陷的主要诱发因素。主要成因机制：一是基坑、防空洞等地下工程强力排水导致松散覆盖层潜蚀形成土洞，甚至产生流沙、流土效应，最终溃决发生地面塌陷；二是地下水集中开采强度过大，造成地下水位快速下降，导致覆盖层潜蚀形成土洞以及水位波动产生的真空吸蚀作用，最后发展为地面塌陷；三是工程建筑截断或改变了天然径流途径导致积水以及各种散乱排水造成下渗增强，导致覆盖土层有效应力降低、侵蚀作用增强、土洞或裂缝发展，在注

131

地、漏斗和落水洞上形成塌陷。

2）阿岗槽谷岩溶塌陷

阿岗岩溶槽谷位于云贵高原向广西平原过渡的斜坡地带，行政区划属罗平县，流域面积1226.52km²。

（1）地质环境条件。

阿岗槽谷两侧均为中山，与谷底高差 150～400m，地形坡度 20°～25°，山体完整，呈脊状。谷底呈北东—南西向展布，北部狭窄，南部宽缓，长约 63km，宽 1～31.5km，底部面积约 105km²，地势相对平坦，坡度在 5°左右。谷底内的微地貌形态发育，表现为洼地、溶丘、孤峰、落水洞、天窗的地貌组合特征，洼地多呈浅碟状，落水洞、天窗多沿暗河管道呈串珠状分布，深度一般8～40m。谷底覆盖层为第四系冲洪积、残坡积层，岩性主要为红土、粉砂质黏土，结构松散，厚度一般小于 6m，主要分布于谷底洼地内。下伏基岩以泥盆系、石炭系灰岩为主，水平岩溶十分发育，发育较少的溶洞、管道被发育相对均匀的溶隙、溶孔相互贯通，形成树枝状的地下暗河洞管系统。槽谷谷底富水块段内地下水富集而浅埋，但暗河管道流显示急变流的特征，动态变化幅度 15～30m。雨期地下管道泄水不及，水流从暗河天窗溢出，使一些落水洞变成冒水洞，低凹地段被淹没。

（2）基本特征。

根据最新调查资料，槽谷中现状发育有岩溶塌陷 9 处，多为自然条件下由降雨引发的土层塌陷，塌陷坑多呈近圆形或椭圆形，长轴长 0.50～5m，平均长 3m，短轴长 0.3～3m，平均长2m，塌陷深度 0.7～6.0m，平均深 3m。塌陷坑零星分布于槽谷底部和边缘浅覆盖区域，未见成群、成片发育规律。

（3）成因机制。

阿岗槽谷岩溶塌陷主要分布在北部槽谷底部边缘浅覆盖型岩溶含水层分布区，已发生的岩溶塌陷的形成和发展主要受降雨、地下水位变化诱发和加剧。主要成因机制：降雨和地表水在沿覆盖层的孔隙、裂隙下渗补给地下水过程中，浸润、软化、冲刷、携带走上覆土层松散土体中的细小颗粒，在岩溶管道、溶洞等岩溶发育强度高的土岩接触带形成规模大小不一的土洞，降低了覆盖层的稳定性；地下水位变化时，流向、流速、水力坡度等随之改变，岩溶裂隙、管道、溶洞等中充填物被冲刷的同时，地下水对土岩界面附近的土体掏蚀作用也随之加强，土洞进一步扩大，覆盖层的结构和稳定性被彻底破坏，土洞发展至地表，形成岩溶塌陷。

区内覆盖层主要分布在槽谷底部的洼地中，没有连片发育，厚度变化大，岩性主要为冲洪积、残坡积的红黏土、砂土，结构比较单一，在饱水后稳定性差。下伏基岩为纯度高的碳酸盐岩，水平和垂直岩溶发育程度高，天窗、落水洞、溶洞、管道、溶孔、裂隙等岩溶形态常见，相互间多已贯通，为地下水的快速运移提供了有利空间条件。覆盖层和岩溶管道、溶洞等不均匀分布的特征，控制了该区岩溶塌陷的点状分布特征。

3）泸沽湖机场岩溶塌陷

泸沽湖机场位于云南省宁蒗县与四川省盐源县交界处，行政区划属云南省宁蒗县永宁乡石佛山村。

（1）地质环境条件。

机场位于青藏高原向云贵高原过渡地带，区域地貌基本形态结构是具夷平面的中等切割中—中高山，总体地势北东高南西低。机场区上部覆盖层为第四系残坡积层，岩性主要为黏性土，广泛分布于山坡地、岩溶漏斗、溶蚀洼地等地段，厚度1.0～22.3m，结构松散，富水性弱。下伏地层分布最广的为二叠统阳新组厚层—块状灰岩，岩溶发育强度中—强烈发育，地表发育漏斗、落水洞、溶沟、溶槽，地下溶洞、岩溶管道发育但分布不均匀，垂向裂隙发育导致垂直岩溶较水平岩溶更为发育。机场区及外围地表岩溶发育、大气降水在地表径流途径短，通过岩溶裂隙、漏斗、落水洞等通道下渗补给岩溶地下水，地下水沿大小不等的溶隙、溶孔、溶洞向主岩溶通道汇集，总体向东南方向径流，于山脚地形转折处出露成泉。岩溶含水层中的地下水埋藏较深，水位埋深在地表400m以下（水位标高低于2765m，比跑道整平标高3265m低500m），受季节影响水量变化较大，但无暴涨暴落现象。

（2）基本特征。

机场建设前在机场及外围已发育23处塌陷，分布于道槽区1个，土面区11个，其中有15个是新近塌陷。场区内塌陷一般为土层塌陷，土层的塌陷深度一般0.6～3.6m，平均深度约2m，形状大多为不规则圆形或椭圆形，长轴长1.2～50m，平均长11m，短轴长1.1～20m，平均4.7m。近年来，机场外围和飞行区的土面区发生多处岩溶塌陷，对机场构成很大威胁，2020年底调查发现新形成岩溶塌陷8处，均发育在机场跑道北端的北西侧。总体来看，塌陷集中分布于中部西侧区域和飞行区土面区，呈现出北东—西南带状展布特征，为地下水的强径流带所引发。

（3）成因机制。

机场区为古高原面岩溶强发育区，洼地、落水洞密布，地下岩溶以垂直发育为主，为岩溶水的垂向渗入、灌入补给带，天然状态下即有地面塌陷现象，是岩溶塌陷的高易发区。主要成因机制：因表层垂直渗入带岩溶十分发育，大气降水沿地表落水洞和表层垂直裂隙以灌入式和面状垂向渗入快速补给地下水，水力坡度大，进入地下水后循环径流速度快，水动力作用强，不断掏蚀和潜蚀地表土层形成土洞；雨期降雨的集中快速补给使地下水位波动大，造成沿岩溶强发育带上覆土层潜蚀作用加强，土洞逐渐发展；机场建设改变了原降水、地表和地下水径流的途径和转换关系，造成沿岩溶强发育带上覆土层潜蚀作用进一步加强，土洞不断发展至地表形成岩溶塌陷。

该区覆盖层第四系残坡积层岩性以黏性土为主，含少量碎石，硬塑—可塑状，结构以一元结构和二元结构为主，此类岩性和结构组合，在松散层厚度越小时越容易产生岩溶塌陷。下伏基岩为灰岩，岩溶发育强烈但不均匀，地下岩溶裂隙、管道、溶洞发育，使地表水快速转化为地下水、地下水的快速运移以及形成岩溶塌陷提供了空间条件。该区岩溶塌陷的分布与地下岩溶空间分布不均匀相对应，主要表现为"点状"特征，没有成群、成排发育规律。

9.1.3　影响及控制因素

岩溶塌陷的基本特征，是在岩溶高原特定的地质环境、岩溶发育、水文地质、水文气象、人类工程活动等因素综合影响和控制作用下形成的，通过这些因素及其作用机制的分析，有助于深入认识高原岩溶塌陷的基本特征、发育规律、发展趋势，为易发性评价和风险评价提供依据。

1. 宏观地貌影响

宏观地貌成因形态的区域影响作用显著。高原山区、高山峡谷区因高原强烈隆升，大部分岩溶区域为裸露型基岩山区，江河深切，垂直岩溶发育，形成巨厚的垂向径流带，地下水埋藏普遍较深，多数水、气流变化波及不到覆盖层，岩溶塌陷不发育。岩溶区内断陷盆地、岩溶槽谷、岩溶洼地区内覆盖层的厚度和结构特征、基岩岩溶发育特征、水文地质特征等为岩溶塌陷的形成和发展提供了基本条件，发育分布着全省95%以上的岩溶塌陷。

2. 新生代沉积特征制约

新生代沉积特征的制约作用突出。岩溶塌陷易发的岩溶断陷盆地、岩溶槽谷（洼）地、岩溶台地或古高原面，其中沉积的新生界半成岩或松散土覆盖层，在中心地带覆盖层大多厚度较大，多以冲积、洪积、湖积为主，黏性土层占比高、可塑性好、土体固结度高，在地下水开采等致塌因素强烈影响下，可能会出现地面沉降，但发展形成岩溶塌陷的可能性较小。在边缘地带，覆盖层厚度一般较小，松散覆盖层形成年代短，结构较为松散，在地下水位波动、工程活动扰动强烈时，形成岩溶塌陷的可能性较高。但因覆盖层厚度和结构特征不均匀分布、地下岩溶发育强度不均匀、水文地质特征不一致等因素的综合作用，形成的岩溶塌陷多呈点状零星分布，成区、成带趋势不明显，不易产生区（带）性的大规模岩溶塌陷。

3. 岩溶发育特征限制

岩溶发育特征的限制作用显著。岩溶洞隙为塌陷的塌落物提供了存储运移空间，在一定程度上决定了塌陷发生的位置，下伏基岩岩溶发育强度是地下岩溶洞隙发育数量和规模的重要指标之一。云南岩溶高原总体上岩溶发育不均匀，各向异性突出，局部地下溶洞、岩溶管道、岩溶裂隙发育，但总体上地下岩溶率并不高，引发岩溶塌陷的溶洞、岩溶管道较为孤立分散，限制着岩溶塌陷的形成、发展和分布。

9.2 隧道岩溶危害与处理

9.2.1 岩溶带给高速公路隧道建设的危害

分析岩溶的存在给高速公路隧道建设带来的危害影响，主要可归结为以下三大类：岩溶洞穴的塌陷危害；岩溶突水、突泥危害；岩溶堆积物的危害。

1. 岩溶洞穴的塌陷危害

因为存在岩溶洞穴的关系，所以隧道四周的山体或墙体出现少部分甚至是彻底悬空的现象非常普遍，而这给隧道带来的潜在危害便是降低了其可靠程度，无论是给高速公路隧道的施工还是施工借出后投入运营都会留下安全隐患。岩溶洞穴在受到强震（比如开山放炮、机械挖掘）、重力加载等外力作用的时候，岩土体重力与围岩摩阻力的平衡关系很容易被打破，产生失稳性质的塌陷问题。随着洞穴的塌陷，一方面是会造成隧道施工的安全事故，另一方面也会给地表构造带来不良影响，使地表建筑物发生裂缝、坍塌的问题，甚至地表水水位会下降、消失，直接影响到人民群众的正常生活。

2. 岩溶突水、突泥危害

一旦隧道中爆发突水、突泥，即预示着隧道正处于高压状态之下，而在短时间内，随着突水、突泥的发生，便会冲毁隧道中存放的设备，淹没施工面，严重的情况下甚至会造成隧道塌方，不仅会给高速公路隧道工程的正常施工带来阻碍，而且还会造成极大的人员安全威胁。

由于岩溶地区的地质大部分情况下都存在着很多裂缝，所以当某一个区域发生了突水、突泥的灾害之后，便很容易造成地表的水土流失问题，严重的情况下甚至会在较短时间内造成漏洞、天坑等灾害，大量的水土流失必然会导致局域荒漠化。在处理突水突泥灾害的过程中，不可避免地将地下污染物排放到周围环境，造成二次污染。

3. 岩溶堆积物的危害

通常在填充型溶洞中最易于发生堆积物危害，这是因为洞中的土体组成不具较强的摩擦力，因而极易坍塌下沉。此危害的突发性较强，施工人员与机械设备往往来不及躲避，造成施工人员伤亡和机械的损坏。

9.2.2 隧道岩溶处理技术

1. 岩溶处理技术应用原则

1）溶洞对隧道的影响特点

当溶洞距离隧道 5m 以上时，溶洞对隧道的影响很小。

围岩开挖竖向位移和围岩应力与溶洞直径成正比，与溶洞距离隧道的距离两者之间是反比关系。

若溶洞处于隧道拱顶处，那么带来最大影响的方面是拱顶下沉位移与水平位移，若溶洞处于隧道基底处，那么对拱顶下沉位移、水平位移造成的影响并不会很大。

2）做好岩溶特征的分类工作

当隧道建设场地四周有溶洞存在时，四周的围岩应力必定会基于隧道工程的开发而发生相应变化，因此只有根据岩溶的形态规模、有无填充物、涌水大小及动态、地质构造等做好分类工作，才能采取有效的处理技术，才能保证岩溶处理的成功。

（1）小型溶洞的处理。

①对于半填充型或者是无填充型的小型溶洞来说，建议使用回填处理方法；

②对于填充型的小型溶洞来说，若溶洞位置是在隧道的基底、边墙处，那么建议采取换填或者是注浆的加固举措；若溶洞是在拱部位置，那么建议使用超前预注浆或者是加强隧道衬砌的处理举措。

（2）大型溶洞的处理。

①对于无填充型，如果位于隧道边墙，可浇筑 1.5～3m 厚的浆砌片石墙，同时加强支护；如果位于隧道基底，需根据其发育特点进行处理；如果位于拱部，可采取混凝土进行喷涂回填，回填厚度一般为 1.5～2m，同时要加强支护；

②对于填充型，必须借助于超前地质预报的方法，将溶洞所处位置、填充物类型做精准探测，

继而再依据探测结果采用相应的处理举措。

（3）对岩溶管道的处理，要秉承着"维持原排水体系"的原则。

①对于无填充型，多采取结构防护层、保护层、缓冲层、排水系统等处置措施；

②对于填充型，多采取长管棚、小导管等支护措施，以达到加强初期支护及二衬强度的目的。

2.岩溶处理主要方式

1）溶洞处理方法

（1）溶洞跨越处理。

当较大规模的溶洞出现松软的充填物，就基础处理工程而言，出现修建困难、耗资较大，或者溶洞虽小但水流较大时，可根据不同的实际情况，采取与之相应的梁跨、板跨等形式跨越岩溶地段。

通常情况下，对梁体材料进行选择时，可以选择抗侵蚀混凝土，同时，为了进一步适应净空的要求，为了保证其安全，首先必须进行开挖围岩，再进行施工跨越结构，同时，需要值得注意的是，对不同受力结构间的断缝进行设置。

（2）锚杆、钢管加固处理。

在清除松动岩石较为困难的条件下，为了避免出现洞穴岩壁坍塌的现象，可以对岩体进行加固措施，通常采用锚杆或钢轨、大钢管等工具进行操作。针对隧道衬砌而言，可以采取抗冲击相关的措施，一般情况下，可以选择明洞衬砌，衬砌顶部设置回填体，其表面设置护面结构。

（3）底板处理。

当隧道穿过的溶洞，溶洞由块石及淤泥土充填，当充填物的松散密实度有较大差别时，可以考虑选择钢筋混凝土底板，回填碎石，同时对底板下松散体进行有效的清除，最后为了起到支顶作用，在底板下可以加设钢筋混凝土桩。

2）岩溶水的处理方法

（1）泄水洞排水。

如果隧道区域的岩溶出现较大水量时，为了确保能够有效降低地下水位，这样就需要选择专门设置的排水隧洞。为了避免出现岩溶水忽然袭击的现象，泄水洞可以在地下水来向的一侧进行设置，在具体施工操作时，就可以选择超前钻孔的方式进行探测，同时，准备一定数量的抽水设备。

必须考虑到实际的生态环境，泄水洞的设置会存在着不良的影响，为了确保方案的可行性以及成本问题等因素，可以通过对其施工、安全等多个方面进行评价后最终决定是否采用。

（2）涵洞、倒虹管吸过水。

当隧道断面与岩溶水相交时，在隧道底部设钢筋混凝土圆涵，同时涵洞出入口周边至隧道边墙外缘采用浆砌片石回填密实，这主要是为了达到岩溶水畅通的目的。在进行实际施工时，必须全面考虑涵洞过水断面，通常情况下，可以以丰水季节流量为标准进行考虑。

3）洞穴堆积物及地表塌陷处置

在隧道中，由于地下水渗流排泄，造成岩溶地面塌陷，使地质环境遭到破坏，导致隧道开挖时出现各种危害（例如坍方、涌水、涌砂及突泥等），同时为了能避免出现突泥现象，在实际施工时，一般选用化学注浆和管棚支撑开挖，同时从地表高压注浆，对塌陷松散体进行加固。

9.3　跨越岩溶区域隧道施工关键技术

以哈米德隧道跨越岩溶区域工程为例，详细论述了岩溶治理与施工方法。

9.3.1　工程概况

哈米德隧道为分离式独立双洞特长隧道，隧道左、右轴线间距 25～29.6m。左线隧道长 4956m（ZK4＋422～ZK9＋378），右线隧道长 4860m（K4＋464～K9＋324），左洞纵坡为−2.35%和−1.613%单向坡、右洞纵坡为−2.35%和−1.611%单向坡，最大埋深为 511.7m。本隧道共设置 12 处人行横通道，7 处车行横通道，4 处配电横通道，2 处通风横通道，进出口洞口均为端墙式洞门。

1. 地质资料

隧址区含水层主要为崩坡积碎石土、二叠系中统峨眉山玄武岩组地层。区内的地下水分类型划分为：松散堆积层孔隙水、基岩裂隙水和岩溶水三种类型。本隧道最大涌水量为：左线 55233m³/d、右线 53916m³/d。

1）散堆堆积层孔隙水

主要分布于斜坡地段的坡积层碎石土和粉质黏土等松散堆积层中，主要受大气降水补给为主，因结构松散、透水性好，受地形控制补给、排泄快，富水性差，经短距离运移，排泄于地形低洼处。在隧址范围内未发现该类地下水泉点出露，多以点滴状、浸润状形式产出，初步勘察期间钻孔注水试验成果渗透系数为 0.008～0.013m/d，故该类地下水贫乏，对隧道影响小。

2）基岩裂隙水

隧址区山顶平台广泛分布有玄武岩，玄武岩地表风化带地下水属网状风化带裂隙水。这些节理裂隙网络的发育为地下水赋存创造了一定条件，富水性主要受节理裂隙宽度、贯通性及充填情况控制。随着岩体埋深的不断增大，节理裂隙发育规模逐渐减弱，岩体完整性逐渐趋好，故浅部富水性较强，向深部富水性逐渐变弱。基岩裂隙水主要靠暴露地表的岩层接受大气降水的补给，沿岩层走向径流排泄。

3）岩溶水

隧址区碳酸盐岩主要分布在上部玄武岩和下部砂质泥岩中间，呈条带状分布，属隐伏岩溶，含水岩组为二叠系下统茅口组灰岩。根据施工钻孔揭露溶洞地下水位在 1745m，现场调查沟谷出水点标高 1300m 左右，落差大。该层地下水总体径流方向是自上至下、自西向东（洒鱼河），其次是南北向汇集，实测洒鱼河河谷下降泉 W20、W21 的总流量约 12960t/d。

2. 地质构造与地震

根据区域地壳稳定性分布图，隧址区稳定性属次不稳定区。

根据《中国地震动参数区划图》GB 18306—2015 表明，工程区地震动峰值加速度为 0.15g，相应地震烈度为Ⅶ度，地震动反应谱特征周期 0.45s，隧址区属强震区，拟建隧址区未见断裂，但距离莲峰发震断流裂约 25km，隧址区新构造运动强烈，地震频发。

3. 地形地貌

该隧道区属构造侵蚀中山地貌，地形起伏大。隧道范围内中线高程 1667.4～2194m，最大高程约为 526.6m。山体呈地台状，出洞口段自然坡陡峭，一般 29°～50°，山顶相对平缓，一般 13°～40°，顶部植被较发育。哈米德隧道地形地貌见图 9-2。

图 9-2　哈米德隧道地形地貌

9.3.2　岩溶隧道围岩稳定性分析

1. 数值计算模型与分析方法

基于 ABAQUS 有限元程序，建立了哈米德隧道数值计算三维模型，如图 9-3 所示。通过大量数值计算分析，开展了岩溶地质灾害对隧道围岩稳定性研究。

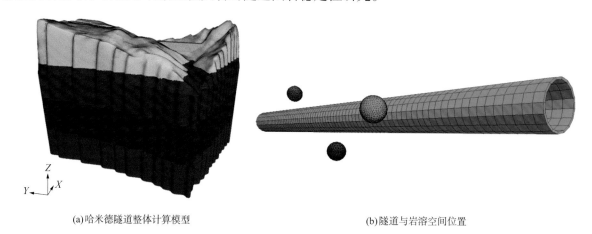

(a)哈米德隧道整体计算模型　　　　　　　　　　　　(b)隧道与岩溶空间位置

图 9-3　数值计算模型

在本次数值模拟中，考虑了不同位置溶洞对哈米德隧道的独立影响，将各溶洞中心水平距离设置为 40m。为了研究溶洞与隧道的相互作用，分别建立了溶洞位于隧道正上方、下方和侧方的数值模型，其中溶洞的洞高分别为 1.5m、3m、4.5m、6m，溶洞与隧道的间距分别为 1m、2m、3m、4m、5m。对于岩溶溶洞的处理过程，采用了生死单元方法，通过变换不同注浆区域来进行隧道的分步开挖。在模拟开始之前，首先进行初始地应力平衡，然后模拟隧道开挖过程，通过命令流 model null 实现隧道的开挖；采用结构单元 shell 实现衬砌结构模拟，通过命令流中的 apply nstress 实现掌子面压力的施加，通过采用弹性模型 model elas 实现注浆加固。通过本次数值模拟，可以分析不同位置溶洞对隧道安全性的影响，并对隧道工程的加固方案提供科学的参考和指导。同时，本模型的建立和分析过程也可以为隧道工程的设计和建设提供重要的理论支持。

2. 数值计算结果分析

1）岩溶注浆加固对隧道稳定性影响

图 9-4 给出了隧道分别经过无溶洞、注浆前溶洞、注浆后溶洞下方过程中隧道拱顶竖向位移变化云图。

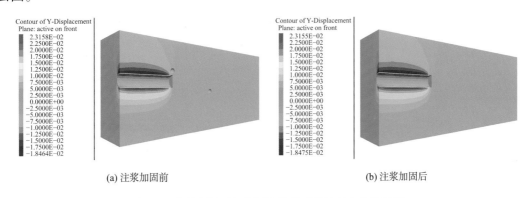

(a) 注浆加固前　　　　　　　　　　　　　(b) 注浆加固后

图 9-4　隧道穿越顶部溶洞注浆前后整体竖向位移云图

图 9-5 给出了隧道穿越顶部溶洞注浆前后衬砌结构拱顶竖向位移曲线图。由图可知：在隧道经过溶洞下方范围（开挖 36～46m），随着开挖距离增大，拱顶沉降逐渐增大，尤其经过溶洞正下方（开挖 40m）时，拱顶沉降趋于最大；有溶洞时隧道的拱顶沉降比无溶洞时小，说明上方溶洞对隧道拱顶存在屏蔽作用（土拱效应、卸荷作用）；对于隧道穿越顶部溶洞，拱顶的竖向位移受到的影响是相对最大的，所以注浆加固对穿越顶部溶洞的隧道拱顶竖直位移的约束较为理想，隧道衬砌结构拱顶沉降由原来的 8.80mm 减小为 5.92mm，减小了 32.73%。

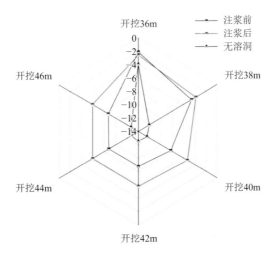

图 9-5　隧道穿越顶部溶洞注浆前后衬砌结构拱顶竖向位移曲线图

图 9-6 给出了隧道分别经过无溶洞、无注浆溶洞、有注浆溶洞上方过程中隧道拱底竖向位移变化云图。

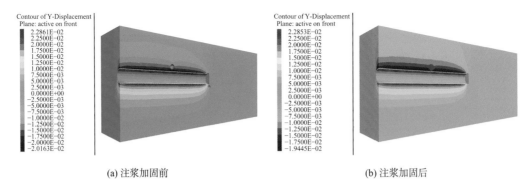

(a) 注浆加固前   (b) 注浆加固后

图 9-6　隧道穿越底部溶洞注浆前后整体竖向位移云图

图 9-7 给出了隧道穿越底部溶洞注浆前后衬砌结构拱底竖向位移曲线图。由图可知：对于隧道穿越底部溶洞,拱底的竖向位移受到的影响是相对最大的。在隧道经过溶洞上方范围（开挖 76～86m），随着开挖距离增大，拱底沉降（隆起）逐渐增大，尤其经过溶洞正上方（开挖 80m）时，拱底沉降（隆起）趋于最大；有溶洞时隧道拱底隆起量 6.02mm，比无溶洞 12.82mm 小，在底部溶洞存在的时候，多下沉了 6.8mm，较无溶洞时降低 53.04%。

图 9-8 给出了隧道分别经过无溶洞、无注浆溶洞、有注浆溶洞侧方过程中隧道拱顶竖向位移变化云图。

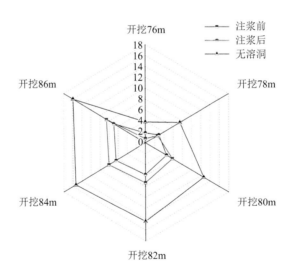

图 9-7　隧道穿越底部溶洞注浆前后衬砌结构拱底竖向位移曲线图

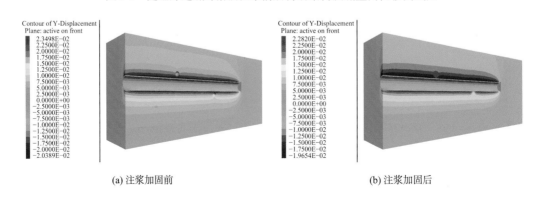

(a) 注浆加固前   (b) 注浆加固后

图 9-8　隧道穿越侧部溶洞注浆前后整体竖向位移云图

图 9-9 给出了隧道穿越侧部溶洞注浆前后衬砌结构拱顶竖向位移曲线图。由图可知：在隧道经过溶洞侧方范围（开挖 116～126m），随着开挖距离增大，拱顶沉降逐渐增大，尤其经过溶洞正侧方（开挖 120m）时，拱顶沉降趋于最大；有溶洞时隧道的拱顶沉降 14.5mm，比无溶洞时 12.82mm大，相比增加 13.1%，说明侧方溶洞存在对隧道的开挖产生的是不利影响；溶洞注浆加固使隧道拱顶沉降减小，减小了 5.17%。

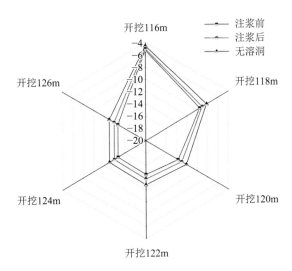

图 9-9　隧道穿越侧部溶洞注浆前后衬砌结构拱顶竖向位移曲线图

2）岩溶空间位置对隧道衬砌结构的影响

表 9-3 给出了隧道上穿溶洞衬砌结构变形数据表。由表可知：隧道从上方穿越岩溶地区时，隧道衬砌结构水平位移变化不大，基本可以忽略。随着溶洞与隧道距离的增加，拱底和拱腰的隆起量逐渐增大，这主要是因为一方面，在隧道从上方穿过底部溶洞时，底部溶洞内的土体通常比较松散，这些土体的刚度和稳定性都比较差。当隧道经过底部溶洞时，可能会对底部土体进行较大的变形，隧道拱底的隆起量减小。另一方面，由于溶洞本身存在，对隧道有一定土拱效应，使得隧道拱底隆起量不会过小，这种土拱效应表现为：（1）支撑隧道底部土层：土拱结构会形成在底部溶洞上方的土层中，为该部分土层提供了支撑，防止该部分土层下沉或塌陷，从而保护隧道底部的稳定性和安全性。（2）分散隧道底部荷载：土拱结构会将底部溶洞所承受的荷载向隧道两侧分散，降低了隧道底部对溶洞的压力，减小了溶洞的承载压力。

隧道上穿溶洞管片变形数据表　　　　　　　　　　　　表 9-3

溶洞与隧道间距（m）	拱顶位移（mm）		拱底位移（mm）		右拱腰位移（mm）		左拱腰位移（mm）	
	竖向	水平	竖向	水平	竖向	水平	竖向	水平
1	5.29	0.00	6.78	0.00	5.77	0.75	5.78	−0.67
2	5.29	0.00	7.03	0.00	6.15	0.85	6.13	−0.83
3	5.19	0.00	7.14	0.00	6.36	0.95	6.44	−0.91
4	4.86	0.00	7.36	0.00	6.45	0.95	6.45	−0.93
5	4.52	0.00	7.44	0.00	6.51	0.94	6.47	−0.92

底部溶洞的土拱作用大小和效果受多种因素影响，如溶洞大小、深度、位置、地层特性、

隧道施工方式等，不同情况下的土拱作用效果也不同。因此，即使底部溶洞有一定的土拱作用，也不能保证它能够完全支撑隧道底部，特别是在底部溶洞较大或较深的情况下。底部溶洞的土拱作用只能作为一种辅助性的支撑措施，不能完全依赖它来保证隧道底部的稳定性和安全性。

表9-4给出了隧道下穿溶洞衬砌变形数据表。由表可知：隧道从下方穿越岩溶地区时，隧道衬砌水平位移主要发生在两拱腰附近，对拱顶和拱底附近的水平位移几乎无影响，且随着溶洞与隧道距离的增加，水平位移绝对值的大小逐渐增大。对隧道衬砌竖向位移的影响主要发生在拱顶和拱底附近，且随着溶洞与隧道距离的增加，隧道衬砌竖向位移绝对值逐渐增大。对拱腰附近的竖向位移影响不大。这主要是因为溶洞岩体具有较高的综合强度和完整性，能够提供一定的支撑和稳定作用，从而使得隧道周围的土体受到的变形和沉降减小。此时，溶洞岩体对隧道的土拱作用相当于起到了一种支撑土体的作用，降低了土体受力，并且减小了土体的变形和沉降量，从而使得隧道周围的土体形成了一个相对稳定的土拱结构，进一步提高了隧道的稳定性和安全性。

隧道下穿溶洞衬砌变形数据表 表9-4

溶洞与隧道间距（m）	拱顶位移（mm）		拱底位移（mm）		右拱腰位移（mm）		左拱腰位移（mm）	
	竖向	水平	竖向	水平	竖向	水平	竖向	水平
1	−1.48	0.00	3.85	0.00	0.72	2.22	0.71	−2.14
2	−2.85	0.00	3.91	0.00	0.22	2.83	0.16	−2.82
3	−3.61	0.00	4.08	0.00	0.00	3.29	0.00	−3.20
4	−4.18	0.00	4.17	0.00	−0.28	3.55	−0.21	−3.54
5	−4.94	0.00	4.01	0.00	−0.68	3.84	−0.67	−3.80

表9-5给出了隧道侧穿溶洞衬砌变形数据表。由表可知：隧道从侧方穿越岩溶地区时，隧道衬砌水平位移主要发生在两拱腰附近，且水平位移较大，但对拱顶和拱底附近的水平位移影响较小，且随着溶洞与隧道距离的增加，水平位移绝对值的大小逐渐减小。对隧道衬砌竖向位移的影响主要发生在拱顶和拱底附近，且随着溶洞与隧道距离的增加，衬砌拱顶处的竖向位移绝对值大小逐渐减小，对拱腰附近的竖向位移影响不大。

隧道侧穿溶洞衬砌变形数据表 表9-5

溶洞与隧道间距（m）	拱顶位移（mm）		拱底位移（mm）		右拱腰位移（mm）		左拱腰位移（mm）	
	竖向	水平	竖向	水平	竖向	水平	竖向	水平
1	−8.33	1.79	4.26	1.88	−1.75	7.22	−2.40	−4.11
2	−6.56	1.86	4.34	1.75	−0.95	6.50	−1.34	−3.14
3	−4.56	1.19	4.82	1.16	0.31	5.26	−1.37	−2.98
4	−3.73	0.70	4.95	0.64	0.69	4.46	0.42	−3.17
5	−3.27	0.34	5.06	0.40	1.03	4.02	0.63	−3.30

表9-6给出了隧道斜向上45°穿溶洞衬砌变形数据表。由表可知：隧道从斜向上45°方向穿越岩溶地区时，隧道衬砌水平位移主要发生在两拱腰附近，且左拱腰竖向沉降比较大，右拱腰竖向隆起量比较大，即隧道衬砌变形后的椭圆长轴有沿着隧道中心与溶洞中心连线，即

斜向上 45°这条直线上分布的趋势。随着溶洞与隧道距离的增加，竖向位移和水平位移绝对值的大小逐渐减小。但是随着隧道埋深越来越浅，拱底和右拱腰的隆起量略有增大，在竖向位移的变化规律上，其变化趋势与隧道上穿中心溶洞基本一致；在水平位移的变化规律上，其变化趋势与隧道侧穿中心溶洞基本一致。

隧道斜向上 45°穿溶洞衬砌变形数据表　　　　　　　　　　　　表 9-6

溶洞与隧道间距（m）	拱顶位移（mm）		拱底位移（mm）		右拱腰位移（mm）		左拱腰位移（mm）	
	竖向	水平	竖向	水平	竖向	水平	竖向	水平
1	−4.51	1.30	6.29	1.94	3.66	5.55	−2.50	−2.63
2	−3.9	1.10	6.07	2.10	3.51	5.37	−1.77	−2.49
3	−3.09	0.86	5.91	1.74	3.39	4.82	−0.94	−2.47
4	−1.99	0.80	6.01	1.38	3.55	4.30	0.14	−2.34
5	−0.87	0.55	6.30	0.77	3.90	3.62	1.29	−2.45

表 9-7 给出了隧道斜向下 45°穿溶洞衬砌变形数据表。由表可知：隧道从斜向下 45°方向穿越岩溶地区时，隧道衬砌水平位移主要发生在两拱腰附近，且右拱腰竖向沉降比较大，左拱腰竖向隆起量比较大，即隧道衬砌变形后的椭圆长轴有沿着隧道中心与溶洞中心连线，即斜向下 45°这条直线上分布的趋势。随着溶洞与隧道距离的增加，衬砌竖向位移和水平位移绝对值的大小均逐渐减小。

隧道斜向下 45°穿溶洞衬砌变形数据表　　　　　　　　　　　　表 9-7

溶洞与隧道间距（m）	拱顶位移（mm）		拱底位移（mm）		右拱腰位移（mm）		左拱腰位移（mm）	
	竖向	水平	竖向	水平	竖向	水平	竖向	水平
1	−8.53	0.88	5.96	0.00	−4.30	6.19	2.61	−5.37
2	−8.59	1.67	5.48	2.26	−3.98	6.71	1.50	−5.01
3	−8.17	1.69	5.44	0.18	−3.46	6.61	1.15	−4.99
4	−7.55	1.19	5.39	0.23	−2.62	6.23	0.75	−5.01
5	−7.42	0.96	5.19	0.20	−2.35	6.05	0.31	−5.06

3）基于椭圆离心率分析的隧道衬砌变形特征

图 9-10、图 9-11 分别为中心溶洞洞高为 3m 和 6m 时，基于椭圆离心率分析的隧道从不同方向和距离穿越岩溶地区引起衬砌变形特征柱状图。由图可知：（1）当隧道从上方和下方穿越岩溶地区时，中心溶洞直径越大，椭圆的离心率越小，椭圆越来越圆，说明中心溶洞存在一定的土拱效应，在一定程度上抑制了隧道衬砌变形；当隧道从侧方、斜向上 45°和斜向下 45°穿越岩溶地区时，中心溶洞直径越大，椭圆的离心率也越大，椭圆越来越扁，说明隧道在这三个方向穿越岩溶地区时，中心溶洞直径的增加，给隧道衬砌变形带来不利影响。因此，在岩溶地区的隧道设计和施工中，需要充分考虑不同方向和距离下中心溶洞的影响，采取适当的措施来降低衬砌变形的风险。其中包括：合理选择隧道的路线和位置，充分勘察地层和溶洞结构的情况，采用合理的隧道支护结构，加强对隧道的监测和维护等。在施工过程中，需要根据地质情况和隧道的具体情况进行调整，以保证隧道的稳定性和安全性。（2）当隧道从上方和下方穿越岩溶地区时，随着溶洞与隧道距离的增加，椭圆离心率也随之增大，说明隧道衬砌变形后椭圆形状越来越扁。

这是因为当溶洞与隧道的距离增大时，溶洞对隧道的土拱作用也随之减小，从而引起衬砌变形增加。当隧道从侧方、斜向上45°和斜向下45°穿越岩溶地区时，随着溶洞与隧道距离的增加，椭圆离心率也随之减小，说明隧道衬砌变形后椭圆形状越来越圆。这是因为在这些方向下，中心溶洞对衬砌变形的影响是负面的，随着溶洞与隧道距离的增加，隧道受到中心溶洞的不利影响越来越小，从而导致衬砌变形减小。在这种情况下，隧道需要采取一些措施，如调整隧道掘进方向和加强隧道支护结构等，以确保隧道的稳定性和安全性，必要时需对岩溶采取一定的处理措施。

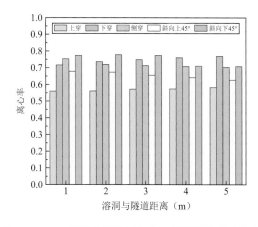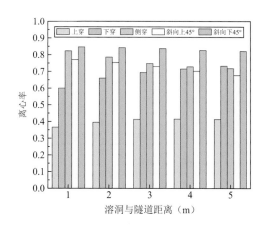

图 9-10　3m 溶洞外隧道衬砌变形椭圆离心率直方图　　图 9-11　6m 溶洞外隧道衬砌变形椭圆离心率直方图

9.3.3　岩溶治理方案选取原则

（1）岩溶结构形态多样，处理岩溶是一项复杂工作，任何单一的处理方法要取得良好的治理效果都是非常困难的，因此制定措施时，必须"因地制宜、综合处理"。

（2）注浆是处置隧道岩溶重要而有效的手段，通过注浆能显著改善土体的物理学特性。但在诸如粉细砂类致密岩溶充填物中注浆若以劈裂注入式为主，则不易形成连续均匀的胶结体结构。

（3）高压水作用下存在突水、突泥危险的岩溶，应采取全断面深孔预注浆处理，小导管超前和径向补充注浆、大小管棚密排、型钢及网喷支护，以具有良好的可灌性、可控的流动性、细颗粒、早强为宜。

（4）溶洞的水压极大、水量丰富时，可采取导坑（导洞）、导管等临时泄水降压措施，降低治理难度。

9.3.4　全封闭治理技术

1. 治理思路

（1）多手段联合探明岩溶位置、大小、走向的发育情况及溶腔充填物情况。

（2）先地表、后地下、多措施联合全面封堵。

采用多道防线，层层设防的办法，以地表注浆、溶洞回填堵水、加固注浆等综合处理手段形成坚固、永久的隔水带。

（3）加固已开挖隧道。

由于长时间的地下水浸泡，会对已开挖的岩溶区域造成进一步风化破坏，而爆破的振动扰动，造成饱和水的围岩一定程度的液化，破坏初支结构，增大安全风险。因此建议根据监控量测情况，在爆破施工前对已完成初支的隧道进行全断面固结注浆，固化岩石，提高稳定性。

（4）先单线，后双线，逐步恢复施工。

岩溶处理时，如果采取左线为主，右线跟进的顺序，左线处理完成后首先恢复左线隧道施工，同时右线继续处理。当左线完全脱离影响范围后，为保证工期，建议从左线开支洞，进入右线的迂回方案，一是可以施工右线正常段隧道，二是可以反向处理右线溶洞，提高效率。

2. 治理技术

1）多手段联合探明岩溶位置、大小、走向的发育情况

由于 TSP203 和地质雷达受多种因素的影响，不可能 100%揭示溶洞的形状、走向及岩溶发育情况，建议采用地表钻孔和地下地质雷达探测相结合的方式，来探明溶洞具体的走向、范围，溶腔高度及充填物情况，并且地表钻孔可以利用做地表注浆孔道，节省成本。

建议地勘单位从地表进行物探、补充钻孔，确定溶洞距地面的大体深度、位置、走向、可影响的范围、内充填物形式、岩溶性质等参数，优化处理方案。地表钻孔建议参数：建议钻孔范围为掌子面至未开区域，隧道纵向 50m，横向两侧至开挖边界外 9m 的范围内，采用 2m × 2m 梅花形补孔，局部可以增减。

2）洞外地表深层注浆措施

根据哈米德隧道的走向和左右线的相对平面关系，测量站对现场进行放样，找出左、右线隧道的外边缘线，沿开挖轮廓线外侧设置 5 排深孔，第一排距离右洞外边缘线 1m，第二、三、四、五排距离第一排钻孔 2m、4m、6m、8m，呈梅花形布置，左洞外边缘同右洞布设对称，处理长度沿线路走行方向考虑 50m，在左右洞开挖轮廓线外 9m 范围设置深层注浆孔，注浆完成形成止水墙，在开挖轮廓线内也布设深层注浆孔，间距 2m，排距 2m，呈梅花形布置，注浆孔深度为从原地面至隧道底下至少 2m。施工时，保持隧道内水位趋于相对静止。

钻地表深孔注浆孔的目的有两个：一是通过地质钻孔可以探明溶洞的走向、范围、距离地面的深度、溶腔内的充填物等；二是可以作为后期的地表注浆孔进行封堵，并预留部分孔作为观察孔，查看注浆效果，最后封堵预留的观察孔。

注浆采用双液注浆，该双液浆具有早强、速凝等特点，使用在岩溶条件下可控可靠。注浆顺序按"L"形注浆，从右向左逐步依次推进注浆完成，对先前有损失的孔要进行补注浆。注浆压力是给予注浆渗透、扩散、劈裂及压实的能量，其压力决定着注浆效果的好坏和费用的高低。采用深孔劈裂注浆，注浆压力控制在 0.5～1MPa，注浆终压力为 2～3MPa。

3）洞内淤泥清理

因洞内溶洞处流水较大，淤泥受水冲刷较稀，不易清理，也不易从竖井提出洞外，洞外也无法存放。在清理淤泥时可以采用掺加 6%～8%水泥或部分石灰固结、板结淤泥形式清理，但采用此法必须将水进行疏导，防止溶洞流出的水到处漫流，起不到固结淤泥的效果。

4）加固已开挖隧道的初期支护

淤泥清理完成后，及时对被水浸泡过的断面进行断面收敛和拱顶下沉检测，根据监控量测数据决定是否对已经完成的支护进行加固处理和采取必要的临时加固措施，并做好超前预报工作，

确定溶洞具体位置，为隧道开挖支护施工提供强有力的证据支持。

建议在爆破施工前对已完成初支的隧道进行全断面径向固结注浆，固化岩石，提高稳定性。注浆参数为 3.5mϕ42 钢花管固结注浆，间距 1m×1m，单液水泥浆液，注浆压力 2MPa。径向注浆的目的主要是防止高压地下水经过注浆空白区直接压在衬砌上，破坏衬砌结构，影响运营的安全，如图 9-12、图 9-13 所示。

图 9-12　超前管棚　　　　　　　　　　　　图 9-13　管棚注浆

5）隧道封堵加固处理措施

（1）溶洞口混凝土封堵。

经地表处理，暴雨时溶洞水达到可控范围内时（不超过 50m³/h），对溶洞口进行封堵。

溶洞的处理采用堵排结合的排水方式，用 C25 混凝土对部分溶洞进行封堵，让水顺着水管在压力的作用下排至集水坑，同时利用压力表指示出水压大小，通过计算得出水位的大小，以便更好地控制、预防涌水事件的发生。封堵厚度为从溶洞口至距离溶洞底部至少 5m，溶洞内部预埋 2～3 根直径 200mm、壁厚 8mm 钢管直通溶洞底部，外部设置一个压力阀，钢管连接至竖井集水坑处，通过泵站排出；具体处理措施如下：

①首先清除溶洞壁表面软弱岩体及底部的淤泥、杂物等；

②对溶洞壁顶、侧壁及底部设置砂浆锚杆，间距 0.5m×0.5m，锚杆采用 HRB400 ⏚28 钢筋，长度为 3m，其中外露 1m；

③底部预埋 2～3 根ϕ200、壁厚 8mm 钢管，管壁钻凿间距为 15cm，梅花形布置，直径为 3cm 的进水孔。为防止淤泥堵塞管道，在管道口安装滤网，并包覆土工布，外部分别设置一个压力阀及压力表，钢管连接至集水坑，同时预留注浆管，注浆管采用ϕ42 钢花管，便于周壁渗水的封堵；

④内模、外模及侧模采用 20mm 钢板，将对侧砂浆锚杆用 HRB400 ⏚28 钢筋连接，形成网状，然后将钢板与钢筋焊接牢固；

⑤溶洞封堵采用 C25 混凝土，墙厚度为从溶洞口至溶洞底部至少 5m（根据现场情况厚度尽量大）；同时为保证混凝土在水压的作用下不开裂，在溶洞封堵时对内外侧均设置一层钢筋网，钢筋网采用 HPB300ϕ8 钢筋；

⑥施工时先施工一侧Ⅰ部分，保证在施工该部分时水从右侧流出，然后施工另一侧Ⅱ部分，

施工顺序如图 9-14 所示。

溶洞封堵施工见图 9-15。

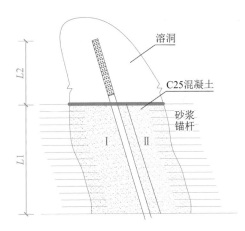

图 9-14　溶洞封堵施工顺序示意图

图 9-15　溶洞封堵施工

（2）施工止浆墙。

溶洞封堵后，喷射 10cm 混凝土封闭掌子面，然后施工钢筋混凝土止浆墙，施作范围：掌子面和右侧溶腔影响范围区域，止浆墙厚度建议不小于 2m，呈 L 形布置，止浆墙的底部和四周采用 4mφ25 螺纹钢与岩壁锚紧，间距 50cm×50cm，止浆墙配筋请设计补充。

止浆墙断面示意图见图 9-16。

（3）溶洞注浆封堵。

止浆墙施作完毕后，进行溶洞注浆封堵和左线超前帷幕注浆，溶洞注浆采用 6mφ50 钢花管，扇形辐射布置，嘴部间距 0.5m×0.5m，水泥—水玻璃液双液浆，注浆压力为 6MPa，钢花管的具体布置可根据现场情况和溶洞发育情况进行适当调整。

溶洞注浆封堵示意图见图 9-17。

（4）超前帷幕注浆。

为确保隧道穿过掌子面前方溶洞区的安全施工，要进行超前预注浆施工，加固开挖面及开挖轮廓线外 5~8m，首先施工 2~3m 厚的止浆墙，注浆工艺采取前进式分段注浆，循环注入，注浆分段长度考虑 5m（钻孔 5m，注浆 5m）直到完成整个注浆段。钻孔深度以钻入岩层 3m 为原则，注浆结束标准以定压为主，注浆中压为 2~3MPa。当注浆过程中长时间压力不再上升时，压缩短浆液的凝胶时间，并采取间歇注浆措施，同时控制注浆量。加固圈的形成有利于隧道施工和结构安全。因此，采用高压深孔帷幕注浆工艺进行超前帷幕注浆时，应针对前方地质情况，区别对待。纵向超前预注浆的注浆段长应取 30m，径向帷幕注浆的长度为 5~10m。其封堵加固范围是周边外延 5~8m，形成帷幕防渗体系。注浆压力为水压或受注地层压力 2~3 倍，注浆前必须施作足够厚度的止浆墙，一般考虑 3~5m。

帷幕注浆材料可根据溶洞内容物的选用纯水泥浆。注浆后检验注浆效果，当达到开挖效果时，每循环开挖 25m，留 5m 作为止浆墙。如开挖后存在薄弱部位，采用长管或短管进行局部补充注浆（补注浆）。

超前帷幕注浆封堵具体做法如图 9-18 所示。

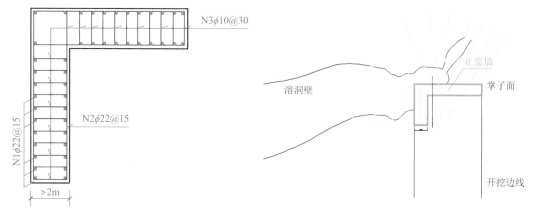

图 9-16　止浆墙断面示意图　　　　　　图 9-17　溶洞注浆封堵示意图

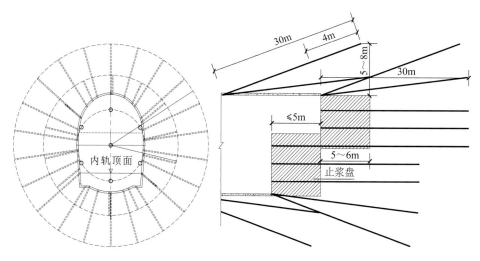

图 9-18　超前帷幕注浆封堵溶洞示意图

（5）超前大管棚支护小导管注浆补充加强措施。

在隧道掌子面拱部采用超前大管棚注浆加固，大管棚采用外径为ϕ108，厚度$\delta = 8$mm 的无缝钢管，每节长度 2～3m 并设置洞内导向墙，长度 1m，厚度 60cm，布设时环向间距 30cm，外插角 15°，每节管棚钻设ϕ8 单向阀溢浆孔 4 个，管棚长度暂定 30m 长，管棚布设完成后进行全孔一次性注浆，此后，在工作面周边布置ϕ42 的超前注浆小导管，长度 3.5m，环向间距 20cm，外插角 15°，每 1m 施作一个循环，进行补充注浆。

（6）隧道开挖。

建议加强该段的初期支护强度，调整拱架间距 0.5cm，拱架调整为 I22 型钢，喷射混凝土 30cm。

（7）隧道底围岩固结注浆。

在穿过岩溶发育段后，由于底部存在岩溶穿过仰拱，从底部穿过的可能，应及时对仰拱的地质进行扫描，对存在溶腔及时回填处理，同时由于溶洞封堵后，岩溶通道闭塞，可能造成地下水上升导致后期仰拱开裂，建议该段仰拱暂不施作，待观察一定时间后再决定处理方案。

9.3.5 堵排结合、限量排放治理技术

1. 治理思路

（1）启动泄水洞的设计与施工。

启动泄水洞预案，对地下水进行泄排，同时可降低后续发生类似透水事件的安全风险，降低救援难度。

（2）多手段联合探明岩溶位置、大小、走向的发育情况及溶腔充填物情况。

（3）先地表、后地下、多措施联合适度封堵。

首先通过地表、地下的合理处理，适度封堵补给水通道，将突水量减少尤其是暴雨时的突水量降至可控风险范围之内，使洞内达到可以安全施工的条件。

（4）加固已开挖隧道。

由于长时间的地下水浸泡，会对已开挖的强风化泥岩、页岩造成进一步风化破坏，而爆破的振动扰动，造成饱和水的破碎泥岩、页岩的一定程度液化，破坏初支结构，增大安全风险。因此建议根据监控量测情况，在爆破施工前对已完成初支的隧道进行全断面固结注浆，固化岩石，提高稳定性。

（5）先单线，后双线，逐步恢复施工。

岩溶处理时，如果采取左线为主，右线跟进的顺序，左线处理完成后首先恢复左线隧道施工，同时右线继续处理。当左线完全脱离影响范围后，为保证工期，建议从左线开支洞，进入右线的迂回方案，一是可以施工右线正常段隧道，二是可以反向处理右线溶洞，提高效率。

2. 治理方案

（1）启动泄水洞的设计与施工。

施工图中，预留两条泄水洞预案，当施工期间涌水量过大影响施工时，启动该预案，两条泄水洞分别与正洞相交。

（2）多手段联合探明岩溶情况。

由于TSP203和地质雷达受多种因素的影响，不可能100%揭示溶洞的形状、走向及岩溶发育情况，建议采用地表钻孔和地下地质雷达探测相结合的方式，来探明溶洞具体的走向、范围，溶腔高度及充填物情况，并且地表钻孔可以利用做地表注浆孔道，节省成本。

建议地勘单位从地表进行物探、补充钻孔，确定溶洞距地面的大体深度、位置、走向、可影响的范围、内充填物形式、岩溶性质等参数，优化处理方案。地表钻孔建议参数：建议钻孔范围为掌子面至未开区域，隧道纵向50m，横向两侧至开挖边界外9m的范围内，采用2m×2m梅花形补孔，局部可以增减。

（3）洞外地表深层注浆措施：

根据哈米德隧道的走向和左右线的相对平面关系，测量站对现场进行放样，找出左、右线隧道的外边缘线，沿开挖轮廓线外侧设置5排深孔，第一排距离右洞外边缘线1m，第二、三、四、五排距离第一排钻孔2m、4m、6m、8m，呈梅花形布置，左洞外边缘同右洞布设对称，处理长度沿线路走行方向考虑50m，在左右洞开挖轮廓线外9m范围设置深层注浆孔，注浆完成形成止水墙，在开挖轮廓线内也布设深层注浆孔，间距2m，排距2m，呈梅花形布置，注浆孔深度为从原

地面至隧道底下至少 2m。施工时，保持隧道内水位趋于相对静止。

钻地表深孔注浆孔的目的有两个：一是通过地质钻孔可以探明溶洞的走向、范围、距离地面的深度、溶腔内的充填物等；二是可以作为后期的地表注浆孔进行封堵，并预留部分孔作为观察孔，查看注浆效果，最后封堵预留的观察孔。

注浆采用双液注浆，该双液浆具有早强、速凝等特点，使用在岩溶条件下可控可靠。注浆顺序按 L 形注浆，从右向左逐步依次推进注浆完成，对先前有损失的孔要进行补注浆。注浆压力是给予注浆渗透、扩散、劈裂及压实的能量，其压力决定着注浆效果的好坏和费用的高低。采用深孔劈裂注浆，注浆压力控制在 0.5～1MPa，注浆终压力为 2～3MPa。

（4）洞内淤泥清理。

因洞内溶洞处流水较大，淤泥受水冲刷较稀，不易清理，也不易从竖井提出洞外，洞外也无法存放。在清理淤泥时可以采用掺加 6%～8% 水泥或部分石灰固结、板结淤泥形式清理，但采用此法必须将水进行疏导，防止溶洞流出的水到处漫流，起不到固结淤泥的效果。

（5）加固已开挖隧道。

淤泥清理完成后，及时对被水浸泡过的断面进行断面收敛和拱顶下沉检测，根据监控量测数据决定是否对已经完成的支护进行加固处理和采取必要的临时加固措施，并做好超前预报工作，确定溶洞具体位置，为隧道开挖支护施工提供强有力的证据支持。

建议在爆破施工前对已完成初支的隧道进行全断面径向固结注浆，固化岩石，提高稳定性。注浆参数为 3.5mϕ42 钢花管固结注浆，间距 1m×1m，单液水泥浆液，注浆压力 2MPa。径向注浆的目的主要是防止高压地下水经过注浆空白区直接压在衬砌上，破坏衬砌结构，影响运营的安全。

（6）隧道封堵加固处理措施。

本封堵措施基本与方案一类似，区别在于注浆手段可以适当减弱，允许注浆后少量水可以排出，即将水控制在可抽排范围内即可终止注浆。

①溶洞口混凝土封堵。

经地表处理，暴雨时溶洞水达到可控范围内时（不超过 100m³/h），对溶洞口进行封堵。

溶洞口采用 C25 混凝土封堵，厚度为从溶洞口至距离溶洞底部 5m，溶洞内部预埋 1 根直径 200mm、壁厚 8mm 钢管直通溶洞底部，外部设置一个压力阀，钢管连接至竖井集水坑处，通过泵站排出。

②施工止浆墙。

溶洞封堵后施工钢筋混凝土止浆墙，施作范围：掌子面和左侧溶腔影响范围区域，厚度建议不小于 2m，LX 形布置，止浆墙的底部和四周采用 4mϕ25 螺纹钢与岩壁锚紧，间距 50cm×50cm，止浆墙配筋请设计补充。

③溶洞注浆封堵。

止浆墙施作完毕后，进行溶洞注浆封堵和左线超前帷幕注浆，溶洞注浆采用 6mϕ22 钢花管，扇形辐射布置，嘴部间距 0.5m×0.5m，单液水泥浆液，注浆压力 2MPa。

④超前支护小导管注浆补充加强措施。

根据超前地质预报情况，增加 ϕ42 的超前注浆小导管，长度 3.5m，环向间距 20cm，外插角

15°，每1m施作一个循环，进行补充注浆。

⑤隧底围岩固结注浆。

在穿过岩溶发育段后，由于底部存在岩溶穿过仰拱，从底部穿过的可能，应及时对仰拱的地质进行扫描，对存在溶腔及时回填处理，同时由于溶洞封堵后，岩溶通道闭塞，可能造成地下水上升导致后期仰拱开裂，建议该段仰拱暂不施作，待观察一定时间后再决定处理方案。

（7）隧道处理。

全断面帷幕注浆堵水加固。

a. 施工止浆墙。

喷射10cm混凝土封闭掌子面，然后施工钢筋混凝土止浆墙，施作范围：掌子面和左侧溶腔影响范围区域，厚度建议不小于2m，LX形布置，止浆墙的底部和四周采用4mϕ25螺纹钢与岩壁锚紧，间距50cm×50cm，止浆墙配筋请设计补充。

b. 隧道开挖。

建议加强该段的初期支护强度，增加超前注浆小导管，调整拱架间距0.5cm，拱架调整为I22型钢，喷射混凝土30cm。

c. 隧道底围岩固结注浆。

在穿过岩溶发育段后，由于底部存在岩溶穿过仰拱，从底部穿过的可能，应及时对仰拱的地质进行扫描，对存在溶腔及时回填处理，同时由于溶洞封堵后，岩溶通道闭塞，可能造成地下水上升导致后期仰拱开裂，建议该段仰拱暂不施作，待观察一定时间后再决定处理方案。

9.3.6 施工现场实施注意事项

（1）及时清理洞内流出的淤泥，做好应急预防和二次扰动的坍塌处理工作；

（2）加强洞内周边围岩的现场观察，做好收敛数据和拱顶下沉数据的综合分析，确保安全后再进洞到掌子面观察情况；

（3）加强地质超前预报工作，做好综合超前探测工作，及时了解岩溶发育程度、走向状态、水量大小等情况，制定处理方案。利用各种手段切实分析出前方掌子面的情况，做到对症下药，提前预防；

（4）地表钻孔时，要保证孔的垂直度，同时记录钻孔情况，为溶洞走向提供依据；

（5）注浆时，保证浆液质量及注浆压力，确保注浆饱满；

（6）加大监控量测力度，做好数据分析，及时反馈信息，确保施工安全；

（7）采用引、排、堵相结合的方式，处理好岩溶水、消除隐患；

（8）处理岩溶溶洞时，注意检查溶洞顶板，及时处理危石，做好安全防护工作；

（9）溶洞地段爆破作业时，应遵循"多打眼、打浅眼，弱爆破"的原则；

（10）处理岩溶地段，一定要本着"安全第一，预防为主，科学组织，精心施工，不留后患"的原则。

第 10 章

跨越断层破碎带隧道施工安全控制技术

断层破碎带由断面充填物和派生裂缝组成，断面充填物和派生裂缝可以沿断面对称分布，也可以不对称分布。断面充填物是由断裂过程中两盘原岩或外来物质及断层泥充填形成的，派生裂缝为断面附近的与断层活动相关的裂隙。断层性质和规模不同，断层破碎带的结构也不同，张性断层常发育断面充填物，断距大的断层破碎带的宽度较大。

断层破碎带是岩溶发育地区、地下暗河溶洞水以及岩溶淤泥带等岩溶水的最主要发育场所，是隧道施工过程中经常遇到又必须妥善处理的不良的地质状态。根据相关研究表明，隧道围岩破坏及变形多是由于断层破碎带等软弱结构面控制所造成的。因此，需要加强对隧道断层带施工技术的研究，不能继续应用原有普通隧道段的施工工艺，应当结合实际地质地貌环境特征以及工程项目建设特点选择适合的施工方案以及施工规划。

断层破碎带地段通常情况下具有比较复杂的结构，工程项目建设人员在隧道工程施工过程中需要对断层破碎带含水量、宽度、断层结构填充物、断层活动性以及断层构造线等相关地质特征进行综合考量。隧道穿越断层和破碎带施工整体具有较大难度，在实际施工过程中，如果不能做好工艺处理以及管理工作，十分容易造成工序衔接问题、围岩破坏问题等故障问题，影响后续施工的顺利开展，也不利于保证隧道工程项目建设质量。隧道工程项目建设人员需要对断层的走向、倾角、破碎带的岩石破碎程度等相关性质进行系统全面的勘测，并深入研究地质资料，科学合理地规划施工方案，选择正确的施工技术进行工程项目的建设，起到安全施工的目的和效果。跨越断层破碎带隧道施工见图 10-1。

图 10-1　跨越断层破碎带隧道施工

10.1 断层破碎带的危害及影响因素

地下工程的施工与地上工程存在很大不同，地下工程在施工之前需要对当地的水文地质条件进行详细准确的勘探。地下工程开挖过程中将打破原有的地应力场平衡，从而使一定范围内的围岩发生变形和失稳。隧道在开挖之前，岩体及断层破碎带在自重的作用下已达到了应力平衡状态，当岩体被开挖时产生了一个悬空区域，围岩的应力得到了释放和重分布，断层由于结构比较松散且岩体强度低可能会再次滑动使原本的隔水岩体裂隙进一步发育扩展。隧道在设计阶段通常选择避开断层，但有时由于避开断层后施工成本和路线里程大大增加而不可避免地穿越断层带。

10.1.1 断层破碎带的形成条件及破坏形式

断层是指沿着滑动面两侧岩体属性相差较大且由于外力导致岩层沿着断裂面发生错移的地质构造，断层的尺寸短则几米长则几千米，形态各异。如图 10-2 所示，断层主要分为正断层、逆断层和走滑断层。正断层的特征为上盘相对下滑，主要受拉力以及岩体自重的影响。逆断层的主要特征为下盘岩体相对下降，主要受挤压力和自重作用。走滑断层又称平移断层，主要表现为上下盘沿着断裂面水平滑移，应力主要是剪切力作用。

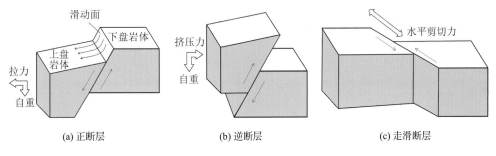

图 10-2　主要断层类型

1. 围岩大变形

断层的错动可能会导致围岩发生大变形，进而隧道衬砌受到剪切破坏，轻则造成隧道衬砌发生部分混凝土剥落、裂纹扩展发育和渗漏水，重则导致隧道衬砌发生大变形造成隧道坍塌和突水突泥事故的发生，对隧道的施工和运营造成很大的风险。

现阶段对于围岩大变形的定义并没有明确的规定，在工程中围岩大变形的定义有两种。一种为隧道施工后，围岩的应力得到了充分释放后，有效范围内的围岩的累计变形量超过了设计阶段给出的预留变形量，则围岩发生了大变形。另一种为围岩由于错动而发生了剪切破坏，隧道衬砌也受到明显的挤压而导致部分位置发生了大面积变形，则围岩发生了大变形。影响围岩稳定性的除了强度、结构形式、裂隙发育程度等自身属性外，还受到地应力、地下水渗流、地下化学物质的腐蚀等外界因素的影响。隧道开挖之后，围岩的能量一部分随着应力释放而消散，另一部分发生应力重分布或应力集中，向其他区域进行扩散。隧道开挖之前，围岩的三向应力处于平衡状态，开挖后围岩的三向应力发生了重分布，其中径向应力骤降，围岩的强度明显降低，环向应力发生应力集中现象。因此，对于隧道穿越断层破碎带前，施工方通常采取超前管棚、小导管、水平旋喷桩等预加固措施，如果施工前没有预加固措施或支护安装不及时，就会导致围岩大变形。

2. 隧道塌方与突涌水

地下工程的施工条件和地质状况极其复杂，由于现阶段的超前预报措施并不能百分之百地检测出施工前方的地质条件，如断层破碎带、软硬夹层、岩溶等都是诱发隧道塌方的原因。根据围岩塌方的范围和规模主要分为局部小面积掉块、整体坍塌和顺层滑移，其中局部掉块可以采取一些工程措施进行补救，但后两者的破坏范围和破坏程度较大，给隧道的修复带来极大的困难。近年来，隧道由于施工不当或支护措施不合理等导致的塌方事故屡见不鲜，近 15 年部分隧道重大坍塌事故见表 10-1。

隧道塌方的实质是围岩不稳定，根据塌方的类型主要分为隧道拱顶塌方和掌子面塌方。隧道在没有施工之前，围岩在自重的作用下已经形成了一个稳定的应力和位移场。但隧道的开挖打破了岩体内部的应力和位移平衡，导致围岩发生了应力释放、应力重分布和应力集中现象，隧道支护不及时或支护措施不当，可能造成围岩发生较大的变形从而造成隧道的塌方。

隧道突涌水同样是造成隧道塌方的重要原因之一。隧道突涌水是指由于前方地质勘察不明，前方地质含有岩溶或地下河等涌水通道的前提下，经过隧道的掘进导致围岩破碎地下水涌入隧道的现象。

近 15 年部分隧道重大坍塌事故汇总

表 10-1

时间	地点	塌方原因	伤亡情况
2007 年 7 月	甘肃平定静宁隧道	隧道冒顶造成地表塌陷	3 人死亡，5 人受伤
2010 年 7 月	广西宾阳 2 号隧道	支护不足	10 人死亡
2011 年 6 月	惠兴隧道	施工不当	6 人死亡，10 人受伤
2012 年 5 月	汝城隧道	爆炸	20 人死亡，10 人受伤
2015 年 12 月	重庆舟白隧道	支护措施不当	6 人死亡，4 人受伤
2016 年 6 月	沙坪坝隧道	支护不当	6 人死亡，10 人受伤
2017 年 1 月	山东武莲县隧道	钢拱架断裂	3 人死亡，4 人受伤
2018 年 2 月	广东佛山市 2 号线	隧道突涌水	11 人死亡，8 人受伤
2019 年 12 月	析城山隧道	隧道断面塌方	6 人死亡
2020 年 12 月	百色市乐业县隧道	岩体塌方	9 人死亡
2021 年 8 月	云南哈达东 1 号隧道	山体滑坡导致隧道塌方	无人员伤亡

10.1.2　隧道施工前及施工时围岩的应力分布状态

围岩的应力状态主要分为三类：（1）隧道未施工前的围岩应力平衡状态，即初始应力状态；（2）隧道开挖后的围岩应力释放及重分布状态；（3）隧道衬砌支护后的围岩应力状态。

1. 初始应力状态

隧道在未施工之前，设计线路的周围的地层在自重应力、水压力、温度应力、构造应力等作用下已经达到了应力相对平衡状态。围岩的初始应力状态相较于二次应力状态更加影响地下结构施工的稳定性。为了便于计算和分析，往往仅考虑自重应力的影响。若土层均匀且无限远介质，在相距地表深度 H 处取一正方体单元，该单元处在三向应力约束下，该正方体单元体处于应力相对平衡状态，三向初始应力计算方式为：

$$\sigma_z = \gamma H \tag{10-1}$$

$$\sigma_x = \sigma_y = \lambda \sigma_z = \lambda \gamma H \tag{10-2}$$

$$\lambda = \frac{u}{(1-u)} \tag{10-3}$$

式中：σ_x、σ_y、σ_z——单元的侧向及垂直应力；

　　　　γ——围岩的天然容重；

　　　　H——所取单元体距离地表的深度；

　　　　λ——侧压力系数；

　　　　u——单元体单轴受压下横向变形系数。

上述计算过程中忽略了围岩的构造应力，仅考虑了自重的影响。目前对于构造应力对于围岩初始应力的影响并没有相关的函数或公式进行确切的定义，因为构造应力的形成条件及作用机制非常复杂，构造应力的形成与岩体构造运动相关，例如断层错动、褶皱等。在理论分析和数值模拟中，构造应力通常不被考虑。因此由上述公式可以看出，当单元体的垂直应力确定时，单元体的水平应力只与岩体的泊松比相关。

2. 隧道施工扰动后围岩的二次应力状态

隧道开挖施工后，围岩原有的初始应力平衡状态被打破，一定范围内的围岩发生应力释放和应力重分布，围岩向洞内移动以便达成新的应力平衡状态，即二次应力状态。在应力重分布中，围岩的应力若没有超过弹性限值，此时岩体的变形为弹性变形，围岩应力强度比小于 1，此时围岩能够自稳不会发生破坏；当围岩的应力超过弹性限值时，围岩的变形为塑性变形，此时围岩的应力强度比大于 1，围岩易松动发生坍塌。围岩应力重分布及应力释放主要是将应力向内层岩体传递和向洞内挤压变形。

H.Kastner 和 J.Talober 绘制的围岩应力重分布图如图 10-3 所示。

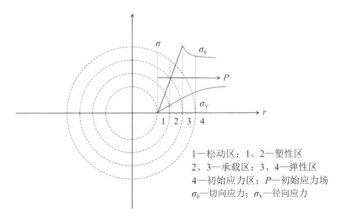

1—松动区；1、2—塑性区
2、3—承载区；3、4—弹性区
4—初始应力区；P—初始应力场
σ_θ—切向应力；σ_γ—径向应力

图 10-3　围岩应力重分布图

围岩松动区内强度和应力发生了明显的下降，这将导致围岩内裂隙增多并出现明显的塑性滑动，若此时隧道支护不及时或支护措施不当将有可能导致隧道的大变形甚至坍塌。假设不考虑岩体的各向异性并服从摩尔强度条件，在连续均匀的岩体中开挖直径为R_0的圆形隧道，施工后的应力重分布区域为弹性圈、塑性圈和天然应力区域。隧道开挖后形成半径为R_1的塑性松动区域，围岩中的天然应力为 $\sigma_h = \sigma_v = \sigma_0$，假设隧道内的支护压力为 P_i，则可计算围岩塑性松动区的应力为：

$$\sigma_\gamma = (P_i + C\cot\varphi)\left(\frac{r}{R_0}\right)^{\frac{2\sin\varphi}{1-\sin\varphi}} - C\cot\varphi \tag{10-4}$$

$$\sigma_{\gamma\theta} = 0 \tag{10-5}$$

$$\sigma_\theta = (P_i + C\cot\varphi)\frac{1+\sin\varphi}{1-\sin\varphi}\left(\frac{r}{R_0}\right)^{\frac{2\sin\varphi}{1-\sin\varphi}} - C\cot\varphi \tag{10-6}$$

同时，弹性区与塑性区的交接处上应力一致，可得该面上的应力重分布为：

$$\sigma_{\gamma pe} = \sigma_0(1 - \sin\varphi) - C\cot\varphi \tag{10-7}$$

$$\sigma_{\theta pe} = \sigma_0(1 + \sin\varphi) + C\cot\varphi \tag{10-8}$$

$$\tau_{\gamma pe} = 0 \tag{10-9}$$

由上述公式可知，围岩塑性区的应力分布与岩体和支护系统的 c，φ 有关。围岩塑性区域和弹性区域交界位置处的应力与岩体强度有关，而与支护力无关，支护力仅能控制围岩塑性区的大小。

3. 隧道支护后围岩的应力状态

隧道在施工后需要进行及时的支护，例如喷射混凝土、管片支护等，使围岩在应力释放和重分布过程中不至于向洞内变形过大导致隧道坍塌。Fenner R.详细地说明了支护系统中的抵抗力 P_i 和 R_0 之间的关系，研究表明当围岩保持自稳时，塑性区的分布越广，支护系统的抵抗力也越小，当抵抗力缩小到某个极限时，围岩将无法维持自稳，最终导致隧道的坍塌。

4. 影响围岩稳定性因素

隧道围岩稳定性因素主要分为内部因素和外部因素。内部因素多为断层破碎带的几何或物理特性，如断层的构造形式、力学参数、地下水的分布情况、地应力等。外部因素多为施工手段和时间因素等所导致的，例如隧道断面形式、施工工法、材料时效等。

5. 内部因素

1）围岩的几何性质

围岩的几何性质在稳定性中占据主要地位。几何性质主要包括围岩的结构面性质和结构状态。围岩结构面通常指岩体内容易开裂或已经开裂的面，例如节理、片理、断层等。软弱结构面一般是指完全或部分隔断岩体之间的联系，它将断层与岩层隔断开，断层面之间的软弱松散结构就是断层破碎带。地下工程围岩的稳定性与结构面的特点息息相关，它将直接决定地下洞室的安全稳定性，例如断层面的倾角、倾向、几何大小、间距等。围岩经过应力释放和应力重分布，两个断层面之间的岩体的强度较低，在隧道施工过程中通常最优先发生破坏。另外，围岩中单一的软弱结构面并不会对隧道的稳定性产生很大的影响，而结构面之间的相互组合或结构面与隧道之间产生了不利的倾向、倾角等都会严重影响隧道的稳定性。

围岩的结构状态是指围岩中岩体的整体程度是否完好，通常用岩体的破碎程度或完整状态来描述围岩的结构状态。围岩的岩体破碎程度越低即完整状态越好，围岩的稳定性越强。

2）地下水的分布状态

地下水的分布将对围岩的稳定性产生巨大的影响。地下水较活跃的区域的岩体往往存在大型的断裂构造，如果不进行处理，很有可能导致隧道的渗漏甚至突水突泥等灾害的发生。一般将地下水的状态分为干燥、渗水和潮湿三种状态。地下水为干燥状态下，在隧道施工时岩体的稳定性较好，一般不需要进行处理。若地下水的状态为渗水和潮湿的情况下，断层面在地下水渗流作用下裂隙多扩展，隧道一经开挖，断层面极易发生错动，造成隧道衬砌发生剪切破坏。地下水对围岩的作用主要分为静水压力和动水压力。静水压力使围岩之间的裂缝扩展发育，断层面的摩擦力减小，使断层更易滑动。动水压力在流动过程中冲刷围岩裂隙间的胶结物质，使围岩裂隙扩展更大更快，严重威胁隧道的施工和运营。

地下水含有的化学物质对围岩的稳定性也有很大的影响。围岩受到这些化学物质的影响将导致围岩的软化脱落，岩体强度降低。若为土质隧道的施工，地下水活跃区域很有可能导致泥化现象，造成隧道突水突泥。

3）初始应力状态

初始应力状态是指围岩未经过人为的开挖扰动下，天然状态下的应力状态。岩土体的自重应力状态主要与岩体的属性相关，当地质构造发生了改变，岩土体的应力进行了释放和重分布，这将破坏原有的力学平衡状态。岩体在地应力作用下通常由脆性向塑性转化，强度和弹性模量也由弱到强进行转化。

4）岩体的力学特性

岩体的力学特性也与围岩的稳定性相关，通常指变形和强度。岩体的强度控制着围岩的稳定性，岩体的强度越高，围岩的变形越小。通常采用岩体的单轴饱和抗压强度、抗剪强度和三轴抗压强度来作为评价岩体强度的指标。根据相关岩体的试块试验，岩体的变形主要分为四个阶段：压密阶段、弹性阶段、塑性阶段和破坏阶段。

6. 外部因素

1）工程施工

隧道的施工工法和支护措施等也将影响围岩的稳定性。隧道主要的施工工法有矿山法、盾构法、明挖法、沉埋法等。不同的施工方法对围岩的稳定性是不同的，例如当采用新奥法时，应根据相应的地质条件选择合适的开挖顺序，当围岩稳定性较差时应采用上下台阶法或分部开挖法。隧道的断面形式和尺寸也与围岩的稳定性相关，存在断层破碎带的情况下，若隧道的断面形式和尺寸选择不当，将导致隧道与断层之间产生不利的倾向或倾角，在施工过程中衬砌极易产生应力集中现象，造成衬砌局部位置的严重拉压或剪切损伤。另外，选择合适的支护措施也非常重要，例如盾构法采用管片支护和同步注浆，新奥法采用喷锚支护。合适的支护手段能够阻止围岩的过度变形，对衬砌安全稳定性有重要影响。

2）时间因素

时间因素影响围岩的稳定性主要分为两个方面。一方面隧道衬砌材料随着时间的积累，强度逐渐变低或失效。隧道材料的失效主要表现为隧道隔水层或衬砌本身随着时间的积累，材料老化或损坏从而导致地下水的渗漏或隧道局部变形。另一方面为岩体具有流变性质，主要表现为围岩随着时间强度逐渐降低和弱化，围岩的变形持续增大，这将导致局部围岩发生脱落或坍塌，对隧道的安全稳定性影响很大。

10.2 跨越断层破碎带隧道安全施工技术

10.2.1 超前地质预报

在隧道穿越断层破碎带工程项目中需要结合隧道所穿越的地质环境的具体特征，包括山脉展布方向、延伸方向以及山脉轴线方向等地质环境特征勘测施工场地的地貌情况以及植被特征，明确围岩分布等级和地下水含量，为后续工程计划的确定提供有效的数据支持。根据隧道工程项目的特征，在隧道开发之前，需要针对围岩做好超前地质预报工作，明确前方围岩情况，采取合理可靠的应对方案，依据地质探测结果进行超前预支护工作，使用人工机械相组合的方式进行隧道开挖，避免围岩原始受力状态被破坏，杜绝破坏性探讨问题的发生。超前水平钻探应用的机械设备一般为超前水平钻机，于掌子面进行钻孔，根据工程项目的建设特征以及具体环境特征合理设置钻孔数目以及孔的位置。根据钻孔、钻机速度、推进力、扭矩等判断探测范围内的地下水情况、围岩级别以及相关性质，要求两次超前钻孔的搭接长度不能小于 5m。超前地质预报见图 10-4。

图 10-4 超前地质预报

10.2.2 开挖工艺

不同的施工工艺对隧道开挖过程中围岩稳定性会产生不同的影响，应当结合勘测所得的地质工程特征选择合理的施工工艺对施工进行指导与控制，针对断层和破碎带区域通常选择上下台阶预留核心土法。三台阶法分为上层台阶、中层台阶和下层台阶对隧道进行开挖，台阶长度为 4m，进尺为 2m。根据实际研究表明，断层破碎带岩体破坏与施工工艺和施工方案有十分密切的联系。

在上下台阶预留核心土开挖方法中，主要在上导洞开挖过程中集中岩体破坏现象。其中，拱顶沉降量能够达到总量的一半左右。对断层范围以及围岩压力进行分析可以发现，断层位置处围岩压力变化剧烈，屈服程度最大。因此，在做好支护之后和围岩加固的情况之下，可以适当采取三台阶法进行开挖。在软弱围岩以及破碎带进行施工时，需要采取大断面的方法进行施工，不适合采取全断面开挖的地段需要结合实际断层情况，尽可能地采取上下断面顺序开挖法、断面微台阶法以及微振爆破技术进行施工，如图 10-5 所示。

图 10-5　拱架安装施工

10.2.3　断层破碎带隧道支护施工

断层破碎带施工支护方法需要根据隧道整体围岩特征进行分析，以某隧道工程项目建设为例，该隧道整体围岩相对较差，强风化岩分布在上部位置，呈现半岩半土状、碎块状、裂隙状发育，岩石十分破碎。隧道洞内会出现多处破碎带，整体岩石风化强烈，节理裂隙发育，该断层影响范围约为 40m。在施工过程中，需要严格按照排水治水、短程开挖、低强度爆破以及强支护等相关工序以及要求进行施工和建设。治水排水指的是在开挖过程中，需要有效排出隧道断层裂隙中的积水，同时，在开挖过程中，需要注意开挖距离，实现短程开挖，避免长距离地开发而造成隧道坍塌现象。

低程度爆破指的是在阻力清除时要对爆破强度进行弱化，防止爆破活动对附近结构所造成的影响。长支护的设置可以对隧道断层带做到最大限度的维护以及支撑，避免施工过程中隧道出现坍塌现象和风险，保证施工人员的生命财产安全。

10.2.4　堵水排水作业

堵水和排水作业是隧道穿越断层破碎带施工的关键工序，遵循堵水排水结合、以排水为主的原则，在涌水量达到 $10m^3/h$ 时进行注浆堵水，使用局部注浆堵水以及全断面超前预注浆工艺进行堵水作业。针对集中堵水段设计的是 10m 左右的前进式小分段超前注浆，选择水玻璃注水泥双液浆作为注水浆液。在完成注浆工艺之后，一部分的地下水会被堵到开挖面以外，从而能够有效降低工程项目建设过程中的涌水量，不仅可以为后续支护活动、开挖活动以及掌子面的稳定提供保障，而且也促进了抽水工作的完成。抽水工艺需要结合工程项目的抽水距离以及排水要求来确定，为了能够保证更好地抽水效果，所选取的抽水排水方案为分级排水方案，每 300m 的位置处设计一级泵站，并根据可能发生的情况和问题安设相应的抽水应急管道。

同时，在工程项目建设过程中，还需要配置足够的备用抽水机器设备，方便工程项目建设人员对损坏的设备进行及时更换以及维修，保证抽水作业的可靠性和持续性。

10.2.5 周边超前帷幕注浆施工

在隧道开挖之前，对掌子面前方围岩体进行钻孔压浆处理时，浆液充满到破碎松散岩体间隙中并使其凝固交结，提高强度和密实度的方法为超前帷幕注浆堵水与加固方法。注浆作业可以在开挖轮廓线外部形成一定厚度的止水层，防止在开挖作业时周边地下水大量进入隧道而影响工程项目的安全进行。在进行隧道穿越断层破碎带注浆施工的过程中，需要结合隧道实际经过的破碎带的类型以及隧道的施工要求，科学选择注浆材料，工程项目建设人员需要提前做好岩石性质、水文地质条件以及地质构造的勘测活动，收集并分析相关数据，做好注浆材料的选择与规划，尽可能地选择浆液浓度的胶凝时间可灵敏调节、胶凝固结强度较高、价格低廉、绿色环保、稳定性好、操作便捷的注浆材料。根据注浆机理可以将隧道穿越断层破碎带的注浆活动归属为充填注浆，合理设置速凝剂与水泥浆之间的比例，要求浆液凝固之后后期强度比较高，能够对破碎的岩石具有良好的加固作用，而且随着时间的增长，要逐渐提升固结体的强度。同时，要求浆液固结体具有良好的耐久性以及抗化学腐蚀能力，尤其需要具备抗干旱循环能力以及抗冻融循环能力，以满足工程项目的建设需求。周边超前帷幕注浆一次注浆强度需要结合工程项目的建设活动来完成，一般控制长度为 30～40m，每次开挖 30m 左右，留 5～7m 作为下一循环注浆止浆盘。注浆孔一共分为 6 环，要求上半断面每环之间的间距为 0.6m，下半断面逐渐缩小到 0.5m。施工之前相关工程人员需要做好每一个注浆孔的编号活动，准确测算出放孔口的位置，确定钻孔的方向与位置，如图 10-6 所示。

图 10-6 隧道衬砌回填注浆

10.3 跨越断层破碎带隧道围岩变形控制技术

以莲峰隧道工程为例，详细论述了跨越断层破碎带隧道围岩变形控制技术。

10.3.1　工程概述

莲峰隧道位于昭通市永善县墨翰乡、莲峰镇。大关端进口南东侧约 200m 处有县道 X245 墨翰段通过，洞身段有乡村道路通过，交通较便利。黄华端出口离现有公路较远，交通极不便利。

1. 自然条件

本项目路线经过大关县、永善县，属季风影响大陆性高原气候。与项目关系密切的主要水库有莲峰水库，位于昭通永善县莲峰镇楠林村境内，莲峰水库于 1952 年冬开始设计，1957 年 10 月修建结束，距莲峰集镇 5km，坝址为一狭长形山谷凹地，库区海拔 2190m，坝址年降雨量 844mm，属于墨翰上小河源头，洒鱼河流域江水系。莲峰水库距离线路约 4km，水面高程高出隧道约 800m。

2. 地形、地貌

该隧道区属构造侵蚀中山地貌，地形起伏大，中线高程 1352.3～2340.2m，最大高差约 987.9m。山体呈地台状，进出洞口段自然坡度陡，一般 45°～70°，山顶相对较平缓，一般 10°～40°，顶部植被较发育。

3. 地层岩性

隧址区第四系覆盖层主要为全新统残坡积成因（ Q_4^{el+dl} ）含碎块石粉质黏土、碎石土，全新统崩坡积成因（ Q_4^{c+dl} ）碎石土、冲洪积（ Q_4^{al+pl} ）粗砂，下伏基岩为三叠系下统飞仙关组（ T_{1f} ）砂岩，二叠系上统宣威组（ P_2x ）泥质砂岩、页岩，上统峨眉山组上段（ $P_2\beta^3$ ）玄武岩、凝灰岩，上统峨眉山组中段（ $P_2\beta^2$ ）玄武岩，下统茅口组（ P_1m ）灰岩，栖霞组（ P_{1q} ）灰质白云岩。

4. 地质构造

根据本次地质调查结果，结合区域地质资料，莲峰隧道主要穿越了勺寨向斜两翼及轴部，出口位于莲峰断裂带南东侧，隧道洞身段穿越莲峰断裂派生构造莲峰帚状旋回构造形成的 2 条次级断层破碎带。

1）莲峰断裂带 F12

该断裂带为测区主要断裂构造，主要北东向断裂组成，走向 40°～45°，倾向 310°～315°，断层面倾角 80°～85°，为一顺时针压扭性断裂，所切地层最老为上震旦统灯影组，最新地层为下三叠统飞仙关组。断裂所经过之处对地层破坏较大，平面展示上下相对断距可达数百米，造成不同时代地层对顶在一起。地层产状北西盘陡，可达 40°及以上，南东盘缓，一般为 5°～15°。断面较平整光滑，向北西倾，倾角 80°～85°，断裂带一般宽 30～40m，岩石普遍片理化，局部可见受挤压的小褶皱和小透镜体。受构造影响，该盘地层靠近断裂带处多发育彼此垂直的张断裂和牵引褶曲，人字形分枝，莲峰帚状构造等，整体岩性十分破碎。根据断裂两侧地层出露状况判断其垂直断距大于 1500m，断裂破碎带主要位于北西盘，破碎带宽 200～300m。该断层在中～晚更新世有较明显的活动。强震活动主要集中在断裂两端与近南北向断裂的复合部位。表明莲峰断裂在新生代有过多次活动，最晚活动年代在中更新世末至晚更新世初，根据《公路工程地质勘察规范》JTG C20—2011 中表 7.10.5 分类属非全新世活动断裂。根据 2010 年云南省地震局出版的 1：100 万《云南活动断裂分布图》该断裂属于晚更新世活动断裂。该断裂分布于莲峰隧道出口外（K31＋620）溪沟内，与路线大角度相交，对莲峰隧道影响有限。

2）莲峰帚状构造（F2—F3）

区内莲峰镇附近出现一个发育于上二叠统峨眉山玄武岩和宣威组中的帚状构造，面积约49km²。组成这个帚状构造的右砥柱和旋回面。砥柱位于仙鹅山，由上二叠统宣威组和下三叠统飞仙关组组成。旋回面由一系列密集成带的节理面组成，节理面平直光滑，产状向外旋回面方向倾斜，倾角为65°～75°。它们以一致的步调向北西收敛，向南东撒开，旋扭轴近于直立，为一发育良好的帚状构造。旋回面主要发育在一系列沟谷中，旋回层主要为一系列小山脉、小山丘组成，帚状构造的收敛方向旋回面之间发育一系列锯齿状沟系，锐角指向收敛方向，推断这可能是与帚状构造配套的一组羽毛状张裂隙，显示顺时针扭动。根据上述可以得出，这个帚状构造的形成与莲峰断裂是有其生成联系的。它们既没有穿过莲峰断裂，也没有超越所控制的范围。根据它们的相互关系、力学性质和扭动方向，完全可以认为是莲峰断裂的派生构造。拟建隧道穿越了该帚状构造的F2—F3断层，构造角砾岩发育，岩体破碎，富水性较好，对隧道围岩稳定不利，施工时易出现坍塌、突水突泥等工程地质问题，需加强支护。

3）勺寨向斜

拟建隧道近垂直穿越勺寨向斜核部及两翼，组成这个向斜的地层主要为上二迭统峨眉山玄武岩，局部片段有残留宣威组。两翼地层平缓而对称，一般为10°～20°，左右枢纽起伏不大，轴线方位有所摆动，为一舒缓开阔的向斜。根据地质调查和物探解译，分析隧道K25+300～K26+800段穿过勺寨向斜核部，核部较为宽缓，节理裂隙发育—很发育，岩体较破碎—破碎，富水性强，预测该段围岩地质条件较差、涌水量较大。

4）构造裂隙

根据基岩露头调查，大关端测得灰岩岩层产状为 300°∠10°，主要发育有三组节理，J1：168°∠49°，间距0.1～0.4m；J2：232°∠85°，间距0.2～0.7m；J3：179°∠25°，间距0.2～0.5m；永善端玄武岩主要发育有三组节理，J1：225°∠65°，间距0.2～0.3m；J2：135°∠51°，间距0.2～0.4m；J3：339°∠8°，间距1.0～3.0m。

5. 地震及新构造活动

根据区域地壳稳定性分布图，隧址区区域稳定性属于次不稳定区。

根据《中国地震动参数区划图》GB 18306—2015及《云南省地震动峰值加速度区划图》《云南省地震动反应谱特征周期区划图》，勘察区地震动峰值加速度为0.15g，地震动反应谱特征周期为0.45s，对应的地震基本烈度为Ⅶ度，隧址区属强震区。拟建隧道未穿越断层，其西侧约20km附近发育莲峰发震断裂，隧址区附近新构造运动强烈，地震频发。

据工程场地类别划分的原则，隧道穿越区主要为坚硬、较坚硬岩石，主要覆盖层为进洞口分布的碎石土，厚度一般5～20m，属中硬土，土层平均剪切波速$V_{se}=270～350$m/s。进洞口工程场地类别划分为Ⅱ类场地，其余大多属Ⅰ类场地。右洞进口上方发育危岩带，地震时可能发生崩塌碎落，属抗震危险地段，其余地段为抗震一般地段和有利地段。

6. 水文地质

1）水文地质特征

隧址区地层主要由第四系松散堆积层组成，主要为斜坡地段坡积成因含碎石粉质黏土、碎石土、粗砂等，分布不均匀，下伏基岩岩性种类繁多。本次工作根据岩性、地下水分布形式、水理性质和水动力特征，将区内的地下水按类型划分为：松散堆积层孔隙水、基岩裂隙水及岩溶水三种类型。

（1）松散堆积层孔隙水。

主要分布于斜坡地段的坡积层碎石土、粗砂和粉质黏土等松散堆积层中，受地形控制补给、排泄快，富水性差，经短距离运移，排泄于地形低洼处。在隧址范围内未发现该类地下水泉点出露，多以点滴状、浸润状形式产出。

（2）基岩裂隙水。

区内基岩裂隙水细分为网状风化带裂隙水、碎屑岩裂隙水和构造裂隙水。隧址区广泛分布有玄武岩、泥岩、页岩、泥质砂岩及砂岩等，其中砂岩等碎屑岩所含地下水属碎屑岩裂隙水，玄武岩地表风化带所含地下水属网状风化带裂隙水，断层破碎带内地下水属构造裂隙水。基岩裂隙水主要赋存于该类岩体的节理裂隙密集带及层理间隙中，且以节理裂隙为主。地表浅部岩体多以风化节理裂隙为主，而深部则以构造节理裂隙为主，这些节理裂隙网络的发育为地下水赋存创造了一定条件，富水性主要受节理裂隙宽度、贯通性及充填情况控制。

裂隙密集区为相对含水层，而完整的中风化、微风化岩层为相对隔水层。该类岩节理贯通性差，故一般富水空间不大，富水性较弱。由于区内岩体裂隙发育不均，而导致含水层富（导）水性不均一。莲峰隧道围岩约 9km（K22＋400～K31＋583）均为玄武岩地层，且大部分埋深较深，岩体完整—较完整，富水性较弱，但由于区内莲峰帚状构造断层及勾寨向斜的发育，造成区内特定部位富水性较强，如断层破碎带、风化破碎带和向斜核部附近等，因此，隧址区内基岩裂隙总体上中等富水。

（3）岩溶水。

隧址区进口段有约 2km（K20＋583～K22＋400）穿越碳酸盐岩地层，地层岩性主要为灰岩、灰质白云岩等，覆盖型岩溶中等发育，地下岩溶以小—中等大小溶洞、溶蚀裂隙等垂向岩溶形态产出，岩溶水以溶蚀裂隙、溶洞为主要赋水带。隧址区覆盖型岩溶受上部致密玄武岩相对隔水层隔断，地表未见岩溶漏斗、洼地等垂直向补给通道，岩溶水得不到顶部的顺畅补给，其补给来源主要为远处贯通的构造裂隙、溶隙和局部垂直向溶隙等，同时由于受进口溪沟侵蚀基准面的控制，岩溶水主要富集在溪沟水水面标高附近，而该段隧道标高稍高于溪沟标高。结合物探显示：碳酸盐岩地段内有两段（K20＋535～K20＋610、K21＋186～K21＋516）大型连续不规则低电阻率区域且不均匀，推测为破碎基岩，局部充水，因此，隧道穿越段岩溶水发育不均匀，富水段主要位于物探异常的覆盖岩溶与露天岩溶交界部位，该段地下水可能集中出流，形成突然涌水、突泥，而其余段可能出现少量地下水，总体上区内岩溶水富水性中等。

2）水腐蚀性分析

据场地气候特征和含水层的透水性特征，按《公路工程地质勘察规范》JTG C20—2011 附录K，隧址区场地环境类别为Ⅱ类。初勘阶段在隧道进出口下方邻近点取溪沟水进行水质分析，本次勘察引用初勘水质分析成果。

隧址区地表、地下混合水无色、无味、透明度较好，水温 14～19℃属冷水，pH 值为 7.62～7.94，属弱碱性水，总硬度 127.81～212.17mg/L，属微硬水～硬水，未见污染源，总体水质较好。

根据《公路工程地质勘察规范》JTG C20—2011 判定，所取水样对混凝土结构具有微腐蚀。

7. 不良地质现象及特殊性岩土

经本次勘察发现，隧址区属强震区，对隧道有影响的不良地质还分布有危岩（带）（WY22）、岩溶；特殊性岩土主要有软土。

危岩带（WY22）：隧道进口发育 K20＋570～K21＋080 处崩塌碎落带，岩性以二叠系下统茅口组灰岩、灰质白云岩为主，位于隧道洞口上方，崩塌体外形呈条带形，沿山体发育，长度 544m，陡峭、直立，崩塌体内植被稀少，可见一条开口 10～20cm 的竖向裂缝，贯通长约 80m。存在松脱危石（约 2000m³），崩塌碎落将对隧道进口产生不利影响。

岩溶：隧道进口段有约 2km 长（K20＋600～K22＋400）穿越碳酸盐岩地层，主要属埋藏型岩溶，地表出露面积较少，隧址区地表调查可见少量小溶洞、溶孔和溶隙，隧址区附近靠近洒渔河溪沟内可溶岩与非可溶岩接触带可见暗河发育，据隧址区钻探显示，部分揭露碳酸盐岩岩芯可见少量溶孔、溶隙，未发现溶洞，据区域地质调查区内岩溶发育，但均匀性差，一般在栖霞组底部（含隔水层交界部位）和靠近区内侵蚀基准面（溪河）附近岩溶及岩溶水发育，地表岩溶形态主要以岩溶暗河、溶洞为主；覆盖型岩溶受上部致密玄武岩相对隔水层隔断，一般茅口组顶部岩溶发育弱～中等，向下逐渐递增，而拟建隧道穿越段碳酸盐岩地层就属此类情况，其岩溶发育程度受进口溪沟侵蚀基准面的控制，往下岩溶逐渐减弱。根据物探显示：碳酸盐岩地段隧道穿越部位局部出现大型连续不规则低电阻率区域且不均匀，推测为岩体破碎，局部充水。综合分析，隧址区岩溶中等发育，以溶蚀裂隙为主，局部可能存在中小型溶洞，出现无法处置的大型溶洞的可能性较低；隧址区岩溶水富水性中等—强烈，施工中应注意防范岩溶水突出。建议施工过程加强地质超前预报工作，加强动态设计，发现问题及时沟通解决，确保施工安全和质量。

软土：仅分布于隧道右洞进口 K20＋580～K20＋600 段底板以下，段长 20m，据钻探和物探资料，层厚 9.5m，岩性为含碎石淤泥质土，褐色、灰黑色，流塑状，含碎石 30%～40%，孔隙比大，含水量高，标贯击数 2～3 击。承载力基本容许值 $[f_{a0}]＝80kPa$，摩阻力标准值 $q_{ik}＝20kPa$，需进行深层处置。

地温：初勘阶段在 CSZK20 钻孔内进行了井温测试，钻孔测试的井温自上而下整体呈上升趋势，入水处稍有下降，测试温度 12.87～28.21℃，均值 20.1℃。黏土夹碎石层测试温度 13.08～13.23℃；泥质砂岩层 13.08～13.32℃；玄武岩层测试温度 12.87～28.21℃。根据地温测试，未发现地温异常，隧道施工中不会造成热害，建议施工中加强洞内通风。

地应力：莲峰隧道当埋深 $H＞420m$ 时，4.0，根据《公路隧道设计细则》JTG/T D70—2010，隧道开挖后的围岩初始应力状态处于高应力状态。当埋深 $H＞840m$ 时，2.0，根据《公路隧道设计细则》JTG/T D70—2010，隧道开挖后的围岩初始应力状态处于极高应力状态。根据地应力测试结果显示场区原地应力场应属于正常的地应力场区，不存在异常偏高的构造应力场，施工的所有钻孔孔底岩芯主要呈柱状、碎块状和颗粒状，未见高初始应力释放的饼状化岩芯现象，证明隧道区地应力是较低的，隧道施工中产生岩爆和片帮的可能性不大，但施工时仍应加强监测。隧道穿越的地层以较硬岩和坚硬岩为主，不存在软岩大变形的物质基础，但在断层破碎带段落由于岩体十分破碎，可能出现洞顶垮塌等现象。鉴于地层结构的复杂性和无法全面预见性，以及地应力赋存、释放与地质条件、施工过程之间的复杂关系，应用上述预测结果时应注意多因素综合分析。另外，考虑到莲峰隧道超大埋深围岩段的自重应力较高，岩性较破碎、自支撑能力不足的区段可能会出现变形过大情况，建议施工过程中加强岩爆或围岩变形的量测、监控工作，并根据实际情况及时进行设计支护调整。

8. 隧道围岩分级

按照分段定量评价隧道围岩级别的技术要求，本隧道围岩分级采用现行《公路隧道设计规范 第一册 土建工程》JTG 3370.1 第 3.6.2～3.6.5 条规定的围岩质量指标 BQ 值判别法，计算 BQ 值及其修正值 $[BQ]$。

围岩基本质量指标 BQ 值按式 $BQ = 100 + 3R_c + 250K_v$ 计算，当 $R_c > 90K_v + 30$ 时，应以 $R_c = 90K_v + 30$ 和 K_v 代入计算 BQ 值，当 $K_v > 0.04R_c + 0.4$ 时，应以 $K_v = 0.04R_c + 0.4$ 和 R_c 代入计算 BQ 值。

围岩基本质量指标修正值 $[BQ]$ 按式 $[BQ] = BQ - 100(K_1 + K_2 + K_3)$ 计算，式中的 K_1、K_2、K_3 分别为地下水、主要软弱结构面、初始应力状态修正系数，计算中的限制条件、计算结果的分级评价标准按上述规范执行。

经统计：

第二合同段莲峰隧道左线Ⅴ级围岩长 378.5m，占比 4.6%；Ⅳ级围岩长 4815m，占比 59.1%；Ⅲ级围岩长 2960m，占隧道全长 36.3%。

第二合同段莲峰隧道右线Ⅴ级围岩长 242m，占比 3.0%；Ⅳ级围岩 5025m，占比 61.6%；Ⅲ级围岩长 2890m，占隧道全长 35.4%。

9. 工程地质评价

1）隧道进口稳定性评价

隧道大关端洞口段隧道轴线方向约 297°，左、右线洞口位于斜坡地段，斜坡坡向约 153°，自然坡度约 29°，与地形等高线斜交。该段洞口段主要岩土层为碎石土和粗砂组成，碎石土和粗砂呈松散—稍密状，现状斜坡未见变形开裂迹象，现状基本稳定，未来施工开挖时易发生滑塌。

右洞进口上方地形陡峻，地形坡度 70°～80°，灰岩裸露，植被稀少，多呈中风化，中厚—厚层状，垂直节理发育，岩体受层面和节理面控制切割成块状，形成危岩体。建议隧道施工前先清除上方松动的危岩体，并采取挂网、锚固等主动防护措施。

2）隧道洞身稳定性评价

ZK20＋606.5～ZK20＋725、K20＋583～K20＋645 段：该段为Ⅴ2 级围岩，围岩主要为碎石，左洞局部夹粗砂。碎石呈松散—中密状，土质不均，大小混杂，无自稳能力极差，拱顶易坍塌、侧壁易失稳；粗砂呈中密状，无自稳能力。无支护或支护不当易产生大规模坍塌；仰坡稳定性差。洞室可能呈淋雨状或涌流状出水。右洞洞口 K20＋580～K20＋600 段底板下为含碎石淤泥质土，软塑状，属软弱土，厚 9.5m，需进行深层处置。

ZK20＋725～ZK20＋800、K20＋645～K20＋800 段：该段为Ⅳ3 级围岩，围岩为灰岩，中风化，节理发育—很发育，破碎，呈碎石状碎裂结构。自稳能力较差，无支护或支护不当易出现较大规模的坍塌。洞室可能呈淋雨状或涌流状出水。

ZK20＋800～ZK21＋030，K20＋800～K21＋000 段：该段为Ⅳ2 级围岩，围岩主要为中风化灰岩，岩质较硬，节理裂隙发育，岩体较破碎，呈块状镶嵌结构。自稳能力一般，无支护或支护不当易坍塌、掉块。岩体富水性中等，洞室可能呈淋雨状或点滴状出水。

K21＋000～K21＋090 段：该段为Ⅳ1 级围岩，围岩主要为中风化灰岩，岩质较硬，节理裂隙不发育—发育，岩体较完整，呈块状镶嵌结构，自稳能力较好。无支护时易掉块或小规模坍塌。洞室可能呈潮湿或点滴状出水。

ZK21＋030～ZK21＋170，K21＋090～K21＋150 段：该段为Ⅴ1 级围岩，围岩为中风化灰岩，节理极发育，岩体极破碎，呈角砾状散体结构。自稳能力差，无支护或支护不当易产生大规模坍塌。物探显示为低阻区，富水性强，洞室可能呈涌流状出水。

ZK21＋170～ZK21＋280，K21＋150～K21＋280 段：该段为Ⅳ1 级围岩，围岩主要为中风化灰岩，岩质较硬，节理裂隙发育，岩体较完整，呈块状镶嵌结构，自稳能力较好。岩溶微发育。无支护时易掉块或小规模坍塌。洞室可能呈潮湿或点滴状出水。

ZK21＋280～ZK21＋680、K21＋280～K21＋680 段：该段为Ⅲ2 级围岩，围岩为灰岩，中风化，岩质硬，节理裂隙不发育—发育，岩体较完整，呈块状镶嵌结构，自稳能力好。无支护时拱顶易零星掉块。物探显示为高阻区；洞室可能呈潮湿或点滴状出水。

ZK21＋680～ZK21＋780，K21＋680～K21＋850 段：该段为Ⅳ1 级围岩，围岩主要为中风化灰岩，岩质较硬，节理裂隙发育，岩体较完整，呈块状镶嵌结构，自稳能力较好。岩溶微发育。无支护时易掉块或小规模坍塌。洞室可能呈潮湿或点滴状出水。

ZZK21＋780～ZK22＋600，K21＋850～K22＋580 段：该段为Ⅲ1 级围岩，围岩主要为灰岩，中风化，岩质硬，节理裂隙不发育—发育，岩体较完整，呈块状镶嵌结构，自稳能力好。无支护时拱顶可能出现零星掉块。物探显示为高阻区；洞室可能呈潮湿或点滴状出水。

ZK22＋600～ZK22＋940、K22＋580～K22＋940 段：该段为Ⅳ1 级围岩，围岩主要为中风化玄武岩，岩质较硬，节理裂隙发育，岩体较完整，呈块状镶嵌结构，自稳能力较好。无支护时易掉块或小规模坍塌。洞室可能呈潮湿或点滴状出水。

ZK22＋940～ZK23＋260，K22＋940～K23＋260 段：该段为Ⅲ1 级围岩，围岩主要为玄武岩，中风化，岩质硬，节理裂隙不发育—发育，岩体较完整，呈块状镶嵌结构，自稳能力好。无支护时拱顶可能出现零星掉块。物探显示为高阻区；洞室可能呈潮湿或点滴状出水。

ZK23＋260～ZK23＋490，K23＋260～K23＋480 段：该段为Ⅳ1 级围岩，围岩主要为中风化玄武岩，岩质较硬，节理裂隙发育，岩体较完整，呈块状镶嵌结构，局部呈裂隙块状结构，自稳能力一般。无支护时易掉块或小规模坍塌。洞室可能呈潮湿或点滴状出水。

ZK23＋490～ZK23＋960，K23＋480～K23＋960 段：该段为Ⅲ1 级围岩，围岩主要为玄武岩，中风化，岩质硬，节理裂隙不发育—发育，岩体较完整，呈块状镶嵌结构，自稳能力好。无支护时拱顶可能出现零星掉块。物探显示为高阻区；洞室可能呈潮湿或点滴状出水。

ZK23＋960～ZK24＋460，K23＋960～K24＋460 段：该段为Ⅳ2 级围岩，围岩主要为中风化玄武岩，岩质较硬，节理裂隙发育，岩体较破碎，呈块状镶嵌结构，局部呈碎石状碎裂结构。自稳能力一般，无支护或支护不当易坍塌、掉块。岩体富水性中等，洞室可能呈淋雨状或点滴状出水。

ZK24＋460～ZK24＋990，K24＋460～K24＋980 段：该段为Ⅳ3 级围岩，围岩为玄武岩，中风化，节理发育—很发育，破碎，呈碎石状。自稳能力较差，无支护或支护不当易出现较大规模的坍塌。物探显示为低阻区，岩体富水性强，洞室可能呈淋雨状或涌流状出水。

ZK24＋990～ZK25＋300，K24＋980～K25＋300 段：该段为Ⅲ1 级围岩，围岩主要为玄武岩，中风化，岩质硬，节理裂隙不发育—发育，岩体较完整，呈块状镶嵌结构，自稳能力好。无支护时拱顶可能出现零星掉块。物探显示为高阻区，洞室可能呈潮湿或点滴状出水。

ZK25＋300～ZK25＋740，K25＋300～K25＋710 段：该段为Ⅳ3 级围岩，该段为勺寨向斜核部区域，围岩为玄武岩，中风化，节理发育—很发育，破碎，呈碎石状。自稳能力较差，无支护或支护不当易出现较大规模的坍塌。物探显示为低阻区，岩体富水性强，洞室可能呈淋雨状或涌流状出水。

ZK25＋740～ZK25＋880，K25＋710～K25＋880 段：该段为Ⅳ2 级围岩，该段为勺寨向斜核部区域，围岩主要为中风化玄武岩，岩质较硬，节理裂隙发育，岩体较破碎，呈块状镶嵌结构。自稳能力一般，无支护或支护不当易坍塌、掉块。岩体富水性中等，洞室可能呈淋雨状或点滴状出水。

ZK25＋880～ZK26＋440，K25＋880～K26＋460 段：该段为Ⅳ3 级围岩，该段为勺寨向斜核部区域，围岩为玄武岩，中风化，节理发育—很发育，破碎，呈碎石状。自稳能力较差，无支护或支护不当易出现较大规模的坍塌。物探显示为低阻区，岩体富水性强，洞室可能呈淋雨状或涌流状出水。

ZK26＋440～ZK26＋540，K26＋460～K26＋510 段：该段为Ⅳ2 级围岩，该段为勺寨向斜核部区域，围岩主要为中风化玄武岩，岩质较硬，节理裂隙发育，岩体较破碎，呈块状镶嵌结构。自稳能力一般，无支护或支护不当易坍塌、掉块。岩体富水性中等，洞室可能呈淋雨状或点滴状出水。

ZK26＋540～ZK26＋860，K26＋510～K26＋860 段：该段为Ⅳ1 级围岩，围岩主要为中风化玄武岩，岩质硬，节理裂隙不发育—发育，岩体较完整，呈块状镶嵌结构，自稳能力较好。无支护时易掉块或小规模坍塌。洞室可能呈潮湿或点滴状出水。

ZK26＋860～ZK27＋500，K26＋860～K27＋500 段：该段为Ⅲ1 级围岩，围岩为玄武岩，中风化，岩质硬，节理裂隙不发育—发育，岩体较完整，呈块状镶嵌结构，自稳能力好。无支护时拱顶可能出现零星掉块。物探显示为高阻区，洞室可能呈潮湿或点滴状出水。

ZK27＋500～ZK27＋930，K27＋500～K27＋920 段：该段为Ⅳ1 级围岩，围岩主要为中风化玄武岩，岩质硬，节理裂隙不发育—发育，岩体较完整，呈块状镶嵌结构，自稳能力较好。无支护时易掉块或小规模坍塌。洞室可能呈潮湿或点滴状出水。

ZK27＋930～ZK27＋980，K27＋920～K28＋010 段：该段为Ⅳ2 级围岩，围岩主要为中风化玄武岩，岩质较硬，节理裂隙发育，岩体较破碎，呈块状镶嵌结构。自稳能力一般，无支护或支护不当易坍塌、掉块。岩体富水性中等，洞室可能呈淋雨状或点滴状出水。

ZK27＋980～ZK28＋140，K28＋010～K28＋120 段：该段为Ⅳ3 级围岩，围岩为玄武岩，中风化，节理发育—很发育，破碎，呈碎石状。自稳能力较差，无支护或支护不当易出现较大规模的坍塌。物探显示为低阻区，岩体富水性强，洞室可能呈淋雨状或涌流状出水。

ZK28＋140～ZK28＋330，K28＋120～K28＋310段：该段为Ⅳ1级围岩，围岩主要为中风化玄武岩，岩质硬，节理裂隙不发育—发育，岩体较完整，呈块状镶嵌结构，自稳能力较好。无支护时易掉块或小规模坍塌。洞室可能呈潮湿或点滴状出水。

ZK28＋330～ZK28＋560，K28＋310～K28＋520段：该段为Ⅳ3级围岩，围岩为玄武岩及构造角砾岩，节理很发育—极发育，岩体破碎—极破碎，呈碎石状碎裂结构或角砾状散体结构。自稳能力差，无支护或支护不当易出现较大规模的坍塌。物探显示为低阻区，岩体富水性强，洞室可能呈淋雨状或涌流状出水。

ZK28＋560～ZK28＋610，K28＋520～K28＋570段：该段为Ⅴ1级围岩，围岩为中风化玄武岩，节理很发育—极发育，岩体破碎—极破碎，呈角砾状散体结构。自稳能力差，无支护或支护不当易产生大规模坍塌，拱顶易坍塌。物探显示为低阻区，富水性强，洞室可能呈涌流状出水。

ZK28＋610～ZK28＋650，K28＋570～K28＋610段：该段为Ⅴ2级围岩，围岩为断层破碎带，节理极发育，岩体极破碎，呈角砾状散体结构。自稳能力差，无支护或支护不当易产生大规模坍塌，拱顶易坍塌。物探显示为低阻区，富水性强，洞室可能呈涌流状出水。

ZK28＋650～ZK28＋680，K28＋610～K28＋640段：该段为Ⅴ1级围岩，围岩为中风化玄武岩，节理很发育—极发育，岩体破碎—极破碎，呈角砾状散体结构。自稳能力差，无支护或支护不当易产生大规模坍塌，拱顶易坍塌。物探显示为低阻区，富水性强，洞室可能呈涌流状出水。

ZK28＋680～ZK28＋810，K28＋640～K28＋800段：该段为Ⅳ3级围岩，围岩为玄武岩，中风化，节理发育—很发育，破碎，呈碎石状。自稳能力较差，无支护或支护不当易出现较大规模的坍塌。

ZK30＋100～ZK30＋320，K30＋100～K30＋320段：该段为Ⅳ3级围岩，围岩为玄武岩，中风化，节理发育—很发育，破碎，呈碎石状。自稳能力较差，无支护或支护不当易出现较大规模的坍塌。物探显示为低阻区，岩体富水性强，洞室可能呈淋雨状或涌流状出水。

ZK30＋320～ZK30＋780，K30＋320～K30＋780段：该段为Ⅳ2级围岩，围岩为中风化玄武岩，岩质较硬，裂隙发育，岩体较破碎，呈块状镶嵌结构。自稳能力一般，无支护或支护不当易坍塌、掉块。岩体富水性中等，洞室可能呈淋雨状或点滴状出水。

ZK30＋780～ZK30＋940，K30＋780～K30＋960段：该段为Ⅳ3级围岩，围岩为玄武岩，中风化，节理发育—很发育，破碎，呈碎石状。自稳能力较差，无支护或支护不当易出现较大规模的坍塌。物探显示为低阻区，岩体富水性强，洞室可能呈淋雨状或涌流状出水。

ZK30＋940～ZK31＋010，K30＋960～K31＋030段：该段为Ⅳ2级围岩，围岩为中风化玄武岩，岩质较硬，裂隙发育，岩体较破碎，呈块状镶嵌结构。自稳能力一般，无支护或支护不当易坍塌、掉块。岩体富水性中等，洞室可能呈淋雨状或点滴状出水。

ZK31＋010～ZK31＋260，K31＋030～K31＋260段：该段为Ⅳ1级围岩，围岩主要为中风化玄武岩，岩质硬，节理裂隙不发育—发育，岩体较完整，呈块状镶嵌结构，自稳能力较好。无支护时易掉块或小规模坍塌。洞室可能呈潮湿或点滴状出水。

ZK31＋260～ZK31＋480，K31＋260～K31＋480段：该段为Ⅳ2级围岩，围岩为中风化玄

武岩，岩质较硬，裂隙发育，岩体较破碎，呈块状镶嵌结构。自稳能力一般，无支护或支护不当易坍塌、掉块。岩体富水性中等，洞室可能呈淋雨状或点滴状出水。

ZK31 + 480～ZK31 + 550，K31 + 480～K31 + 550 段：该段为Ⅳ3 级围岩，围岩为玄武岩，中风化，节理发育—很发育，破碎，呈碎石状。自稳能力较差，无支护或支护不当易出现较大规模的坍塌。物探显示为低阻区，岩体富水性强，洞室可能呈淋雨状或涌流状出水。

ZK31 + 550～ZK31 + 584，K31 + 550～K31 + 5788 段：该段为Ⅴ1 级围岩，围岩主要为强风化和中风化玄武岩，强风化岩节理裂隙很发育，岩石结构多被破坏，岩质较软，岩体破碎，自稳能力差，无支护时拱部易坍塌，侧壁易失稳，洞室可能呈淋雨状或涌流状出水。

10.3.2　跨越断层破碎带隧道施工力学机理

1. 数值计算模型

模型边界采用齐次边界条件，模型X方向边界约束Y方向位移，Y方向边界约束X方向位移，底部边界约束X、Y、Z三个方向的位移，顶部设置为自由边界。管片、同步注浆层、EPBS 和周围土层采用绑定约束，这种约束条件可以使得两者之间协同变形。数值计算模型见图 10-7。

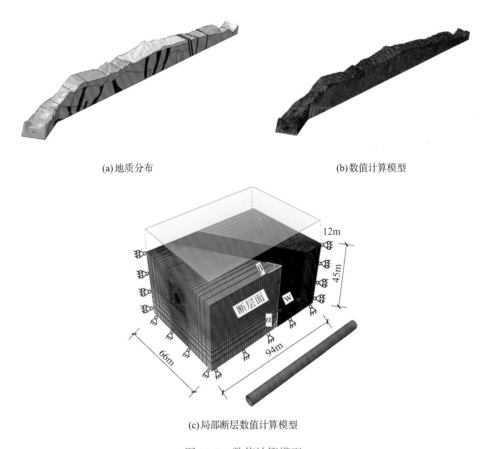

(a)地质分布　　　　　　　　　　　(b)数值计算模型

(c)局部断层数值计算模型

图 10-7　数值计算模型

在 ABAQUS 中采用 C3D8R 实体单元来模拟断层破碎带及其周围土体，C3D8 单元用来模拟EPBS 及衬砌和同步注浆层。网格密度随着远离关注区域而降低，而在核心区域进行细化以便得到准确的结果。

支护措施的力学参数见表 10-2，岩石参数见表 10-3。

支护措施的力学参数   表 10-2

材料类型	力学行为	密度（kg/m³）	弹性模量（Pa）	泊松比	内摩擦角（°）	黏聚力（Pa）
EPBS	弹性	7600	2×10^{11}	0.30	—	—
衬砌	弹性	2500	2.415×10^{10}	0.20	16.5	2.5×10^4
未硬化的水泥浆	弹性	2420	4.8×10^6	0.35	—	—
硬化的水泥浆	弹性	2420	2.3×10^7	0.30	—	—

岩石参数   表 10-3

材料类型	密度（kg/m³）	弹性模量（Pa）	泊松比	内摩擦角（°）	黏聚力（Pa）
断层破碎带	2040	1.1×10^8	0.30	28	3.5×10^4
强风化花岗岩	2296	3×10^8	0.28	36	1.5×10^5

2. 数值计算结果分析

1）断层破碎带宽度影响

图 10-8 所示为隧道拱顶和拱底的沉降变化图。当断层的宽度 w 为 7D、5.5D、5D、4D、3D时，拱顶的最大沉降值分别为 9.81mm、8.32mm、6.4mm、5.17mm、3.94mm，拱底的最大沉降为 4.18mm、2.7mm、2.67mm、2.41mm、1.92mm。隧道越靠近断层附近，拱底和拱顶的沉降量越大，在断层中间位置的沉降达到最大值。隧道拱底在退出断层时有轻微的隆起现象，这是因为断层破碎带的自稳能力较差，在断层接触面位置，衬砌结构因断层的滑移易造成两侧的不均匀沉降。拱底和拱顶的沉降范围随着断层宽度的增大而增大，但沉降变化规律大致相同。

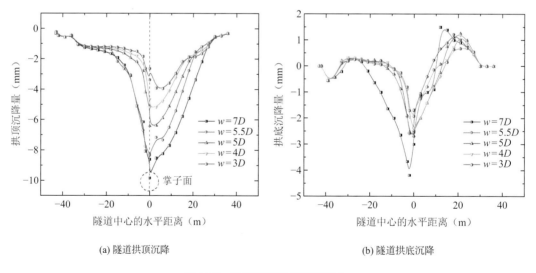

(a) 隧道拱顶沉降　　　　　　　　　　　　　　(b) 隧道拱底沉降

图 10-8　隧道拱顶拱底沉降变化

图 10-9 为隧道衬砌拱侧水平位移变化图。衬砌左拱侧的水平位移随着断层宽度的增大分别为 1.38mm、1.33mm、1.85mm、3.47mm、4.20mm，右拱侧的水平位移分别为 1.44mm、1.42mm、1.95mm、3.83mm、4.74mm，最大的增幅发生在 5D 向 5.5D 增加时。随着断层宽度的不断增加，受断层影响的衬砌变形区域不断增多，即衬砌水平位移的突变范围越宽，同样在断层的核心区域隧道衬砌拱侧的水平位移达到最大值。

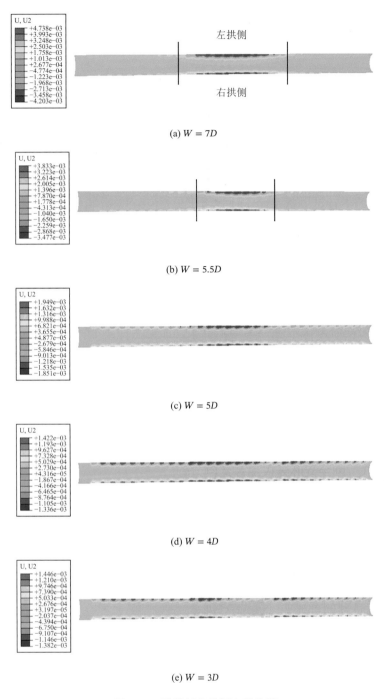

(a) $W = 7D$

(b) $W = 5.5D$

(c) $W = 5D$

(d) $W = 4D$

(e) $W = 3D$

图 10-9　隧道衬砌拱侧水平位移

2）断层破碎带倾角影响

图 10-10 为隧道穿越不同断层倾向的拱顶和拱底的沉降变化。当断层倾向为 45°、60°、75°和 90°时，隧道拱顶的最大沉降分别为 4.94mm、4.34mm、4.83mm 和 4.44mm，拱底的最大沉降分别为 2.62mm、2.2mm、2.5mm 和 2.16mm，拱底的最大隆起量分别为 1.12mm、0.92mm、0.74mm 和 1.1mm。隧道穿越不同断层倾向的拱顶和拱底最大沉降量差异性很小，拱顶和拱底的沉降变化趋势也几乎一致。不同断层倾向下隧道较大沉降开始的范围不同，断层倾向为 45°时，隧道拱顶较大沉降范围开始的位置较靠前，随着断层倾向的不断增大，隧道拱顶较大沉降范围逐渐缩小。

171

图 10-11 为不同断层倾向下隧道衬砌拱侧的水平位移。当断层倾向为 45°时，隧道衬砌左拱侧明显地向洞内凹陷，凹陷量为 2.655mm，右拱侧发生了向洞外隆起，变形量为 2.645mm。断层倾向为 60°和 75°时，隧道左拱侧同样向洞内收敛变形，变形量分别为 1.988mm 和 1.614mm，右拱侧向洞外隆起，隆起量分别为 1.892mm 和 1.498mm，随着断层倾向的不断增加，左拱侧变形量减小了 25.12%和 39.2%，右拱侧变形量减小了 28.47%和 46.36%。当断层倾向分别为 45°、60°和 90°时，隧道衬砌拱侧的水平位移变化趋势一致，均在左拱侧发生了凹陷，而右拱侧发生了隆起现象。但随着断层倾向的不断增加，隧道左拱侧凹陷变形量和变形范围逐渐减小，右拱侧隆起变形量和变形范围也在逐渐减小。

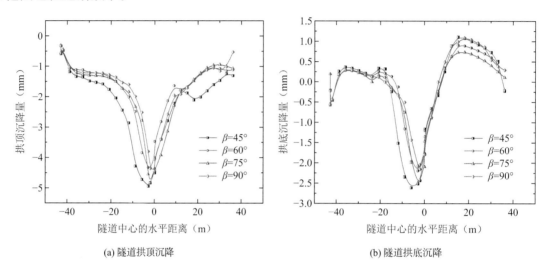

(a) 隧道拱顶沉降

(b) 隧道拱底沉降

图 10-10 隧道拱顶拱底沉降变化

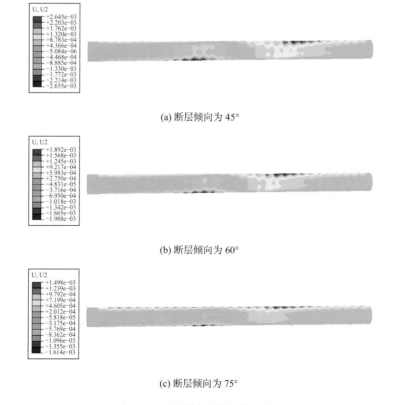

(a) 断层倾向为 45°

(b) 断层倾向为 60°

(c) 断层倾向为 75°

图 10-11 隧道衬砌拱侧水平位移

3）断层破碎带属性影响

断层破碎带的物理参数对隧道的稳定性有很大的影响。断层破碎带结构松散、岩体强度低，围岩级别通常为 V ～ VI。表 10-4 为相应的规范对断层破碎带物理参数等级的定义。三个规范中定义的断层破碎带的弹性模量均小于 1.3GPa，内摩擦角的范围为 20°～27°。为了分析断层破碎带物理参数对盾构隧道的影响，结合上述规范和本研究中实际工况的断层破碎带参数，本节研究了断层破碎带密度、弹性模量和内摩擦角的影响，具体模拟工况见表 10-5。

不同规范所定义的断层破碎带各物理参数对比　　　　　　　　　　表 10-4

规范名称	围岩级别	容重（kN/m³）	泊松比	弹性模量（GPa）	内摩擦角（°）	黏聚力（MPa）
《公路隧道设计规范》 JTG 3370.1—2018	V	17～22.5	0.35～0.45	< 1.3	20～27	0.05～0.2
	VI	15～17	0.4～0.5	< 1	< 20	< 0.2
《铁路隧道设计规范》 TB 10003—2016	V	17～20	0.35～0.45	1～2	20～27	0.05～0.2
	VI	15～17	0.4～0.5	< 1	< 20	< 0.1
《工程岩体分级标准》 GB/T 50218—2014	V	< 22.5	> 0.35	< 1.3	< 27	< 0.2

断层破碎带参数模拟工况　　　　　　　　　　表 10-5

模拟工况	密度（kg/m³）	泊松比	弹性模量（MPa）	内摩擦角（°）	黏聚力（Pa）
工况 1	2000	0.3	110	23	3.5×10^4
工况 2	1800	0.3	110	23	3.5×10^4
工况 3	1500	0.3	110	23	3.5×10^4
工况 4	1200	0.3	110	23	3.5×10^4
工况 5	2000	0.3	115	23	3.5×10^4
工况 6	2000	0.3	105	23	3.5×10^4
工况 7	2000	0.3	100	23	3.5×10^4
工况 8	2000	0.3	95	23	3.5×10^4
工况 9	2000	0.3	110	28	3.5×10^4
工况 10	2000	0.3	110	33	3.5×10^4
工况 11	2000	0.3	110	38	3.5×10^4

图 10-12 统计了断层破碎带密度、弹性模量以及内摩擦角差异性对隧道拱顶沉降的影响。如图 10-12（a）所示，断层破碎带密度的差异性对隧道拱顶的沉降影响很小，断层破碎带密度为 2000kg/m³ 时隧道拱顶的沉降最大，最大值为 4.44mm，密度降低到 1800kg/m³、1500kg/m³ 和 1200kg/m³ 的隧道拱顶最大沉降值分别为 4.31mm、4.04mm 和 3.96mm。随着断层破碎带密度的增加，隧道拱底的最大沉降也增加。如图 10-12（b）所示，断层破碎带弹性模量对隧道稳定性的影响较大，当断层弹性模量为 115MPa、110MPa、105MPa、100MPa、95MPa 时，隧道拱顶最大沉降值分别为 4.17mm、4.44mm、4.62mm、4.84mm 和 5.08mm，隧道拱顶的最大沉降值随着弹性模量的降低而增大。如图 10-12（c）所示，断层内摩擦角对于隧道拱顶的沉降几乎没有影响。

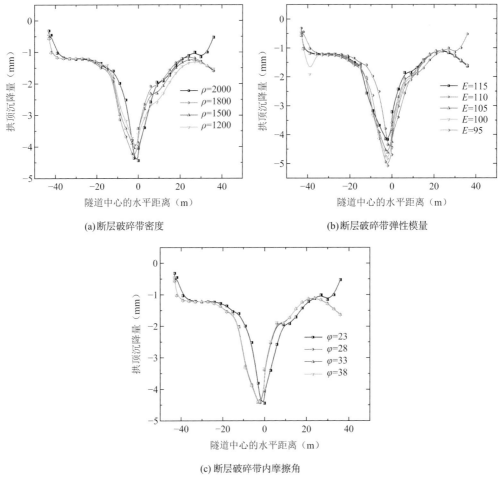

(a)断层破碎带密度   (b)断层破碎带弹性模量

(c)断层破碎带内摩擦角

图 10-12　隧道拱顶沉降

图 10-13 为断层各参数对隧道拱底变形的影响。由图 10-13（a）知，不同的密度对断层中间位置处衬砌的拱底沉降几乎没有影响，但对隧道两侧拱底的隆起有影响，当密度为 1200kg/m³ 时，衬砌两侧拱底的隆起量最小，其最大隆起值为 0.38mm，密度为 2000kg/m³、1800kg/m³、1500kg/m³ 所对应的拱底最大隆起值分别为 1.1mm、0.97mm 和 0.8mm，相较于最小密度，隆起增幅量分别达到 189.5%、155.3%和 110.5%。因此，随着断层密度的逐渐增加，断层中间位置处的衬砌最大沉降量没有明显变化，断层两侧位置处的衬砌拱底的隆起量逐渐增加。如图 10-13（b）所示，弹性模量对隧道拱底的沉降有轻微影响，随着弹性模量的逐渐增加，断层中间位置处衬砌拱底的最大沉降值分别为 2.39mm、2.32mm、2.25mm、2.16mm 和 2.02mm。断层两侧衬砌拱底的隆起量几乎不受断层弹性模量的影响。如图 10-13（c）所示，断层内摩擦角对于隧道拱底沉降和隆起量均没有明显的影响。由于断层参数对隧道拱侧水平位移影响并不是很明显，左右拱侧水平位移差值较小。

4）管棚预加固措施

图 10-14 为对隧道施加管棚法加固后的围岩变形和塑性分布图。周围土体的最大变形为 5.12mm，变形位置集中在断层附近。在未进入断层前，土体的沉降几乎没有发生变化，进入断层内部时围岩的最大沉降量为 30.3mm，管棚法的效果十分明显。隧道管棚加固，隧道顶部的变形和土体的沉降显著下降。

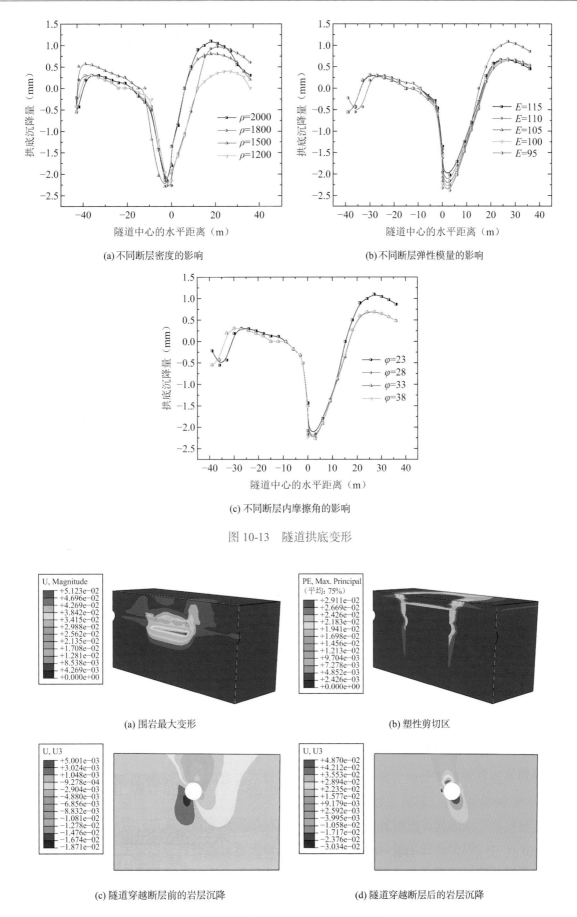

(a) 不同断层密度的影响

(b) 不同断层弹性模量的影响

(c) 不同断层内摩擦角的影响

图 10-13 隧道拱底变形

(a) 围岩最大变形

(b) 塑性剪切区

(c) 隧道穿越断层前的岩层沉降

(d) 隧道穿越断层后的岩层沉降

图 10-14 围岩变形与塑性分布图

图 10-15 为管棚的应力应变图。最大变形量达到了 46.7mm，最大应力值达到 144.7MPa。管道内部的水泥浆液可以利用弹性模量，根据等效折减成同等作用的钢。管道的直径为 60mm，厚度为 8mm，横截面面积为 1306mm²，超前支护管屈服应力为 392MPa，最大耐力可由 $F = A\sigma$ 求得。管道的最大耐力为 512kN，而计算得到管道的最大轴向力为 188kN，但没有达到最大限值，这表明超前支护管能够承受隧道开挖后上部土体施加的载荷，管道足够稳定。经过单层管棚支护后隧道的变形得到了抑制，但相较于 Sakurai 所计算的理论解（2.79cm），隧道依然是不稳定的，若要满足隧道稳定性需要采用 2 排甚至 3 排管棚。

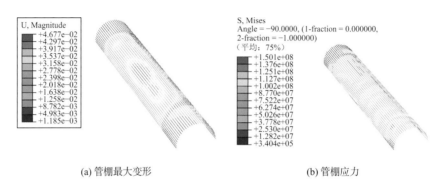

(a) 管棚最大变形   (b) 管棚应力

图 10-15 管棚的应力应变图

3. 隧道支护与围岩加固方案

断层施工遇雨期时，涌水流量较小时采用径向注浆堵水措施，当流量较大或采用径向注浆堵水措施效果不理想，必要时采用帷幕注浆超前堵截措施，以防止突水等灾害，开挖采用短台阶法施工，实施微振爆破技术。开挖完及时对岩面进行喷锚封闭，再施作锚杆、钢筋网、钢架等初期支护措施。依监控量测反馈数据表明围岩收敛稳定后适时施作二次衬砌混凝土。

4. 超前地质预报

由于断层构造复杂、水量丰富，必须准确预报工作面前方 20～25m 范围的工程地质和水文地质情况，以便为制定施工方案和确定注浆参数提供依据，因此，必须把超前地质预报作为一个工序纳入生产过程。利用 TPS-202 地质预报系统、地质雷达和水平钻机等多种预报手段对断层破碎带进行探测。

1）预报内容

预测工作面前方的地质构造和岩性、地下水出露位置和水量大小以及断层变化情况等。

2）预报方法

采用数据采集、资料分析、钻孔取芯、岩芯编录、记录钻速、水质水量变化情况以及开挖后的岩面观测素描，综合判断预报前方水文、地质条件。

5. 帷幕注浆

1）基本原理

对于地质复杂的富水断层破碎带，为防止掌子面突水突泥，除了沿开挖轮廓线按轴向辐射状布孔外，在开挖面中心也布置注浆孔。注入按一定比例配制而成的水泥—水玻璃双液浆后，浆液渗透扩散到破碎带的孔隙中并快速凝固，与周围破碎岩块固结成具有一定强度的结石体，在隧道周边及开挖面形成一个堵水帷幕加固区，切断地下水流通路，以此达到固结止水的目的。同时沿周边布置的超前注浆管也能起到管棚的作用。

2）施工工艺

帷幕注浆施工工艺流程见图 10-16。

3）钻孔作业

（1）定孔位。

台车就位固定后，由测量工站在台车臂托篮上，用红油漆在掌子面上按设计准确画出钻孔位置，标注编号。

（2）施钻。

施钻时台车大臂必须顶紧在掌子面上，以防过大颤动，提高施钻精度。钻机开孔时钻速宜低，钻深 20cm 后转入正常钻速。

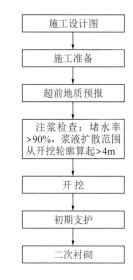

图 10-16　帷幕注浆施工工艺流程图

（3）开孔孔径及深度。

注浆孔用 ϕ102 钻头开孔，掏孔清碴时用 ϕ89 钻头。注浆段长度 20m，外插角 15°～20°。

（4）钻孔深度控制。

台车大臂按设计布孔位置点对正，用简易垂球量角器测钻杆仰角，校正调整至设计角度，并在钻杆上安装导向指示器，控制钻孔偏角。

（5）台车钻孔工作参数。

凿岩台车钻孔作业的推进压力控制在 2.5MPa，回转压力 5.0～6.0MPa，冲击压力 1.9～2.0MPa。

（6）注浆孔布置。

帷幕注浆孔布置详见图 10-17。

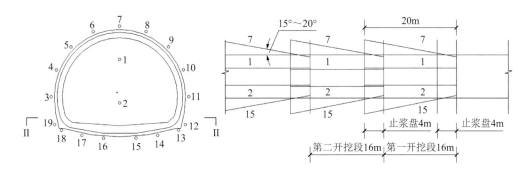

图 10-17　帷幕注浆孔布置图

4）注浆作业

（1）注浆材料。

水泥选用 425 号以上的普通硅酸盐水泥，质量应符合《硅酸盐、普通硅酸盐水泥》GB 175—1999 标准。

水玻璃选用出厂浓度 42～45B'_e，比重 1.42～1.45，模数 2.4～2.8 的水玻璃原液。

（2）注浆配比控制。

水灰比为 0.8∶1.0；水玻璃稀释浓度为 25～35B'_e；双液体积比（c/s）为 1∶（0.5～0.7）。

（3）凝结时间控制。

为满足浆液扩散半径的要求，采用的凝结时间为：一般地段为 3min，富水地段为 1～2min。

（4）注浆。

连接注浆管路后，利用注浆泵先压水检查管路是否漏水，设备状态是否正常，然后再做压水试验，以冲洗岩石裂隙，扩大浆液通路，增加浆液充塞的密实性，核实岩石的渗透性。富水断层破碎带清孔后，直接先压水泥浆液，再压 CS 双液浆。标定注浆泵上电接触点压力表的最大压力指标，泵压后观察压力变化及水泥浆和水玻璃的消耗数量。记录注浆时间和注浆量。注浆达到标准后，打开三通混合器的减压阀排浆，卸下混合器换注另一孔。注浆结束后，拆卸各注浆器件，全部清洗干净，并对注浆泵进行检查保养。帷幕注浆施工详见图 10-18。

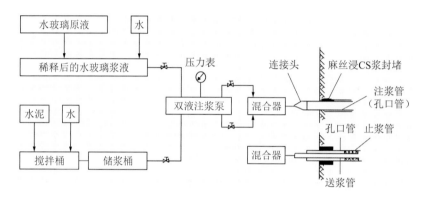

图 10-18　帷幕注浆施工示意图

（5）注浆方式。

注浆方式采用前进式或全孔一次压入式注浆，当钻孔过程中未发生涌水，应一钻到底，全孔一次压入式注浆；在钻孔过程中，如发现出水，即停止钻孔，采取注一段钻一段的前进式注浆，直至达到设计段长位置。在水压、水量较大的情况下，还可采用分层泄水减压、分层注浆方式。即下层管注浆，中层管放水；中层管注浆，上层管放水，这样逐层抬水把水排挤到拱顶以上规定的止水固结圈以外。注浆顺序为由下而上，由里向外进行。

（6）注浆参数。

注浆压力考虑到岩层裂隙阻力，一般为地下水静水压力的 2～3 倍。

钻孔出水量＞50L/min 时，注浆速度取 80～100L/min；钻孔出水量等于 0～50L/min 时，注浆速度取 60～80L/min。

注浆有效范围为开挖轮廓线外 4.0m。

注浆量一般按注浆范围内围岩体积的 5% 左右，考虑实注量根据钻孔压水试验确定。

5）技术措施

（1）注浆时如遇窜浆或跑浆，采用间隔一孔或几孔注浆方式。

（2）注浆中，注浆量和注浆压力是两个关键参数。一般规律是初始阶段压力较低，注入量增大。正常阶段注入量迅速递减而压力迅速升高。

（3）在注浆中根据设计注浆量和压力按照上述规律进行控制。

（4）对于塌体注浆，由于空隙率大，局部还有空洞，常遇到吃浆量很大而注浆压力上不去的情况。对此，以控制注浆量为主，一般达到设计的注浆量后稳压几分钟即可停止注浆。

6. 开挖及支护

断层破碎带为 V 级围岩，断层破碎带和 Ⅱ 级围岩之间的过渡段为 Ⅳ 级围岩。V 级围岩开挖采用上断面短台阶开挖、下断面分部开挖的方式施工。随挖随支护，尽快封闭成环。

1）施工工艺

断层破碎带为 V 级围岩开挖与支护采用先开挖拱部弧形导坑预留核心土的分部开挖工艺，其施工工艺流程详见图 10-19。

2）施工方法

断层破碎带地段采用 V 级围岩加强复合衬砌断面，隧道正洞断面尺寸宽×高为 1010cm×1131cm，断面尺寸大，岩石破碎，采用短台阶留核心土法开挖，膏溶角砾岩地段上台阶设临时仰拱。上台阶超前 10～15m，采用风镐人工开挖或风动凿岩机钻孔实施微振爆破，每循环进尺控

图 10-19　断层破碎带为 V 级围岩开挖与支护施工工艺流程框图

制在 1.0m 左右，爆破后利用挖掘机或人工出碴至下断面。下断面左右单侧交错开挖至基底，采用各掌子面均用挖掘装载机装碴，自卸汽车无轨运输出碴。

洞身上台阶开挖后并初喷后，立即安装格栅拱架、锚杆、钢筋网等，复喷至设计厚度，完成初期支护，封闭围岩，格栅间距 1.0m/榀。初期支护完成后，膏溶角砾岩地段还须施作临时仰拱。下台阶开挖时，拆除临时仰拱，下接边墙钢架，完成边墙初期支护。最后施作仰拱，适时施作二次衬砌。

3）施工程序

隧道正洞 V 级围岩地段钻爆开挖，上台阶超前下台阶 10～15m，下台阶超前衬砌 25～30m，其施工程序详见图 10-20。

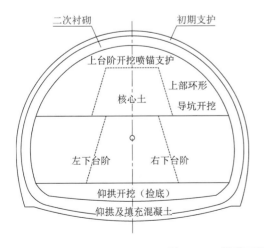

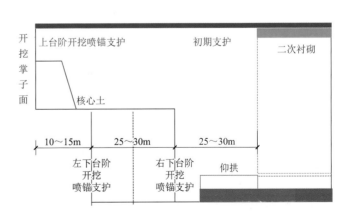

图 10-20　隧道正洞断层破碎带地段开挖施工程序示意图

179

4）作业循环

隧道正洞V级围岩地段正台阶法开挖，循环进尺为1.0m，每12h完成一个作业循环，月综合进尺为60m，作业循环时间安排详见表10-6。

隧道正洞V级围岩地段作业循环时间安排表　　　　表10-6

序号	工序	作业时间（min）	循环时间（h）												
			1	2	3	4	5	6	7	8	9	10	11	12
1	地质预报及放线	30	—											
2	钻孔	150												
3	装药、连线、爆破	90												
4	通风	30												
5	清危、初喷	60												
6	出碴	180												
7	安装锚杆、复喷	180												

5）钻爆设计

（1）炮眼布置。

隧道正洞V级围岩地段采用短台阶留核心土法、松动爆破开挖，爆破器材选用2号岩石硝铵炸药、15段塑料导爆管非电起爆系统，不足部分串联非电雷管，毫秒微差有序起爆，其爆破炮眼布置详见图10-21。

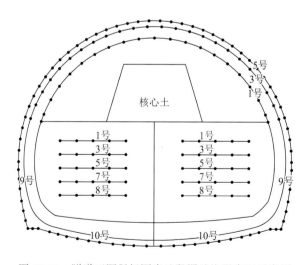

图10-21　隧道正洞V级围岩地段爆破炮眼布置示意图

（2）炮眼装药量。

隧道正洞V级围岩地段采用短台阶留核心土法开挖，按微振松动爆破钻爆设计，其各炮眼装药量分配详见表10-7。

隧道正洞Ⅴ级围岩地段炮眼装药量分配表　　　　　表 10-7

序号	炮眼分类		炮眼数（个）	雷管段数（段）	炮眼长度（cm）	炮眼装药量		
						每孔药数（卷）	单孔装药量（kg）	合计药量
1	上台阶	掘进眼	16	1	120	2.5	0.375	6
2		辅助眼	21	3	110	2.5	0.375	7.9
3		周边眼	38	5	110	1	0.15	5.7
4		合计	75					19.6
5	左下台阶	掘进眼	29	1，3，5，7	110	5.5	0.375	10.88
6		周边眼	10	10	110	1	0.15	1.5
7		底眼	9	9	110	3.5	0.525	4.73
8		合计	48					17.11
9	右下台阶	掘进眼	25	1，3，5，7	110	2.5	0.375	9.38
10		周边眼	10	10	110	1	0.15	1.5
11		底眼	8	9	110	3.5	0.525	4.2
12		合计	43					15.08
	备注	1. 开挖面积 94.51m²； 2. 每循环进尺 1.0m； 3. 炮眼利用系数 95%； 4. 单位耗药量 0.6kg/m³						

6）技术措施

（1）支护应紧随开挖，防止开挖后围岩失稳，引起坍塌；开挖后应先喷混凝土 5～8cm，随即挂钢筋网，架立钢架，最后喷混凝土至设计厚度。打锚杆，喷混凝土至设计厚度。喷混凝土应尽量使断面平顺，符合钢架安装要求。仰拱支护应在边墙支护完成后紧跟施工，紧随掌子面 5～10m 施工一次仰拱，该措施是保证边墙支护稳定和改善工作面施工环境的重要手段。

（2）施工中应加强监控量测，通过施工监控量测反馈信息及时调整支护参数与预留变形量，以保证施工安全与结构稳定。

（3）对断层破碎带开挖，采用短进尺、微台阶法施工，台阶长度控制在 3～5m，辅之以锚喷网支护。

（4）当掌子面到达破碎带前，应加强地质超前预报，将超前地质预报工作纳入到循环的工序。

（5）通过断层带的各施工工序之间的距离尽量缩短，并尽快地使全断面衬砌封闭，以减少岩层的暴露、松动和地压增大。

（6）采用爆破法掘进时，应严格掌握炮眼数量、深度及装药量，采用微振爆破，减小爆破对围岩的振动。

（7）断层地带支护宁强勿弱，经常检查加固，根据超前地质预报结果，视具体情况采用超前小导管、超前注浆锚杆以及超前帷幕注浆等超前支护措施。

（8）仰拱及仰拱填充必须及早实施，衬砌紧跟，衬砌断面应尽早封闭。

隧道衬砌钢筋施工见图 10-22，隧道衬砌施工见图 10-23。

图 10-22　隧道衬砌钢筋施工

图 10-23　隧道衬砌施工

高地应力软岩隧道施工安全控制技术

地球已经经历了上亿年的演变，在漫长的地质年代里，由于地质构造运动等原因使地壳物质产生了内应力效应，这种应力也被称为地应力，是地壳应力的统称。具体是指存在于地壳中的未受工程扰动的天然应力，也称岩体初始应力、绝对应力或原岩应力。通常状态下，地壳内各点的应力状态不尽相同，由于所处的构造部位和地理位置不同，各处的应力增加的梯度也不相同。高地应力就是指地应力较高的地区及环境，会对施工产生很大的影响，其中高地应力对隧道工程造成的最典型灾害为洞室大变形。这是一种发生于软岩岩体中的高地应力问题，会对隧道产生很大的影响。软岩是一种特定环境下的具有显著塑性变形的复杂岩石力学介质，其存在特性方面的差异及产生显著塑性变形的机理。而隧道作为埋藏在地层内的工程建筑物，其就会受到地应力及软岩的影响，产生各种质量问题，需要相关人员加强对其的重视，如图 11-1 所示。

图 11-1 顺田隧道

11.1 高地应力软岩隧道变形特点及破坏的特点

在现阶段建筑事业的发展过程中，由于高地应力及软岩等外界因素的影响，隧道的施工往往会出现大变形地质灾害，给工程的安全施工和建设管理带来极大的困难。所以在实际的施工环节，相关人员就需要加强对高地应力软岩隧道变形的重视，从其变形体特点及破坏特点入手，找出科学合理的解决措施，以保证隧道施工的质量。

11.1.1 高地应力软岩隧道变形特征

1. 掌子面不稳定

高地应力软岩对隧道施工的最主要影响就是存在较大挤出位移，导致掌子面的不稳定，作为开挖坑道不断向前推进的工作面，其开挖途径都是事先预制好的，具有很强的科学性。但是在高地应力软土地基中，由于各种外在因素的影响，相关人员在进行作业的过程中就需要不断地进行调整，而且受到外力影响出现很大的纵向挤出位移。这导致施工结果出现很大的偏差，无法按照预期规定进行作业，不仅影响施工进度及效率，还会在很大程度上影响工程质量，存在很大的安全隐患。而且对于一些规模较大的隧道工程来说，由于高地应力及软岩对工程的影响范围较广，涉及隧道开挖的整个流程，相关人员很难对变形进行有效控制，容易引发失稳滑塌等事故。

2. 变形量较大

实际的施工过程中，在高地应力及软岩环境影响下的隧道变形还存在变形量较大的问题，而且随着地应力的增长而不断扩大，很大程度上制约隧道施工的顺利进行。现阶段的高地应力软岩隧道变形一般为塑性变形，主要表现为拱顶下沉，而且下沉量较大，很大程度上影响相关作业的开展。而且也正是由于下沉量较大，一般的支护方式效果有限，很难对其进行治理。

3. 变形速度较快

在高地应力及软岩的影响之下，隧道的变形速度较快，一旦隧道工程出现变形状况，就会迅速扩大，在隧道中扩散开来，尤其是在隧道初建时期，变形蔓延的速度十分惊人，给相关人员的治理带来很大的难题。虽然这种快速的变形状态会在20d以后有所降低，但是变形仍在继续，依旧会对隧道产生影响。

4. 变形持续时间较长

相较于传统的硬质岩土来说，软岩的强度较低而且流动性和变动性很强，在隧道开挖作业中，挖掘会破坏原有的岩土结构，导致软岩产生变动，围岩内部应力重分布与实际变形维持时间较长，这与施工产生的扰动存在直接的联系。而且即便是挖掘结束之后，软岩的流动依旧未得到遏制，甚至出现加速变形等状况，很大程度上影响隧道的质量。所以在实际的发展过程中，高地应力软岩施工的变形会持续较长的时间，对隧道产生长久的影响。

11.1.2 变形破坏的特点

实际的发展过程中，要想实现对变形的遏制，施工人员还需要对变形的破坏进行研究与分析，并且在实际的发展过程中找出科学的解决方法，以减轻变形造成的破坏。而现阶段变形破坏的特点主要有以下几个方面。

1. 破坏复杂多样

实际的发展过程中，地应力的形式十分多样化而且方向各不相同，再加上周围的围岩也存在一定的差异，支护环节初期的受力状况十分不均匀，就导致其破坏形式复杂多样。在隧道建设的初期阶段，该环节的变形破坏主要为拱顶下沉，不仅导致隧道顶部高度降低，下降的拱顶还会对周围的支撑边墙产生很大的压力，边墙受到强烈挤压，喷浆支护段均出现不同程度的扭曲变形现象，局部钢架变形严重。而在整个隧道的施工阶段，变形产生的破坏主要集中在隧道位移环节，软岩的流动性会导致隧道发生水平方向上的偏移，对整个隧道产生破坏，而且还会影响隧道的路线，产生很大的安全隐患。

2. 破坏范围较大

隧道洞周塑性区较硬岩塑性区大，就导致实际破坏范围更大，其深度一般在 6m 左右，如果相关人员的支护不当或不及时，破坏范围将明显增大，造成更加强烈的破坏。而且现有的常规锚杆的长度很难到达原岩深度，就导致支护效果非常有限，这也是造成支护失效破坏的主要原因。所以，相关人员还需要加强对破坏范围的重视，解决环节综合考虑，整体上进行解决。

3. 二次衬砌破坏

隧道施工为了进一步保证隧道的质量，一般会进行二次衬砌，但是在高地应力及软岩的影响之下，隧道的应力来自多个方向，就导致隧道出现多个方向上的裂缝，进而导致部分衬砌表面存在剥落、钢筋变形等情况，严重影响二次衬砌功能的发挥，制约隧道的建设。

11.2 高地应力软岩隧道的基本力学特征

高地应力围岩变形的力学机理如下：

1. 弹塑性分析假设

由于隧道围岩性质和所处于的地质环境复杂多变，隧道开挖后引起的应力重新分布也变得十分复杂，使得理论分析特别困难，需要进行简化假设，虽然简化后和工程实际有所差异，但可定性地反映其规律变化，其假设有：

（1）围岩为均质、各向同性的连续介质，围岩在初始阶段呈现弹性状态；

（2）隧道形状为规则圆形；

（3）圆形隧道的半径为R_0，隧道埋深大于 20 倍半径，且纵面方向无限地延长，可认为和断面无限远处作用有均匀的地应力；

（4）所研究断面距离隧道开挖面$4R_0$之外，并不考虑开挖面效应，故与隧道纵向方向的应变可近似于 0，围岩处于平面应变状态。

2. 隧道开挖的围岩应力场

隧道开挖前的初始地应力σ_0大部分情况由两种应力组成，即自重应力σ_h和构造应力σ_r，即：

$$\sigma_0 = \sigma_h + \sigma_r \tag{11-1}$$

因为隧道为细长结构，在对围岩进行受力分析时可以将其看为平面应变问题。通过摩尔应力圆来描述某一点的应力状态，如图 11-2 所示。

图中直线$\tau = \sigma \tan\varphi + c$称为破裂线，表示围岩抗剪强度，$c$为围岩的黏聚力，$\varphi$为内摩擦角，当围岩处于稳定的状态，破裂线与莫尔圆相离。

如图 11-3 所示，隧道开挖后，洞周围岩处于临空状态，围岩应力状态进行调整，应力圆向左移动,直到开挖面主应力$\sigma_2 = 0$。对于围岩隧道,应力圆与破裂线的距离开始减小,当与其破裂面相切时,即表示已达到剪切破坏的极限平衡状态;当与其破裂面相割时,表示开始出现塑性变形破坏。

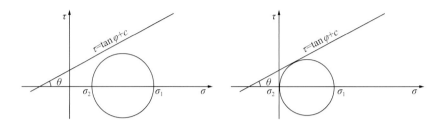

图 11-2 开挖前围岩的应力状态   图 11-3 开挖后围岩的应力状态

如图 11-4 所示,理想弹塑性情况下,深埋隧道开挖完成后,从隧道开挖界面到无穷远处,切向应力先是线性增加超过原岩应力到峰值然后降低,最终无限接近至隧道埋深处的原岩应力。而切向应力从零开始增加,最终无限接近至隧道埋深处的原岩应力。

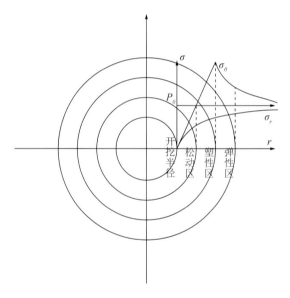

图 11-4 弹塑性区围岩应力状态

3. 隧道开挖弹性区求解方法

隧道洞室开挖之后,靠近隧道洞壁的围岩将释放部分应力使得初始应力场重新分布,当围岩强度较小或初始应力较大时,洞壁围岩易发生塑性屈服破坏,进而形成塑性区。塑性区的范围、其内部的围岩强度与洞壁围岩变形对工程的支护设计产生直接影响。因此,准确运用岩体力学模型与屈服准则对围岩变形与塑性区进行预测具有重大的工程意义。

根据弹性理论,可得到围岩在原岩应力σ_0与支护力P_i共同作用下弹性区域内各点的应力分量及位移的解析

$$\sigma_r^e = \sigma_0 - (\sigma_0 - \sigma_{r2})(R_p/r)^2 \tag{11-2}$$

$$\sigma_\theta^e = \sigma_0 + (\sigma_0 - \sigma_{r2})(R_p/r)^2 \tag{11-3}$$

$$u^{\mathrm{e}} = \frac{(1+\mu)(\sigma_0 - \sigma_{r2})}{E}\frac{R_{\mathrm{p}}^2}{r} \tag{11-4}$$

式中：u^{e}——弹性区域内径向位移；

$\quad\mu$——围岩的泊松比；

$\quad R_{\mathrm{p}}^2$——岩石的单轴抗压强度；

$\quad\sigma_{\mathrm{r}}^{\mathrm{e}}$——弹性区域内径向应力；

$\quad\sigma_{\theta}^{\mathrm{e}}$——弹性区域内切向应力；

$\quad r$——围岩某处与洞室圆心之间的距离；

$\quad E$——弹性区域内杨氏模量。

考虑 m-C 屈服准则，可以直接得到σ_{r2}表达式

$$\sigma_{r2} = \left(2\sigma_0 - 2c^{\mathrm{p}}\sqrt{K_{\varphi}^{\mathrm{P}}}\right)/(K_{\varphi}^{\mathrm{P}} + 1) \tag{11-5}$$

式中：K_{φ}——岩体的摩擦系数，$K_{\varphi} = (1 + \sin\varphi)/(1 - \sin\varphi)$；

$\quad c$——岩体的黏聚力；

$\quad\sigma_0$——原岩应力。

4. 隧道开挖塑性区求解方法

查阅相关资料，采用有限差分法对围岩应力及应变进行求解：在围岩塑性区域中划分出很多个圆环，图 11-5 给出了围岩塑性区域内分层示意图，将塑性区域（若为应变软化力学模型，则塑性区应分为软化与残余区域）分为n个圆环，$\sigma_{\varphi(0)}$和$\sigma_{\mathrm{r}(0)}$分别为弹性区域和塑性区域交界处的切向应力与径向应力；$\sigma_{\varphi(n)}$和$\sigma_{\mathrm{r}(n)}$分别为开挖边缘的切向与径向应力；第i环的内外边界分别对应半径r_{i-1}和r_i，内、外边界的地方对应的应力分量分别为$\sigma_{\varphi(i-1)}$、$\sigma_{\mathrm{r}(i-1)}$与$\sigma_{\varphi(i)}$、$\sigma_{\mathrm{r}(i)}$。塑性区域内圆环是通过径向应力的不同而划分的，划分准则如下

$$\Delta\sigma_{\mathrm{r}} = \left(\sigma_{\mathrm{r}(n)} - \sigma_{\mathrm{r}(0)}\right)/n \tag{11-6}$$

$$\sigma_{\mathrm{r}(i)} = \sigma_{\mathrm{r}(i-1)} + \Delta\sigma_{\mathrm{r}} \tag{11-7}$$

式中：n——划分圆环数目；

$\quad\Delta\sigma_{\mathrm{r}}$——径向应力增量；

$\quad\sigma_{\mathrm{r}(n)}$——支护力$P_i$；

$\quad\sigma_{\mathrm{r}(0)}$——弹塑性区域交界处径向应力$\sigma_{r2}$。

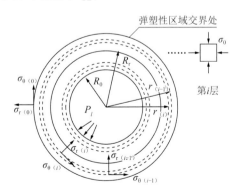

图 11-5　塑性区域分层示意

若考虑岩体的卸载路径不同，在塑性软化区域内弹性应变应存在增量。此时第i环内径向应变分量表示如下：

$$\varepsilon_{r(i)} = \varepsilon_{r(i-1)} + \Delta\varepsilon_{r(i)}^{elas} + \Delta\varepsilon_{r(i)}^{plas} \tag{11-8}$$

式中：$\varepsilon_{r(i)}$与$\varepsilon_{r(i-1)}$——第i环内外边界处的径向应变分量；

$\quad\quad \Delta\varepsilon_{r(i)}^{elas}$——弹性径向应变分量增量；

$\quad\quad \Delta\varepsilon_{r(i)}^{plas}$——塑性径向应变分量增量。

此时第i环内切向应变分量表示如下：

$$\varepsilon_{\theta(i)} = \varepsilon_{\theta(i-1)} + \Delta\varepsilon_{\theta(i)}^{elas} + \Delta\varepsilon_{\theta(i)}^{plas} \tag{11-9}$$

式中：$\varepsilon_{\theta(i)}$与$\varepsilon_{\theta(i-1)}$——第$i$环内外边界处的切向应变分量；

$\quad\quad \Delta\varepsilon_{\theta(i)}^{elas}$——弹性切向应变分量增量；

$\quad\quad \Delta\varepsilon_{\theta(i)}^{plas}$——塑性切向应变分量增量。

根据 Hoek 定律，$\Delta\varepsilon_{r(i)}^{elas}$与$\Delta\varepsilon_{\theta(i)}^{elas}$可由式(11-9)求得

$$\Delta\varepsilon_{r(i)}^{elas} = \frac{1+\mu}{E}\begin{bmatrix} 1-\mu & -\mu \\ -\mu & 1-\mu \end{bmatrix}\Delta\sigma_{r(i)} \tag{11-10}$$

$$\Delta\varepsilon_{\theta(i)}^{elas} = \frac{1+\mu}{E}\begin{bmatrix} 1-\mu & -\mu \\ -\mu & 1-\mu \end{bmatrix}\Delta\sigma_{\theta(i)} \tag{11-11}$$

对于轴对称问题，在每个区域内的应力满足平衡微分方程（不考虑围岩的体力），在平面应变假设下，力学平衡微分方程如下：

$$r\frac{\partial\sigma_r}{\partial r} = \sigma_\theta - \sigma_r \tag{11-12}$$

轴对称问题的几何方程如下

$$\varepsilon_r = \frac{\mathrm{d}u}{\mathrm{d}r} \tag{11-13}$$

$$\varepsilon_\theta = \frac{u}{r} \tag{11-14}$$

式中：u——围岩径向位移。

变形协调方程可以表示为

$$\frac{\partial\varepsilon_\theta}{\partial_r} - \frac{\varepsilon_r - \varepsilon_\theta}{r} = 0 \tag{11-15}$$

在第i环中

$$\varepsilon_{r(i)} = \frac{\Delta u_{(i)}}{\Delta r_{(i)}} \tag{11-16}$$

$$\varepsilon_{\theta(i)} = \frac{u_{(i)}}{r_{(i)}} \tag{11-17}$$

由上述所有公式综合得

$$\frac{\partial\sigma_r}{\partial_r} = \left[(K_\varphi^P - 1)\sigma_r + 2c^p\sqrt{K_\varphi^P}\right] \tag{11-18}$$

将$r = R_0$，$\sigma_r = P_i$与$r = R_p$，$\sigma_r = \sigma_{r2}$作为边界条件，可得

$$R_p = R_0 \cdot \frac{\left[(K_\varphi^P - 1)\sigma_{r2} + 2C^p \sqrt{K_\varphi^P} \right]^{1/(K_\varphi^P - 1)}}{\left[(K_\varphi^P - 1)p_i + 2C^p \sqrt{K_\varphi^P} \right]^{1/(K_\varphi^P - 1)}} \tag{11-19}$$

$$R_p = R_0 \cdot \frac{\left[(K_\varphi^P - 1)\sigma_{r2} + 2C^p \sqrt{K_\varphi^P} \right]^{1/(K_\varphi^P - 1)}}{\left[(K_\varphi^P - 1)p_i + 2C^p \sqrt{K_\varphi^P} \right]^{1/(K_\varphi^P - 1)}}$$

$$= R_0 \cdot \left[\frac{(p_0 + c \cdot \cot\varphi)(1 - \sin\varphi)}{p_i + c \cdot \cot\varphi} \right]^{\frac{1 - \sin\varphi}{2\sin\varphi}} \tag{11-20}$$

式中：R_p——塑性半径；

　　　R_0——隧道半径；

　　　P_0——地应力；

　　　P_i——支护抗力。

当地应力P_0增大时，塑性半径R_p也增大；当围岩抗压强度$R_c = 2c\cos\varphi /(1 - \sin\varphi)$减小时，塑性区半径也将增大。

5. 围岩应变软化的力学特征

根据隧道二次应力状态，高地应力典型软岩隧道开挖后，洞周围岩应力状态进行调整，不同径向深度处围岩径向应力不同（即不同径向深度处围岩应力，隧道周边围岩处于不同围压应力状态）。

根据不同围压作用下软岩力学特性演变规律，高地应力典型软岩隧道周边围岩可划分为 2 大区域，分别为弹性阶段与塑性阶段，其中塑性阶段又分为软化区和残余区。并且，两大围岩分区内，由于不同径向深度处围岩所受围压不同，导致不同径向深度处围岩所呈现的力学特性不同，即不同径向深度处围岩变形与强度参数不同，这也是与常规岩层隧道开挖后周边围岩力学特性最大的不同。弹性强化区内，力学参数随着径向深度增加呈现强化特征；塑性劣化区内，力学参数随着径向深度减小呈现劣化特征。

岩体试验证明，大量岩石材料在外荷载作用下，当应力达到强度极限后，其应力会随着变形的增加而降低。故三种模型中，应变软化模型在实际工程中的应用最为普遍，而理想弹塑性模型与弹-脆-塑性模型可认为是其的特例。目前针对岩体比较常用的是 Hoek-Brown（H-B）屈服准则与 mohr-Coulomb（m-C）屈服准则，H-B 屈服准则表示岩体的非线性特征。m-C 屈服准则表示岩体的线性方程，运用时简单。

在根据弹塑性力学理论研究岩体的峰后力学行为时，经常采用理想弹塑性模型、弹-脆-塑性模型与应变软化模型。其应力应变关系如图 11-6 所示。

根据以上假定，图 11-7 给出了岩体不同峰后力学行为下的三种力学模型，对于理想弹塑性模型与弹-脆-塑性模型，根据受力状态可将围岩划分为两个区域，深部为弹性区域，此处岩体并未受岩体开挖卸荷的影响；接近于洞壁处为塑性区域，在此范围内岩体达到屈服状态。对于应变软化模型，围岩由外而内则由三个区域组成：弹性区域、塑性软化区域与塑性残余区域。

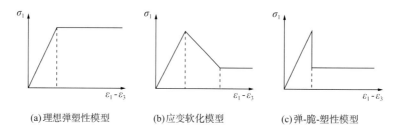

(a)理想弹塑性模型　　　(b)应变软化模型　　　(c)弹-脆-塑性模型

图 11-6　岩体峰后力学模型

理想弹塑性模型表明，强度参数保持恒定后，材料的强度就是其峰值。应变硬化模型表明，随着变形的增加，强度参数在非线性状态下增加。纯弹塑性和应变硬化仅在岩石试验中出现。应变软化模型表明，在破坏后区域，随着变形的增加，强度参数从峰值逐渐降低到残余值。而应变软化行为经常在试验室和地基工程现场观察到。弹-脆-塑性模型表明，在破坏后区域，强度参数从峰值急剧下降到残余，而完全脆塑性现象可被认为是应变软化行为的一种特殊情况。

从图 11-8 可知，在研究断面内，当围岩出现塑性残余区域时，弹塑性区域交界处的径向与切向应力分别为σ_{r2}与$\sigma_{\theta 2}$，塑性软化与残余区域交界处的径向与切向应力分别为σ_{r1}与$\sigma_{\theta 1}$。

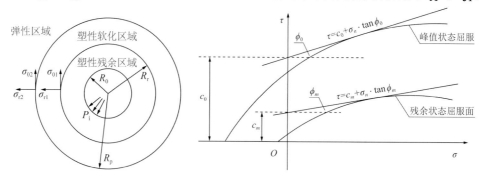

图 11-7　隧道开挖后应力区域分布　　　图 11-8　峰值和残余摩擦角和黏聚力关系

由图 11-8 可以看出，峰值状态和残余状态的摩擦角和黏聚力差别很大，残余状态的摩擦角和黏聚力都比峰值状态的要小。

岩石的三轴压缩试验结果表明，岩体具有显著的应变软化特性。在进行围岩的力学分析时，传统的弹塑性模型和弹脆性模型不能体现岩体强度在破坏过程中应变软化的性质，需要建立应变软化模型下的统一强度理论。

应变软化模型下，mohr-Coulomb 屈服准则可表示为

$$f(\sigma_\theta, \sigma_r, \eta) = \sigma_\theta - K_\varphi(\eta)\sigma_r - \sigma_c \tag{11-21}$$

$$\sigma_c = 2c(\eta)\sqrt{K_\varphi(\eta)} \tag{11-22}$$

$$K_\varphi = \frac{1 + \sin\varphi}{1 - \sin\varphi} \tag{11-23}$$

式中：η——软化参数；$\eta = 0$为岩体的弹性变形阶段；$0 < \eta < \eta^*$为应变软化阶段；$\eta \geq \eta^*$为残余阶段，其中η^*是由应变软化转变到残余阶段的临界软化参数，η与围岩强度参数的关系示意图，如图 11-9 所示。

与围岩强度参数的关系函数，如下所示。

$$\omega(\eta) = \begin{cases} \omega_{\mathrm{p}} - (\omega_{\mathrm{p}} - \omega_{\mathrm{r}})\left(\dfrac{\eta}{\eta^*}\right), & 0 < \eta < \eta^* \\ \omega_{\mathrm{r}}, & \eta \geqslant \eta^* \end{cases} \tag{11-24}$$

式中：ω_{p}——岩石的峰值强度；

$\quad\quad\omega_{\mathrm{r}}$——岩石的峰后残余强度。

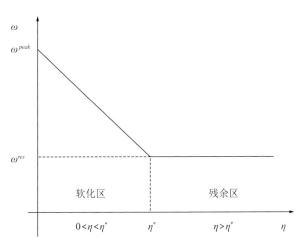

图 11-9　围岩参数在塑性区变化

软化参数 η 可以采用不同的方式进行定义，为计算简便，本文将软化参数定义为塑性剪切应变，即

$$\gamma^{\mathrm{p}} = \eta = \varepsilon_1^{\mathrm{p}} - \varepsilon_3^{\mathrm{p}} \tag{11-25}$$

式中：γ^{p}——塑性剪切应变；

$\quad\quad\varepsilon_1^{\mathrm{p}}$——最大塑性应变；

$\quad\quad\varepsilon_3^{\mathrm{p}}$——最小塑性应变。

11.3　高地应力软岩隧道变形规律与成因

以顺田隧道工程为实例，研究高地应力软岩隧道变形机理与规律，为高地应力软岩隧道施工提供重要的参考依据。

11.3.1　工程概况

顺田隧道进口位于新坪村竹山，出口位于沙坪村桃子树，设计为分离式双洞隧道，隧道限高 5m，限宽 10.25m，拟建隧道进口段呈曲线形展布，出口段呈直线形展布，隧道总体轴线方向 15°～43°；左线隧道起讫桩号 ZK37 + 931～ZK41 + 765，全长 3834m，坡度−2.000%，隧道最大埋深约 1125m，位于 ZK39 + 970 处；右线隧道起讫桩号 K37 + 910～K41 + 740，全长 3830m，坡度−2.000%，隧道最大埋深约 1111m，位于 K39 + 950 处。

1. 自然条件

拟建项目位于昭通市永善县，属季风影响大陆性高原气候。隧道区地表径流主要来源于上游冰雪融化及季节性降水。隧道进口底部冲沟，从线路 K37 + 820 处通过，沟宽 3～20m，线路区沟内无水，路线垂直跨越，调查期间与线路右侧约 600m 基岩出露处见地表水，流量 0.02L/s（2019.5.15），地表水通过碎石土时，渗入地下。溪沟汇水面积约 3.5km²。主要受大气降水的补给，受季节降水影响较大。隧道出口外沙坝河分布于路线 K41 + 900，沟宽 5～20m，沟谷纵坡约 5°～15°，局部较陡。河流发源于东北侧偏岩子一带，主要水流来源与桃子树隧道进口暗河和偏岩子一带井泉，流域面积约 10.5km²，最终汇入金沙江。水面宽度 0.6～1.0m，水深 0.20～0.50m，常年流水，调查期间流量 133L/s（2019.3.23）。根据岸边洪痕推测最高洪水位比沟底约高 1.0～2.0m，最大流量约 600L/s，最高洪水位于标高约 1083m。主要受大气降水的补给，受季节降水影响较大。

2. 工程地质条件

1）地形地貌

该隧道区属构造侵蚀中山地貌，地形起伏大。隧道范围内中线高程 1122.2～2280.5m，最大高差约 1158.3m。山体自然坡度 35°～65°，顶部植被较发育，进口为陡坡，出口处于山前斜坡地带，山坡处于基本稳定状态。

2）地层岩性

根据本次勘察结果，结合地面地质调查，隧址区主要穿越地层及岩性为三叠系飞仙关组（T_1f）砂岩，永宁镇组（T_1y）泥岩、砂岩，关岭组（T_2g）砂岩；二叠系宣威组（P_3x）页岩，二叠系峨眉山组（$P_2\beta$）玄武岩。

3）土体岩性

隧址区分布的土层由新至老描述如下：

第四系（Q）：

（1）碎石土（Q_4^{col+dl}）：灰色、黄灰色，主要由碎石夹粉质黏土组成，碎石含量 45%～55%，粒径 20～200mm，偶见块石，最大粒径达 1.5m，母岩成分主要为玄武岩，该层厚 30～40m。

（2）碎石土（Q_4^{col+dl}）：黄灰色，主要由碎石夹粉质黏土组成，碎石含量 45%～55%，粒径 20～350mm，母岩成分主要为砂岩，该层厚 10～15m。

（3）粉质黏土夹碎石（Q_4^{col+dl}）：紫色、灰褐色、灰黄色，主要由粉质黏土夹碎石组成，碎块石含量 15%，粒径 2～40cm，母岩成分主要为砂岩，该层厚 28m。

4）岩体岩性

隧址区分布的岩层描述如下：

（1）强风化砂岩：浅灰色、紫红色，原岩结构大部分破坏，细粒结构，中厚层状构造，岩芯多呈碎屑状，碎块状，块径一般 2～5cm，岩质软、硬不均，岩体破碎。

（2）中风化砂岩：浅灰色、紫红色，细粒结构，中厚层状构造，岩芯多呈柱状，短柱状，柱长一般 8～30cm，长者达 50cm，少量呈块状，块径 2～8cm，岩质较硬。

（3）强风化泥灰岩：浅灰色，泥质隐晶质结构，中厚层状构造，风化裂隙较发育，裂隙面见铁质浸染，岩芯多呈碎屑状，局部呈碎块状，岩质软。

（4）中风化泥灰岩：浅灰色，泥质隐晶质结构，中厚层状构造，岩芯多呈块状、碎块状，块径一般 2～8cm，岩质较硬。

（5）强风化泥岩：紫红色，泥质结构，薄—中厚层状构造，风化裂隙发育，岩芯多呈块状、短柱状，岩质软，岩体破碎。

（6）中风化泥岩：紫红色，泥质结构，薄—中厚层状构造，岩芯多长状、短柱状及少许块状，岩质较硬。

（7）强风化玄武岩：黑色，灰绿色，斑状结构，杏仁构造，矿物成分主要由基性长石和辉石组成，次要矿物有橄榄石、角闪石及黑云母等，节理及风化裂隙发育，岩芯极破碎～破碎，岩芯多呈块状，岩质较硬。

（8）中风化玄武岩：黑色，灰绿色，斑状结构，杏仁构造，矿物成分主要由基性长石和辉石组成，次要矿物有橄榄石，角闪石及黑云母等，节理裂隙发育，岩芯破碎，岩芯多呈块状，岩质硬。

（9）强风化页岩：灰—灰绿色，泥质结构，叶片状构造，风化节理裂隙发育，岩芯多碎块状，碎屑状，岩质软，岩体破碎。

（10）中风化页岩：灰—灰绿色，泥质结构，叶片状构造，节理发育，岩芯多柱状、短柱状、块状，岩质较硬。

5）地质构造

根据本次地质调查结果，结合区域地质资料，隧址区基本位于中梁子向斜南西翼，该向斜主要轴向 40°～45°，轴面向南东倾斜，枢纽较平缓但有起伏。

6）地震及新构造活动

根据《中国地震动参数区划图》GB 18306—2015 表明，工程区地震动峰值加速度为 0.15g，相应地震烈度为Ⅶ度，地震动反应谱特征周期为 0.45s，公路工程应采取相应的抗震设防措施。隧址区位于两条断裂之间，隧道建设带无断层通过。

7）水文地质条件

隧址区出口有一条溪流，流量 20L/s（2019.4.4），除此外未见其他地表水体。隧道区未发现井泉出露。出口处溪流为本隧道的相对侵蚀基准面。隧道西侧为中梁子向斜，向斜轴部为区域相对高点，为隧道区的地表分水岭，隧道全段位于向斜的南西翼。隧址区地下水主要有松散岩类孔隙水、碎屑岩层间裂隙水及碳酸盐岩岩溶水四种类型。

11.3.2　数值计算模型与分析方法

依据工程地质与施工特点，结合施工图纸，在有限元计算程序上建立三维数值计算模型，模型长度为 102m，宽度为 62m，高度为 40m，为保证计算速度及精度，对地层建模采用了简化处理，如图 11-10 所示。

(a) 整体计算模型　　　　　　　　　　　　　　(b) 隧道计算模型

图 11-10　数值计算模型

11.3.3 计算结果分析

图 11-11 为高地应力软岩隧道开挖过程纵轴线截面竖向沉降云图与位移矢量图，隧道开挖瞬间，隧道周围围岩单元体进入二向应力状态，原有的力学平衡体系被破坏，引起围岩单元体位移，造成一定范围土体的位移。位移从二向应力单元体开始向四周扩散，因而距离开挖区域距离越大，位移越小。图中掌子面右侧距掌子面较远的已支护区域位移量达到稳定状态，位移值约为 4cm，掌子面位置拱顶位置沉降量约为 2.5cm，掌子面左侧未开挖区域亦有 0.5cm 左右的沉降，掌子面位置新开挖部分处于施工变形段，而图中掌子面左侧部分未开挖区域处于前期变形阶段。同时，位移矢量图显示，上台阶掌子面处有向开挖区域的较大水平位移，下台阶隆起和水平位移都较大，掌子面有向隧道方向的滑移。

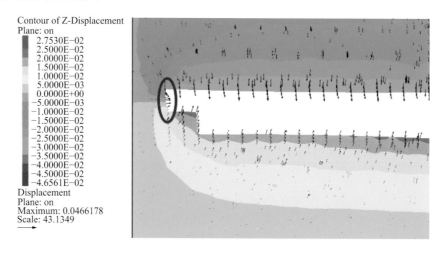

图 11-11　隧道纵轴线截面沉降云图与位移矢量图

图 11-12 给出的数值模拟隧道拱顶沉降历史曲线。由图可知：右拱顶沉降最大值为 36.5mm，左拱顶沉降最大值为 36.2mm。由于数值模拟数值记录点选取位置为注浆圈正中和注浆圈边缘，造成同一隧道曲线分布规律呈两种不同形状。

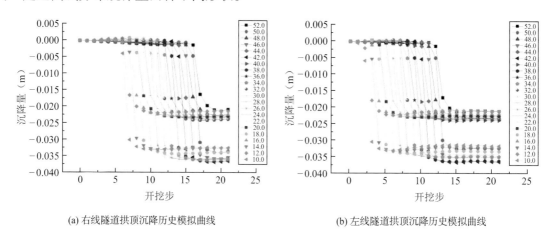

(a) 右线隧道拱顶沉降历史模拟曲线　　　　(b) 左线隧道拱顶沉降历史模拟曲线

图 11-12　隧道拱顶数值模拟历史沉降曲线

隧道开挖过程采取全断面注浆的超前支护措施，施工过程中，首先进行上半断面的超前全断面注浆，共 24 个注浆孔；其次施作下半断面的注浆作业，共 24 个注浆孔。浆孔布置如图 11-13 所示。

钻孔注浆顺序采用由外向内、由下向上间隔跳孔的原则，每次隔孔 1 个～2 个孔。注浆孔分 4 圈，环向间距为 1m，第一圈距隧道开挖轮廓线 45cm，内侧三圈之间间距均为 60cm。

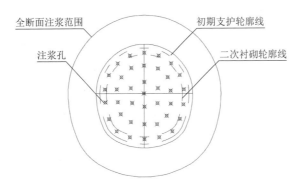

图 11-13　全断面注浆浆孔孔位布置与加固区域示意图

为了研究各种全断面注浆参数对减小地表沉降的贡献，进行了多组数值模拟，注浆圈力学参数保持不变，超前支护措施分别为：（1）不进行超前支护；（2）4m 长度注浆；（3）8m 长度注浆；（4）8m 长度注浆段，开挖前 4m 即进行下一次注浆，始终保持掌子面前方留有 4m 加固带。4 种超前支护条件下 Y1 测线的沉降槽曲线由图 11-14 所示。各注浆参数下最大沉降量统计表见表 11-1。四种情况下，沉降槽的形式基本相同，路面最大沉降量见表 11-1。不进行预注浆的沉降槽曲线 1，最大沉降量明显高于其他三种情况，比其他任意一种情况都要大 1 倍以上；注浆 8m 的最大沉降量是注浆 4m 最大沉降量的 85%；第 4 种注浆方式最大沉降量是注浆 4m 最大沉降量的 70%，有更显著的效果。

各注浆参数下最大沉降量统计表　　　　　　　　　　　　　　表 11-1

序号	超前注浆距离（m）	注浆范围	留置加固区长度（m）	最大沉降量（m）
1	0	开挖轮廓线以外 2m	0	−0.0280
2	4	开挖轮廓线以外 2m	0	−0.0124
3	8	开挖轮廓线以外 2m	0	−0.0106
4	8	开挖轮廓线以外 2m	4	−0.0086

综上所述，全断面注浆对控制围岩变形有较好的效果，3 种注浆方法，（2）（3）较经济，但（3）对围岩质量有较高的要求；（4）成本较高，但对减小地表沉降量效果显著，在路面沉降量不满足控制标准的软弱围岩段可以采用。

隧道围岩钻孔注浆见图 11-15。

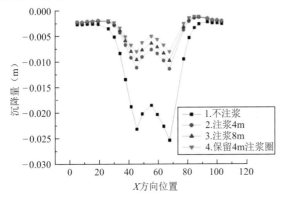

图 11-14　不同注浆参数下沉降槽曲线

图 11-15　隧道围岩钻孔注浆

11.3.4　大变形原因

实际的隧道施工中，要想保证隧道质量，对存在的变形进行治理，关键还在于变形原因的掌握，只有知晓变形产生的原因才能够对其进行针对性解决，保证隧道的质量。首先是支护方面的问题，现有的加长锚杆方法、侧壁导坑方法对于软岩变形来说效果有限，不能够对围岩的变形进行控制，在很大程度上影响变形的治理，需要相关人员加强对其的重视。其次是地质结构的影响。部分隧道的地质结构较为特殊，隧道进口段和断裂带相交，在隧道开挖环节，构造产生的残余应力都在短时间内释放，就导致隧道开挖初期的大变形。而且部分地区的岩层为强风化或全风化炭质千枚岩或风化土，这类岩层岩面光滑，胶结性差，岩体抗压强度不足，再加上绢云母的存在，就导致岩土表面光滑，抗剪能力差，遇水就会软化，承载能力低下，严重影响隧道的建设。而且由于隧道会穿过山体，一些滑坡体也会导致隧道的变形。滑坡体滑动的方向会对隧道的偏移产生牵引，引起隧道变形，这也是隧道质量问题的关键因素。

然后是外界因素的影响。隧道是交通设施的一种，在城市化进程发展、人民生活水平不断提升的今天，需要承载大量的车流量，车辆的动载也有可能影响到隧道的稳定，再加上恶劣天气及地形的影响，也会导致隧道变形。最后就是施工技术方面的问题。现阶段的施工技术还存在一些不足，一定程度上影响隧道的质量。

11.4　高地应力软岩隧道变形控制设计与施工技术

11.4.1　预留变形量

隧道施工的过程中提前预留适当的变形量可以防止支护被侵占的状况，一定程度上降低变形量，而且充足的预留变形量还可以在支护初期产生一定的位移，从而对软岩中的应力进行排泄，避免应力对隧道的影响。此外，该缩减会在很大程度上作用到二次衬砌环节，增强其荷载能力，从而在实际的施工过程中对相关作业进行保证。而实践过程中，如果相关人员忽视了对预留变形量的重视，在二次衬砌环节就会出现衬砌不够厚等状况，严重影响其荷载能力，从而在隧道施工环节产生安全隐患。这就要求相关人员在施工过程中需要结合实际情况，根据当地的隧道变形特点及围岩分布状况将局部地段的变形预留控制在合理范畴之内，以解决施工过程中存在的支护侵限难题。这样才能够缓解后续作业中隧道承受的压力，很大程度上保证隧道结构的稳定性及可靠性。隧道施工工艺流程如图 11-16 所示。

11.4.2　优化施工方式

根据高地应力软岩隧道变形的产生原因可知，现阶段的施工方式会对隧道产生很大的影响，隧道变形和施工方法的选择密切相关，所以实际的施工过程中，需要相关人员加强对施工方式的重视，结合当地实际合理选择作业方法。首先，施工人员需要遵循快速作业的主张，在实际的作业过程中将变形控制的重点放在"快"上，具体体现在"快挖、快支及快封闭"等环节，并且通过施工方式的优化和调整来实现。实际作业环节，快挖是指尽可能地加快挖掘速度，缩减施工周期，从而减少开挖环节对原有地质产生的影响。快支则是指支护环节的快速性，相关人员需要在开挖之后的第一时间进行支护作业，对岩面进行封闭，从而实现对原有岩层的保护，避免其和外界接触产生性质变化。快封闭则是指确保各支护结构充分发挥最佳效用。相关研究表明，支护结构的快速闭环可以对隧道的受力条件进行改善，增强其抵抗能力，从而规避隧道变形。所以作业环节，相关人员可以采用微台阶法等技术手段进行建设，在减少封闭时间的基础上加快支护成环的速度，尽可能地保证隧道质量。

11.4.3 加强对二次衬砌的重视，提升支护刚度

现有的隧道施工一般秉持"强化初期支护强度，严禁拆换"的基本原则开展施工作业，所以其支护体系一般为大规模钢架与喷浆综合支护体系。但是在实际的发展过程中，由于部分隧道的变形破坏范围较大，再加上存在轴向水平挤压应力超过了横向水平挤压应力的情况，很可能出现支护能力不足的状况，很大程度上影响隧道的质量。在此背景下，就需要相关人员加强对二次衬砌的重视，并且提升支护的强度。一方面，施工人员需要加强钢架纵向结构的衔接，然后结合隧道的特点在钢架之间增加纵向的连接钢架，增强支护的强度，避免隧道变形。另一方面，鉴于现阶段高地应力软岩隧道变形程度大及周期长的特点，现阶段的隧道变形控制很难在短时间内取得成效，隧道一般需要 2~3d 的时间才能够稳定，很大程度上影响治理作业的进行。在此基础上，相关人员就需要加强对二次衬砌的重视，通过刚强结构的浇筑来抵抗变形带来的压力，确保隧道结构和围岩的稳定性。所以，二次衬砌就成为控制隧道变形最为经济和有效的施工技术之一，需要相关人员加强对其的重视。二次衬砌技术应用流程如图 11-17 所示。

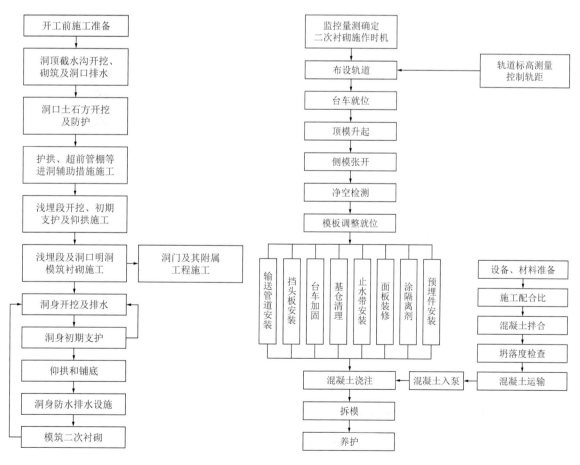

图 11-16　隧道施工工艺流程　　　　　图 11-17　二次衬砌技术应用流程

11.4.4 超前预报，改善作业方式

随着科学技术的发展，现阶段高地应力及软岩都可以借助先进设备进行调查，在了解其具体性质的基础上进行合理调整，以规避其影响。所以在实际的施工环节，相关人员需要加强事前的调查，进行超前预报，借助超前预报，作业人员就能够提前判断出前方地质情况，预测隧道开挖前方的地质变形发展趋势，再结合以往施工经验，给出相应的控制方案。一方面，修正隧道的形状，直边墙对于压力的承受能力较低，更容易发生形变，所以实际的作业环节，就需要将直边墙改变为曲面墙，将受力进行分散，减少集中受力现象，避免隧道变形状况的发生。另一方面，作业人员还需要采用先柔后刚的作业流程，将支护结构设计成由钢筋网喷混凝土、钢架等构成的柔性结构，提升其适应能力，然后将二次衬砌设计成刚性地模注混凝土，增强隧道的抵抗能力，这样才能够保证隧道的质量。

11.4.5 大变形施工过程中监控量测技术

1. 监控量测目的

现场监控量测是隧道施工管理的重要组成部分，它不仅能指导施工，预报险情，确保安全，而且通过现场监测获得围岩动态的信息（数据），为修正和确定初期支护参数，混凝土衬砌支护时间提供信息依据，为完善设计与指导施工提供可靠的足够的数据。针对本隧道大变形段地质及地表情况，监控量测进行围岩及支护状态观察、拱顶下沉、周边收敛、仰拱上浮等项目。

隧道变形监测项目表见表 11-2，大变形段初支监控量测点布置示意图见图 11-18。

隧道变形监测项目表　　　　　　　　表 11-2

序号	监控量测项目	常用量测仪器
1	洞内、外观察	现场观察、数码相机、罗盘仪
2	拱顶下沉	水准仪、钢挂尺或全站仪
3	净空变化	收敛计、全站仪
4	仰拱上浮	全站仪

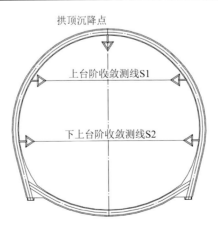

图 11-18　大变形段初支监控量测点布置示意图

2. 内力监测

本阶段对大变形段结构增加围岩压力、钢架内力、喷混凝土内力及锚杆轴力监控量测项目，施工中可根据监控量测数据进行结构调整及措施补强，监控量测项目详见表 11-3、图 11-19、图 11-20。

隧道内力监测项目表　　　　　　　　　　　　　　　　　表 11-3

序号	监控量测项目	常用量测仪器
1	围岩压力	压力盒
2	钢架内力	钢架应变计
3	喷混凝土内力	混凝土应变计
4	锚杆轴力	锚杆应力计

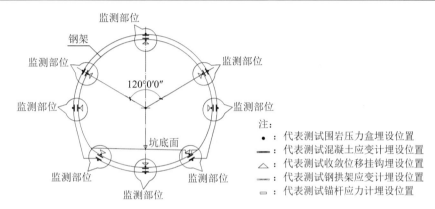

图 11-19　大变形段平导监测量测示意图一

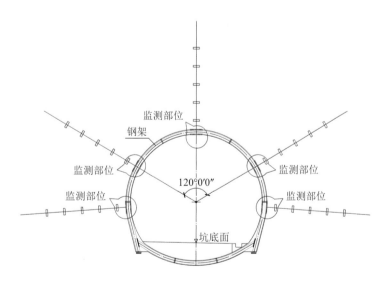

图 11-20　大变形段平导监测量测示意图二

3. 监控量测管理

施工监控测量管理：紧跟开挖、支护作业。按设计要求设置监测点，并根据具体情况及时调整或增加量测的内容。量测数据及时分析处理，实现动态管理、动态施工。

大变形段初期支护应尽快封闭成环，双层初期支护段第二层支护需在第一层支护变形收敛且第一层钢架未失效前施作，拱墙及仰拱二次衬砌需待初期支护变形收敛后方可施作。

（1）监控量测频率要求。

大变形段施工应设置专项量测小组，针对大变形围岩变形、第二层支护措施等进行全面变形监测与分析，并通过对监控量测数据的及时分析为调整支护参数和施工方法提供依据，监控量测频率见表11-4。

大变形段围岩变形监控量测频率　　　　　　　表11-4

项目名称	测读频率			
净空位移	1～15d	16d～1个月	1～6个月	＞6个月
	1～2次/d	1次/d	1～2次/周	1次/2月

当观测时间大于1个月，现场变形速率大于2mm/d，应加密变形监测量测频次，仍按1次/d进行。

观察及量测发现异常时，应及时修改支护参数。一般正常状态须同时满足以下条件：净空变化速度小于0.2mm/d时，喷射混凝土表面无裂缝或仅有少量微裂缝，围岩基本稳定；位移速度除在最初1～2d允许有加速外，应逐渐减少。

长期监测对开挖支护后6个月测量均显示变形、受力未稳定的测点应进行定期长期监测。监测频次可根据现场具体情况适当延长，但间隔不应超过3个月。

（2）变形管理等级。

根据有关规范、规程、设计资料及类似工程经验，制定本工程监控量测位移控制等级见表11-5。

大变形段监控量测位移控制等级　　　　　　　表11-5

序号	判断标准	控制等级	应急处理措施
1	累计变形达到设计50%，变形速率超5mm/d	Ⅰ	1. 加强监测频次； 2. 各方现场进行危险评估
2	累计变形达到设计80%，变形速率超10mm/d	Ⅱ	1. 前方暂停掘进； 2. 视现场变形情况增设临时横撑等； 3. 各方现场进行危险评估
3	累计变形达到设计95%，变形速率超5mm/d	Ⅲ	1. 对变形段增设护拱； 2. 加强临时横撑或其他支护加固措施； 3. 措施失败，各方分析失败原因； 4. 对变形段处理完成后调整前方支护措施

观察及量测发现异常时，应及时修改支护参数。

当拱顶下沉、水平收敛速率达5.0mm/d或位移累计达设计预留量50%时，应加强监测频次，各方现场进行危险评估。

（3）双层支护措施稳定性评价指标：拱顶下沉、水平收敛速率≤0.2mm/d且回归分析整体为减小趋势时，即可进行衬砌浇筑施工。

第 12 章

瓦斯隧道施工安全控制技术

根据《公路瓦斯隧道设计与施工技术规范》JTG/T 3374—2020，公路瓦斯隧道划分为微、低、高和突出四类。

12.1 瓦斯特征及危害

12.1.1 瓦斯的基本特征、来源和放出类型

1. 特征

瓦斯是一种无色、无味、无臭的混合气体，主要成分为甲烷（CH_4）与乙烯（C_2H_2），比重为0.554，具有能燃烧、能爆炸、能使人窒息的多种危害性，但它的最主要的危害是燃烧爆炸。

瓦斯极易燃烧，但不能自燃，当与空气混和到一定浓度时，遇火源能燃烧或爆炸。当坑道中的瓦斯浓度小于5%或大于16%时，遇到火焰只是在火源附近燃烧而不会爆炸；瓦斯浓度在5%~6%到14%~16%时，遇到火源便会爆炸，9.5%左右时爆炸威力最大，但瓦斯浓度大于43%时，一般遇火也不能燃烧，瓦斯浓度爆炸界限见表12-1。

瓦斯浓度爆炸界限 表 12-1

瓦斯浓度（%）	爆炸界限
5~6	瓦斯爆炸下界限
14~16	瓦斯爆炸上界限
9.5	爆炸最强烈
8.0	最易点燃
低于5.0	不爆炸，与火焰接触部分燃烧
高于14~16	

2. 放出类型

瓦斯放出是地层中的瓦斯气体在地应力作用下沿岩体构造裂隙外漏的表现。归纳起来，发生瓦斯放出有两个主要因素：地应力、瓦斯和围岩结构，而地应力和围岩中瓦斯的存在是引起瓦斯放出的主要因素。从岩层中放出瓦斯，可分为几种类型：

（1）瓦斯的渗出：它是缓慢地、均匀地、不停地从煤层或岩层的暴露面的空隙中渗出，延续时间很久，有时带有一种"嘶嘶"的声音。

（2）瓦斯的喷出：比上述渗出强烈，从煤层或岩层裂隙或孔洞中放出，喷出的时间有长有短，通常有较大的响声和压力。

（3）瓦斯的突出：在短时间内，从煤层或岩层中突然猛烈地喷出大量的瓦斯，喷出的时间，可能从几分钟到几小时，喷出时常有巨大的轰响，并夹有煤块或岩块。

以上三种瓦斯放出形式，以第一种放出的瓦斯量为最大。

12.1.2 瓦斯危害

1.瓦斯窒息

空气中瓦斯浓度较高时，就会相对降低空气中氧气浓度，在压力不变的情况下，当瓦斯浓度达到43%时，氧气浓度就会被冲淡到12%，人会感到呼吸困难，时间过长就有生命危险；当瓦斯浓度达到57%时，氧气浓度就会降到9%，人会在短时间内就会因缺氧窒息死亡。

2.瓦斯燃烧

当瓦斯浓度>3%且<5%时瓦斯浓度未达到爆炸浓度界限，只能燃烧，以及当瓦斯浓度>16%时，因空气中的氧含量不够也只能燃烧。

3.瓦斯爆炸必须具备三个条件

（1）在标准状态下，空气中的瓦斯浓度达到5%～16%；

（2）引燃、引爆瓦斯的高温火源：650～750℃；

（3）空气中氧含量大于12%。（$CH_4 + 2O_2 \xlongequal{燃烧} CO_2 + 2H_2O + 882.6KJ/mol$）。这是瓦斯爆炸的化学分子式。从中了解到瓦斯爆炸生成大量的CO_2、水和产生大量的热能。

4.煤与瓦斯突出

在隧道井下由于地应力（CO_2）的共同作用，在极短时间内，破碎的煤与瓦斯由煤体或岩体内突然向掌子面空间抛出的异常动力现象，称为煤与瓦斯突出。

其危害是：当发生煤与瓦斯突出时，掌子面的岩壁将遭到破坏，大量的煤与瓦斯将从岩层内部，以极快的速度向巷道或掌子面空间喷出，充塞巷道，煤层或岩层中会形成孔洞，同时由于伴随有强大的冲击力，隧道设施会被摧毁，通风系统会被破坏，甚至发生风流倒流，造成人员窒息和发生瓦斯爆炸、燃烧及煤埋人事故。

12.1.3 瓦斯爆炸的危害与原因

1.瓦斯爆炸的危害

1）冲击波

以2000m/s以上的速度向外冲击（正向冲击、反向冲击）。

2）产生高温

当瓦斯浓度为9.5%时，爆炸时产生的瞬时温度，在自由空间可达1850℃，在封闭的空间内高达2650℃。

3）产生高压

大气压力可达735kPa。瓦斯爆炸产生的高温，会使气体突然膨胀引起气体压力的骤然增大，再加上爆炸波的叠加作用或瓦斯连续爆炸，爆炸产生的冲击压力会越高。瓦斯爆炸后的压力约为爆炸前的10倍。在高温高压的作用下，爆源处的气体以每秒几百米的速度向前冲击。产生冲击波。

4）产生大量有毒有害气体

瓦斯爆炸后，将产生大量有毒害气体，据分析，瓦斯爆炸后的空气成分为：O_2 6%～10%、N_2 82%～88%、CO_2 4%～8%、CO 2%～4%。爆炸后生成大量的 CO 是造成人员大量伤亡的主要原因。如果有煤尘参与爆炸，CO 的生成量更大，可达 4%以上。

2. 瓦斯爆炸的原因

瓦斯积聚是产生瓦斯爆炸的主要原因。瓦斯积聚是指隧道工作面及其他地点，体积大于 0.5m³ 的空间内积聚瓦斯浓度达到或超过 2%的现象。瓦斯积聚是造成瓦斯事故的根源。

1）引起瓦斯积聚的主要原因

（1）隧道口通风机随意停止运转。隧道内挂风筒、补风筒、移台车等原因停止风机运转容易引起瓦斯积聚；

（2）风筒破损大没有及时更换或没缝补风筒严重漏风、风筒离掌子面的距离太远，达 50～60m；

（3）风机低速运行，使隧道内的风速太低，有时达到 0.09m/s；

（4）通风系统不合理，不完善。自然通风，不符合规定的串联通风，扩散通风、无风或微风作业；

（5）瓦斯涌出异常。断层、褶曲或地质变化带，瓦斯大量涌出。

2）引爆火源

（1）隧道内有明火。如：电焊作业、吸烟。

（2）电气失爆。没有按规定使用防爆设备。

（3）爆破火源。隧道内爆破作业没有使用煤矿许用炸药和煤矿许用电雷管，炸药变质；装药时没有装水炮泥和黏土炮泥。

（4）静电。入隧道的从业人员穿化纤衣服，工作时运动产生静电。

（5）摩擦火源。挖掘机、装载机作业场面没有用水淋，干摩擦产生火花。

（6）杂散电流。

（7）其他火源。

3）氧气。隧道内的氧含量随时都不低于 19%。

12.2　瓦斯隧道施工的基本安全技术措施

12.2.1　电气设备安全技术规定

（1）所有洞内机电设备，不论移动或固定式都必须采用安全防爆类型。

（2）禁止洞内电气设备接零。

（3）检修和迁移电气设备（包括电缆移动、更换防爆灯泡）必须停电进行，不准带电作业。普通型携带或测量仪表（电压、电流功率表等）只准在瓦斯浓度 1%以下的地点使用。

（4）电缆的连续或分路时，必须使用防爆接线盒；电缆与电气设备的连接，必须用与电气设备性能（防爆型或矿用型）一致的接线盒。

（5）洞内任何操作人员（包括电、钳工），不得擅自打开电气设备进行处理。电气设备的修理工作应在洞外进行。

（6）不准使用不合格的绝缘油。

（7）瓦斯隧道供电，应采用双回路直供电源线路。

（8）为了防止地面雷击波在隧道中引起瓦斯爆炸，必须注意以下几点：

①经由地面架空线路引入隧道内的供电线路，必须在隧道洞口外安设避雷装置。

②通信线路必须在洞口处装设熔断器和避雷装置。

③每月必须测定一次接地电阻值。接触网上任一保护接地点的电阻值，不得超过 2Ω，每根移动式和手持式电气设备同接地网之间的保护接地用的电缆芯线（或其他相当接地导线）都不得超 1Ω。

（9）防爆性能受到破坏的电气设备，应立即处理或更换，不得继续使用。

（10）洞内使用的各种机电设备，必须安设自动检测报警断电装置。

（11）洞内各种机电设备的开关、保险丝盒等均匀密闭，主要闸刀应有加锁装置。

12.2.2　照明设备安全技术规定

1. 使用电灯照明（固定、移动式）的规定

（1）低瓦斯隧道电压不应大于 220V。

（2）输电线路必须使用密闭电缆，严禁使用绝缘不良的电线及裸体线输电。

（3）使用的灯头、开关、灯泡等照明器材必须为防爆型。

2. 使用碘钨灯照明的规定

（1）碘钨灯的外壳应做接零（或接地）保护。

（2）灯具架设要离开易燃物 30cm 以上，固定架设高度不低于 3m。

（3）做现场移动照明时，应采用 36V 安全电压。

3. 使用手电筒及空气电池灯照明的规定

（1）所有使用接触导电的部件，必须进行焊接。

（2）不准在导坑内进行装拆、敲打、碰击。

（3）使用前必须检查电池是否拧紧。

4. 进洞人员管理

（1）工作人员进入隧道前，必须进行登记和接受洞口值班人员的检查。

（2）不准将火柴、打火机、损坏的灯头及其他易燃物品带入洞内。

（3）严禁穿化纤衣服进洞。

（4）上下班人员应遵守下列规定：

①由班组长点名后进洞。

②执行进洞挂牌、出洞摘牌制度。

③携带工具应防止敲打、撞击，以免引起火花。

④不得在洞内玩笑，大声喧哗。

⑤洞内遇有险情或当警报信号发生后，应绝对服从有关人员指挥，有秩序地撤出危险区。

⑥进洞实习或参观人员，应先进行有关防治瓦斯安全常识的学习，并遵守有关防爆安全规定。

12.2.3　瓦斯涌出量及施工通风风量计算

1. 瓦斯涌出量的计算

瓦斯涌出量分绝对涌出量和相对涌出量两种，分别按下列公式计算。

（1）瓦斯绝对涌出量Q_W：

$$Q_W = \frac{Q_1 P_1 + Q_2 P_2 + Q_3 P_3}{3 \times 100} \tag{12-1}$$

式中：Q_1、Q_2、Q_3——取样化验时测得的风量值，单位 m³/min；

　　　P_1、P_2、P_3——空气试样中瓦斯含量，%。

（2）瓦斯相对涌出量Q_W：

$$Q_W = \frac{1440 Q_W \cdot n}{A} \tag{12-2}$$

式中：Q_W——瓦斯绝对涌出量，单位 m³/min；

　　　n——通过薄煤层区所需的工作日，单位 d；

　　　A——通过薄煤层区范围的总开挖量，单位 t。

2. 施工通风风量计算

$$Q = \frac{Q_W}{C} K_1 = 100 Q_W K_1 \tag{12-3}$$

隧道穿过含瓦斯煤系地层时，施工通风风量计算除一般隧道的通风有关要求外，还要按瓦斯涌出量计算需要风量（Q），并采取其中最大值。

式中：Q_W——瓦斯绝对涌出量，单位 m³/min；

　　　C——开挖工作面回风流中瓦斯允许浓度，$C = 1\%$；

　　　K_1——通风系数，包括瓦斯涌出不均衡和风量备用等因素，$K_1 = 1.5\sim2.0$。

12.2.4　通风方式及要求

瓦斯隧道的防爆工作极为重要，而防爆的关键，除了诸如火源不得进洞、采用防爆机械等措施外，主要还是依靠施工通风。通风有两个目的，一是冲淡和稀释瓦斯；二是防止瓦斯在角隅和洞顶滞留。前者主要与风量有关，而后者则与风速有关。

（1）参照《铁路隧道工程施工安全技术规程》TB 10304—2020 规定，当隧道穿过煤层时，其通风方式应采用压入式通风，现场实际施工中，如出现瓦斯时，可适当增设射流风机加强通风。

（2）主扇的能力应满足全隧道通风的需要。

①主扇的通风应达到下列目的：

a. 洞内工作人员最多时能保证每人每分钟有 4m³ 新鲜空气供应。

b. 洞内各开挖面同时放炮，应能保证在 30min 内通风完毕，使炮烟浓度稀释到规定要求。

c. 施工通风的风量应能保证洞内各部位的瓦斯浓度不超过规定浓度。

d.施工通风系统应能每天24h不停地连续运转，在正常运转时，洞内各部位的风速不应小于最小允许风速。

②主扇应有同等能力的备用风机。

③防止瓦斯局部聚积措施。

在施工过程中，尽管已规定了最小风速的限值，断面形状突变处、较大的超挖或塌方处、洞室内以及洞壁很不平齐部位，仍不可避免地有瓦斯聚积，防止措施如下：

a.提高光面爆破效果，使巷道壁面尽量平整，达到通风气流顺畅；

b.及时喷混凝土封堵煤（岩）壁面的裂隙和残存的炮眼，减少瓦斯渗入巷道；

c.向瓦斯聚积部位送风驱散瓦斯，一般采用：用高压风管引出高压风驱散局部积聚的瓦斯；用压气引射器驱散瓦斯。

12.3 防止和处理瓦斯燃烧和爆炸的专项技术措施

12.3.1 隧道施工中瓦斯引燃与爆炸的主要原因

（1）违反操作规程，如在洞内点火吸烟，爆破器材不良，携带易燃品入内，明火照明等。

（2）偶然事件引起，如洞内炽热的电灯泡被打碎，电路绝缘不良产生电火花等。

（3）瓦斯在坑道内燃烧时，受到坑道的阻碍而压缩，燃烧极易转化为爆炸。放炮也可能导致瓦斯爆炸。总之，在隧道施工中应防止火源的存在。

12.3.2 瓦斯防治的一般技术措施

（1）加强通风。

隧道在掘进过程中，预防瓦斯燃烧与爆炸的主要措施是加强通风以降低瓦斯浓度，使其在允许值之下。

（2）防止喷出及突出。

在掘进工作面的前方或两侧钻孔，探明是否有断层、裂缝和溶洞及其分布位置、瓦斯贮存情况，以便采取相应措施。

①排放瓦斯：瓦斯含量不大时，使其自然排放，亦可用风筒或管子将瓦斯引至回风流或距工作面20m以外的坑道中，以保证工作面开挖放炮的安全。当瓦斯量大，喷出强度大，持续时间长时，则可插管排放，当开挖面瓦斯含量较大，而且裂隙多、分布广时，可暂停开挖，封闭坑道抽放瓦斯。

②在裂隙小、瓦斯含量小时，可用黏土、水泥浆或其他材料堵塞裂隙，防止瓦斯喷出。

③在开挖工作面前方接近煤层3m以上，向煤层打若干ϕ75～300的超前钻孔排放瓦斯，钻孔周围形成卸压带，使集中应力移向煤体深部，达到防止突出的目的。

④水力冲孔。在进行开挖之前，使用高压水射流，在突出危险煤层中，冲击若干直径较大的孔洞，使瓦斯解吸和排放，降低煤层瓦斯含量和瓦斯压力。

⑤振动性放炮诱导突出。在工作面布置较多的炮眼并装较多的炸药，撤出人员后远距离起爆，

利用爆破时强大的振动力一次揭开具有突出危险性的煤层。

⑥深孔松动爆破。在开挖工作面向煤体深部的应力集中带内布置几个长炮眼进行爆破。其目的在于利用炸药的能量破坏煤体前方的应力集中带，在工作面前方形成较长的卸压带，从而预防突出的发生。

⑦煤层注水。通过钻孔将压力水注入煤层，使煤体湿润以改变煤的物理机械性质，减小或消除突出的危险性。

⑧按《铁路隧道工程施工安全技术规程》TB 10304—2020 加强煤与瓦斯突出的技术管理。

（3）隧道施工过程中除采取上述防治措施外，尚应在设计、施工方面重点考虑：

①加强施工通风，强化措施。

②施工中应详细记录瓦斯涌出地段涌出量的变化、工程地质及水文地质情况，加强瓦斯检查和量测工作。

③洞内机电设备必须采用防爆型，坑道内只准用电缆，不得使用皮线。

④加强安全教育，严格遵守安全生产有关规程的规定：

a. 开挖工作面风流中瓦斯浓度达到 1%时，必须停止用电钻打眼，并在放炮地点附近 20m 以内严禁放炮；达到 1.5%必须停止工作、撤出人员、切断电源进行处理；个别地段达到 2%时，人员撤离并立即进行处理，瓦斯浓度必须在 1%以下，才准开动机器。

b. 禁绝火源火种入洞。

⑤当隧道通过煤层时，宜采用水炮泥，放炮喷雾，装岩（煤）洒水和通风等综合防尘措施。

⑥含瓦斯地段隧道衬砌断面，宜采用带仰拱的封闭式衬砌或加厚铺底，并视地质情况向不含瓦斯地段延伸一段距离（一般可采用 10～20m）。对施工缝、沉降缝采用膨胀水泥砂浆填塞严密。

⑦瓦斯含量较高而且压力很大时，除采用上述封闭式衬砌结构外，还应向衬砌背后压注水泥化学浆液，隔绝瓦斯通路。当采用复合式衬砌时，结合防水要求局部或全部设防水层以隔绝瓦斯渗入洞内。

⑧整体式衬砌或复合式衬砌的二次衬砌，宜采用就地灌筑混凝土，加强捣固，提高混凝土的密实性，或采用防水混凝土。

⑨无论正洞或其他辅助坑道，必须随掘进随衬砌，务使迅速缩小围岩暴露面，尽快封闭瓦斯地段，以免瓦斯积滞。

⑩隧道竣工后，应继续对瓦斯渗入及含量进行观测，当封堵等措施仍无法隔绝时，应考虑增设运营期间机械通风。

12.3.3　防止爆炸的主要技术措施

（1）选择能反映灾区瓦斯变化的关键地点，对爆炸性混合气体进行监测。

（2）通风措施。

①火灾在工作面附近，应保持正常通风，防止瓦斯积聚，如果已停风，切不可再送风，可设法切断自然供风，造成缺氧条件使火灾自行熄灭。

②因火灾中断工作面的通风，使工作面涌出的瓦斯得不到排除，因此必须撤出人员。

③因瓦斯喷出、突出造成瓦斯燃烧时，如果喷出和突出数量较小，而且瓦斯浓度在爆炸界限以下，应保持正常通风或加大供风量，以防止瓦斯浓度上升，发生爆炸。

如果瓦斯喷出和突出的数量很大，且为高浓度瓦斯时，应停止供风或隔断风流，对火灾进行封闭。

④防止瓦斯积聚所需风量Q，可按下式计算：

$$Q > \frac{Q_沼}{P_1 - P_2} \tag{12-4}$$

式中：$Q_沼$——灾区内涌出量，可根据回风风量和回风风流中瓦斯浓度求出，单位 m³/min；

P_1——瓦斯浓度爆炸下限，一般取 5%；

P_2——供风风流中瓦斯浓度，%。

12.3.4 处理爆炸事故的一般技术措施

（1）首先对遇险、遇难人员立即进行抢救；

（2）爆炸引起火灾而灾区内有遇难人员时，必须采取直接灭火法灭火；

（3）在保证进风方向人员已全部撤离的情况下，可以考虑采用反风措施；

（4）确认没有二次爆炸危险时，可以对灾区进行通风，排除有毒有害气体。

12.3.5 处理爆炸事故的安全注意事项

（1）救护队在执行任务前，必须了解事故性质，并制定侦察工作的安全措施，方能进入灾区进行侦察。

（2）抢救队进入灾区后，必须随时检查瓦斯和其他气体浓度，掌握各种气体浓度的变化，采取措施防止瓦斯连续爆炸。待采取措施后，确认没有爆炸危险，方可进行工作。

（3）救护队进入灾区前，应切断灾区电源。

（4）不应轻易改变通风系统，以防引起风流变化，发生意外事故。

（5）在有明火存在时，要严格控制风速，不使煤层飞扬。

（6）注意坍方冒顶，必要时应设临时支护。

12.3.6 瓦斯突出事故处理技术措施

1. 处理瓦斯喷出、突出事故的措施

1）一般原则

（1）救护队迅速抢救灾区遇难人员，并对充满瓦斯的坑道进行处理；

（2）通知灾区附近受到威胁的人员停止工作，撤出危险地段；

（3）迅速采取措施，以最大风量供给灾区，以最短路线排除瓦斯；

（4）为了防止瓦斯扩散，应封堵瓦斯排放源。

2）安全注意事项

（1）进入隧道抢救遇难人员，首先要切断电源，以防止人员触电和出现火花引起瓦斯爆炸；

（2）进入隧道必须认真检查气体和温度的变化，发现气体中 CO 和温度升高现象，应提高警惕，查明原因；

（3）当瓦斯喷出突出，发生燃烧时，可采用干粉、惰气灭火等措施，将火源扑灭，如果是大型瓦斯燃烧事故，应立即撤出人员，对灾区进行封闭；

（4）排放瓦斯时，应尽量避免排放的瓦斯空气流经过带电的电气设备，瓦斯浓度超过 0.75% 的气流排出洞口，洞口 50m 内应设岗哨。严禁烟火，除特许的人员以外，其他人员不得接近该地；

（5）为防止二次突出，防止突出孔洞的煤岩坍落伤人，应设置防护板，打密集支柱；

（6）处理 CO_2 突出的事故，要戴好防烟眼镜。

3）超排放瓦斯的一般原则

（1）超限排放瓦斯应由救护队执行；

（2）瓦斯通过的坑道，必须切断电源；

（3）不得在没有熄灭的火区排放瓦斯；

（4）为了加快瓦斯的排放速度，应减少坑道内通风阻力，消除坑道堵塞物；

（5）排放瓦斯时，瓦斯流经的坑道必须撤出人员，没有佩戴氧气呼吸器的人员，不得进入排放瓦斯的坑道；

（6）在洞内总回风道中排出的瓦斯浓度超过 0.75% 时，必须撤出人员，切断电源。

2. 瓦斯排放技术措施

（1）瓦斯含量不大时，使其自然排放，亦可用风筒或风管将瓦斯引至回风流或距工作面 20m 以外的坑道中，以保证工作面开挖放炮的安全；

（2）当瓦斯量大，喷出强度大，持续时间长，则可插管排放；

（3）在开挖工作面前方接近煤层 2m 左右，向煤层打若干超前钻孔排放瓦斯，钻孔周围形成卸压带，使集中应力移向煤体深部，达到防止突出的目的；

（4）当开挖面瓦斯含量较大，而且裂隙多、分布广时，可暂停开挖，封闭坑道抽放瓦斯。

12.3.7　瓦斯隧道的瓦斯监测

1. 建立健全专职的瓦斯监测管理机构

瓦斯监测管理机构的作用：主管各项管理制度的贯彻实施；了解和控制全隧道的瓦斯状况，指挥安全生产；负责瓦斯防突方案的制定，并指挥实施；负责全隧道通风状态的现场量测，并进行评估和提出改进意见；检查和校正各种瓦检设备；进行瓦斯工作人员的上岗培训；管理各种通风设备；隧道瓦斯及防突工作报表填写。

成立专门瓦斯监测领导小组，由分部经理任组长，安全总监任副组长，生产副经理和各部室负责人及各工班负责人为组员，主要对瓦斯的监测工作进行监督、检查和制定应对措施。下设安全监察工程师和专职检查员，安全监察工程师定期对各低瓦斯隧道进行瓦斯检查，并将监测数据整理汇总后上报监测中心，专职检查员每工班两次携带便携式光学甲烷检测仪进行瓦斯巡回检查，建立检查台账和监测数据记录，并执行日报制度。

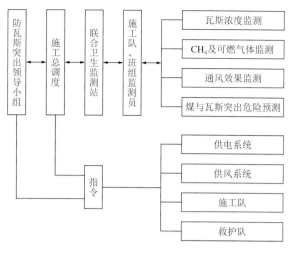

隧道施工瓦斯监测体系见图 12-1。

2. 瓦斯监测方法及监测记录

掌子面爆破后,在距离掌子面 20cm 处进行现场测量瓦斯浓度,测量位置为掌子面开挖轮廓内 20cm 处以及靠近通风机通风口的 100cm 处,现场读数,监测前使用检测仪的基座先将检测仪清零,检测仪设定的报警点为瓦斯浓度达到 0.5%,当瓦斯浓度达到报警点时,瓦斯检测仪会自动报警,为施工提供应急保证。

每日检测后及时填写监测记录,以便进行数据对比分析和全程追踪,数据记录表格见表 12-2。

图 12-1 隧道施工瓦斯监测体系图

瓦斯监测作业流程图见图 12-2。

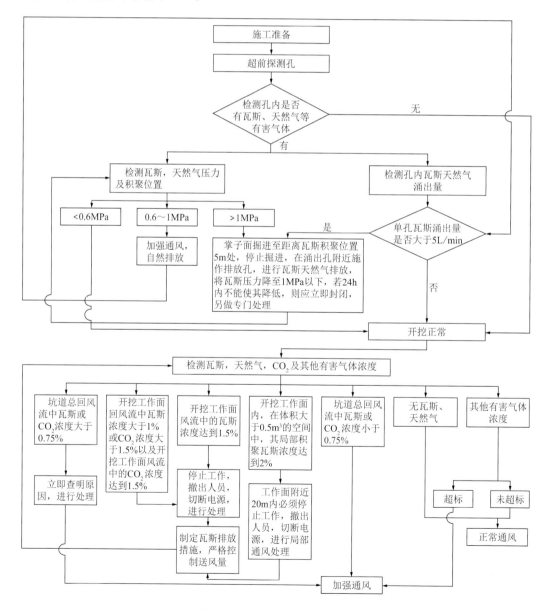

图 12-2 瓦斯监测作业流程图

隧道瓦斯监测记录表　　　　　　　　　表 12-2

序号	检测时间	检测部位	瓦斯浓度（%）	其他情况	记录者

3. 瓦斯检测方法

（1）瓦斯隧道每班应对开挖掌子面按规定检查，平常按 1 次/2h 频率检查，如有异常情况时应随时检测。每个断面应检查 5 个点，即拱顶、两侧拱脚和两侧墙脚各距坑道周边 20cm 处（图 12-3）。

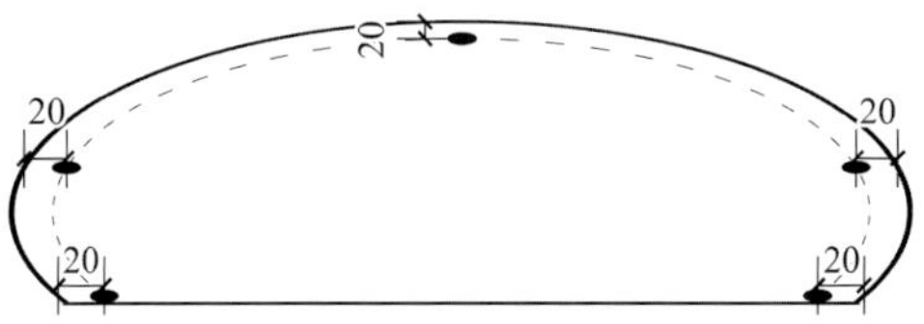

（2）瓦斯检测地点及范围应符合下列要求：

①开挖工作面风流、回风流中，爆破地点附近 20m 内的风流中及局部塌方冒顶处；

图 12-3　瓦斯检测部位示意图

②局扇附近 10m 内的风流中；

③各种作业台车和机械附近 20m 内的风流中；

④电动机及开关附近 20m 内的风流中；

⑤隧道洞室中，如变电所、水泵房、水仓、车洞、人洞等处；

⑥错车道位置及衬砌端头；

⑦接近地质破碎带处。

4. 人工检测

人工监控采用便携式瓦斯检测报警仪和光干涉甲烷测定仪。光干涉甲烷测定仪由专职瓦斯检测使用，带班作业人员及安检员、工班长进洞随身携带便携式瓦检仪。

（1）成立专门瓦斯检测班，并由经过专业培训合格且取得证件人员组成，每班 3 人，共 9 人。

（2）分部定期不定期对瓦斯检测人员进行考核，杜绝"漏检""假检"和"少检"，确保瓦斯浓度记录真实、准确。

（3）瓦斯检测地点及范围应符合下列要求：

①开挖工作面，风流、回风流中，爆破地点附近 20m 内的风流中及局部塌方冒顶处；

②局扇附近 10m 内的风流中；

③坑道总回风流中；

④各种作业台车和机械附近 20m 内的风流中；

⑤电动机及开关附近 20m 内的风流中；

⑥隧道洞室中，如变电所、水泵房、水仓、车洞、人洞等处；

⑦错车道的位置、衬砌的端头；

⑧接近地质破碎带处。

5. 隧道内瓦斯浓度限值及超限处理措施

隧道内瓦斯浓度限值及超限处理措施表见表 12-3。

隧道内瓦斯浓度限值及超限处理措施表 表 12-3

序号	地点	限值	超限处理措施
1	低瓦斯工区任意处	0.5%	超限处 20m 范围内立即停工，查明原因，加强通风监测
2	局部瓦斯积聚（体积大于 0.5m³）	2.0%	附近 20m 停工，撤人，断电，进行处理，加强通风
3	开挖工作面风流中	1.0%	停止电钻钻孔
4	爆破后工作面风流	1.0%	超限时继续通风不得进人
5	局部通风机及电气开关 20m 范围内	0.5%	超限时应停机并不得启动
6	钻孔排放瓦斯时回风流中	1.5%	超限时撤人，停电，调整风量
7	竣工后洞内任何处	0.5%	超限时查明渗漏点，并向设计单位反映，增加运营通风设备

12.4 瓦斯隧道安全施工专项技术

12.4.1 瓦斯监测方案

1. 隧道瓦斯监测的内容

在施工中，对安全生产影响最大的是瓦斯（主要成分是 CH_4）的浓度。故在隧道施工中，主要以 CH_4 为监测对象，采用自动瓦斯监控系统监测隧道内 CH_4 气体的浓度变化情况。

2. 监控方案总述

瓦斯隧道选用 KJ-101 型瓦斯监测系统。

KJ-101 自动监测系统采用分布式网络化结构，一体化嵌入式设计，具有红外遥控设置，独特的三级断电控制和超强异地交叉断电能力，可实现计算机远程多级联网集中控制和安全生产管理。该系统由洞外计算监控中心、洞内分站、洞内风速传感器、低浓度瓦斯传感器、远程断电仪和自动报警器组成，工作原理如图 12-4 所示。

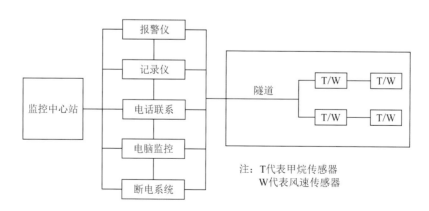

注：T 代表甲烷传感器
W 代表风速传感器

图 12-4 KJ-101 一体化监控系统原理示意图

瓦斯隧道自动瓦斯监测系统由 2 台主机（其中 1 台备用）、2 个分站、6 个低浓度瓦斯传感器、6 个 CO 传感器、6 个 CO_2 传感器、6 个温度传感器、6 个风速传感器、3 个开停传感器、3 个风筒传感器、3 个报警器、3 个 mK1KFD-4J 型瓦斯断电仪、2 套设备电源和 1 台备用电源组成。隧道每间隔 500～1000m 平行设甲烷传感器、风速传感器一组。该系统瓦斯监测范围：0%～4%CH₄，瓦斯检测反应速度 ≤30s；风速监测范围：0.3～15m/s。该系统可实现洞内传感器声光报警及洞外监控中心自动报警。

在监控系统的设计中，掌子面拱顶下应布置两台低浓度瓦斯传感器，分站布置在距掌子面 700m 的地方（分站处设有低浓度瓦斯传感器 1 台、风速传感器 1 台），随着隧道不断掘进，分站和掌子面两台传感器同时前移。长距离独头掘进的隧道，每 700m 之间增设一组传感器。灵岩山隧道出口工区瓦斯监控系统平面布置图如图 12-5 所示。

3. 信息传输系统电缆选用及布置要求

（1）监测系统传输电缆要专用，以提高可靠性。

（2）监测系统所用电缆要具有阻燃性。

（3）监测系统中各设备之间的连接电缆需加长或作分支连接时，被连接电缆的芯线应采用接线盒或具有接线盒功能的装置，用螺钉压接或插头、插座插接，不得采用电缆芯线导体的直接搭接或绕接的方式。

（4）具有屏蔽层的电缆，其屏蔽层不宜用作信号的有效通路。在用电缆加长或分支连接时，相应电缆之间的屏蔽层应具有良好的连接，而且在电气上连接在一起的屏蔽层一般只允许一个点与大地相连。

（5）所有传输系统直流电源和信号电缆尽量与电力电缆沿隧道两侧分开敷设，若必须在同一侧平行敷设时，它们与电力电缆的距离不宜小于 0.5m。

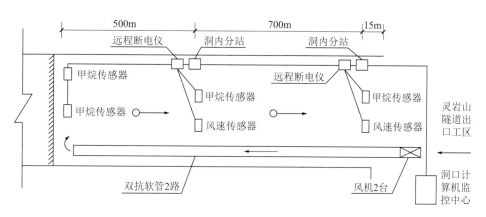

图 12-5　灵岩山隧道出口工区瓦斯监控系统平面布置图

4. 分站的安装要求

分站应安装在便于工作人员观察、调度、检验、支护良好、无滴水、无杂物的地方。其距离地面的高度不应小于 0.3m，并加垫木或支架牢固固定。独立的声光报警箱悬挂位置应满足报警声能让附近的人听到的要求。

5. 传感器的布置安装要求

各种传感器的安装应符合传感器说明书的要求。灵岩山隧道出口工区的传感器布置应满足下列要求。

1）开挖工作面传感器布置要求

低瓦斯隧道掘进工作面设低浓度瓦斯传感器，报警浓度为 1.0%CH₄，瓦斯断电浓度为

1.5%CH$_4$，复电浓度为小于 1.0%CH$_4$，断电范围为开挖工作面中全部非本质安全型电气设备。在实际施工过程中，使用瓦斯自动检测报警断电仪的开挖工作面，只准人工复电。人工复电前，必须进行瓦斯检查，确认瓦斯浓度达到《公路瓦斯隧道技术规范》DB52/T 1666—2022 的规定后，方可人工复电。

2）回风区传感器布置要求

瓦斯隧道回风区，报警浓度为 0.75%CH$_4$，瓦斯断电浓度为 0.75%CH$_4$，复电浓度为小于 0.75%CH$_4$，断电范围为回风区全部非本质安全型电气设备。

3）安设传感器的其他注意事项

（1）传感器应自由悬挂在拱顶下 300mm 处，其迎风流和背风流 0.5m 之内不能有阻挡物。

（2）传感器悬挂处支护要良好，无滴水，走台架过程等不会损坏传感器。

6. 洞口中心站的布置要求

中心站计算机电源应由在线式不间断电源或交流稳压器加后备式不间断电源供给，中心站机房应采用空调设施及抗静电地板。

7. 项目管理

针对本项目，项目部通过招标形式专门委托具有资质的瓦斯监测咨询机构负责现场瓦斯自动监测设备的安装、调试、管理，以及本工程瓦斯监测、超前预报、通风监测、瓦斯抽放、自然发火等监测监控服务的全部内容。

8. 瓦斯监控系统的运行与管理

（1）由于隧道采用湿作业施工的特点及压入式通风方式，瓦斯传感器等的安设位置是动态变化的，瓦斯监控技术人员为项目部提供隧道开挖前进过程中、通风方式变化等情况下的监控系统管理、维护，瓦斯传感器、风速传感器等的布置技术服务，同时提供瓦斯传感器、风速传感器等的校检、更换等内容。

（2）瓦斯监测系统提供的数据是对隧道内瓦斯进行实时动态监测的结果，其结果受温度、爆破振动等因素的影响，因此就需要对数据进行分析、整理，为施工管理人员指导安全生产提供可靠的瓦斯参数依据，瓦斯监控技术人员 24h 值班，进行相关方面的瓦斯监测工作。

（3）瓦斯监控系统 24h 安排人员不间断值班，对监控系统进行维护，定期检查监控线路、主机、分站、传感器等的完好性。

（4）发现监控数据出现异常或监控系统发出报警信号时，监测机构管理人员立即通知项目相关人员，并到现场进行技术指导，协助排除隐患。

（5）监测机构项目管理人员对监控系统数据进行整理、分析，为施工管理人员指导安全生产提供可靠的瓦斯参数依据。

（6）监测机构项目管理人员每天提交瓦斯监测咨询服务日报，每月提交瓦斯监测咨询服务月报。

9. 瓦斯超限处理措施

（1）瓦斯浓度管理应按三级管理实施，即隧道内任何一处瓦斯浓度低于 0.3%时可正常施工，当达到 0.4%时应报警，当达到 0.5%时应停工检查并加强通风。

（2）在焊接、切割等工作点前后各 20m 范围内，风流中瓦斯浓度不得大于 0.5%，并检查证明作业地点附近 20m 范围内隧道顶部、支护背板后无瓦斯积存时方可进行作业，作业完成后由专人检查确认无残火后方可结束作业。

（3）低瓦斯工区和高瓦斯工区可按绝对瓦斯涌出量进行判定。当全工区的瓦斯涌出量小于 0.5m³/min 时，为低瓦斯工区；大于或等于 0.5m³/min 时，为高瓦斯工区。

（4）对隧道内瓦斯浓度超限施工处理措施应严格按照表 12-4 执行。

瓦斯浓度超限施工处理措施表　　　　　　表 12-4

序号	地点	限值	超限施工处理措施
1	瓦斯工区任意处	0.5%	超限处 20m 范围内立即停电，查明原因，加强通风监测
2	局部瓦斯积聚（体积大于 0.5m³）	2.0%	超限处附近 20m 停工、断电、撤人，进行处理，加强通风
3	开挖工作面风流中	1.0%	停止电钻钻孔
		1.5%	超限处停工，撤人，切断电源，查明原因，加强通风
4	回风巷或工作面回风流中	1.0%	停工、撤人、处理
5	放炮地点附近 20m 风流中	1.0%	严禁装药放炮
6	煤层放炮后工作面风流中	1.0%	继续通风、不得进入
7	局扇及电气开关 10m 范围内	0.5%	停机、通风、处理
8	电动机及开关附近 20m 范围内	1.5%	停止运转、撤出人员，切断电源，进行处理
9	竣工后洞内任何处	0.5%	查明渗漏点，进行整治

12.4.2　瓦斯地质超前预报方案

1. 瓦斯地质超前钻孔

本项目拟成立 1 个瓦斯隧道超前钻孔探测服务项目机构，主要管理人员由瓦斯监测机构服务组人员担任，负责隧道进、出口的超前钻孔探测工作。拟安排 2~3 台钻机，每次在掌子面钻孔 3 个，每个孔深 50~80m（因围岩类型、硬度等不同，需实际情况确定），每个循环搭接 5m，按延米计量，超前钻孔的 3 个孔分别布置在掌子面中上部和下部左、右侧，并需在掌子面搭建安放钻机的操作平台。钻机钻进时需提供水、电、气支持。

2. 钻孔探测内容

在设计图纸提供的地质资料基础上开展地质超前预报工作，预报掌子面前方 50~80m 及周围约 10m 内的地质情况，探测隧道掌子面前方瓦斯及地质情况。根据地质预报分析煤层赋存情况、瓦斯影响范围，提出瓦斯治理措施建议，并提交瓦斯超前钻孔探测报告。

3. 施工工艺

1）测量布孔

施钻前按孔位置图设计的尺寸用经纬仪准确测量放线，将开孔孔位用红油漆标注在掌子面上。

2）设备就位

孔位布好之后，将钻机平台车、空压机平板车顺次拖至工作位置。设备就位后，接通各动力电源和供风管路。安装电路要由专业电工操作，确保安全，供风管路要连接紧密，无漏气现象。

3）对正孔位

固定钻机将钻具前端对准掌子面上的孔位，然后调整钻机方位。钻机升降利用平台自身的升降系统操作。当升降系统有限时，可借用方木进行升降。用经纬仪测定钻具尾端位置，使之调整至设计的空间点位，然后用螺栓将钻机紧固在台车上。

4）开孔、安装孔口管

钻机固定后，将ϕ75 冲击器安装在钻杆前端，启动钻机，打开供风系统，开钻。开孔时"轻压、慢转"，以防止孔位发生偏斜。钻进 1m 后再加压加速。待孔深达到 2m，提出钻具，安装孔口管。

孔口管由一端焊有法兰盘的ϕ108 钢管制成，长度为 2m。将钢管上缠绕麻丝，用钻机强力推入孔中并用膨胀螺栓加固，以防高压水将孔口管冲脱。埋设时孔口管应露出工作面 0.2～0.3m，孔口管外端安装三通、高压球阀和防尘系统。

4. 钻孔揭示的地质情况判定

对钻孔揭露的地质情况由地质技术人员进行现场记录，必要时进行相关的试验、测试以判定施工前方的地质情况。

具体方法有：

1）根据钻进速度判定

钻机在相同岩层中的钻进速度是均一的，结合隧道开挖揭示的地层岩性，根据钻机在钻进过程中的速度变化、是否有卡钻现象等，便可判断前方岩体的完整程度以及是否存在不良地质体。

2）根据岩粉判定

在钻孔过程中，孔中不断有岩粉被高压风吹出，通过鉴定岩粉的成分，可了解前方地质体的性质。

3）根据冲洗液判定

钻机在钻进过程中，通过冲洗液颜色的变化，可以判定钻孔前方岩层的变化，根据冲洗液所含杂质的成分可判定前方是否存在异常体以及异常体性质、异常体发育的深度和规模。

4）瓦斯气体判定

在地质超前预报期间，对钻孔附近、钻孔内、掌子面及附近 20m 范围内的冒落空洞处、隧道顶部隅角处等重点部位进行瓦斯浓度检测。

12.4.3 瓦斯通风方案

1. 通风方式

（1）进出口均采用压入式通风；

（2）仅考虑洞内作业和排除渗漏瓦斯的卫生和安全要求。

2. 通风设备

根据设计要求：通风设备主风机采用 HP3LN26 号，功率 276.06kW，布置于洞口。洞内主风机采用 FBDCZ（A）-6-N0 型（防爆型，每台功率 110kW）和局扇 SLFJ100-2K 型（防爆型，每台功率 22kW），污浊风流应引至洞外高处排放，避免随新鲜风流进入洞内。

3. 风速要求

本隧道回风风速按 0.5m/s 设计，为防止瓦斯积聚，对如塌腔、模板台车、加宽段、避车洞等处增加局扇或高压风进行解决，对于一般段落采用射流风机卷吸升压以提高风速，从而解决回风流瓦斯的层流问题。

4. 瓦斯浓度

根据《公路瓦斯隧道设计与施工技术规范》JTG/T 3374—2020，对隧道内不同地段的瓦斯浓度有不同的要求。为确保施工安全，放炮地点 20m 以内风流中瓦斯浓度达到 1% 时，严禁放炮，开挖风流中和电动机及其开关附近 20m 以内风流中瓦斯浓度达到 1.5% 时，必须停止工作和电机运转，撤出人员，切断电源，进行处理。本隧道通风瓦斯浓度按小于 0.5% 考虑。

5. 通风的连续性

（1）根据相关规范，在瓦斯隧道施工期间，应实施连续通风。因检修、停电等原因停风时，必须撤出人员，切断电源。

（2）每个洞口安装 2 台 110kW 轴流风机（1 台运行，1 台备用）通过 ϕ1.5m 双抗风管（阻燃、抗静电）将新鲜空气送至掌子面。通风机设在洞外距洞口 30m 处。风管最前端距掌子面 5m，并且前 55m 采用可折叠风管，以便放炮时将此 55m 迅速缩至炮烟抛掷区以外。

（3）掌子面至模板台车地段设置移动式局扇（将轴流风机安装在平板车上）配合软风管供风，以增加瓦斯易聚集地段的风速，防止瓦斯聚集。

（4）在掌子面至模板台车地段的死角、塌腔等部位用高压风将瓦斯引出。具体方案为根据瓦斯检测结果对其吹入高压风，将其聚集的瓦斯吹出，使之与回风混和后排出。

（5）在每个隧道的紧急避车洞处设置 5.5kW 局扇一台，以吹散该处聚集的瓦斯。

（6）通风管理。

①成立专门的通风安装、使用、维修、维护的通风班组，每天进行巡检。保证管路顺直，无死弯、漏洞，其开机人员每天按班组对风机运行进行记录登记。

②通风系统安装后，首先，由项目部组织人员对通风设施进行验收，确认通风效果是否与设计相符。其次，项目部组织相关人员每周对通风进行定期检查。

③钻眼、喷锚、出碴运输、安装格栅钢架、掌子面塌方、塌方处理、瓦斯浓度大于或者等于 0.5% 时，风机要高速运转，加强检测确保洞内任一处瓦斯浓度降至 0.5% 以下才能施工。

④风机的停运，关开、变速由监控中心专人负责调度指挥，并且做好相应的记录并签认后备查，其他任何人不准擅自停机。当移动模板台车时，风机采取低挡位供风，以保证供风的连续性。

⑤通风设施安装完正常运转后，每 10d 进行 1 次全面测风，对掌子面和其他用风地点，根据实际需要随时测风，每次测风结果做好记录并写在测风地点的记录牌上。若风速不能满足规范要求，采用适当的措施，进行风量调节。

⑥每 7d 在风管进风、出风口测一次风速及风压，并计算漏风率，如漏风率大于 1%，分析查找原因，尽快改正，确保送至掌子面的风量与设计相符，如图 12-6 所示。

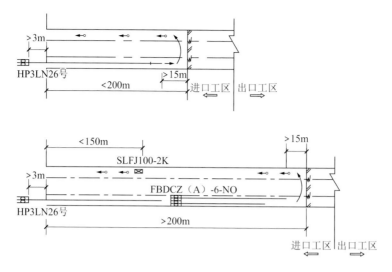

图 12-6 进出口工区压入式通风平面布置示意图

12.4.4 供电、通信方案

1. 供电方案

依据《公路瓦斯隧道技术规范》DB52/T 1666—2022 "高瓦斯工区供电应配置两路电源。工区内采用双电源线路，其电源线上不得分接隧道以外的任何负荷。"的要求，本隧道进、出口供电方案为各自独立系统，单洞配备双电源线路，即一条来自公用变电站和一条来自自备发电站的两条电源线路。洞内电气全部采用防爆型。并做到"三专""两闭锁"，即专用变压器、专用开关、专用供电线路和瓦斯浓度超标时与供电的闭锁、局扇通风与供电的闭锁，以保证瓦斯隧道安全施工。

2. 供电要求

（1）隧道内设两回路电源线路，主要供隧道内射流风机、照明及局扇使用，当一回路运行时，另一回路备用，以保证供电的连续性。

（2）隧道施工单边长度为 700m 左右，采用低压进洞，不需要高压进洞。

（3）电压波动范围，高压为额定值±5%，低压为额定值±10%。

（4）洞内低压电缆使用不延燃橡套电缆，电缆的分支连接使用与电缆配套的防爆连接器、接线盒。

（5）为保证隧道的正常通风及照明，进出口各备用 1 台足够能力的发电机，在停电 15min 内，启动发电机供隧道内通风、监测及照明。

（6）进入隧道内的供电线路，在隧道洞口处装设避雷装置。

（7）施工照明：洞内照明系统采用矿用防爆主电缆在各相应地段设置照明及信号专用 ZXB4 型综合保护装置，将 380V 三相中性点不接地电源降为 127V，用分支电缆、防爆接线盒接入防爆灯具，以满足道路和施工的需要。

（8）固定敷设的电线采用铠装铅包纸绝缘电缆。铠装聚氯乙烯或不延燃橡套电缆；移动式或手持式电气设备的电缆，采用专用不延燃橡套电缆；开挖面采用铜芯质电缆。

（9）隧道内固定照明灯具采用 EXdⅡ型防爆照明灯。每 20m 设置一盏，开挖工作面附近移动照明灯具采用 EXd I 型矿用防爆照明灯。

3. 施工通信方案

（1）在掌子面和洞口及值班室设置防爆应急电话，确保信息安全畅通。

（2）隧道内固定敷设的通信、信号和控制用电缆全部采用铠装电缆、不延燃橡套电缆或矿用塑料电缆。

（3）为防止雷电波及隧道内引起瓦斯事故，通信线路在隧道洞口处装设熔断器和避雷装置。

12.4.5 机械的防爆性能改装方案

1. 机械要求

（1）隧道内非瓦斯工区和低瓦斯工区的电气设备与作业机械可使用非防爆型，其行走机械严禁驶入高瓦斯工区和瓦斯突出工区。

（2）隧道内高瓦斯工区和瓦斯突出工区的电气设备与作业机械必须使用防爆型。

2. 机械的改装

与具有资质的防爆改装签订合同，由其负责对机械进行防爆性能改装，以达到施工要求。

3. 改装后机械的性能

（1）防爆柴油机的技术要求：

①排气温度不超过 70℃；

②水箱水位下降设定值和机体表面温度不超过 150℃；

③电气系统采用防爆装置；

④启动系统采用防爆装置；

⑤以上各项设定值是光指标、声报警，延时 60s 自动停车；

⑥防爆柴油机采用低水位报警和温度过高报警。

（2）排气系统中 CO、氮气化物含量不超过国家设定排放标准。

改装柴油机防爆系列按照国家柴油机的技术规范和要求标准。

12.4.6 防突方案

参考《煤矿安全规程》《防治煤与瓦斯突出规定》，考虑到隧道地质条件的复杂性和不确定性，为确保瓦斯隧道施工安全，制定瓦斯防突预案，一经发现可能发生瓦斯突出，应立即启动本预案。

1. 总体原则

（1）在施工过程中对瓦斯异常涌出或有突出危险段应严格按照《煤矿安全规程》《防治煤与瓦斯突出规定》和有关规定实施防治煤（岩石）与瓦斯突出管理执行。

（2）根据超前探测钻孔施工情况、瓦斯压力和流量，参照相关规范规定"钻孔过程中出现顶钻、卡钻及喷孔等动力现象时，应视该开挖工作面为突出危险工作面"，结合地勘地质报告情况，确定是否有异常涌出和突出危险。

（3）结合煤矿现有防治预防煤（岩石）瓦斯突出的经验，按我国《防治煤与瓦斯突出实施细则》要求，预防煤（岩石）瓦斯突出应采取"四位一体"防突综合措施，包括：

①突出危险性预测；

②防治突出措施；

③防治突出措施的效果检验；

④安全防护措施。

"四位一体"防突综合措施执行系统如图 12-7 所示。

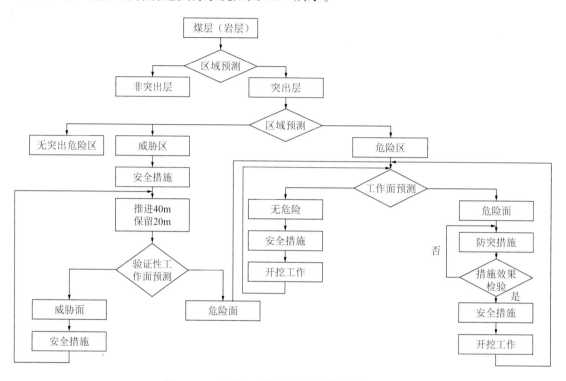

图 12-7　"四位一体"防突综合措施执行系统

2. 突出危险性预测

（1）突出危险性预测指标

①根据公路隧道的有关规定，参照规范的有关规定，结合隧道地质及瓦斯具体特点，采用以瓦斯压力 P 值为主、结合综合指标 D、K 值作为瓦斯突出危险性预测的定量指标。突出危险性预测方法中有任何一项指标超过临界指标，该开挖工作面即为有突出危险工作面。其预测时的临界指标可参照表 12-5 所列突出临界值。

突出危险性预测指标临界值　　　　　　　　　　　　　　　　　　　表 12-5

预测类型	预测方法	预测指标	突出危险性临界值
开挖工作面突出危险性预测	瓦斯压力法	P（MPa）	0.74
	综合指标法	D_m	0.25
		K	20（无烟煤）、15（其他煤）

②如钻孔过程中出现顶钻、卡钻及喷孔等动力现象时，应视该开挖工作面为突出危险工作面。

（2）突出危险性预测手段

综合煤矿预测掘进工作面防突预测手段主要为：采用地质雷达和电磁辐射技术预测物探方法

初步预测工作面突出危险性，再采用钻探方法实施防突措施。根据现场实际情况，采用超前钻孔方法预测工作面突出危险性。隧道结合瓦斯探测孔，预测前方出现煤与瓦斯异常涌出或突出的可能性，若预测前方可能出现煤与瓦斯异常涌出或突出，可进行全断面超前瓦斯预测钻孔。预测孔超前安全距离保持 10m 以上，严禁超掘。

根据本项目隧道地质构造结构、瓦斯特点及现场实际情况，如全部钻孔预测均无突出危险且各项指标比较均匀，则可视为该工作面无突出危险，否则应视为该工作面有突出危险，应实施防治突出措施。

（3）防治突出措施

采用钻孔排放方案处置煤与瓦斯突出。瓦斯排放（检验）钻孔到超前探测钻孔的距离不大于 2m，瓦斯排放效果检验采用与预测相同的方法。

（4）防治突出措施的效果检验

在钻孔排放瓦斯实施后，必须进行效果检验，以确认防突措施是否有效。

对于采用钻孔排放瓦斯的煤层，在排放一定时间（15～30d）后，由隧道上半断面掌子面打检验孔，检验孔孔底应位于排放瓦斯范围内，在排放钻孔之间（最少应打两个），采用与预测孔相同方法测定。如在判定煤层突出危险临界值以下，认为措施有效，否则应延长排放瓦斯时间，增加排放孔数量或采取其他补救措施。

钻屑指标法临界值见表 12-6。

钻屑指标法临界值

表 12-6

最大钻屑量 $S[K]$		钻屑解析指标				突出危险性
kg/m	L/m	$\Delta h[ZX]$（Pa）	$C[K]$	\multicolumn 2 c		
				$C[1.K]$（mL/g min$^{0.5}$）		
				$f \geqslant 0.35$	$f < 0.35$	
> 6	> 5.4	> 200	> 2.3	> 0.8	> 0.6	突出危险
< 6	< 5.4	< 200	< 2.3	< 0.8	< 0.6	突出威胁

检验结果其中有任何一项指标，或在打检验孔时发生顶钻、卡钻及喷孔等动力现象时，应认为防突措施无效，必须采取补充防突措施（如采用抽放或水力冲孔等）。

如经效果检验测量瓦斯情况在指标控制范围内，则可以在安全防护措施条件下进行隧道工程其他工序作业（如超前支护、台阶法开挖等）。

（5）安全防护措施

安全防护措施主要有：远距离放炮（洞外放炮）、横通道设反向风门后作为避难洞室、施工人员必须配备自救器、加强超前支护与结构支护等措施。

①爆破措施。

经预测有突出危险工作面，采取防突措施并经效果检验有效后，隧道放炮作业除必须按照瓦斯隧道爆破安全的有关规定外，还必须采用远距离放炮作业，开挖工序中任何一步放炮时，隧道内所有人员必须全部撤离到隧道外。

②隧道开挖方式。

根据防突隧道要求，结合现场地质情况、工程实施难易程度、工程造价、通风控制等多方面比较，采用保留核心土环形掏槽开挖方法施工。

③施工安全距离。

按煤矿《防治煤与瓦斯突出规定》的要求，应预留足够的安全距离。

（6）根据隧道的现场情况，对隧道的支护措施进行加强，确保隧道结构安全。

12.5 瓦斯隧道施工安全控制技术

12.5.1 瓦斯隧道施工工艺安全技术

（1）瓦斯隧道施工必须编制相应施工组织设计，制定瓦斯控制方案及安全技术措施。

（2）要采用正台阶法开挖，拱部开挖一次成形，及时喷混凝土封闭围岩减少瓦斯溢出。开挖时一定要采用光面爆破，减少岩面坑洼不平造成局部瓦斯积聚。

（3）钻爆开挖要坚持多打眼、少装药、短进尺、快喷锚、强支护、勤检测，采用超前注浆锚杆双液注浆，加固岩体堵塞岩体裂隙，减少或阻止瓦斯外溢。

（4）钻孔装药：采用煤电钻打眼，孔深小于 60cm 时，不能装药放炮；孔深 60～100cm 时，封泥不小于孔深一半；孔深大于 1m 时，封泥不小于 50cm；孔深大于 2.5m 时，封泥不小于 1m。

（5）起爆：

①要采用电力起爆，使用五段电雷管，电雷管要完全插入药卷内，瞬发雷管和毫秒延时雷管不得在同一网络使用；

②起爆母线要用铜芯绝缘线，严禁用裸线和铝线芯代替，母线要采用单回路；

③起爆器要在洞口 20m 处，放炮时洞内要停电；

④同一串联网络的雷管必须是同一厂家、同一批号、同一牌号；

⑤最后一段雷管的延续时间不得超过 130ms。

（6）雷管和炸药：必须使用取得生产许可证的煤矿专用雷管和煤矿专用炸药。炸药内加盐可降低猛力，阻止产生火花。

（7）爆破管理：

①爆破前后雷管、炸药数量要及时清点，及时回收入库或交回，并做好爆破记录；

②放炮后必须通风排烟 15min 以上，由炮工先检查放炮现场，没有危险后其他人员再进入作业现场，进行碴堆路面洒（喷）水后，出碴机械再进行出碴作业；

③打眼、装药、封泥和放炮都必须符合瓦斯防爆的有关规定，严禁采用明火放炮。

（8）采用湿式作业：钻孔与喷射混凝土作业要做到先开水后开风，以密闭粉尘，避免产生火花。

（9）拱架连接：所有格栅和型钢拱架连接钢筋一律采用机械连接，不得焊接连接。

（10）二次衬砌混凝土：

①加入气密剂（如 NF-B 型气密剂），增强衬砌混凝土的气密性；

②二衬混凝土施工作业应斜向振捣，不要垂直方向振捣；

③二衬混凝土拆模时要用木槌敲打，防止产生火花。

12.5.2　瓦斯隧道施工通风安全技术

（1）瓦斯隧道施工前，要根据勘测设计文件提供的隧道瓦斯最大涌出量、里程段落长度、投入机械设备及人员数量等因素，考虑一定富裕系数，提前做好通风设计计算，确定施工通风风量、风速（不小于 1m/s），科学选配隧道施工通风所需风机、风管的性能和规格。确保隧道空气中的瓦斯浓度稀释到允许浓度以下。

（2）瓦斯隧道施工通风设计计算选配通风机械设备要考虑设备故障因素，配备足够的备用设备，防止设备故障造成洞内瓦斯积聚与超限。

（3）要选用防爆型风机、阻燃型防静电风管，风机距洞口 20m 布设。

（4）施工过程中加强瓦斯隧道施工通风管理，对通风机械设备、通风管路要做到经常性维护保养和检查，降低通风系统的故障率、减少通风管路的漏风量，确保施工通风系统正常和通风效果。

（5）瓦斯隧道施工通风机必须设两路供电系统，并装设风电闭锁装置。当一路电源停止供电时，另一路电源应有 15min 启动，保证风机的运转。注意保证施工通风供电线路的维护、管理和检修，必须配置自发电及备用供电系统，避免因停电或供电线路故障时造成洞内瓦斯积聚或超限。

（6）因停电、通风机械设备故障等因素造成的通风系统停止运行，在恢复正常通风后，对隧道上部、坍塌洞穴、避车洞等通风不良、瓦斯易积聚的地点，瓦斯不得超过 2%，当检查超过此浓度时，应停止施工，撤出人员，切断电流，停止电动机运转或开启电气开关，待进行局部充分通风处理后，由瓦斯检测员进行再次专项检测，证实瓦斯浓度低于规定允许浓度，确认安全后方可恢复施工。

（7）工作面若采用局扇通风，由于局扇或供电故障造成局扇停风时，在恢复局扇通风前，必须检查瓦斯浓度，证实爆破工作面附近 20m 范围内的 CH_4 浓度不超过 1%，且局扇及其开关附近 10m 风流中，CH_4 浓度不超过 0.5% 时，方可启动局扇通风。否则，必须先采取相应排除瓦斯的安全措施。

（8）因工序衔接、施工组织等临时停工的施工地点不得停风，不得在停风或瓦斯超限的区域进行机械施工作业。

（9）对施工通风系统或通过设施等出现异常时，如通风风筒脱节或破坏等，必须及时组织修复，尽快恢复正常通风。

（10）发生瓦斯涌出、喷出的异常状况时，必须及时采取措施，首先考虑杜绝一切可能产生火源、断电、加强通风，同时尽快撤出施工人员，对隧道进行警戒，进一步研究考虑采取抽排瓦斯的具体安全措施。

12.5.3　瓦斯检测安全技术

（1）对瓦斯隧道施工必须制定并实施相应的瓦斯检测等制度（如一炮三检制、三人连锁爆破制等）。

（2）隧道内一般地段瓦斯浓度不宜超过 0.5%，否则应加强通风和检测；在隧道开挖工作面风

223

流中，瓦斯浓度不得超过 1%，当检查超过此浓度时，应停止钻眼放炮；当浓度超过 1.5% 时，应停止施工，撤出人员，切断电源，停止电动机运转或开启电气开关，待采取措施处理后进行再次检查，确认安全后方可施工。

（3）要指派 3 名专职瓦斯检测员，实行"三班制"24h 不间断巡查检测。检测频率每小时检查一次，瓦斯浓度的测定应在隧道风流的上部。

（4）低瓦斯隧道要配置便携式瓦斯检测仪，高瓦斯隧道或可能瓦斯突出的隧道还要配置高浓度瓦斯检测仪和瓦斯自动检测报警断电装置。

（5）对瓦斯检测仪器、装置要经常性检查和校准，确保其精准和有效性。

（6）加强对洞内死角，尤其是隧道上部、坍塌洞穴、避人（车）洞等各个凹陷处通风不良、瓦斯易积聚的地点，严格进行浓度检测，如瓦斯浓度超过 2% 以上时，应立即采取局部加强通风措施进行处理。

（7）瓦斯检查人员要做好检查瓦斯的详细记录，每工班要进行交接签字手续，瓦斯检测员、技术员、施工员（工班长）接班时要查阅上一班的检测记录，并向项目经理部安全专管部门汇报。

（8）每天的瓦斯检测记录交项目经理部安全专项部门，由安全专管部门专职工程师进行数理统计和分析，提前掌握洞内瓦斯溢出的发展动态，发现有异常现象，及时向项目总工程师、项目经理提出采取措施处理的建议。

（9）项目经理或总工程师每天应审阅通风瓦斯日报表，进洞时必须携带瓦斯检查仪进行瓦斯检查。

（10）根据洞内瓦斯涌出或溢出情况，可考虑安装设置自动量测警报系统。

12.5.4　瓦斯隧道机电设备安全技术

（1）不准在洞内拆卸和修理设备。

（2）瓦斯工区使用的光电测距仪及其他有电源的仪器设备，均应采用防爆型，当采用非防爆型时，在仪器设备 20m 范围瓦斯浓度必须小于 1%。

（3）安装后的机电设备，必须经过外观、防爆性能、操作性能的检查，合格后方可投入使用。

（4）机电设备重点检查专用供电线、专用变压器、专用开关、瓦斯浓度超限与供电的闭锁情况。供电线路应无明接头，接头连接应牢固、紧密不松散，有漏电保护及接地装置，电缆悬挂整齐，防护装置齐全等。

（5）瓦斯隧道使用的机电设备，在使用期间，除日常检查外，尚应按规定的周期进行检查。

（6）固定敷设的照明、通信、信号和控制用的电缆应采用铠装电缆或矿用塑料电缆。

（7）电缆不应与风、水管敷设在同一侧，当受条件限制时，必须敷设在管子的上方，其间距应大于 0.3m。

（8）所有洞内照明一律采用防爆型照明灯具。

（9）为防止洞内施工机械摩擦火花和机械摩擦、冲击热源引起的瓦斯隐患，洞内施工机械应采取如下措施：

①在机械摩擦发热部件上安设过热保护装置和温度检测报警装置；

②对机械动力传动部位或机构可能产生摩擦热处，要及时润滑、保养、清除污物，严防异

物进入；

③在机械摩擦部件金属表面，溶敷活性低的金属铬，使之外表面形成的摩擦火花难以引燃瓦斯；

④在铝合金表面涂丙烯酸甲基酯等涂料，以防摩擦火花的发生。

12.5.5 瓦斯隧道消防安全技术

1. 消防（防火）设施

（1）必须在洞外设置消防水池和消防用砂，水池中经常保持不小于 200m³ 储水量，保持一定的水压；

（2）设置灭火器等灭火设备或设施，并经常保持良好状态。

2. 洞内火源管理

（1）必须严格执行"严禁烟火进入隧道"的安全规定，作业人员进洞前，必须经洞口值班人员检查，严禁携带烟草、点火物品和穿化纤衣服入洞；

（2）洞内严禁使用灯泡和电炉等，不得从事电、气焊等工作；

（3）洞口值班房、通风机房等洞口附近 20m 范围内不得有火源；

（4）出碴运输车辆要安装尾气排放净化器，防止排放尾气带有火花。

3. 易燃品管理

（1）瓦斯隧道洞内及洞口附近不得存放各种油类，废油及时运出洞外；

（2）加强油料运输管理，严禁在瓦斯隧道洞内及洞口附近发生油料的"滴、漏、跑、冒"现象，以免留下安全隐患。

12.5.6 瓦斯隧道施工人员安全技术

（1）爆破工、焊工、电工和特种设备司机等特业人员和安全员、瓦斯检测员、仓库保管员必须经过正规安全培训，懂得瓦斯隧道施工安全知识，保证 100%持证上岗。

（2）所有参与瓦斯隧道施工的作业人员上岗前必须经专门的瓦斯隧道施工安全知识培训，考核合格后方可上岗作业。

（3）进入瓦斯隧道的人员必须在洞口进行登记，并均要求携带个人自救器。

（4）严禁穿易产生静电的服装进入含有瓦斯的工区。

（5）钻工必须穿棉质服装、雨衣和胶鞋，佩戴防尘口罩。

（6）瓦斯隧道各道工序、各种作业施工前，必须对作业人员严格执行安全技术交底制度。

12.5.7 瓦斯隧道煤与瓦斯突出安全技术

预防瓦斯突出可采用"探、排、引、堵"的安全技术措施，具体如下：

（1）超前探明地质结构。瓦斯隧道施工，在掘进工作面前方和两侧钻孔，探明是否存在含有大量瓦斯的断层、裂隙和溶洞，以及它们的位置、范围和瓦斯情况。

（2）排放瓦斯。在探明地质构造后，若断层、裂隙范围不大，溶洞容积较小，或瓦斯不多时，则让其自然排放，若范围较大或瓦斯较多时，喷出持续时间可能较长，就不能让其自然排放，应将钻孔封堵，接入抽放瓦斯管理进行抽放。

（3）将瓦斯引至回风流，排出洞外。若喷出瓦斯的裂隙范围小和瓦斯量不大时，可用金属罩或帆布罩将喷瓦斯的裂隙盖住，然后在罩上接风筒或管子将瓦斯引至回风流排出洞外。

（4）封堵裂隙。喷瓦斯的裂隙较小，瓦斯量较少时，可用黄泥或其他材料封堵裂隙，阻止瓦斯的喷出。

（5）对有瓦斯喷出可能的隧道地段，应适当加大施工通风量，保证瓦斯不超限。

（6）对开挖工作面进行超前地质预测预报工作。按设计文件规定打超前探孔和检查孔，预测和判定瓦斯突出的危险性，以便采取相应措施。通过超前地质钻孔探测，量测记录钻孔取芯溢出气体浓度压力及成分，确定可能溢出的瓦斯气体成分和含量。

（7）在超前探测孔钻进过程中，可能会有瓦斯突出发生，且探孔直径越大，引发瓦斯突出的概率越大，故应做好防瓦斯突出的应急救援准备措施。超前探测距掌子面一般不小于20m，探测孔一般不少于5个，孔径介于100～200mm之间为宜。

第 4 篇

桥梁篇

卢家湾大桥

随着我国经济建设的发展，特别是西部大开发战略的实施，我国在西南山区修建的高速公路越来越多。西南山区高速公路地质地形复杂，构造物多，桥梁隧道总长占路线的长度比例大，有的高速公路桥隧比例高达 70%～80%。作为高速公路建设的重要组成部分，桥梁工程的建设质量直接影响到山区高速公路交通的正常运行。加强西南山区公路桥梁的建设，能有效地提高山区交通的安全性。西南山区高速公路桥梁施工中，应根据实际情况合理地选择桥梁施工工艺，以达到理想的效果。

第 13 章

西南山区高速公路桥梁设计与施工技术要点

13.1 桥梁设计的特殊因素和特点

13.1.1 桥梁设计的特殊因素

从实际西南山区高速公路桥梁设计过程中能够看出，相关设计人员需要对山区特点进行全方位考虑，对威胁桥梁使用安全的因素进行总结。最常见的内容包括以下几方面：

（1）设计人员应做好地质勘察工作，将地形测量精度保持在合理状态下，加强对水文调查工作的重视程度，在保障勘察工作质量的同时，强化数据资料的准确性。

（2）对桥梁结构附加力进行全面考虑，加大对弯、剪等问题的研究力度，确定这些因素会对桥梁结构附加力产生的影响。更为重要的是，设计人员还要明确曲线桥梁在水平和弯曲侧力等作用下，受力情况产生的变化，由于受力程度不同，自身影响力也会出现较大差异性，这也使得整个空间设计工作显得尤为重要。

（3）设计人员需要对高墩长桥稳定性进行全面考虑，将实际长桥位置变化以及桥梁方向位置变化等问题呈现出来。除此之外，设计人员还要做好纵深坡度下部结构分析操作，并对桥梁下部结构基础形式进行全面考虑，强化陡坡结构的稳定性。

（4）设计人员需要将桥梁纵坡和横坡平面结构形状呈现出来，了解路过车辆会对桥梁带来的影响。

（5）由于山区地势较高，在实际桥梁设计过程中，设计人员需要对桥址特征以及桥梁结构形式进行全面考虑，并做好抗震设计工作，还要做到抗震措施的有效设计。

（6）提升对桥面排水结构设计的重视程度，避免出现结构设计问题，以此来延长桥梁的使用寿命。

13.1.2 施工的特点

在大多数山区高速公路建设过程中，均会面临着地形复杂的特点，而且还涉及很多不良地质区域。为了实现道路的有效通行，规避山体等障碍物影响，山区高速公路在设计时还会出现一些平面半径小、纵坡大的问题。除此之外，在实际山区高速公路建设中，还经常涉及高填深挖等工序，不仅增加了对周围高速公路的环境影响力度，严重时还会导致地质灾害出现。从山区高速公路建设中也能够发现，由于高墩和长大纵坡等问题的影响，桥梁跨径进一步提升。受山区复杂地形的影响，很难确保现浇施工方式的合理进行，只能以装配施工工艺内容为主线，确保桥梁建设的合理性。

13.2 桥梁设计原则与方法

13.2.1 桥梁设计原则

桥梁设计时主要应满足结构的耐久性、安全性以及经济性。同时还应对地形条件和桥梁的高跨比进行分析。

桥梁在设计时会应用到大多数桥型。桥梁的安全性应通过结构计算和合理构造进行处理。在对桥梁进行计算时不仅要考虑恒荷载、活荷载、地震作用的影响，还应考虑风荷载、水力以及雪荷载等的影响。当地形受限时，桥梁常布设成高墩大跨形式，因此应对下部结构的刚度分配、稳定性等进行分析。

桥梁的构造物较多，桥梁选型的合理性对桥梁造价影响较大。因此在对桥梁进行设计时，不仅考虑技术方面的可行性，还应分析各种方案的经济指标。

1. 地质条件影响

桥梁进行结构选择以及方案确定时，应考虑桥梁所处位置的地形地质条件以及地貌特征，根据这些因素综合考虑桥梁的布置形式、桥墩桥台的位置、跨径尺寸。设计时应尽量避免出现过大山体开挖，防止山体发生滑坡等地质灾害，导致桥梁的安全性受到威胁。桥梁在进行设计时，布局方式应与公路路线的走向相顺应，桥梁作为路线的控制点，应考虑路线的影响因素。与此同时，路线在布设时也应考虑桥梁的影响因素，二者相辅相成，保证方案设计时路线与桥梁相匹配。

2. 高跨比协调

进行山区中小跨径桥梁设计时，高跨比主要影响桥梁的经济性和美观程度，因此高跨比应与自然环境相协调，选择合理高跨比使桥梁与环境相适应，达到桥梁的美观效果和经济性。

3. 合理选择结构形式

进行中小跨径桥梁设计时多采用装配式结构，因此桥梁应选择标准化、装配化较高的结构形式，通过该形式可进行质量、进度控制。结构形式确定时最大程度减少斜交桥梁的使用，特殊地形的桥梁可通过加大跨径、调整水沟的方式进行解决。

4. 注重稳定性

西南山区地形地貌十分复杂，这也增加了高速公路的建设难度。为了避免高速公路桥梁设计受到影响，设计人员应确保设计工作与实际环境要求相符。从我国现阶段桥梁建设整体情况角度分析，相关部门应提升对桥梁设计的重视程度。山区高速公路桥梁设计涉及的结构类型有很多，不仅要维护桥梁本身的安全性和稳定性，并通过耐久性计算，确保主体桥梁构造的科学性和合理性。除此之外，山区自然和气象条件多变，在具体设计工作执行上，除了对基本荷载进行考虑之外，也要将实际风荷载和雪荷载等特点体现出来。由于地质条件的限制，山区公路在建设过程中，主要采用的是高墩结构，实际跨度较大。由此可见，为了确保山区高速公路桥梁的合理应用，设计人员应对其进行稳定性分析操作，这也是山区高速公路桥梁设计的首要原则。

5. 经济性和协调性

从之前山区桥梁设计过程中能够看出，相关设计人员需要对技术经济指标提高关注度，这也是维护设计方案满足设计要求的重要步骤之一，在降低施工成本的同时，强化主体工程项目的经济利益。另外，实际山区高速公路桥梁设计，也要呈现出因地制宜原则，将桥梁功能和现场施工环境全面结合在一起，确定最佳的桥梁结构形式。实际桥梁结构设计中，相关设计人员需要做好当地地理条件和人文条件等调查工作，只有这样才能将桥梁设计实际价值呈现出来，真正做到因地制宜。在协调性原则展示上，实际桥梁设计应当与周围自然环境保持一致，尽可能降低对周围生态环境的影响，避免大规模地破坏山体，强化生态环境的稳定程度。

6. 横坡及桥涵设计

山区高速公路桥梁设计中，经常会遇到横坡问题，此时，工作人员需要避免出现高填方路堤，并应用半路半桥形式强化横向边坡的稳定性。当桥墩位置出现左右横坡较大时，通常采用以下两种方案来解决：

（1）适当降低高侧桥墩桩顶标高，避免低侧桩基外露太多，但是同时也要注意高侧桩基位置的开挖，避免造成坡体失稳；

（2）采用高低墩，两侧桩顶标高分别位于该地面线以下一定深度，高侧桩基处的桩顶系梁连接在低侧的桥墩上。

这两种方法各有利弊，设计人员需根据实际情况，灵活选用。

在上跨地方道路桥梁设计时，桥下孔应满足现阶段的通行现状，并为后续发展创造更多有利条件。如果出现桥梁跨越 V 形沟谷情况，应尽可能不在沟谷中心布设桥墩，更好地与地形特点相适应，在控制桥台高度的同时，选择有效的跨径布孔设计形态。

13.2.2　桥梁设计方法

1. 桥梁结构体系

实际高速公路桥梁设计工作的执行，相关设计人员需要对其耐久性和舒适性等因素进行考虑，确保各项设计参数要求得到满足。更为重要的是，在实际设计工作执行上，设计人员可以借助于预应力连续结构应用，将弯矩耦合作用呈现出来，确保桥梁梁体在长期汽车荷载作用下不会出现滑移状态。尤其是在单向行驶的高速公路长桥上，该现象更加明显，如果遇到大纵坡或者是曲线并存，容易出现桥梁上下部间的相对错动问题，此时桥梁上、下部之间可以使用支座进行连接，这也导致支座受力无法处于平衡状态。但如果在设计过程中能够应用墩梁固结，便可以降低上述问题的出现概率。山区桥梁上部结构体系通常包括简支、简支转连续以及桥梁连续等，为了确保整个桥梁结构体系的完整性，相关工作人员可以明确具体注意事项，使整个山区高速公路桥梁结构体系显得更加完善。

2. 桥梁上部构造形式

高速公路桥梁常规上部结构形式主要有预制空心板、预应力小箱梁、预应力 T 梁、现浇箱梁等，且在山区桥梁应用中较为广泛，设计、施工方面相对较成熟，但其各有自身的局限性。从桥梁上部构造形式选择过程中能够看出，设计人员需要对其经济性以及桥梁实际情况进行全面考虑，尤其是在预应力混凝土连续曲线桥梁建设过程中，引起弯扭作用的因素有很多，如预应力、桥梁自重以及温度变化等。除此之外，在曲线桥设计上，为了将弯扭作用力呈现出来，可以采用整体式闭合箱，将抗扭能力更好地呈现出来。除此之外，在大跨径桥梁上部形式设计中，应该以悬臂现浇箱梁形式为主体。反观实际中等跨径桥梁设计操作，不仅能够实现对施工成本的有效控制，也能对预制拼装多梁式T梁进行合理应用，该种形式可以降低施工造价，但如果将其应用到曲线桥中，梁体平衡性能和抗扭性能也会越来越差。为了弥补施工中受力不足问题，也可以将曲线T梁用直梁代替，能够进一步降低曲梁弯矩作用。山区高速公路桥隧比例高，造价也随之增加，同时施工条件极为不便。为降低工程造价，加快施工进度，大部分桥梁尽量选用标准跨径、工厂预制、现场拼装的常规桥型。

3. 桥梁下部构造形式

常规桥墩下部结构形式有重力式墩、柱式墩、薄壁墩、空心墩、花瓶墩等形式，重力式墩结构常借助自身重力来平衡外力，强化主体结构的稳定性，但一般较少用于地基基础较差的地区；柱式墩等结构施工简单，外观质量可控，而且自身具备良好的过水性，适合各种地质条件。其余形式可根据不同墩高及外观的要求进行选用。常用的桥台形式有肋板台、柱式台、薄壁台、U台、座板台等，设计人员可根据不同填土高度和地形特点及地质条件，选用安全合理经济的桥台类型。

4. 常见的施工工艺内容

目前常用的施工方法主要有以下几种：

（1）整体现浇施工法；

（2）预制安装施工法；

（3）逐孔施工法；

（4）悬臂施工法；

（5）转体施工法；

（6）顶推施工法；

（7）横移施工法；

（8）提升施工法。

实际山区高速公路建设过程中，往往会遇到复杂的地质环境，施工难度较大，一种施工方法通常无法满足施工要求，应根据现场不同情况，经常多种施工方法交替使用。

桥梁施工过程中常会遇到基础开挖导致边坡不稳、下滑，若不采取有效措施，会对桥梁下部结构产生安全隐患，甚至将桥墩剪断。针对这种状况最为常见的施工工艺为抗滑桩施工，该种装置能够对传统抗滑挡土墙进行替代。从桥梁滑坡治理过程中也能够看出，一旦出现问题，工作人员应尽可能对其进行一次性处理，避免对后续滑坡稳定性产生影响。

13.3 桥梁施工技术

13.3.1 桥梁的施工特点

1. 路线中的桥涵和通道等特殊工程多

公路上进行桥梁建设时，一般都处于完全封闭状态，要达到这个目的，就需要很多特殊的设施，比如桥梁和通道，来保证道路安全畅通。此外，在高桥涵、通道密实土层施工中，还增加了施工难度系数。山中的桥梁建设比较困难，桥梁建设中存在的问题，是工程建设中不可忽视的问题。另外，山区地形起伏大，公路桥梁的长度较长，多采用弯道、斜桥和高架桥，这也增加了工程施工的难度系数。

2. 施工工期长

西南山区公路桥梁建设相对于城市快速路建设而言，其最大特点是工期长、施工难度大。由于山区地形复杂，需要进行长期的勘探和勘察。尤其在特殊地形条件下，山区公路桥墩超过 20m，在一定程度上增加了山区公路桥梁的施工难度，对桥墩结构的稳定性提出了更高的要求。此外，在修建山区公路桥梁时，还将受到其他因素的影响。所以，与城镇公路桥梁施工相比，山区公路桥梁桥墩浇筑量一般要高出 4 倍以上，才能保证施工质量。这就决定了山区公路桥梁施工周期较长，不利因素较多。

3. 项目投资大，资金周转周期长

西南山区公路桥梁建设是一个复杂的系统工程。所以，山区公路桥梁在建设过程中会遇到很多不确定性因素，需要大量的资金支持，这在一定程度上增加了风险成本。此外，山区公路桥梁在施工过程中，经常涉及交叉施工和平行作业，所以需要使用大吨位起重机，而且桥墩数量多，分布分散，施工比较分散。在一定程度上，这些因素无形中增加了人力、物力的消耗，增加了山区公路桥梁的建设成本。为确保山区公路桥梁建设的顺利进行，承包商需要充足的资金作为支持，以确保其整体质量。

13.3.2　桥梁施工技术

1. 混凝土浇筑技术

因为桥式穿孔机是大批量生产的，所以很难完全用混凝土来浇灌。只有保证铸造过程尽可能精确，才能尽快形成穿孔体。在浇筑混凝土时，还应减少工作缝的产生，以保证浇筑后混凝土外观平整。在冻结之前不能浇筑，以延长混凝土的凝固时间。浇筑时，应确保实体平台的稳定性，并采用充填输送排水。在浇筑过程中采用自动驱动，应有专人检查拉杆，保证机械容积正确，无位移，确保混凝土施工中水灰比、搅拌正确。只有混凝土阻力符合要求时，侧板才能拆除。如果满足要求，原模板可以拆除，在拆除的过程中要注意不使模板变形。

2. 桥梁下部结构的地基处理技术

山区高速公路桥梁施工中，应重视桥基处理，根据桥梁自身特点，采取相应的处理措施。当前常用的地基处理方法是：挖取覆盖在地表或风化岩上的地基表面，并采用适合的施工工艺进行处理。接触面灌浆采用接触面、帷幕灌浆、灌浆回填法和固定灌浆法。采用混凝土防渗技术，有效地堵住地下水渗漏，加固山区桥梁薄弱基础。山区公路桥梁施工技术虽多，但其技术专业性强。特别是在施工过程中，更是值得施工单位重视和改进。作为基础工程的山区公路桥梁工程，必须在技术和管理上进行优化。及时对施工项目进行技术培训、技术应用和技术更新，以保证施工质量，提高单位经济效益。施工技术是质量安全的保证。为此，在山区公路桥梁建设中，公路管理部门及施工单位应加强对施工技术的培训、应用及推广，以保证桥梁建设的顺利进行。

3. 桥梁墩身施工技术

对高墩塔、斜拉桥、悬索桥可选择的施工方法较多，不同的施工工艺主要体现在结构形式上。现有高墩塔施工主要采用翻模、滑模和爬模。共同特点是墩身分成多个节段，由下向上逐步施工。

对中空高墩支护的施工，采用搭设支护的方法，既耗费人力物力，又难以实现。伴随着我国公路建设的迅速发展，公路桥梁数量不断增加，施工难度也越来越大。多数公路桥梁地处复杂地形和地质条件下，墩身较高，施工周期短，工程量大，高墩施工已成为公路桥梁施工过程中的关键问题之一，适合高墩的一些施工方法也逐渐发展起来，如滑模、翻模等。尽管施工方法不同，但有一个共同的特点，即模板与现浇墩墙合二为一，且随着墩身的增大逐渐增大。由测量放线开始，放出墩柱中心线和结构线，允许偏差 10mm，清理桩顶。

1）滑升模板

在模板内、外两圈之间浇筑墩墙混凝土。支架上放置 1～1.5m 高的模板。支撑物和嵌在墩墙混凝土中的顶杆连接紧密。在顶杆和托架之间设置千斤顶、推模和托架。

2）爬升模板

支座用千斤顶固定在墩墙的预埋件上，桥墩混凝土浇筑到一定的强度后，就可以隔离。再把模板顶升到新的位置，浇筑混凝土。这个循环一直持续到最后，但是必须注意每个模板的高度不得超过 2m。

4. 高填方路段施工技术

高速公路施工过程中，经常会遇到高填方路段的施工，需要采用适当的施工技术来解决，以保证路堤的稳定。其中，影响路基稳定的因素很多，如周边水文、地质、环境等。为了确保路基的稳定，必须深化设计图纸，并对有关方面进行全面核查，确保设计图纸能够充分反映当地整体情况。为此，应加强现场调查，记录有关影响，以保证高填方公路建设的顺利进行，从而保证山区高速公路的综合效益。

5. 桥梁段施工技术

采用干孔法进行灌浆，以保证孔底干净，防止产生其他杂物，避免断桩等事故。根据该桥段工程的具体情况，合理控制注浆，按规定的施工方法分阶段进行，以保证原材料质量和施工工艺的正确，保证公路桥梁断面的质量和安全。

墩台施工时，应特别注意有关结构设计。为了保证这一环节的顺利进行，混凝土的施工应根据现有条件如模板的使用、标高等进行。为运输方便，也可采用滑模施工，但是施工过程中需要大量的设备。大桥上部施工时，应注意各工序的顺序，严格按规定施工，保证各工序之间的衔接，保证工程质量，提高施工效率，才能有效达到桥梁上部施工的预期效果。这样既缩短了这一环节的施工时间，又保证了桥梁工程的施工进度，有利于整个体系的综合效益。

6. 桥梁排水处理技术

西南山区高速公路上修建桥梁，不仅会给公路安全带来很大的危害，而且会给桥梁结构带来很大的破坏，目前大多数桥梁都采用钢筋混凝土结构。桥上有水的话，钢筋就会生锈。在寒冷的天气里，渗透到混凝土洞穴中的水会对混凝土造成破坏。桥上的人行道要铺有防水层，桥上设置纵梁和横梁要及时清理水塘。

1）设置纵坡

桥梁纵向倾斜不仅对排水有利，而且能大大减少引桥地面工程的使用，在一定程度上降低了工程总造价。桥梁表面的纵向倾斜度一般都是双面的。垂直曲线置于桥梁中央。这类公路桥梁还应调整纵倾，一般在 2%～4% 之间，这样有利于排水，延长桥梁的使用寿命。

2）坡度设置

铺设沥青或水泥混凝土的高速公路桥梁，其交叉口一般在 1%～2% 之间，多为抛物线。交叉路口还可以设置在桥墩的顶部，以便高速公路桥梁上部向两侧倾斜。桥面铺装时，在施工过程中应采用相同的厚度。首先铺上一层不同厚度的混凝土立方体，使之呈两面倾斜，然后铺上相同厚度的一层混凝土。如桥梁长度超过 50m，且纵向倾角大于 2%，则桥梁排气管应设置在桥梁上，一般距离为 10～15m。垂直倾角不超过 2% 时，排气管距离为 5～7m。

7. 伸缩缝处理技术

西南山区桥梁伸缩缝的形成，有时是周围环境温度的不稳定或大型车辆超载所致。延伸连接能有效改善这一状况。大桥施工时，应特别注意：

（1）桥轨与桥段之间的伸缩连接是否垂直于桥轨或平行于桥段，是否可以方便地展开；

（2）在支承结构时，应首先考虑到区域内车辆在组合体系领域的通畅和舒适；

（3）在组合体系和桥梁防护领域的延伸缝施工时，应充分考虑到舒适性；

（4）在进行挖掘作业时，应确保其保持干净，不能与其他材料混用。

8. 主墩承台钢围堰施工技术

1）钢围堰装配

设备的整个部分必须事先在装配平台上装配，然后再用提升装置提升整个部分。在进行装配作业之前，必须在支架上放置缩壁轮廓线。另外，要注意相邻部件之间的装配线缆，并且要调整外轮廓线的位置代码。这种方法用来控制下开线钢壳体的位置。一般情况下，在控制和固定钢壳体上开口时，导线焊接在钢壳体外。导引装置可以临时辅助钢箱壁的安装，还可以控制钢箱的垂直度。

2）钢质围堰下沉

当钢外壳下水时，必须检查其起动速度，以免下水后发生剧烈的运动。如果外罩下降，它必须能够浮在水面，通过向墙内注水或浇筑混凝土来控制钢壳体下降的高度，以便在安装时提供一定的舒适度。钢壳体的转动由锚固系统控制。

3）围堰引水

置入前和置入过程中，必须了解基本水文情况，全面掌握和控制现场气象地质条件。另外，要通过科学合理的方法和有效的措施，对获得的信息进行综合分析。可预埋部分大小相同的砾石或卵石，控制河床大范围剪切，并能有效防止泥石流注入。除了这些因素之外，还有很多其他因素会导致河床不平坦，需要及时处理。

4）围堰清淤

围堰施工的最后要注意对基底的清淤工作。残渣清除的主要目的是确保水下地面密封能与混凝土及地面表面紧密结合，防止沉积中间层的发生。这非常类似于整个吸入过程。为了避免沙粒涡流对基底清洗的影响，在基底清洗过程中，应保证管内外含水量相等。在过分倾斜的问题后期清理过程中，潜水员必须密切配合，在分段清理和分段检查的帮助下，进行污泥的提取和打捞工作。

第 14 章

凤凰大桥施工关键技术

14.1 工程概况

凤凰大桥左线起讫里程 ZK54 + 405.5～ZK54 + 585.5，长 180m；右线起讫里程 K54 + 421～ K54 + 601，长 180m。全桥最长桩长右幅 6 号墩 30m，最高墩为左幅 2 号墩高 52.022m。主要技术指标见表 14-1。

主要技术指标 表 14-1

指标名称		单位	技术指标值	
			规范值	采用值
公路等级			高速公路	高速公路
设计速度		km/h	80	80
路基宽度		m	25.5	25.5
行车道宽		m	$2 \times 3.75 + 2 \times 3.75$	$2 \times 3.75 + 2 \times 3.75$
圆曲线最小半径	一般值	m	700	1280
	极限值	m	400	
最大纵坡		%	4	3.7
最小坡长		m	250	416.085
停车视距		m	160	160
远景交通量（小客车）		辆/d	33118（2039 年）	
设计洪水频率	路基		1/100	1/100
	特大桥		1/300	1/300
	其他桥涵		1/100	1/100
汽车荷载等级			公路-I 级	公路-I 级
路面类型			沥青混凝土路面	
地震动峰值加速度		g	0.1～0.2	0.2
交通工程及设施		等级	A	A

14.2 自然条件

14.2.1 地形、地貌

桥址区地貌属构造剥蚀溶蚀低中山地貌，拟建桥梁横跨龙冲河沟，龙冲河沟谷宽 5～15m，下部地势较平缓，量测岸坡地形坡度一般 15°～25°，局部为陡坎，桥址区海拔高程介于 596～756m 之间，相对高差 101.15m。

14.2.2　气象

凤凰大桥位于昭通市永善县，属季风影响大陆性高原气候。

14.2.3　地质

桥位区覆盖层主要为第四系全新统人工素填土（Q_2''）和崩坡积（Q）碎块石土，下伏基岩主要为奥陶系下统湄潭组(0,m)砂岩，根据本次勘察结果，桥位区分布的地层由新至老描述如下：

1. 第四系（Q）

（1）素填土（Q_2''）：黄灰色，灰色，碎石含量占 40%～70%，含少量粉质黏土，碎石成分主要为砂岩，棱角状，直径 0.5～15cm，充填粉质黏土、砂土。为近 4 个月修建施工便道、鲁溪隧道出口及黄华隧道进口施工，自然抛填，厚薄不均，堆填厚度 1.0～10.0m。不宜作为持力层。

（2）碎块石土（Q）：黄灰色，稍湿，碎石含量占 45%～70%，块石含量 5%～30%，含少量粉质黏土，碎石成分主要为砂岩，棱角状—次棱角状，直径 0.5～4cm，地表可见最大直径 3.0m。承载力基本容许值$[f_a]$ = 150kPa，摩阻力标准值q_n = 100kPa。

2. 奥陶系下统湄河组(0,m)

（1）强风化砂岩(0,m)：灰色，粉粒细粒结构，中厚层构造，主要矿物成分为长石、石英，钙泥质胶结，局部含泥质较重。岩芯呈碎块状。砂岩中发育 45°裂隙，裂隙面为红褐色，充填少量黏土深灰色。层厚 1.40～7.80m。承载力基本容许值$[f_a]$ = 400kPa。

（2）中风化砂岩(0,m)：深灰色、灰白色，粉粒细粒结构，中厚层构造。岩芯呈短柱状，柱状，节长 4～60cm，砂岩岩芯断面可见砾石，含量约 5%，砾为次圆状，分选一般，直径 2～4mm，砾石成分为黑色板岩，局部构造裂隙发育，裂隙倾角 50°～90°，机械导致岩芯破碎，未揭穿。承载力基本容许值$[f_a]$ = 2000kPa。

14.2.4　水文

野外地质调查显示，米官河沟为桥位区最大地表水体，从桥位区中部穿过，分布里程 K54＋480，河流径流方向自北东向南西，沟宽 5～20m，勘察期间受地表人工素填土堆积影响，沟部未见地表水流，于桥址区外南西侧调查流量 6L/s（2019.3.20）。最高洪水位比原沟底约高 2m，随季节变化大，对拟建桥梁影响较小。

根据区内地层岩性组合及地下水赋存条件，桥位区地下水类型可分为第四系松散岩类孔隙潜水、基岩裂隙水两大类。勘察期间仅在位于冲沟内的钻孔测得地下水位。

1. 第四系松散岩类孔隙水

主要分布于区内的第四系土层内，松散岩类多具较大孔隙，接受大气降水及地表径流补给，多形成孔隙潜水，富水性较弱，水量不稳定，受大气降雨影响较大，主要向冲沟排泄。

2. 基岩裂隙水

基岩裂隙水赋存于层状岩类风化裂隙和构造裂隙中，主要接受大气降水补给。本区基岩裂隙多被冲沟切割，裂隙水易排泄富水性差。因此，工程区裂隙水普遍较贫乏。

14.2.5 不良地质现象及特殊性岩土

桥位区未见滑坡、泥石流等不良地质现象及特殊性岩土发育，主要的不良地质作用为崩坡堆积层厚度较厚，大关岸上部陡崖危岩分布和人工素填土自然抛填堆积岸坡及沟部的问题。

14.3 桥梁施工力学分析

14.3.1 数值计算模型

根据凤凰大桥施工图纸,利用有限元计算程序,建立了凤凰大桥数值三维模型,如图 14-1 所示。

图 14-1 数值计算模型

14.3.2 数值计算结果分析

图 14-2 给出了凤凰大桥施工完成后桥梁上部结构弯矩示意图。由图可知：桥梁上部结构弯矩分布对称且均匀。

图 14-3 给出了凤凰大桥施工完成后桥梁一块梁板的剪力示意图。由图 14-2 可知，桥梁每块梁板弯矩分布对称，因此在分析其剪力分布时，选取一块梁板进行分析。由图 14-3 可知，梁板剪应力分布对称且均匀，与弯矩分布规律一致。

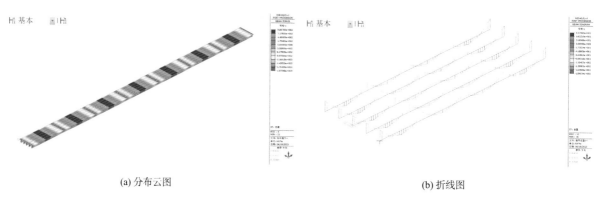

(a) 分布云图　　　　　　　　　　　　　　　(b) 折线图

图 14-2 凤凰大桥上部结构弯矩示意图

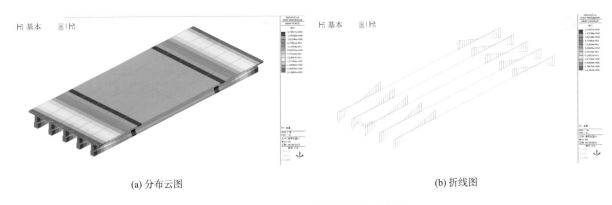

(a) 分布云图　　　　　　　　　　　　　　　　(b) 折线图

图 14-3　凤凰大桥上部结构剪力示意图

14.4　桥梁施工关键技术

根据两阶段施工图设计，墩柱施工中以墩间系梁为界，分段施工，对于墩柱墩间存在柱系梁的墩柱，采用先浇筑墩间系梁下部第一节墩柱，然后施工墩间系梁，再施工第二节墩柱。

墩柱钢筋笼位于桩系梁或承台顶部，施工时与桩基钢筋笼整体对接，轴线位置根据全站仪测量严格控制。根据墩柱的设计尺寸制作 2.2m × 2.2m 矩形墩定型钢模制作。

14.4.1　矩形墩柱施工方案

矩形墩施工采用翻模施工，每一套等截面翻模模板共 6.75m 高，分三节，每节 2.25m。内模用竹胶板和钢模组合拼装。

1. 施工准备

首先，组织主要技术人员进行施工前的图纸会审工作，对现场实际情况、位置、角度、长度、高程核对；同时项目部组织由驻地办监理工程师、项目总工、质检工程师、相关的现场工程师、专职安全员和施工作业队队长、施工技术操作人员参加的技术交底会，完成对施工作业队的主要施工技术人员、操作手及安全员的关于工程施工质量、施工进度、施工过程中安全问题的技术交底工作，提供详细的施工规范要求和设计技术指标以及相关的机械操作手册，将工程质量和施工安全责任落实到每个人，确保工程质量和施工安全。对施工人员进行技术交底。

其次，检查检验进场设备的数量及质量，保证工程施工进度及施工质量的需要。施工现场应清除表土及一切杂物、障碍物等。水泥、碎石、钢材、砂等原材料应经自检、监理工程师抽检，合格后方可使用。施工现场用电，根据现场电力环境，采用临时低压电路和发电机发电相结合方式。

1）模板安装

立模：根据基顶中心放出立模边线，立模边线外用砂浆找平，找平层用水平尺分段抄平，待砂浆硬化后由线路中心向两侧立模。在调整首节段模板时，必须保证其顶面水平，以保证墩身的垂直度，同时方便以后各节段模板的调整。

安装：模板用塔式起重机吊装，人工辅助就位。先选择墩身一个面拼装外模，然后逐次将整个墩身第一节段外模板组拼完毕。墩柱的模板安装完后，检验其垂直度和墩顶的标高，不超过允许偏差值。

外模板安装后吊装内模板，用 M12×30mm 螺栓将模板连成整体，然后吊装围带和拉杆。模板成型后检查各部分安装尺寸，符合安装标准后吊装模板固定架，为保持已安装模板的整体性，模板固定架采用间隔安装法安装。之后安装防护栏杆和安全网，搭设内外作业平台。

立模检查：第一节段模板安装后，用水准仪和全站仪检查模板顶面标高、墩身中心及平面尺寸，符合标准后进行下道工序。

2）墩身钢筋施工

墩身主筋采用直螺纹连接，钢筋和连接套筒施工前加工成型后运至现场连接。直螺纹施工中注意以下几点：

（1）钢筋加工时：

①钢筋下料时不得用热加工方法切断；钢筋端面宜平整并与钢筋轴线垂直，不能有马蹄形或扭曲；钢筋端部不能有弯曲，出现弯曲应调直。

②钢筋丝头加工时，不能在没有切削液的情况下加工；应使用水性切削润滑液，不能使用油性切削润滑液。

③标准型钢筋丝头有效丝扣长度不能小于 1/2 连接套筒长度。

④钢筋丝头加工完毕经检验合格后，应立即带上保护帽或拧上套筒，防止装卸钢筋时损坏丝头。

（2）钢筋连接时：

①在进行连接时，钢筋规格与连接套筒规格一致。

②钢筋连接时用工作扳手将钢筋丝头在套筒中央位置相互顶紧。

③钢筋连接完毕后，套筒两端外露有效丝扣，且每端外露有效丝扣不能超过 2 扣。

④在同一断面上接头数不超过主筋数量的 50%，前后错开 100cm 以上。

⑤主筋接长时考虑其稳定性，采用在主筋连接过程中用水平筋和斜筋将整排主筋形成一整体固定。

3）混凝土浇筑施工

标段建设有混凝土拌合站，混凝土在搅拌站集中拌和，拌和后用混凝土运输车运至施工现场，然后用塔式起重机配合浇筑混凝土，每次 1m³。

高墩混凝土施工注意事项：

（1）原材料选择。

混凝土的粗骨料粒径选用连续级配碎石，细骨料采用中砂，并掺入缓凝减水剂和粉煤灰，以改善混凝土的可泵性，延长水泥的初凝时间。

严格控制泵送混凝土坍落度在 12~16cm 之间。

按规范要求试验确定理论配合比，批准后实施，现场根据原材料含水量，随时调整每批混凝土的施工配合比。

（2）混凝土拌和。

混凝土采用全自动强制式搅拌机拌和，拌和前应调整好各种原材料的掺量和搅拌时间、投料顺序，操作人员监控，试验人员检查。喂料顺序为：砂、水泥、石料，进入搅拌筒内拌和时均匀进水，并掺入外加剂。搅拌时间应大于 90s。混凝土到达模板顶后，接软管和串筒入模，以降低混凝土自由卸落高度，将其控制在 2m 以内。按 30cm/层全断面水平分层布料，并根据混凝土供应情况及时调整布料厚度，在下层混凝土初凝前浇筑完上层混凝土。

使用插入式振动器振捣，振捣时移动距离不得超过插入式振动棒作业半径的 1.5 倍，与侧模保持 5~10cm 的距离；插入下层混凝土 5~10cm。快插慢拔，每一点应振捣至混凝土不下沉、不冒气泡泛浆、平坦为止，振完后徐徐拔出插入式振动棒。振捣过程中不得碰撞钢筋和模板，谨防其移位、损伤。

（3）混凝土养护。

混凝土采用覆盖洒水的方法养生，养生视气温条件，一般 7d 以上。气温低于 5℃时，覆盖保温，不得洒水。

2. 翻模施工工艺

1）首段墩身施工

在承台顶面放样墩身四个角点，并用墨线弹出印记，找平墩身模板底部，清除墩身钢筋内杂物。安装墩身第 1 节实心段模板，在墩身四侧面搭设脚手架施工平台，并安装混凝土输送泵，绑扎墩身钢筋，加固校正模板。自检并报请监理工程师检查合格后，浇筑墩身混凝土。混凝土浇筑完毕及时进行顶面覆盖和洒水养护，准备下步墩身施工。

首节模板安装注意事项：

（1）模板安装前，通过全桥控制网测放每个墩柱中心点和墩身四个角点，并更换测量人员用全桥控制网中另外的控制点校核一次，确保无误后，在承台面用墨线弹出墩身截面轮廓线和立模控制线十字轴线。

（2）沿墩身轮廓线做 3cm 厚砂浆找平层，以调整基顶水平，达到数点相对标高不大于 2mm。第 3 节墩身施工完，可凿除砂浆找平层，以利底节模板的拆出。

（3）外模安装后再次进行抄平、校正，达到模板顶相对高差小于 2mm，对角线误差小于 5mm后，上紧所有螺栓和拉杆、支撑。

（4）承台混凝土施工时，在墩身轮廓线以外 70cm 左右处埋设 ϕ16 短钢筋头，以利墩身外模的支点加固。

2）第 2、3 节段墩身施工

墩身首段混凝土浇筑后第 1 节模板暂不拆卸，然后开始搭设墩身四周的钢管脚手支架，同时在第 1 节模板顶上安装支立好第 2、3 节内、外模板。

第 2、3 节外模板外用 25t 汽车起重机分块吊装，支撑就位于第 1 节外模顶上，同时安装内模。利用拉杆对拉加固墩身模板。搭设内模施工平台，接长墩身脚手架施工平台，采用卷扬机提升墩身钢筋，主筋接头采用机械直螺纹套筒连接，以减少现场焊接时间，保证施工质量。然后竖立固定混凝土输送泵管。泵送浇筑第 2、3 节段墩身混凝土。

施工时注意在实心段墩身顶部预留泄水孔，以利上面各节墩身施工期间养生水和雨水流出。

3）其余节段墩身施工

第 2、3 节段墩身施工后，待第 3 节模板内的墩身混凝土达到 3MPa，第 1 节段混凝土强度达到 10MPa 后，先后拆除第 1 节模板，利用支撑于已浇筑的混凝土以及墩身四周的钢管脚手架上的提升吊架，以手提或电动捯链（葫芦）提升模板，提升达到要求的高度后悬挂于吊架上，将第 1

节模板依次安装支立于第 3 节模板顶上，绑扎墩身钢筋，浇筑墩身混凝土。循环交替翻升模板、绑扎钢筋、浇筑混凝土，每次翻升 1 节高模板，浇筑 1 节模板高墩身，依次周而复始，直至完成整个薄壁空心墩身的施工。即等截面墩身按每 1 节 2.25m、变截面墩身按每节 1.5m 标准段循环施工，直至墩顶。最后墩顶高度按设计标高控制，完成墩身施工。

4）模板翻升

每当上两节段墩身混凝土浇筑完成后，即可进行模板翻升、钢筋安装等。

（1）模板解体。

在第二节段模板内外围带或模板固定架上挂小型载人吊篮，拆除第一节段内外模板固定架，用捯链挂住第一节段钢模板，松开内外模板之间拉杆、竖向联结螺栓和与上层模板联结的横向螺栓，卸下第一节段内外围带，将外模拆卸。

（2）模板提升。

用塔式起重机将第一节段拆下的第四节需要的模板吊运到第三节段混凝土顶面平台，清理模板并涂刷隔离剂后按放线尺寸组装为第四节段模板。然后，按第一节段的安装次序安装其余部分。

提升过程中应有专人监视，防止模板与周边固定物碰撞。

（3）模板安装。

将上层墩身混凝土面凿毛清理后，用捯链吊装提升，人工辅助对位，将模板安装到对应位置上，安装底口横向螺栓与下层模板联结，并以捯链临时拉紧固定。

内模板同步安装就位后，及时与已安装好内外模板拉杆连接。

模板整体安装完成后，检查安装质量，调整中线水平，安装横带 4 角螺栓固定。

（4）施工要求。

墩身各部位混凝土按照内实外美的要求，立模前认真清洗钢模，涂刷隔离剂，以利于拆模，保持混凝土外表色泽一致。模板整体拼装时要求错台＜1mm，拼缝＜1mm，模板接缝采用建筑专用双面止水胶带。安装时，利用全站仪校正钢模板两垂直方向倾斜度和四个角点位置准确性，模板安装完毕后，检查其平面位置、顶部标高、垂直度、节点联系及纵横向稳定性，并经监理工程师检查签认后，方可浇筑混凝土。模板加强清理、保养，始终保持其表面平整、形状准确、不漏浆、有足够的强度和刚度。任何翘曲、隆起或破损的模板，在重复使用之前应经过修整，直至符合要求时方可使用。模板在运输、拆卸过程中，一定要轻拆轻放，防止变形。

模板提升时应做到垂直、均衡一致，模板提升高度应为混凝土浇筑高度。墩身模板安装应稳固，设计拉杆数量不能随意减少，倒角拉杆严格按要求设置。

5）墩顶封闭

当模板翻升至墩顶封闭段底模设计起点标高时，暂停施工，在内外侧模板上安装封闭段底模板。其支架采用焊接的钢桁架，模板用刨光 5cm 厚的木板，拼缝要严密，刷隔离剂后绑扎钢筋，钢筋检查后，安装外模板、围带、模板固定架、搭设外侧施工平台和安装防护栏杆，挂好安全网，灌注墩顶封闭段混凝土，养护达到规定强度。

6）模板拆除

施工至墩顶后，墩顶仍保留 3 个节段模板，墩身混凝土强度大于 20MPa 时，拆除模板。拆除时按先底节段、再中节段、最后顶节段的顺序进行。每节段模板拆除按安全网、栏杆、脚手板、平台和模板固定架、围带、连接螺栓、钢拉杆、钢模板的顺序进行。为方便拆除，在墩顶预埋吊装环，利用吊装环悬挂载人小吊篮和捯链进行拆除吊运作业。施工楼梯和塔式起重机由上至下进行拆除，拆除至底节段时，分别解体后同先期拆除的模板及模板组件一并吊运至存放场整修、存放。

14.4.2　墩间系梁施工工艺

墩间系梁为C30混凝土，模板全部采用定型钢模板，模板的安装与拆卸均由起重机配合人工完成，模板支撑采取钢棒法施工，主梁采用40b工字钢支撑底模，次梁采用方木支撑。墩间系梁施工构造图见图14-4。

1. 墩间系梁施工工艺流程

墩间系梁施工工艺流程见图14-5。

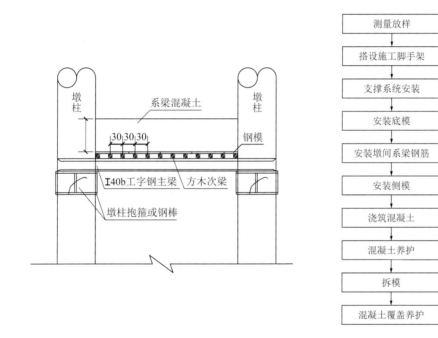

图 14-4　墩间系梁施工构造图　　　图 14-5　墩间系梁施工工艺流程

2. 墩间系梁施工方法

1）测量放样

测量工程师对图纸桩位坐标、标高进行复核，确认无误后，准确放出墩顶中心和墩顶标高。测量放样坚持"测量双检制"，即自检、互检，保证偏差在规范允许范围内。

2）搭设施工脚手架

钢管采用φ48×3.5mm钢管，没有出厂合格证的钢管不得使用，不同外径的钢管不得混用。

脚手架采用双排架，着地位置必须在坚实的地面上并且垫上方木，在离架底位置不大于10cm处安设平地横杆。杆与杆之间为扣件连接，纵杆与纵杆、横杆与横杆间距均不得超过1m。脚手架距墩柱30cm，环绕布置，排与排间距为50cm，在每面的纵杆外侧架设剪刀撑，剪刀撑与纵杆成45°～60°角设置，每道剪刀撑（5m）每2m与纵杆连接一次。

脚手架高度超过20m时，需加设缆风绳或与已灌注过的结构物用平杆支撑。脚手架工作层面需加防护网、防漏网。木板需用铁丝绑扎牢固。纵杆须高于工作层面1.5m。脚手架纵杆连接头处必须结合牢固，纵杆必须顺直。

3）支撑系统安装

（1）钢抱箍支撑系统。

根据墩顶标高、墩间系梁底部标高，方木尺寸规格，反算出抱箍顶面的安装高度，并在墩柱上做好相应的记号。

抱箍紧箍在墩柱上产生摩擦力提供上部结构的支承反力，是主要的支承受力结构。为了提高墩柱与抱箍间的摩擦力，安装抱箍前，在预安装部位采用土工布或1cm厚橡胶垫对墩柱进行包裹，同时对墩柱混凝土面保护，土工布或橡胶垫应以贯通整个抱箍的长度为宜。抱箍高75cm（或50cm），采用两块半圆弧形钢板（板厚$t = 12$mm）制成，两片抱箍用18颗M30高强螺栓连接。

承重横梁采用2根15m长I40b工字钢安装在承重抱箍的牛腿上面。为防止工字钢倾覆，两侧工字钢之间用6根$\phi 16$对拉螺杆穿过工字钢腹板连接，内侧用钢管支撑，对拉螺杆穿过钢管。工字钢上面放一排4m长15cm×15cm方木，方木间距不大于30cm，并与工字钢绑扎牢固。

（2）钢棒支撑系统。

采用直径为11cm，长3m的钢棒支撑，钢棒顶两侧各设置一根长15m的40b工字钢，工字钢采用$\phi 16$的圆钢拉杆固定，工字钢顶摆放间距40cm，长4m，截面面积为15cm×15cm的方木，共计20根，与工字钢绑扎牢固。

施工墩柱时用PVC管预留16cm的圆孔，可以穿11cm的钢棒，外露各70cm，再用$\phi 16$的圆钢拉杆固定，工字钢安装必须保证水平，在工字钢下部设置铁楔子，用来调节工字钢高度。测量队精确放样确定，并定出墩间系梁底模设计高程。在方木上面安装预期定做好的墩间系梁底模板（厚6mm），并通过木楔子进行整体调平。

4）安装底模

待方木固定好位置后，再在承重横梁梁上组拼底模，安装底模时，应防止模板移动和凹凸。然后对模板进行标高调整、平整度调整，使其符合规范要求。

5）安装钢筋

（1）柱间系梁钢筋在钢筋场下料成型，现场绑扎；钢筋骨架在钢筋加工场利用胎具制作成型，主筋在制作前必须整直，并没有局部的弯折。主筋一般应尽量用整根钢筋，尽量减少接头数量，钢筋接头应相互错开，保证同一截面内的接头数目不超过主筋总数的50%，接头错开间距不小于$35d$（d为钢筋直径），且不得小于50cm，电弧焊接接头与钢筋弯曲处的距离不应小于10倍的钢筋直径，也不应位于构件的最大弯矩处。

（2）钢筋骨架按设计图纸制作，钢筋加工及安装实测项目见表14-2。

钢筋加工及安装实测项目

表14-2

序号	项目	允许偏差
1	主筋间距	±20mm
2	箍筋间距	±10mm

序号	项目		允许偏差
3	钢筋骨架尺寸	骨架外径	±5mm
4		长	±10mm
5	骨架保护层厚度		±10mm

（3）钢筋绑扎必须牢固，要有足够的刚度以保证钢筋骨架起吊时无明显变形并能够入模，在必要时可以采用点焊的形式加固。

（4）应在钢筋与模板间设置垫块，垫块应与钢筋扎紧，并互相错开。非焊接钢筋骨架的多层钢筋之间，应用钢筋定位，保证位置准确。钢筋混凝土保护层厚度应符合设计要求。

（5）钢筋骨架下放至设计位置后，要严格控制钢筋骨架轴线的中心偏差，使之满足规范要求。

（6）钢筋骨架所用钢筋的规格、材质及各项性能指标均应符合设计和规范要求，并有出厂证明和检验单，且按批次数量进行检测。

（7）钢筋骨架安装完毕后，现场技术人员应先检查，检查内容及误差控制按表 14-2 要求，只有检查合格后，再请项目管理二处工程师检查，局部进行整改，确保满足施工规范要求。

6）安装侧模

待墩间系梁钢筋固定好后安装侧模，侧模与底模采用螺栓连接，侧模间采用对拉杆加固。墩间系梁模板达到稳定后，再对其轴线位置、垂直度以及纵横向稳定性进行全面检查，特别是轴线位置和垂直度要严格控制。模板安装允许偏差表见表 14-3。

模板安装好后，再全面检查模板尺寸、钢筋位置、钢筋保护层以及墩柱钢筋位置，一切检查无误后报监理工程师验收，待监理工程师检查合格后，方可浇筑混凝土。浇筑时，如发现模板有超过允许偏差变形值的可能时，应及时采取措施纠正。

模板安装允许偏差表 表 14-3

序号	项目	允许偏差
1	断面尺寸（mm）	±15
2	墩间系梁顶高程（mm）	±10
3	轴线偏位（mm）	10
4	竖直度（mm）	0.3%H且不大于 20

7）浇筑混凝土

（1）混凝土输送管泵或起重机吊装混凝土灰斗送至浇筑墩位。混凝土拌和严格按施工配合比配料，砂、石、水泥、水及外加剂计量准确。配料数量的允许偏差（以质量计）见表 14-4。

配料数量的允许偏差 表 14-4

材料类别	允许偏差（%）［集中拌合站拌制］
水泥、混合材料	±1
粗、细骨料	±2
水、外加剂	±1

（2）混凝土拌合物应拌和均匀，颜色一致，不得有离析和泌水现象，混凝土拌合物的坍落度

满足设计要求。

（3）混凝土的灌注：在灌注混凝土前，应对支架、模板、钢筋进行检查，并做好记录，符合设计要求后方可浇筑。模板内的杂物、积水和钢筋上的污垢应清理干净，重点应检查模板接缝是否严密确保不漏浆、模板支撑是否牢固。现场应根据实际情况采用汽车起重机（必要时可采用混凝土泵车）进行混凝土浇筑。

由于墩间系梁较长，浇筑时应从两头向中间分层浇筑，分层厚度不宜大于30cm。墩间系梁应一次连续灌注，否则施工接缝要按设计文件或规范要求办理。

（4）混凝土的振捣：采用插入式振捣棒振捣密实，插入点均匀分布，移动半径不得超过振动半径的1.5倍，与模板保持5~10cm的距离，插入下层5~10cm，直到混凝土表面不再下沉，平坦泛浆，不再冒出气泡。混凝土应派有经验和责任心强的混凝土工负责振捣，确保混凝土的内在质量和外观质量。

8）拆除模板、覆盖养护

（1）墩间系梁模板拆除必须在上部墩柱施工完毕拆除墩柱模板后再拆除墩间系梁模板，拆除墩间系梁底模前必须进行墩间系梁实体混凝土回弹试验，达到设计强度的75%后方可拆除底模；模板的拆除遵循后装先拆、先装后拆的原则进行。拆模过程中注意对混凝土成品的保护，防止模板与结构物碰撞产生结构物刮伤、掉角等现象。

（2）钢抱箍支撑系统底模拆除顺序为：松铁楔子→拆底模→拆方木→拆工字钢→装捯链或起重机固定钢抱箍→松抱箍→拆抱箍。松抱箍时应用捯链提前固定，锁住抱箍，然后松开抱箍螺栓，但严禁拆掉螺栓，通过捯链或起重机让抱箍缓慢由下移至地面，下移时应注意不要刮伤墩柱。最后用起重机拆除抱箍。

（3）钢棒支撑系统底模拆除顺序：松铁楔→拆底模→拆方木→拆工字钢→拆钢棒，拆除工艺同钢抱箍。

（4）混凝土的养护：浇筑完成后应根据气候条件，非冬期施工时段，新浇混凝土收浆后尽快予以覆盖并洒水保湿养护，以防止出现收缩裂纹。混凝土的洒水养护时间一般为7d。每天洒水次数以能保持混凝土表面经常处于湿润状态为度。

14.4.3 T梁上部结构

（1）上部T梁主要为30m跨径，按通用设计图，T梁结构设计要点详见通用图说明。

（2）桥面铺装采用10cm沥青混凝土+10cmC50混凝土桥面现浇层，桥面现浇混凝土顶设防水层。

（3）桥梁跨径线为径向布设，同一孔内T梁为平行布置。预制T梁顶板及横隔板横坡同桥面横坡，T梁马蹄底面水平，墩顶纵向现浇连续段为实心断面。预制T梁时，注意T梁顶板横坡应与桥面横坡同方向。

（4）桥面横坡由盖梁横坡直接形成，纵坡由相邻桥跨盖梁（台帽）顶高程差形成。

（5）预制梁底支点处设置调平钢板，进行纵向调平，保证与支座水平接触。

（6）泄水管设在桥面标高低的一侧，基本间距取5m，并在桥头设置流水踏步。

桥梁上部结构见图14-6。

图 14-6　桥梁上部结构

14.4.4　桥面铺装

在桥面铺装施工过程中应注意以下几方面的问题：

（1）在进行桥面铺装施工之前，应首先对桥梁现阶段梁顶标高进行一次全面复测。

（2）对梁顶各部位拉毛质量进行全面检查，如发现拉毛不彻底或仍存有浮浆应手工凿毛。

（3）施工中应采取有效措施（如加密支撑钢筋）确保钢筋网的竖向位置在任何情况下均不允许出现整体或局部下挠。浇筑水泥混凝土之前应采用高压水将桥面杂物彻底冲洗干净，浇筑水泥混凝土过程中禁止混凝土运输车或其他施工机具直接压迫已定位好的钢筋网。

（4）水泥混凝土浇筑宜选择晴天进行，并且准备好遮盖工具，防止雨水对新浇混凝土质量产生不利影响。

（5）水泥混凝土桥面铺装时，应全断面同时沿纵桥向前铺筑。

（6）在水泥混凝土施工完毕后，应用高压水冲洗桥面，然后施工防水材料，防水材料应抹刷均匀，不可在阴雨天施工。防水材料的性能指标详见路面工程。

（7）最后施工沥青路面，施工沥青路面时应严格控制设计标高和铺装层厚度。

（8）桥梁的施工及使用过程应实行严格管理，在桥面铺装未达到设计强度前的整个过程，禁止车辆通行；使用过程必须进行定期检查和维护。

凤凰大桥施工全貌见图 14-7。

图 14-7　凤凰大桥施工全貌

14.4.5 施工注意事项

施工质量和精度应符合《公路桥涵施工技术规范》JTG/T 3650—2020 和《公路工程质量检验评定标准 第一册 土建工程》JTG F80/1—2017 的要求，并从严控制。

1. 测量

（1）施工准备阶段，应对首级控制网进行同等级复测。根据施工精度要求，对控制网进行加密。

（2）测量等级应采用《公路桥涵施工技术规范》JTG/T 3650—2020 中规定的最高等级要求，并符合相关规定。平面控制网的坐标系统，应与设计采用的坐标系统相同。如采用其他系统时，应采取可靠的方法进行坐标转换。

（3）高程控制测量应采用《公路桥涵施工技术规范》JTG/T 3650—2020 中规定的最高等级要求，并符合相关规定。

（4）施工过程中应随时复测，对结构变形过程进行随时监测和记录，并及时报告给业主、监理和设计单位。平面、水准控制测量的技术要求和测量精度应符合《公路桥涵施工技术规范》JTG/T 3650—2020 的要求。

2. T 梁上部结构

上部 T 梁采用通用设计图，上部 T 梁常规施工要点详见通用图说明。现就本桥施工中需注意的部分说明如下：

1）预制 T 梁施工

（1）T 梁批量预制前，应组织好 T 梁的预制、堆放、运输、安装等工作。对梁片按架设顺序、孔号等进行编号，并逐梁注明桥名、孔号、梁号、左右幅桥等。堆放、安装也应按照序号依次进行，以免引起混乱，并注意上部结构偏角方向。

（2）施工中应严格按照 T 梁结构尺寸加工模板，确保梁高、梁宽、板厚、梁长、钢筋保护层厚度等结构尺寸满足设计要求，保证架设后桥梁尺寸吻合。

（3）混凝土浇筑必须严格捣实，禁止出现蜂窝麻面，要求保留每片预制梁的记录。

（4）应严格控制预应力张拉时混凝土的强度及龄期。

（5）预应力张拉过程中应严格控制预制梁腹板侧弯不得大于 1cm，以防预制梁折断。

（6）为防止混凝土在早期出现收缩裂缝和边棱破损等，要加强对混凝土的养护和保护，并要求 T 梁混凝土强度达到 20MPa 后方可拆除模板。

（7）为了保证桥面铺装混凝土和预制梁体之间结合紧密，施工时结合面上的预制梁混凝土必须进行拉毛或凿毛处理，做成凹凸不小于 6mm 的粗糙面。现浇混凝土浇筑前应清除浮浆，将结合面冲洗干净并充分湿润，以保证新老混凝土的结合。

（8）预制 T 梁时，应注意上部构造预埋件（包括桥面泄水管、调平钢板等）的埋设，以及预埋钢筋（包括防撞护栏、通信管线托架、伸缩缝预埋钢筋等）的埋设。

2）T 梁吊装、堆放、运输、架设

（1）T 梁长距离运输时要采取可靠的措施，保证 T 梁横向稳定，不得翻转使预应力失去平衡产生破坏，应按受力位置合理吊装、放置、卸装，运输途中应防止意外破坏。裸梁堆放应适当遮盖，不宜暴晒暴寒。

（2）T 梁吊运采用兜托梁底起吊法，不设吊环。

（3）架设 T 梁时均需注意梁的斜度和方向。

（4）如采用架桥机施工，只有主梁间横隔板的连接和翼板湿接缝混凝土浇筑后，且达到混凝土设计强度的 85%并采取压力扩散措施后，方可在其上运梁。架桥机在桥上行驶时必须使架桥机重量落在梁肋上，施工单位应按所采用的架桥机型号对主梁进行施工荷载验算，验算通过后方可施工。

3）墩顶湿接头及桥面系施工

（1）T 梁架设完毕后，应随即开始浇筑横隔板湿接缝、翼板现浇段、墩顶湿接头，张拉墩顶 T 梁负弯矩钢束，进行结构体系转换形成连续体系，浇筑桥面混凝土现浇层、浇筑护栏等。施工组织安排时应考虑各个工序的衔接。

（2）墩顶现浇段混凝土达到混凝土设计强度的 85%后，方可张拉负弯矩钢束。

（3）浇筑翼板混凝土前必须清除结合面上的浮皮，并用水冲洗干净后，方可浇筑。

（4）桥面铺装混凝土施工时应注意防撞护栏、伸缩缝槽口处的构造处理。

（5）护栏、伸缩缝、泄水管、搭板等构造按照设计图施工。

3. 下部结构

（1）施工单位进行施工放样之前，必须对各桥梁墩台控制里程桩号、桩位坐标、设计标高等数据进行复核计算，如发现计算结果与设计图中提供数据不符，应及时通知设计单位复查。各墩位及周边有施工弃渣或不稳定土层的，必须将弃渣或不稳定土层清除至原地面或稳定土层后，方可施工，避免弃渣或不稳定土层导致的滑坡或泥石流冲击桥墩。

（2）各桥墩台基础底高程均按钻孔提供的资料设计，若发现实际地质情况与设计文件不符时，请与有关方面协商解决；桩基础嵌岩深度应满足设计要求，对于斜坡上的嵌岩桩，还同时应考虑岩面的斜坡影响，注意嵌岩深度的起算点距距中（微）风化岩面水平距离不得小于 4m。施工时应严格清孔，桩底沉淀土厚度需满足相关施工规范；为了确保桩基的质量，施工时注意预埋检测管，以便对桩基进行质量检测。

（3）桩基成孔后必须测量孔径、孔位，检查桩底岩层高程和嵌岩深度，只有确认满足设计要求后，才能灌注混凝土。各项规定和允许偏差如下：

轴线偏差：单桩为 50mm 倾斜度：钻孔小于 1/100，挖孔小于 0.5/100；

桩长：

摩擦桩，不短于设计值，施工时若发现地质情况与地质报告、设计文件不符，应及时通知设计、监理部门，以便作适当调整；

端承桩（图 14-8），嵌岩深度要求如下：

常规桥梁端承桩最小桩基长度不小于 15m，有效嵌岩深度不小于 2D，且岩层应为饱和单轴抗压强度在 10MPa 以上中～微风化的完整岩层。有效嵌岩深度起算点为桩中心到基

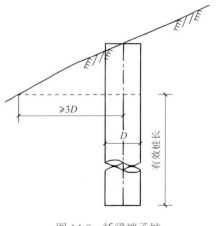

图 14-8　桥梁端承桩

岩边界水平距离不小于3D处。

位于陡坡上的桩基，有效桩长从桩中心距坡体表面3倍桩径处算起，同时从桩中心到坡体表面的距离不得小于4m。

端承桩单桩桩端以下3倍桩径范围内（并不小于5m）应无软弱夹层、断裂破碎带和洞穴分布，并应在桩底应力扩散范围内无岩体临空面；群桩桩端以下6倍桩径范围内（并不小于10m）应无软弱夹层、断裂破碎带和洞穴分布，并应在桩底应力扩散范围内无岩体临空面。

饱和单轴抗压强度在10MPa以上中～微风化的完整岩层按端承桩设计；强风化岩层、破碎岩层、裂隙比较发育岩层等原则上按照"摩擦桩、端承桩"两种模式确定桩长，并按最大桩长采用，必要时完全按摩擦桩设计。

沉渣厚度：端承桩不大于50mm；摩擦桩不大于100mm。

墩、台采用扩大基础地基承载力容许值要求不小于350kPa。

（4）桩基无破损检测：采用超声波法检测，桩径≥1.5m时，检测管数量为4根；桩径＜1.5m时，检测管数量为3根。

（5）桩基成孔方式可根据基桩所在位置的地形、地质和水文地质条件选择，条件许可的情况下，应尽可能采用机械钻孔。当必须采用人工挖孔施工时，应加强孔壁支护和孔内通风等安全措施，孔内遇到岩层需爆破时，应专门设计，采用浅眼松动爆破法，严格控制炸药用量并在炮眼附近加强支护，减小对附近岩层的扰动，避免造成附近山体松动垮塌。位于山间冲沟附近的基桩施工应做好防洪安全措施，并尽可能避开雨期施工。

（6）桩基施工弃渣应设专门弃渣道弃至别处，特别是陡峻自然坡上，严禁沿桩侧边坡就势堆弃，以避免造成边坡原土层遭到剥离破坏，进而影响边坡稳定和桩基受力。

（7）由于部分桥墩位置横坡陡峻，会出现桩顶外露情况，要求桩基外露部分应加外模板，确保外露部分表面光滑程度与桥墩一致。

（8）承台混凝土和墩身浇筑时应尽量避免在高温下进行，承台应分层浇筑完成。

（9）墩柱、桩基的受力主钢筋接头应错开布置，在任一接长（搭接、焊接、机械连接接头）区段内，有接头的受力钢筋截面积占总面积的百分率，采用搭接时不大于25%，采用焊接、机械连接接头时不大于50%。

（10）桥墩墩身施工要求尺寸准确，表面平整、光滑，应严格控制墩身施工倾斜度。

（11）盖梁同墩柱交界处应注意新老混凝土的结合，在浇筑盖梁混凝土前，应仔细清除柱头浮浆、凿毛接触面、冲刷干净。

（12）墩及台帽顶面搁置支座处必须平整、清洁、粗糙，并浇筑支座垫石。

（13）墩顶及台帽上支座垫石位置和高程控制要求准确，垫石顶面必须保持平整、清洁。

（14）台前、台后及两侧锥坡均对称填筑，以防桥台单向受力，造成位移。

（15）填土分层夯实要求：分层厚度要求不大于30cm；压实度要求大于96%。

（16）为减少水平土压力，台后填土不得用大型机械推土筑高和填压的方法。

（17）台后填土选用透水性材料，台后填土工程量计入路基部分的《桥头路基处理工程数量表》。

（18）墩帽纵向钢筋应预先焊接形成骨架，浇筑混凝土前直接将骨架安装就位，再绑扎钢筋。

（19）浇筑桥台侧墙顶混凝土时，应保证侧墙混凝土间的结合。其结合面除按图纸要求设置钢筋外，还应清除浮浆、凿毛接触面、冲刷干净，以保证其整体性。

（20）浇筑桥台背墙时，为保证伸缩缝宽度，根据实际纵坡，适当调整台背的倾角。

（21）浇筑桥台侧墙、背墙时注意相关预埋钢筋的预埋。

（22）桥台台帽、桥墩盖梁上的外侧防震挡块应在板梁架设就位后浇筑。

（23）桥隧结合部必须做好隧道排水，将水引导至桥台或桥台锥坡下方，避免排水冲击桥台。

第 15 章

桥址区滑坡体工程特性及治理措施

在高山峡谷区建造桥梁时，由于受到地质条件以及综合选线的约束，将桥基设置于高陡边坡上是一个不可避免的问题，故在桥梁建设过程中常常涉及大量复杂的地质工程、岩土工程问题。在桥墩及其基础的建造过程中，边坡原来保持的力学平衡被破坏，这就导致边坡表面容易产生上覆碎石土滑溜崩塌的趋势。此类高陡边坡一旦遇到强度大、历时长的暴雨极可能发生失稳，从而危及桥梁结构的安全，危害人们的生命财产安全。目前峡谷区桥基边坡工程问题的研究相比于水电水坝、矿山等岩土边坡的研究相对较少，而且与它们相比桥基边坡有着其自身的特点。峡谷高边坡在实际地质条件中有一定的复杂性，其主要体现在基岩的不连续性、非均质性和各向异性，以及在外部条件（例如各种工程荷载、连续性降雨、地震等）作用下岩体变形破坏方式与机制的差异性，所以其稳定性评价变得复杂。但是，因为实际工程的需要，又普遍存在着待解决的问题，例如桥型桥位的选择，桥基边坡在外部条件作用下的稳定性等，这些不仅关系着桥基边坡的稳定性，还关系到整个桥梁体系的安全性以及经济性。因此，高陡边坡上的桥基边坡稳定性研究显得尤为重要，是在高山峡谷区修建桥梁的重要关键技术。

卢家湾大桥堆积体滑坡见图 15-1。

图 15-1　卢家湾大桥堆积体滑坡

15.1　桥址区滑坡危害及成因

所谓的滑坡现象，主要是指斜坡上的部分土体或者是岩体沿着相应的面、带，在重力的影响下整体向下出现滑移的现象。斜坡上的土体或者是岩体由于受到河流冲刷以及地下水活动的影响，会沿着软弱面、软弱带向下滑动，同时地震作用、人工切坡等因素也将导致滑坡问题的出现。根据分类指标的不同，可以将滑坡类型分为以下几种（表 15-1）。

滑坡的类型　　　　　　　　　　　　　　　表 15-1

序号	分类指标	类型
1	按滑体物质组成	土质滑坡
		岩质滑坡
2	按滑体受力状态	牵引式（后退式）滑坡
		推动式滑坡
3	按滑坡发生时代	古滑坡（全新世以前的）
		老滑坡（全新世以来发生，现未活动）
		新滑坡（正在活动）
4	按主滑面与层面的关系	顺层滑坡
		切层滑坡
5	按滑坡的规模	小型滑坡（10 万 m³）
		中型滑坡（10 万～50 万 m³）
		大型滑坡（50 万～100 万 m³）
		特大型（巨型）滑坡（> 100 万 m³）

15.1.1　滑坡的危害

在出现滑坡危害的时候，人们的出行也会受到一定的影响。同时，公路在使用过程中还非常有可能出现再次发生滑坡的情况。在出现滑坡灾害的时候，出现河道受阻的情况也是非常常见的。这主要是因为很多的公路在建设的时候会在峡谷地区，在滑坡出现的时候就会导致河道堵塞的情况，就会导致上游出现水位上升的问题，上游公路容易受到淹没的危险。滑坡灾害在发生的时候会出现路面翻浆的情况，这样就会导致公路施工面临很大的威胁。在很多的山区出现滑坡灾害地段，通常地下水资源是非常丰富的。而且在雨期的时候，通常会出现地下水渗出的情况，这样就非常容易出现滑坡的情况，具体有以下几种情况：

1. 滑坡问题出现以后带来对交通的巨大不利影响

会出现妨碍交通的问题，很多的行人和车辆就无法按照往常持续行进，很多的物资无法按照预期进行运输。因此，需要不断对滑坡进行及时更正。将堵塞交通的障碍物及时纠正，促进交通的畅通无阻，将阻碍交通的问题顺利解决。

2. 滑坡下来的障碍物也会出现阻碍河道的现象

只有将障碍物通过比较合理的方法进行治理，才能够将河道进行疏通，滑坡下来的障碍物存在清理上难度不断加大问题。因此，需要多方面进行综合处理，完善滑坡处理方案，增强处理问题的完善性。

3. 滑坡体地下水渗出引起路面翻浆

滑坡地段地下水丰富，尤其每逢雨期坡体大量地下水呈泉点渗出。加之降雨等地表水的作用，在斜坡上易形成冲沟、坡面泥石流、滑坡等，并引发许多坍方。同时浸泡公路使其泥泞翻浆，妨碍车辆正常通行。

15.1.2 滑坡的成因

1. 地质条件与地貌条件

1）岩土类型

岩土体是产生滑坡的物质基础。通常情况下，构成滑坡体的因素很多，各类岩土比较常见。因为与其特有的结构有关，在结构、抵抗风化以及抗剪强度等方面水平比较低，如果遇到水会发生一些变化。因此，公路施工之前一定要充分考虑好地质条件，进行全面的分析，防止滑坡的产生。

2）地质构造条件

组成斜坡的岩、土体只有被各种构造面切割分离成不连续状态时，才有可能向下滑动的条件，同时构造面又为降雨等水流进入斜坡提供了通道。故各种节理、裂隙滑坡、层面、断层发育的斜坡特别是当平行和垂直斜坡的陡倾角构造面及顺坡缓倾的构造面发育时，最易发生滑坡。同时区别牵引式滑坡和推动式滑坡，保证能采取正确的处理方式。

3）地形地貌条件

只有处于一定的地貌部位，具备一定坡度的斜坡，才可能发生滑坡。一般江、河、湖（水库）、海、沟的斜坡，前缘开阔的山坡、铁路、公路和工程建筑物的边坡等都是易发生滑坡的地貌部位。

4）水文地质条件

地下水活动在滑坡形成中起着主要作用。它的作用主要表现在：软化岩、土；降低岩、土体的强度；产生动水压力和孔隙水压力；潜蚀岩、土；增大岩、土容重，对透水岩层产生浮托力等，尤其是对滑面（带）的软化作用和降低强度的作用最突出。

2. 内外营力（动力）和人为作用的影响

在一些地壳运动激烈的地区，或者是在人类活动比较多的地方，滑坡的机会比较大，主要是受到主观人为和客观因素的影响。常见的诱发滑坡的因素包括：从客观自然方面来说，有地震、降雪、河流的侵蚀冲刷等；从主观人为方面来说主要包括：人类不合理的施工活动，例如不合理的矿山开采、不科学地进行爆破等，都是导致滑坡且不能忽视的重要原因。

15.2 桥址区滑坡治理技术

15.2.1 预防措施

对滑坡进行预防的有效措施就是加强滑坡的预报，滑坡在发生之前通常都是有明显的预兆，因此，加强滑坡的预报能够在一定程度上避免滑坡导致的危害。现在，科学技术的发展是非常好的，这样就使得人们在滑坡预报技术方面做到了更加的准确和精确。对滑坡进行预报，主要的内容包括滑坡发生的时间、地点和规模。在公路工程施工中，出现滑坡的地段通常都会出现滑体变形的情况，这样就使得人们在工作中能够直接地发现滑坡发生的预兆。因此，在施工中，人们可以根据边坡的变形情况来对滑坡出现的时间进行判断。

对滑坡观测的重视，能够在公路工程过程中避免出现过大的危害。监测边坡表面裂缝，在预防公路施工过程中的滑坡危害中也不容忽视。边坡表面裂缝的拉开和扩展速度情况如果突然增大或外侧岩土体出现显著的垂直下降或发生转动，则预示着边坡即将失稳破坏发生滑坡。边坡表面裂缝监测就是有针对性地监测裂缝的拉开速度和两端扩展情况。

防止地表水土流失，对预防公路施工过程中的滑坡危害也必不可少。在公路施工中，防止地表水土流失，可以从加强滑坡范围以外的截水沟建设方面采取措施。为防止地表水土流失，将滑坡范围以外的截水沟补给源切断，针对当地的泉水和湿地等，人工施工排水沟或渗沟等，将水引离滑坡体，可以起到防止坡地表面的水土流失的效果，达到防治的目的。对滑坡减重和反压，往往也能预防公路施工中的滑坡，避免公路施工建设产生滑坡危害。减重往往对于滑坡床上陡下缓、滑坡壁及两侧有稳定的岩土体的推动式滑坡来说能起到根治滑坡的效果，对其他性质的滑坡能起到减小下滑力的作用。下部反压是人工在滑坡的抗滑段和滑坡体外边缘堆填土石形成人工堤坝等使其自身重量加重，这样能增大抗滑力而稳定滑坡。

15.2.2　治理技术

1. 滑坡整治原则

（1）及早治理。对于较简单、规模较小的中小型滑坡，其勘察、设计和施工，一般比较简易，应做到根治，不留后患。

（2）对规模较大、性质较复杂的滑坡，若不致发生急剧变形造成灾害性危害，应考虑全面规划，分期整治，并做好对滑坡本身及工程效果的观测工作。

（3）滑坡整治工程应根据具体条件采取综合措施。对失去前部支撑的滑坡，宜修建支挡建筑物或采取减重和支挡相结合的措施。

（4）滑带有大量地下水的滑坡，应采取截排、疏干地下水或降低地下水位为主，支挡为辅的措施，以提高滑带土的抗剪强度。

（5）对崩塌性黄土滑坡或由错落体形成的滑坡，可采取修建明洞或支挡为主，减重为辅的措施。

（6）一般情况下，对滑坡的整治时间最好在旱季。施工方法和程序应避免滑坡产生新的移动。而且，原则上应首先做好一些临时性的地面排水系统。

2. 整治滑坡的工程措施

滑坡整治工程大致可分为减滑工程、抗滑工程和改善滑带土的工程性质三类措施。减滑工程的目的在于改变滑坡的地形、地下水等自然条件，使滑坡运动停止或减缓。抗滑工程则在于利用抗滑结构物来阻止滑坡的下滑。改善滑带土性质的工程在于采用各种物理的、化学的方法，提高滑带土的抗剪强度，使滑体运动停止或减缓。其中，改变滑带土的性质（包括电渗法和以下将要提到的化学处理法和焙烧法）是直接稳定滑坡的方法，但施工复杂，成本较高，目前我国很少采用。在整治滑坡过程中，往往是几种措施配合使用。

1）中、厚层滑坡的整治措施

（1）抗滑挡土墙。

抗滑挡土墙是在滑坡整治中应用非常广泛的支挡建筑物之一。它多采用重力式，也有锚杆式的。利用自身重力来支撑滑体，宜用于中、厚层滑坡的防治，常与支撑渗沟、排水、减重及其他支挡建筑物一起配合使用。

抗滑挡土墙一般设置在滑坡前缘。挡墙基础应深埋于滑动面以下的稳定地层中，以免随滑体移动而失去抗滑作用。基础的埋置深度，在完整的岩层面下不小于 0.5m，在稳定的土层下不小于 2m。抗滑挡墙对于深层滑坡和正在滑动的滑坡不宜采用。

由于抗滑挡土墙承受的滑坡推力远大于压力，故其横截面形式多具有胸坡缓、外形胖的特征。

抗滑挡土墙一般采用浆砌片石作为墙体圬工，其优点是易于就地取材，对机具要求不高，施工方便，抗滑作用见效快等；缺点是滑体前缘开挖量大，不利于滑坡的稳定。在施工中应做到分段跳槽开挖基坑、随挖随砌、加强支撑、及时回填，避免引起滑坡体加快滑动。

（2）预应力锚索。

预应力锚索是在锚杆基础上发展起来的一种新型支挡结构物。随着锚杆（索）技术的发展，国内外已大量应用锚索工程整治滑坡。锚索由高强度钢绞线制作。由于钢绞线具有高强度、低松弛的特性，作为滑体锚固比锚杆更为合适。另外，钢绞线的绞纹与凝结材料结合更为紧密，能提供较强的结合强度；钢绞线柔韧性大，便于制作与运输；锚索中的钢绞线可取任意长度，无须接长。

现所采用的锚索长可达 30～55m，锚固段长度可根据实际情况而定，非锚固段外套塑料管。钻孔孔径根据实际情况而定，一般锚索拉力 < 800kN 时，可选用 ϕ100 以内的孔径；当锚索拉力 > 4～6 束钢绞线，锚索头部为一锥形金属头固定锚索。为了防止非锚固段锚索的锈蚀，可采用表层涂防护剂、塑料管内注入沥青油、二次灌浆与混凝土帽封闭等措施。为了便于灌浆，钻孔与水平面的倾角一般为 30°。锚固段采用 350 号水泥砂浆灌注。锚头处置钢筋混凝土垫。锚索间距为 3m 左右。

（3）锚索抗滑桩。

锚索抗滑桩是在桩身顶部沿与水平方向大约 30°角设置预应力锚索，锚索穿过滑体锚固到滑床内形成一种主动抗滑结构。锚索张拉后，其上端用锚具与桩身形成铰性连接，从而形成类似简支梁受力状态的主动抗滑结构。预应力锚索通过桩身对滑体主动施加了一个相当大的预应力，同时部分预应力作为一个压应力作用在桩身上，从而大大改善了桩结构的受力状态。预应力施加后，桩身所受的最大弯矩上移至受荷段中部附近，且弯矩值大幅度减小。一般桩身外侧受拉、内侧受压，但随着锚索的松弛，有时也会造成桩身外侧受压、内侧受拉。锚索抗滑桩结构受力合理，能有效地减少桩身截面及埋深，大幅度降低工程造价，特别适合处理具有稳定性滑床的大、中型滑坡。

2）中、小规模滑坡整治措施

（1）刷方减重。

这种工程措施是整治滑坡的最有实效的方法之一，一般多用于中小规模的滑坡。刷方一般都是以清刷滑坡后部的土体为重点，目的是减小滑坡的下滑力，而在前缘不进行刷方。刷方减重后坡面的土体一般渗水性都很强，经降雨软弱后容易造成崩塌。因此，应根据刷方后的地形来设置地表排水沟，在斜坡上设许多小台阶并设置集水设备以利排水。坡面上用植被保护，台阶部分可采用砌石坞工、框架支护等。

在滑坡下部，可配合采用填土反压（若下部具有抗滑段时）。它既可提高滑坡的抗滑力，又可作为刷方土体的弃土堆。

（2）抗滑桩。

抗滑桩是借助于嵌入稳定岩（土）中的锚固作用支撑滑坡推力的一种工程结构物。从材料上分类，有木桩、钢桩（或钢管桩）、钢筋混凝土桩等；从结构上分类，有一般抗滑桩、悬臂式刚架抗滑桩（椅式桩墙）Ⅱ型刚架桩、排架抗滑桩、H型排架抗滑桩等；从埋置条件上分类，有悬臂式抗滑桩和全埋入式抗滑桩；从变形条件上分类，有柔性桩和刚性桩。桩的截面形式与尺寸根据实际情况而定。对于钢筋混凝土矩形桩，长边顺滑动方向布置，最小边长不宜小于 1.25m，长边一般在2～4m；桩间距应根据不使上方滑体从桩间滑走，又不致过密的原则来确定，一般采用6～10m；桩的锚固深度与稳定岩（土）层的性质有关，须经过计算而定，一般为桩全长的1/2～1/3。采用抗滑桩（群）整治滑坡，主要具有以下优点：桩身位置布置灵活（一般在滑坡前缘抗滑段上）；抗滑力大，坞工小；桩施工时破坏滑体范围小且分散，不至于改变滑坡的稳定状态；施工中每个桩孔都是一个很好的探井，能发现原设计中存在的问题，并及时进行补救；施工方便，而且不受季节限制。

存在的不足是不宜用于软塑体滑坡的整治和需要较多的钢材。

3）浅层滑坡整治措施

（1）混凝土抗滑键。在滑坡分析中可以看到，影响滑坡稳定性的关键因素是滑动面附近的几厘米或几十厘米厚的滑动带岩（土）的力学强度。根据这个特性，在治理滑坡时可着重改善滑动带的力学平衡条件。混凝土抗滑键就是将抗滑桩的长度最大限度地缩短，使之趋于键的形式，把滑体与滑床锚固在一起，从而稳定滑体的一种支挡物。这种抗滑键一般直接由混凝土灌注，不需采用配筋，比抗滑桩节省坞工材料和钢材，施工简便，特别适合处理滑体较薄的滑坡。

（2）焙烧法。对于小规模的浅层流动性滑坡，有时是开挖许多窑，通过焙烧加热地基，改良土质使滑坡稳定。

（3）片石垛支撑。对于小型和浅层滑坡，可用片石垛支撑，这种方法造价低廉，可就地取材，施工简单迅速，可作为过渡和临时性措施。

4）其他滑坡的整治措施

（1）滑坡复活的整治措施——抗滑明洞。在路堑开挖的过程中，常导致滑坡复活，有效治理措施之一是采用抗滑明洞取代路堑，在滑坡前缘回填土反压，以稳定滑坡。当滑坡的滑动面在路堑顶部较高部位时，采用这一方法治理滑坡较为有利，洞顶回填土可以起支撑抗滑作用，非常潮湿的塑性滑坡，可以从洞顶滑过。但由于滑坡推力作用于明洞的部位不同，明洞整体和各部分，尤其是拱脚连接部分的稳定性很难保证，加上明洞造价昂贵，故采用这一措施稳定滑坡应当慎重。

（2）黏土滑坡的整治措施——化学处理。利用各种化学溶液提高滑带土的力学强度是稳定黏土滑坡的良好途径之一。就化学溶液而言，大致可分为有机高分子溶液和无机化学溶液。有机高分子溶液虽有强度高、黏度低、胶凝时间易于控制等优点，但由于价格较贵并对环境有一定的污染性，其应用范围受到一定的限制。目前，国内外广泛使用的无机化学溶液是硅酸钠溶液（又名水玻璃或泡花碱）。然而硅酸盐溶液是一种较为主要的化工原料，有着多方面的用途，大量用来稳定土层尚有一定困难。因此，追求新型、廉价的无机化学溶液是黏土滑坡化学加固方面所面临的迫切任务。

近几十年来，各国学者应用离子交换理论研究出多种用于稳定黏土滑坡的化学溶液，并在实践中得到应用。离子交换技术处理黏土滑坡具有价格低、效率高、施工简便、节约人力等优点，是值得进一步研究的方向。一般像滑带土较为均质的黏性土并处于饱和状态，滑动速度比较缓慢的滑坡，应用离子交换技术是较为理想的一种整治措施。其他的化学处理方法还有石灰或石灰土混合法、水泥灌浆等。

（3）特殊地带滑坡的整治措施——排气工程。排气工程主要用在某些特殊地带，如火山滑坡地带。它是通过钻孔排除滑坡体内的高压瓦斯气体，减小滑坡体内的孔隙压力，从而使滑坡稳定的措施。

15.3 卢家湾大桥堆积体滑坡稳定性分析及处置措施

15.3.1 滑坡发展过程

卢家湾大桥主桥为 81m + 150m + 81m 预应力混凝土连续钢构桥，主桥地面高程 645～785m。6 号与 7 号墩跨越一深切冲沟，其中 6 号墩右侧为一个不稳定岩堆体，下伏基岩顺倾。2020 年 3 月初该桥 6 号墩进行开挖墩位平台及施工便道，坡脚形成临空面，见图 15-2。边坡变形区主要为堆积体，期间经历强降雨及持续降雨，雨水通过堆积体裂隙下渗，导致土体饱和，边坡变形滑动面抗剪强度降低，边坡后缘和坡面出现裂缝变形并逐步加剧，截至 2020 年 4 月中旬边坡后缘滑塌错台高度达 1.5m，边坡坡面隆起明显，后缘裂缝有继续扩大趋势，边坡整体外移情况十分严重，滑塌体已严重威胁桥梁施工及运营安全。

图 15-2 路堑滑坡地貌图

综上，该处滑坡处于高山峡谷地段，存在多层滑动问题，且滑坡下部为卢家湾大桥主墩，危害性大，此滑坡已成为该高速公路的主要控制点，治理难度大、风险高、工期长，教训深刻，值得研究。

15.3.2　地质背景

地形地貌：滑坡区属构造侵蚀深切峡谷地貌，地形起伏较大，冲沟发育，微地貌为单向斜坡地貌，地形整体呈西北高东南低，总体呈下陡上缓，山体自然坡度 20°～35°，地面高程 653～716m，最大相对高差 63m，施工便道及桥墩位置开挖对原地貌改变较大，施工开挖形成了新临空面。

地层岩性：根据地质调绘及钻孔资料，滑坡体场区覆盖层为第四系全新统崩坡积（Q_4^{col+dl}）碎石土、块石土、角砾、含碎石粉质黏土，下伏基岩为奥陶系下统湄潭组（O_1^m）砂岩、泥质砂岩。

地质构造：卢家湾大桥 6 号墩位于斜坡中部，桥墩邻近陡坎边缘，陡坎高约 50m，斜坡坡向 75°～100°，陡坡坡角 40°～55°，桥墩区岩层产状为 180°∠23°，与坡向近似一致，为典型的顺层易滑地层。五莲峰次级断层 F42-2 从卢家湾大桥 5 号与 6 号墩之间通过，整个边坡区域岩体产状变化较大，岩体较破碎，该断层属非活动断层，区域地质相对稳定。

该滑坡体表现为三个相对独立的变形区，分别为Ⅰ、Ⅱ和Ⅲ区，见图 15-3，其中Ⅰ区为主滑区，滑坡平面形态近似"圈椅"状，其最长贯通裂缝约 120m，宽 10～30cm，可见深度 30～60cm，滑坡分布高程在 650～700m 之间，纵向上长约 63m，平均宽 130～150m，主滑方向为 NE177°，投影面积 $5.2 \times 10^3 m^2$，滑体厚度 10～13m，平均厚度 11m，体积约 $6.1 \times 10^4 m^3$，为一个中型中层牵引式堆积体滑坡。

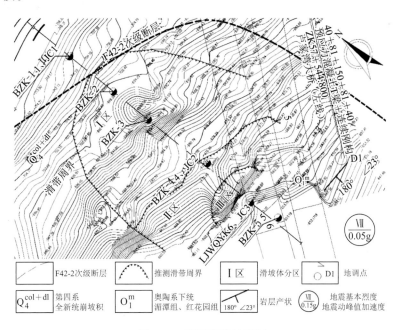

图 15-3　路堑滑坡地形图

15.3.3　滑坡诱发因素及机理分析

1. 滑坡影响因素

滑坡的正确判识与定性是滑坡防治技术的核心及基础，为此，应查明影响滑坡的主要影响因素。分析滑坡变形过程、所处地质环境，此滑坡的形成主要是以下因素共同作用的结果：

（1）降雨的作用：雨水和地表水下渗，地下水（松散岩类孔隙水）量增加，使滑体饱和重度加大、加速滑面的形成并降低滑带土抗剪强度，致使下滑力增大，抗滑力减小，产生变形滑移，滑坡的变形拉裂在雨后增大变宽，说明降雨是滑坡变形发展加剧的主要因素。

（2）人类活动：高速公路修建施工便道及卢家湾大桥6号桥墩台整平开挖过程中进行切坡，改变了原斜坡的应力条件及水文地质条件；边坡坡脚开挖前未进行坡体预加固，以及开挖后防护不及时、坡体排水工程严重滞后，岩土体抗剪强度大幅度衰减，诱发了该边坡体失稳。人类活动对滑坡起诱发作用。

2. 滑坡形成机制分析

通过已有资料及现场调查分析，滑坡的形成究其原因，是由其独特的内在因素即地形地貌、地层岩性组合、水文地质条件和外部因素即人类活动共同作用的结果。

（1）滑坡区处于单向斜坡地形，岩性组合为碎石土、碎块石土夹含碎石粉质黏土，粉质黏土属相对隔水层，大气降水在碎块石土与含碎石粉质黏土界面和基岩面处径流汇集，具备软化滑带土的基本条件，使滑坡体具有向下滑移的可能性。

（2）卢家湾大桥6号桥墩台内侧开挖临空，为滑坡的产生提供了必要条件。

15.3.4 滑坡稳定性分析

卢家湾大桥墩位稳定性评价既要考虑上部滑坡体对桥墩的影响，又要兼顾下部桥梁桩基基岩顺倾问题。

1. 上部滑坡稳定性分析

上部滑坡体表现为三个相互关联的变形区，Ⅰ区为主滑区，该区剩余下滑力最大，范围包含滑区Ⅱ和滑区Ⅲ，也是控制该桥梁墩位稳定性的主控因素。限于篇幅本书以主滑区Ⅰ区为分析对象进行稳定性分析。

为使滑体的物理力学参数选取、剩余下滑力的计算结果更符合实际，本书在进行滑坡稳定性计算时，采用传递系数法和较为严格的刚体极限平衡法进行相互校核。

1）传递系数法

该滑坡为岩质滑坡，滑带面呈折线形，滑坡稳定性计算采用传递系数法时，基本计算公式如下：

$$F_s = \frac{\sum\limits_{i=1}^{n-1}\left(R_i\prod\limits_{j=i}^{n-1}\psi_j\right) + R_n}{\sum\limits_{i=1}^{n-1}\left(T_i\prod\limits_{j=i}^{n-1}\psi_j\right) + T_n} \tag{15-1}$$

$$\psi_j = \cos(\theta_i - \theta_{i+1}) - \sin(\theta_i - \theta_{i+1})\tan\phi_{i+1} \tag{15-2}$$

$$\prod\limits_{j=i}^{n-1}\psi_j \times \psi_{j+1} \times \psi_{j+2} \times \cdots\cdots \times \psi_{n-1} \tag{15-3}$$

$$R_i = N_i\tan\phi_i + c_iL_i \tag{15-4}$$

$$T_i = W_i\sin\theta_i + P_{wi}\cos(\alpha_i - \theta_i) \tag{15-5}$$

$$N_i = W_i\cos\theta_i + P_{wi}\sin(\alpha_i - \theta_i) \tag{15-6}$$

式中：F_s——滑坡稳定性系数；

    W_i——第i块段滑体自重力与地面荷载之和，单位 kN/m；

    P_{wi}——第i计算条块单位宽度的渗透压力；

    ψ_j——传递系数；

    R_i——第i计算条块的滑体抗滑力，单位 kN/m；

    T_i——作用于第i条块滑体下滑力，单位 kN/m；

    N_i——第i条块滑动面的法向上的反力，单位 kN/m；

    c_i——第i条块的黏聚力，单位 kPa；

    ϕ_i——第i条块滑带土的内擦角标准值，单位°；

    L_i——第i条块滑动面的长度，单位 m；

    θ_i——第i条块底面倾角，单位°，反倾时取负值。

该滑坡体下部为桥梁主墩，为重要结构物，正常工况（天然）下取安全系数$F_{st} = 1.30$，非正常工况 I（暴雨）下安全系数$F_{st} = 1.20$。通过计算主滑区 I 在正常工况（天然）下稳定系数为 1.050，基本稳定，剩余下滑力 1121.8kN/m；在非正常工况 I（暴雨）下稳定系数为 0.972，不稳定，剩余下滑力 1254.3kN/m。天然状态下滑带土抗剪强度及稳定系数较暴雨状态下均有适当提高。稳定性计算过程、计算结果及计算简图分别见表 15-2、表 15-3、图 15-4。

主滑断面稳定性计算表

表 15-2

滑体	条块序号	条块重（kN/m）	滑面长度（m）	滑面倾角（°）	滑带面参数	
					c（kPa）	φ（°）
正常工况	1	966.2	14.4	54	18.0	29.0
	2	2131.8	13.1	46	17.0	27.0
	3	1827.8	10.4	39	17.0	27.0
	4	1751.4	7.8	32	17.0	27.0
	5	1811.2	7.3	25	17.0	27.0
	6	2165.6	8.2	21	15.5	25.0
	7	1725.8	6.8	21	15.5	25.0
	8	1106.2	6.3	20	15.5	25.0
	9	445.2	7.9	16	15.5	25.0
非正常工况（暴雨）	1	1014.5	14.4	54	16.0	27.0
	2	2238.4	13.1	46	15.0	26.0
	3	1919.2	10.4	39	15.0	26.0
	4	1839.0	7.8	32	14.5	26.0
	5	1901.8	7.3	25	14.5	26.0
	6	2273.9	8.2	21	14.5	26.0
	7	1812.1	6.8	21	14.5	26.0
	8	1161.5	6.3	20	14.5	26.0
	9	467.5	7.9	16	14.5	26.0

主滑断面稳定性计算结果表 表 15-3

滑体	正常工况		非正常工况（暴雨）	
	稳定系数F_s	剩余下滑力（kN/m）	稳定系数F_s	剩余下滑力（kN/m）
主滑断面	1.050	1121.8	0.972	1254.3

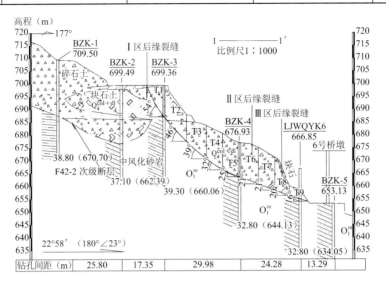

图 15-4 主滑断面稳定性计算简图

2）GeoSlope-Slope/W 软件

为使滑坡体的物理力学参数及剩余下滑力更符合工程实际，本书采用当前国内外广泛应用的 Geo-Slope 之 Slope/W 软件中较为严格的刚体极限平衡方法——Morgensten&Price 法进行校核验证。因黏聚力c值分散性相对较小，所以由试验或者工程类比法选取c值，反算内摩擦角φ值。计算模型及结果分别见表 15-4、图 15-5。

滑坡计算参数取值及计算结果表 表 15-4

滑面	工况	滑带面参数		稳定系数F_s	安全系数F	剩余下滑力（kN/m）
		C（kPa）	φ（°）			
主滑断面	天然	15.5	27.0	1.047	1.30	1160
	暴雨	14.5	26.0	0.970	1.20	1220

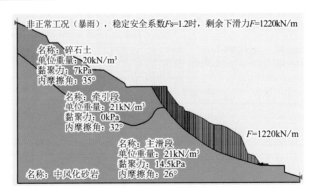

图 15-5 暴雨工况下剩余下滑力计算数值模型

通过上述两种方法对比可知，无论是采用不平衡推力传递系数法，还是采用较为严格的刚体极限平衡方法，其计算结果基本吻合。

2. 下部滑坡稳定性分析

卢家湾大桥 6 号桥墩区位于冲沟左侧陡坎顶部缓坡地带，桥墩邻近陡坎边缘，陡坎高约 50m。6 号墩台现整平地面标高 653.13m，冲沟底部标高 603.30m。

边坡岩体主要为奥陶系下统湄潭组（O_1^m）砂岩、泥质砂岩。但通过人工挖孔桩揭露渣样多呈薄层状，岩层层面多呈黄色，泥质含量较重，局部夹薄层砂质页岩或页岩，该层岩质较软；另外，岩层产状 180°∠23°，斜坡坡向 175°～205°，陡坡坡角 40°～55°，岩层倾向与斜坡坡向约近似一致，倾向于陡坎临空面。斜坡整体现状稳定，考虑施工扰动、桥梁加载及时间效应等对顺向坡的影响，桥墩区顺向坡安全储备不足。因此在滑坡防护设置抗滑桩时，其锚固段应充分考虑顺层边坡的影响；另外，6 号桥墩建议采用嵌岩钻孔桩基础，以中等风带砂岩作持力层，桩底嵌入潜在滑动面以下，并满足嵌岩深度。

15.3.5　处置方案研究

1. 应急处置措施

根据地表位移监测数据，滑体以 3～6mm/d 的速度发生变形，处于滑动阶段，为遏制滑体进一步变形，给后续永久治理工程实施赢得时间，建议实施以下应急处置措施：

（1）尽快对边坡、平台及嵌顶裂缝注浆后用素混凝土封堵或者用黏土、塑料薄膜盖住裂缝以及坡体内变形区，防止地表水下渗，进一步增大滑体重度及软化滑动带。

（2）尽快完成嵌顶外截水沟、边沟及急流槽的施工，防止地表水进入边坡体内；加快边坡体仰斜式排水管的施工，并对出水点较多地段加密，排出坡体内的地下水，提高边坡体稳定性；尽快使坡脚处积水排出，防止坡脚土体进一步软化。

（3）暂停下部边坡桩墩位置的开挖，并在坡脚位置实施反压，稳定坡脚，反压前尽量先排出坡体内地下水，反压体需满足压实度要求，反压的高度和宽度应以位移监测数据减慢或者收敛为准。

根据位移监测结果，见图 15-6，2020 年 4 月 30 日～2020 年 5 月 26 日，应急措施实施过程中，地表累计位移曲线、拐点累计位移数据趋于减慢，说明应急处置措施的实施遏制了滑坡的进一步变形，应急处置措施得当。

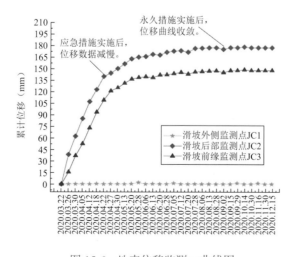

图 15-6　地表位移监测 s-t 曲线图

2. 永久治理方案

1）方案比选

在探明滑坡的影响因素、形成机制及稳定性分析的基础上，提出了3种方案进行比选：大卸载方案、预应力锚索方案、抗滑桩＋锚索方案。大卸载方案：滑坡场区为橘子林，征拆困难；另外，现状边坡坡率较陡，堆积体结构松散，大卸载方案按设计方案刷坡会增大对后缘原有山体的扰动、形成高陡边坡，增大上部堆积体失稳风险，不推荐采用大卸载方案。预应力锚索方案：考虑到地下水进一步下渗及时间的推移，锚索（杆）的锚固应力损失较大，存在安全风险，因滑坡下部为重要构筑物，不推荐预应力锚索方案。抗滑桩＋锚索方案：经计算暴雨工况下滑坡剩余下滑力为1220kN/m，仍相对较大，并且滑坡下部为卢家湾大桥6号主墩，采用抗滑桩进行原位加固并结合排水系统进行综合治理较为合理，采用人工挖孔桩，桩质量可以得到保证，因此推荐抗滑桩＋预应力锚索方案。

2）设计方案实施

具体设计方案实施如下：对坡脚位置存在长宽8m×7m，厚2m的孤石，孤石对边坡整体稳定性有利，爆破清除可能会引起上部边坡失稳。设计时对孤石采用4孔单点锚索加固，自上而下锚索长度分别为26m、22m，锚索应避开抗滑桩；孤石下部采用2m高路堑墙加固。

孤石上部边坡设置4m宽抗滑桩平台，设置1排抗滑桩，抗滑桩尺寸2.5m×3.5m（靠山侧），桩长30m，确保桩长穿越下部顺层潜在滑面以下8m的嵌岩深度，间距6.0桩头增设3根6束锚索，自上而下锚索长度分别为41m、37m、37m；平台内侧设置2排锚杆格梁。

排水系统：在应急措施已施作嵌顶外截水沟、边沟及急流槽的基础上，坡脚位置增设长20m的仰斜式排水孔，排水孔填充硬塑透水管（110mm），内端头用2层无纺布包裹，排水孔仰角10°，间距5m，梅花形布置，富水地段进行加密排水孔。

典型断面加固方案见图15-7及典型断面加固措施计算模型见图15-8。

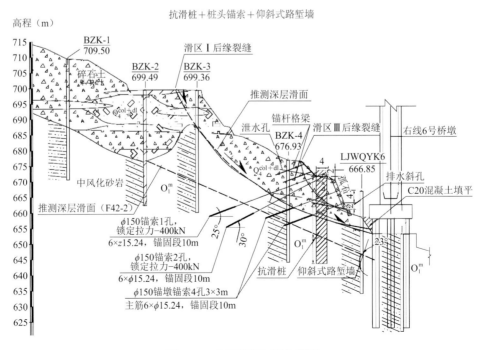

图15-7 典型断面加固方案图

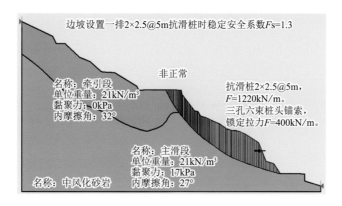

图 15-8　典型断面加固计算模型

15.3.6　处置措施

1.排水工程施工

边坡排水工程包括坡表排水系统恢复及地下排水工程（仰斜排水孔）。地表截排水沟要求在边坡土石方开挖施工前施作，并发挥作用，减少地表水对坡面冲刷和入渗坡体的作用和影响。其排水出路主要为急流槽和坡脚边沟，最终汇入场区排水系统。

2.锚固工程施工

锚杆施工顺序：钻孔→清孔→安装锚杆（与注浆管一起）→注浆→补浆（视实际情况而定）→施工锚梁。

其具体施工工艺流程见图 15-9。

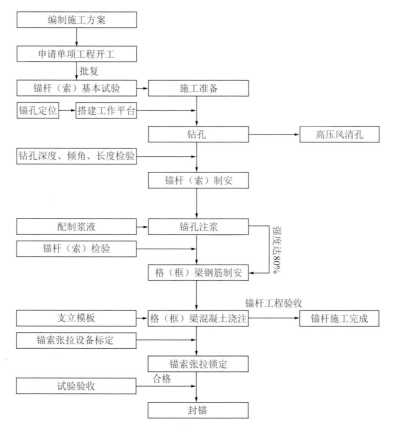

图 15-9　锚杆施工工艺流程图

3. 抗滑桩工程

（1）抗滑桩应严格按设计图施工。施工单位施工前应对桩位坐标和桩顶高程进行复核，确保无误后方可施工。应将桩孔的开挖过程视为对滑坡进行再勘察的过程，及时进行地质编录，以便反馈设计。

（2）抗滑桩施工包含以下工序：施工准备、桩孔开挖、地下水处理、护壁、钢筋笼制作与安装、混凝土灌注、混凝土养护等。

第 16 章

卢家湾大桥边坡抗滑桩施工安全控制技术

16.1 工程概况

16.1.1 工程设计概况

拟建卢家湾大桥 5 号、6 号桥墩区边坡位于昭通市永善县黄华镇黄华村卢家湾。因修建 6 号桥墩施工平台和施工便道开挖坡脚,在降雨后,导致卢家湾大桥 5 号、6 号桥墩临时边坡后缘多处发生严重变形,已影响边坡前缘的 6 号桥墩和后缘的 5 号桥墩,造成桥墩无安全施工条件。进入雨期后,边坡后缘和坡面变形逐步加剧,截至 2019 年 12 月边坡后缘滑塌错台高度达 1.5m,边坡坡面隆起明显。根据边坡地表变形裂缝,边坡滑塌变形区为人工刷方边坡区域。滑塌区后缘位于人工边坡顶部,最高点高程 677.3m;前缘剪出口位于便道右侧基岩顶面,高程 659.9~660.7m,相对高差 17m。

抗滑桩施工采用人力配合简单的机具设备下井挖掘成孔,灌注混凝土成桩的施工工艺。

16.1.2 抗滑桩设计概况

一般构造:抗滑桩采用矩形截面,截面尺寸 2.5m × 3.5m,桩身材料采用 C30 钢筋混凝土,桩中到中间距 6m,桩长 17m 设置 2 根、30m 设置 5 根,共设置抗滑桩 7 根。

配筋:抗滑桩背侧纵向受力主筋采用直径 32mm 的 HRB400 螺纹钢筋,纵向主筋分两排设置,每根为两根 32mm 钢筋组成的钢筋束,束筋钢筋之间应紧贴,沿钢筋纵向 1~2m 点焊成束。纵向受力钢筋的混凝土保护层厚度不得小于 70mm,箍筋的混凝土保护层厚度不得小于 40mm。纵向受力钢筋的接头采用焊接接头,在接头处 35d 范围内,有接头的受力钢筋面积不得大于该截面钢筋面积的 50%。箍筋采用直径 16mm 的 HRB400 螺纹钢筋,间距 15cm。

桩头锚索:为加强抗滑桩工作的协调性,在抗滑桩桩头增设 3 孔 6 束预应力锚索,锁定张拉力为 400kN。

锁口与护壁:抗滑桩进口设置 C20 钢筋混凝土锁口;由于桩井位于土质和风化破碎的岩层中,施工时需设置护壁,每节护壁长 1m,设置至桩底以上 2m。现场开挖出滑动面后,桩长可根据受荷段和锚固段长度比例动态调整,进入中风化基岩不低于 6m。设计桩顶位移不超过 30mm。

桩基尺寸均为 2m × 2.5m 的矩形方桩,结合该段的地形地貌及地质节理特征,桩基最大长度为 25m，最小长度为 17m，对于长度 ≥ 15m 的桩基均归纳为"危险性较大的工程"范畴进行相关的安全控制施工，采取相应的安全管理技术措施来控制。

抗滑桩平面布置图见图 16-1。

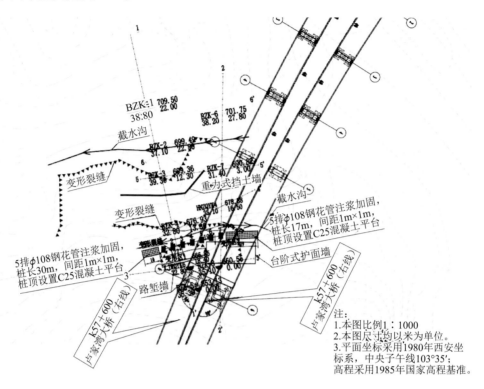

图 16-1　抗滑桩平面布置图

16.1.3　自然条件

1. 地形、地貌

场区属构造侵蚀深切峡谷地貌，地形起伏较大，冲沟发育，场区前后缘均有施工便道到达，交通条件一般。场区微地貌为单向斜坡地貌，山体自然坡度 20°～40°，地面高程 645～711m，最大相对高差 66m，植被多为砂仁、柑橘等经济农作物。

2. 气象

该段边坡防护位于昭通市永善县，属季风影响大陆性高原气候。

3. 地质

边坡区覆盖层主要为第四系全新统崩坡积（Q_4^{col+dl}）碎石土、块石土、角砾、含碎石粉质黏土，下伏基岩为奥陶系下统湄潭组（O_1^m）砂岩、泥质砂岩，根据本次勘察结果，边坡区分布的地层由新至老描述如下：

（1）碎石土（Q_4^{col+dl}）：黄灰色，稍湿，松散—稍密状，碎石含量占 40%～55%，碎石成分主要为砂岩，棱角状—次棱角状，直径 3～20cm，含少量块石，粒间充填粉质黏土，黄色，硬塑，层厚 2.4～23.6m。承载力基本容许值 $[f_{a0}]$ = 160kPa，摩阻力标准值 q_{ik} = 100kPa。

（2）块石土（Q_4^{col+dl}）：黄灰色，稍湿，松散稍密状，碎块石含量占 50%～65%，碎块石成分主要为砂岩，棱角状—次棱角状，直径 3～60cm，地表见最大块石粒径达 2m，粒间充填粉质黏土，黄色，硬塑，层厚 3.8～9.4m。剪切波速$V_s = 191～228m/s$，承载力基本容许值$[f_{a0}] = 180kPa$，摩阻力标准值$q_{ik} = 100kPa$。

以上各岩土层在工程场区的埋藏、分布及岩性特征详见工程地质平面图、工程地质断面图和钻孔柱状图，岩土物理力学性质详见岩土试验成果汇总表。

4. 水文

根据区内地层岩性组合及地下水赋存条件，边坡区地下水类型可分为第四系松散岩类孔隙潜水、基岩裂隙水两大类。

第四系松散岩类孔隙水主要分布于区内的碎石土、块石土内，松散岩类多具较大孔隙，接受大气降水及地表径流补给，多形成孔隙潜水，富水性较弱，水量不稳定，受大气降雨影响较大，主要向斜坡低处排泄。

基岩裂隙水赋存于层状岩类风化裂隙和构造裂隙中，主要接受大气降水补给。本区基岩裂隙多被冲沟切割，裂隙水易排泄、富水性差。因此，工程区裂隙水普遍较贫乏。边坡变形区主要为柑橘林，当地农民主要采取水管浇水方式给柑橘灌溉，水通过岩土体裂隙下渗，导致土体饱和，边坡变形滑动面抗剪强度降低，从而影响边坡稳定性。

5. 周边环境

抗滑桩施工区域位于卢家湾大桥 5 号墩与 6 号墩之间的边坡之上，施工区域范围内只有施工便道，无房屋建筑、无既有道路、无高压电线、无输油管道等相关建筑。

16.2 施工准备

16.2.1 技术准备

（1）组建以项目经理、项目技术负责人为核心的技术管理体系，下设施工技术、质量、物资、设备、计划等部门。

（2）审查施工图纸，提出合理化建议，取得建设单位和设计单位同意，以达到加快进度、保证质量和施工简便的目的，并提出合理性的审图意见。

（3）施工之前做好开工报告，做好桩基分部施工方案，做好分项工程技术交底。

（4）建立完善的信息、资料档案制度。

（5）编制钢筋、水泥、木材等材料计划，相应编制材料试验计划，指导材料订货、供应和技术把关。

（6）按资源计划安排机械设备，周转工具进场，并完备相应手续。

（7）建立完善的质量保证体系。

（8）会同勘察设计、建设单位、监理单位等部门复核定点坐标及验基。

（9）做好对班组人员的技术、安全交底工作。开工前，必须强调劳动纪律，向工人班组进行技术交底，学习图纸及有关施工规范，掌握施工顺序，保证工作质量和安全生产的技术措施落实到人。

（10）做好对现场开挖面及构造体，以及整体挖孔桩施工场地进行监测监控，采用仪器设备

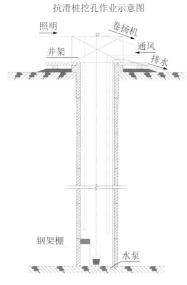

抗滑桩挖孔作业示意图

照明　卷扬机

井架　通风

排水

钢架棚

水泵

图 16-2　人工挖孔灌注桩施工平面图

检测与人员巡视检查相结合，对整体施工场地及工作面全程监控。人工挖孔灌注桩施工平面图见图 16-2。

16.2.2　现场准备

（1）平整场地，清除坡面危石、浮土，坡面有裂缝或坍塌迹象者应加设必要的保护，铲除松软的土层并夯实。在场地两侧以及边坡坡脚位置设置 30cm×30cm 排水沟，边坡开口线 5m 外设置 30cm×30cm 截水沟，防止雨后场地内积水。

（2）全站仪测量出各桩基中心精确位置（由测量员完成），埋设中心桩，以中心桩为圆心，孔位应比孔径大 15cm，护壁根据地质情况采用素混凝土护壁或钢筋混凝土护壁，护壁混凝土桩基直径为内径，加上护壁厚度进行桩基开挖。采用与桩基同强度等级的混凝土浇筑桩顶护体及顶节护壁混凝土。在浇筑好第一节护壁后，将十字护桩中线固定在混凝土护壁上，方便经常检查校核。

（3）井口四周围栏防护，护栏高度 1.2m，护栏采用 ϕ48 焊管焊制而成。四周采用防护网进行封闭，并悬挂明显标志，井口护壁混凝土高出地面不小于 30cm，防止土、石滚入孔内伤人；锁口四周 1m 范围内地面采用厚度不小于 10cm 的 C20 混凝土硬化；挖孔暂停或人不在井下作业时，孔口要加盖；孔口四周挖好排水沟，及时排除地表水，搭好孔口遮挡雨棚，安装提升设备，修好出渣道路。

抗滑桩井口防护图见图 16-3。护栏防护图见图 16-4。

图 16-3　抗滑桩井口防护图

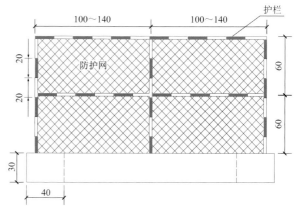

图 16-4　护栏防护图

（4）井内作业必须戴安全帽、孔内搭设软梯和掩体；掩体用 2cm 厚钢板作顶盖，以防落石伤到井内作业人员。出土渣用的吊桶、吊钩、钢丝绳、卷扬机等，经常检查并形成检查记录表，对不合格的吊桶、吊钩、钢丝绳、卷扬机及时更换，提升设备安装好后，项目部组织验收。

16.3　施工工艺

场地平整→放线、定桩位→施工锁口→架设支架、安装潜水泵、鼓风机、照明设备等→挖土

→每下挖 1m 左右土层，进行桩孔周壁的清理、桩孔的直径和垂直度检查→绑扎护壁钢筋→支撑护壁模板→浇护壁混凝土→拆模后继续下挖、支模浇灌护壁混凝土→进入岩层一定深度后确定能否作为持力层→对桩孔直径、深度、垂直度、持力层进行全面验收→排除孔底积水→吊装钢筋笼→放入串筒、浇灌桩身混凝土上升至设计位置→继续浇灌混凝土至高出桩顶设计标高（同时制作混凝土试块，不少于 3 组），高出长度必须保证凿除浮浆后大于设计深入承台的长度，采用水下混凝土灌注时应在 1m 以上。抗滑桩施工工艺流程如图 16-5 所示。

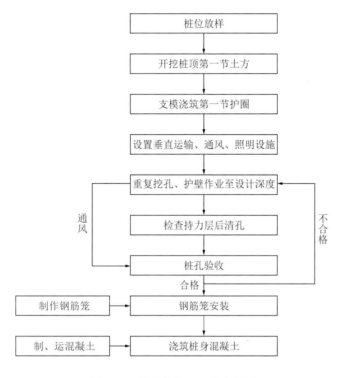

图 16-5　抗滑桩施工工艺流程图

16.4　桩位定线及锁口施工

16.4.1　桩位放样

布设施工测量控制网，经校核无误后，按照设计图纸测定桩位轴线方格控制网和高程基准点。放样时以长 300~500mm 的木桩或铁钎打入地下标定桩孔的中心，出露高度 50~80mm，中心偏差不得大于 50mm。

16.4.2　锁口施工

为防止桩孔周围土石滚入孔内造成安全事故，也为了防止地表水流入桩孔，需在挖孔前浇筑井圈锁口，同时考虑在锁口外侧浇筑一个绞盘（孔内出碴使用）的支承平台。

井圈锁口采用 C20 混凝土浇筑，并预埋插筋与第一圈护壁混凝土连接。井圈壁厚 50cm，顶面高出施工基面 10cm 以上。在第一节井圈的上口作桩位十字控制点，该井圈的中心线与设计轴线的偏差不大于 20mm。

锁口平面图见图 16-6。

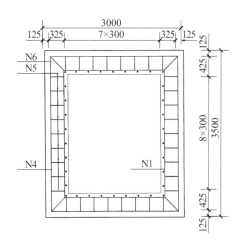

图 16-6 锁口平面图

16.5 开挖

抗滑桩分节开挖，分节支护。对于土层开挖采用人工持铁锹、尖镐开挖；风化层、中风化层岩质层，采用空压机破碎开挖；硬质岩层采用松动爆破开挖；桩孔开挖直径为设计桩径加 2 倍的护壁厚度，如图 16-7 所示。

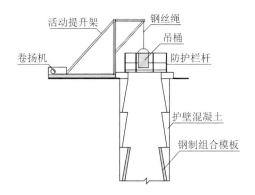

图 16-7 抗滑桩平面示意图

（1）挖孔作业采用人工逐层开挖，由人工逐层用镐、锹进行，遇坚硬土层用锤、钎或风镐破碎，挖土次序为先挖中间部分后周边，允许误差为 30mm。

（2）挖土一般情况下每层挖深 1m 左右，及时用钢模现浇混凝土护壁。每天进尺为一节，当天挖的孔桩当天浇筑完护壁混凝土，上下节护壁的搭接长度不得小于 50mm。

（3）开挖通过地下水质土层时，缩短开挖进尺，随时观察土层变化情况，当深度达到 5m 时，应保持连续送风，送风量不小于 25L/s；采用井下送风设备，保证人员施工安全，有情况及时上报。

（4）开挖遇到潜水层承压水的处理。

挖孔时如果遇到涌水量较大的潜水层承压水，可采用水泥砂浆压灌卵石环圈将潜水层进行封闭处理，效果较好。

①首先用水泵将孔内的水排尽。然后把潜水面沿孔壁周边完全开挖出来。再在孔壁设计半径

外面开挖环形槽。

②在孔底干铺 20cm 厚卵石层，其上安设 5mm 厚、高度稍大于潜水层的钢板圈，其内径等于桩径。在钢板圈内卵石层上设置 2 根直径 25mm 的压浆钢管，其中 1 根作为（另一根堵塞时）备用。压浆管埋入混凝土顶盖处焊一片钢板，以利定位及防止压入的水泥浆沿管壁上流。

③钢板隔离圈与孔壁之间填充卵石，其孔隙率要求 40% 左右。

④为了省工、省料，便于继续开挖，在隔离圈内填充装泥麻包（草包），要求填塞密实，减少孔隙。

⑤灌注水下混凝土顶盖，厚 50cm。

⑥压浆：将钢板圈内的空隙用泥浆填充，以节省水泥，再压纯水泥浆，最后压进水泥砂浆，其配合重量比 1：1。砂浆中可掺入氯化钙早强剂。各种压浆均以稠度来控制，稠度用砂浆流动度测定器来测定，以秒表示。泥浆稠度要求 2～6s，水泥浆或水泥砂浆稠度 2～10s。压浆机具可用灰浆泵，压力 3～4kg/cm² 即可。

⑦封闭完成继续开挖，封闭完成 48h 后可将水抽尽，水位不上升，即可用风镐将混凝土顶盖按孔径要求开挖，并吊出泥装麻包，拆除钢板圈，继续进行挖孔工作。

⑧开挖人身安全注意事项，施工人员要树立自我安全意识，随时观察孔内发生的异常情况，如发现涌水、孔壁开裂、塌方等，要立即撤离至安全区域，并向有关人员报告情况，采取措施后方可继续作业；作业人员头戴安全帽，腰系安全带、安全绳，穿绝缘胶鞋等。

16.6　石方爆破开挖施工

根据目前挖孔深度，拟采用浅孔松动爆破，采取接近内部作用药包的装药量，用导爆管非电起爆系统设计成内外微差网络，使得各个炮孔起爆有足够的时间间隔，成为独立的作用药包，炮孔中回填足够长度的定密实度的堵塞物，以保证爆破后的岩石开裂、松动而不飞散。然后采用人工挖掘出碴方法成孔、封底，安放钢筋笼，浇灌混凝土而成桩。主要是边放炮、边挖掘、边分节做混凝土护壁，以防孔壁坍塌，其工艺流程见图 16-8。

松动爆破要有效地控制爆破振动，防止爆破飞石产生，控制爆破冲击波。

安全防护措施如下：

（1）作业人员要经过安全培训，进入孔内人员必须佩戴安全帽，孔下有人作业，孔口应有人监护。

（2）炮眼要有一定的堵塞长度，加强回填质量。

（3）供人员上下井使用的电动卷扬机、吊笼等，要配有自动卡紧的保险装置，不得使用麻绳和尼龙绳吊挂或脚踏井壁凸缘上下，卷扬机使用前必须检验其安全起吊能力。电动卷扬机需要技术监督部门检验合格挂牌后才能使用。

（4）需要放炮的孔口上盖直径 16mm 的钢筋做成的 10cm×10cm 的直径大于锁口直径的网罩固定在孔口上方，并在网罩上铺盖轮胎被，这样即使有个别碎石飞上孔口，也被钢筋网罩挡住，保证石碴不乱飞伤人。

（5）放炮时，在施工段两侧各 200m 处设专人负责观察交通情况，用对讲机及时与放炮人员联系，确保无人车通过时爆破。

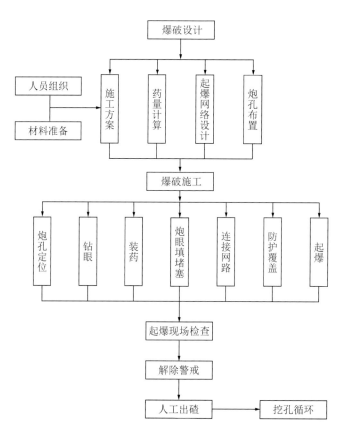

图 16-8　石方爆破工艺流程图

16.7　垂直运输设置

（1）抗滑桩挖孔所使用起重的工具有：卷扬机（现场施工人员作业前需对卷扬机配重加以验算）、钢支架、钢丝绳、铁吊桶等。为了避免在施工过程中发生高处坠落、倾覆等事故，必须随时检查设备的完整性、稳定性，严禁违章操作，严格按照设计要求进行操作，以确保施工安全。

（2）桩孔开挖出的土石方等弃碴装入吊桶，用提升机提升至地面，倒入手推车运到临时存碴场，采用自卸卡车集中统一运走、统一堆放处理。

（3）孔内遇到岩层时，能用风镐挖除，用风镐凿岩至设计深度。极硬岩时，需要采取爆破的，具体爆破作业工作由专业的民爆公司代为实施。

16.8　护壁施工

（1）桩体每挖掘 1m 就必须要浇筑混凝土护壁，护壁混凝土强度等级为 C20。护壁采用外齿式护壁，模板采用钢制模板，拼装紧密，支撑牢固不变形，护壁厚度为 20cm，分节处为下节搭接上节 5cm。模板底应与每节段开挖底土层顶靠紧密。如地质情况不好或在全风化层及地下水位较多的强风化层，在护壁混凝土中设计加配钢筋的，配筋图如图 16-9 所示。钢筋搭接采用弯钩绑扎形式，必须严格按照设计要求进行施工。

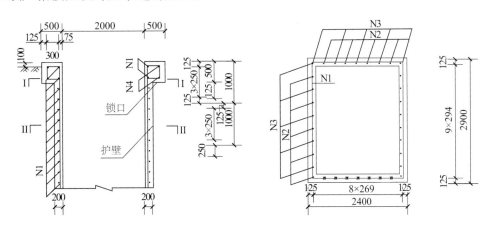

图 16-9　护壁配筋

（2）为加快挖孔桩施工进度，可在护壁混凝土中加入水泥用量 1%～2% 的早强剂，对地下水较多的地层，还可加入速凝剂。每节挖土完毕后立即立模浇筑，浇筑采用吊桶运输，人工撬料入仓，钢钎捣实，混凝土坍落度控制在 8～10cm 范围内。混凝土浇筑完毕 24h 后，或强度达到 2.5MPa 时方可拆模，每节护壁均应在当日连续施工完毕。拆模后发现护壁有蜂窝、露水现象时，应及时用高强度等级水泥砂浆进行修补。

（3）每节护壁做好后，必须在孔口用十字线对中，然后由孔中心吊线检查该节护壁的内径和垂直度，如不满足要求随即进行修整，确保同一水平上的护壁任意直径的极差不得大于 50mm。

（4）护壁模板的质量保证措施。

①护壁钢模板安装必须要有足够的强度、刚度和稳定性，拼缝要严密，模板最大接缝控制在 1.5mm 以内。

②为了提高工效，保证质量，模板重复使用时应编号定位，清理干净模板上的砂浆，刷隔离剂，使混凝土达到不掉角、不脱皮，使混凝土表面光洁。

③精心处理钢模板交接处、拼接处，做到稳定、牢固、不漏浆。

（5）护壁质量保证措施。

①锁口顶标记桩号、标高，放钢筋笼之前应复核锁口标高，保证钢筋笼和浇筑混凝土的标高控制准确，按规定进行护壁厚度、内孔径，垂直度的检测工作，至少每进尺三级护壁进行一次检测工作。

②浇筑每段护壁混凝土前要校对每段桩的轴线，浇筑混凝土时振动四周要均匀，以免模板受压偏移。施工检验随进度抽查，发现不合格时及时纠正处理。

③上下段护壁间要预留纵向钢筋加以连接，使之成为整体，并确保各段间的连接处不漏水。

④桩孔开挖后应尽快灌注护壁混凝土，且必须当天一次性灌注完毕。不得在桩孔水淹模板的情况下灌注护壁混凝土。

⑤混凝土要求密实、早强、坍落度较大，宜使用速凝剂，并采用小颗粒骨料，混凝土入模后

不得使用插入式振动器，以免破坏模外土体的稳定性，可用敲击模板或用竹竿、木棒反复振捣。

⑥护壁模板的拆除，应根据气温情况而定，一般可在 24h 后进行。

⑦每条桩终孔前，应先检查，将孔底松散石块、泥砂清理干净，并把孔底整理水平，然后会同监理单位、设计单位共同验收，并按照设计要求检测孔底 3 倍孔径且 6m 范围内不存在溶洞，然后才能终孔，浇混凝土前应重新清理孔底，做到孔底无虚土、松碴。

16.9 混凝土现场拌制

16.9.1 施工准备，材料及主要机具

（1）水泥：水泥的品种、强度等级、厂别及牌号应符合混凝土配合比通知单的要求，水泥应有出厂合格证及进场试验报告。

（2）砂：砂的粒径及产地应符合混凝土配合比通知单的要求。砂中含泥量：含泥量 ≤ 3%；砂应有试验报告单。

（3）石子（碎石或卵石）：石子的粒径、级配及产地应符合混凝土配合比通知单的要求。

①石子的针、片状颗粒含量：应 ≤ 15%；石子的含泥量（小于 0.8mm 的尘屑、淤泥和黏土的总含量）：应 ≤ 1%。

②石子的泥块含量（大于 5mm 的纯泥）：应 ≤ 0.5%，石子应有试验报告单。

（4）水：宜采用饮用水。其他水，其水质必须符合《混凝土用水标准》JGJ 63—2006 的规定。

（5）主要机具：混凝土搅拌机宜优先采用强制式搅拌机，也可采用自落式搅拌机。计量设备一般采用磅秤或电子计量设备。水计量可采用流量计、时间继电器控制的流量计或水箱水位管标志计量器。上料设备有双轮手推车、铲车、装载机、砂石输料斗等，以及配套的其他设备。现场试验器具，如坍落度测试设备、试模等。

16.9.2 作业条件

（1）试验室已下达混凝土配合通知单，并将其转换为每盘实际使用的施工配合比，并公布于搅拌配料地点的标牌上。

（2）所有的原材料经检查，全部应符合设计与规范要求。

（3）搅拌机及其配套的设备应保持完好、安全可靠。电源及配电系统符合要求，安全可靠。

（4）所有计量器具必须有检定的有效期标志。地磅下面及周围的砂、石清理干净，计量器具灵敏可靠，并按施工配合比设专人定磅。

（5）管理人员向作业班组进行配合比、操作规程和安全技术交底。

（6）需浇筑混凝土的工程部位已完成隐检、预检手续，混凝土浇筑的申请单已经获得有关管理人员的批准。

（7）新下达的混凝土配合比，应进行开盘鉴定。开盘鉴定的工作已进行并符合要求。

16.9.3　基本施工工艺流程

（1）每台班开始前，对搅拌机及上料设备进行检查并试运转；对所用计量器具进行检查并定磅；校对施工配合比；对所用原材料的规格、品种、产地、牌号及质量进行检查，并与施工配合比进行核对；对砂、石的含水率进行检查，如有变化，及时通知试验人员调整用水量。一切检查符合要求后，方可开盘拌制混凝土。

（2）计量。

①砂、石计量：用手推车上料时，必须车车过磅，卸多补少。

为保证计量准确。砂、石计量的允许偏差不超过±3%。

②水泥计量：搅拌时采用袋装水泥，对每批进场的水泥应抽查10袋的重量，并计量每袋的平均实际重量。小于标定重量的要开袋补足，或以每袋的实际水泥重量为准，调整砂、石、水及其他材料用量，按配合比的比例重新确定每盘混凝土的施工配合比。搅拌时采用散装水泥的，应每盘精确计量。水泥计量的允许偏差不超过±2%。

③水计量：水必须盘盘计量，其允许偏差不超过±2%。

④上料：现场拌制混凝土，一般是计量好的原材料先汇集在上料斗中，经上料斗进入搅拌罐；水和原材料同时进入搅拌罐。原材料汇集入上料斗的顺序为：石子、水泥、砂。

（3）混凝土现场搅拌的操作：

①每次上班拌制第一盘混凝土时，先加水使搅拌罐空转数分钟，搅拌罐被充分湿润后，将剩余积水倒净。搅拌第一盘时，由于砂浆粘筒壁而损失，因此，石子的用量应按配合比减半。从第二盘开始，按给定的配合比投料。

②搅拌时间控制：混凝土搅拌的最短时间应按表16-1控制。

混凝土搅拌的最短时间表（s）　　　　　　　　表 16-1

混凝土坍落度（mm）	搅拌机机型	搅拌机出料量（L）		
		< 250	250~500	> 500
≤ 30	强制式	60	90	120
	自落式	90	120	150
> 30	强制式	60	60	90
	自落式	90	90	120

注：混凝土搅拌的最短时间系指自全部材料装入搅拌罐中起，到开始卸料止的时间。

（4）混凝土拌制的质量检查：

①检查拌制混凝土所用原材料的品种、规格和用量，每一个工作班至少两次。

②检查混凝土的坍落度及和易性，每一工作班至少两次。混凝土拌合物应搅拌均匀、颜色一致，具有良好的流动性、黏聚性和保水性，不泌水、不离析。不符合要求时，应查找原因，及时调整。

③在每一工作班内，当混凝土配合比由于外界影响有变动时（如下雨或原材料有变化），应及

时检查。

④混凝土的搅拌时间应随时检查。

⑤按以下规定留置试块：

每拌制 100 盘且不超过 100m³ 的同配合比的混凝土其取样不得少于一次；每工作班拌制的同配合比的混凝土不足 100 盘时，其取样不得少于一次。

16.10 通风照明

挖孔至一定深度后，应设置孔内照明系统。在人孔桩内潮湿环境下施工，采用 36V 安全电压进行照明辅以矿灯照明孔，所用电线、电缆具有足够的强度和绝缘性能。

下井挖孔前，应采用气体检测仪，时常检查孔内有害气体浓度，当 CO_2 或其他有害气体浓度超过允许值或孔深超过 5m、腐殖质土层较厚时，应加强持续通风，若还达不到人工挖孔条件的，须调整施工工艺方可继续施工。

16.11 挖孔桩终孔验收及成桩的质量检测

16.11.1 挖孔桩终孔验收

挖孔桩终孔验收包括两部分：验岩样和验终孔。包括以下步骤：

（1）挖进过程中取好岩样，一般 1m 一道岩样，待挖入设计标高后，通知监理单位、业主单位及设计单位，现场进行桩基地质的确认。

（2）孔深挖至设计标高时，需要终孔，施工单位先要进行自检，自检确实达到设计规定的桩端持力岩层、桩型、桩径、桩位等符合要求，桩底松渣清理干净，必须做到平整，无松渣、污泥及沉淀等软层。孔内水抽干净后，再及时上报监理工程师及设计单位，不存在溶洞后方可终孔，存在溶洞则按设计、业主、监理、施工方现场确定处理方案，变更处理完成后方能终孔。

16.11.2 成桩质量检测

人工挖孔在终孔后应对桩位、孔径、孔深等项目进行检查，成孔质量标准见表 16-2。

人工挖孔成孔质量标准　　　　　　表 16-2

项次	检查项目			规定值或允许偏差	检查方法和频率
1	混凝土强度（MPa）			在合格标准内	回弹法
2	桩位（mm）	群桩		100	全站仪或经纬仪：每桩检查
		排架桩	允许	50	
			极值	100	
3	孔深（m）			不小于设计	测绳量：每桩测量
4	孔径（mm）			不小于设计	探孔器：每桩测量

项次	检查项目	规定值或允许偏差	检查方法和频率
5	钻孔倾斜度（mm）	0.5%桩长，且不大于 200	垂线法：每桩检查
6	钢筋骨架底面高程（mm）	±50	水准仪测骨架顶面高程后反算：每桩检查

16.12　钢筋笼制作与安装

16.12.1　钢筋笼制作

按设计图纸制作一块样板，采用箍筋成形法预制钢筋笼。安装采用双吊点法，汽车起重机吊装入孔，下降速度要均匀，不得碰撞孔壁，就位后使钢筋笼轴线与桩轴线重合，然后起吊下一节钢筋笼，两节钢筋笼采用螺纹套筒机械连接。钢筋笼吊装入孔达到设计标高后，在孔口固定小钢轨在井字形方木上，防止混凝土灌注过程中钢筋笼浮起或位移，当灌筑完毕，上部混凝土初凝后，解除钢筋笼的固定设施。在安放钢筋笼时，一定要注意受力钢筋布置在坡高一侧。

钢筋笼安装固定后，为方便桩上预应力锚索的施工，根据锚索设计的位置、角度等预埋锚索施工管道，管道位置要精确并与钢筋笼焊接牢固，两端用水泥纸堵上，防止在浇灌混凝土时管道移位及堵塞。

16.12.2　钢筋工程质量保证措施

（1）进入现场的钢筋必须有出厂合格证及试验报告、标牌，由材料员、试验员和质检员按照规范规定标准分批抽检验收，合格后方能加工使用，钢筋表面必须清洁，不锈蚀。

（2）钢筋的规格、数量、品种、型号均应符合图纸要求，绑扎成形的钢筋骨架不得超出图纸规定的允许偏差范围，绑扎钢筋网片缺扣松扣数不超过应绑扣数的 2 倍且不应集中。钢筋绑扎中对钢筋钢号、直径、根数、尺寸、位置和接头数量、焊接质量以及钢筋的调直、保护层厚度等薄弱环节要重点检查。

（3）钢筋接头焊接必须严格按设计要求和规范标准进行焊接和搭接，钢筋焊接的质量符合《钢筋焊接及验收规程》JGJ 18—2012 的规定。

（4）竖向钢筋连接采用直螺纹套筒连接。

（5）加强筋与主筋应焊接牢固，螺旋筋与主筋相间隔两挡应做点焊，其他交点做绑扎，保证整个钢筋笼的整体刚度。

（6）同一截面内焊接的钢筋数量不应超过该截面的总面积的 50%，箍筋的焊接长度：单面焊为 10D，双面焊为 5D（D 为钢筋直径）。

（7）吊装钢筋笼入孔时，不得碰撞孔壁，灌注孔时应采取措施，固定钢筋笼位置。

16.13　钢筋制作安装质量检查

（1）所采用的钢筋力学性能应符合设计及有关施工规范的规定，其种类、钢号、规格等均应符合设计图纸的规定。

（2）所有钢材应有出厂合格证，并经现场监理见证取样送检合格后投入工程使用，钢材检验标准及检查方法见表16-3。

（3）钢筋笼制作必须按设计要求加工，钢筋笼的主筋间距、箍筋间距、直径、长度等应符合设计和规范要求。钢筋笼制作允许偏差见表16-4。

钢材检验标准及检查方法表   表16-3

序号	性质	检验项目	检验标准	检查方法	备注
1	关键	材质	符合设计标准	检查质量检查资料	厂家或供货单位提供
2	关键	规格	符合设计标准	用游标卡尺或用尺量	
3	一般	锈蚀情况	≤厚度负偏差的1/2	用游标卡尺或目测	

钢筋笼制作允许偏差   表16-4

项次	项目	允许偏差	检查方法
1	主筋间距	±10mm	尺量：每构件检查2个断面
2	箍筋间距或螺旋筋螺距	±20mm	尺量：每构件检查5～10个间距
3	钢筋笼外径	±10mm	尺量：按骨架总数30%抽查
4	倾斜度	0.5%	垂线法

（4）直螺纹套筒连接质量控制：

①加工钢筋接头的操作工人，应经专业人员培训合格后才能上岗，人员应相对稳定。

②对钢筋原材及料单中的下料长度尺寸的直螺纹连接端采用砂轮切割机进行切割，切割面要求平整无脱皮，钢筋切口面与钢筋轴线垂直，不得有马蹄形或挠曲。

③钢筋丝头有效长度应不小于1/2连接套筒长度，公差应为$+1p$（p为螺距）。

④钢筋丝头应用专用直螺纹量规检验，通规能顺利旋入并达到要求的拧入长度，止规旋入不得超过$3p$。

⑤连接钢筋时应对准轴线将钢筋拧入连接套。接头拼接完成后，应使两个丝头在套筒中央位置互相顶紧，套筒每端不得有一扣以上的完整丝扣外露。如图16-10所示。

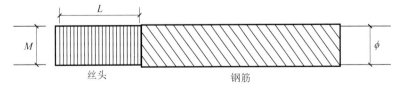

M—丝头大径；t—螺距；ϕ—钢筋直径；L—螺纹长度

代号	A20R-J	A22R-J	A25R-J	A28R-J	A32R-J	A36R-J	A40R-J
ϕ（mm）	20	22	25	28	32	36	40
$M \times t$	19.6×3	21.6×3	24.6×3	27.6×3	31.6×3	35.6×3	39.6×3
L（mm）	30	32	35	38	42	46	50

图16-10　连接钢筋示意图

⑥安装接头时可用扭力扳手拧紧，应使钢筋丝头在套筒中央位置相互顶紧。

直螺纹接头安装时的最小拧紧扭矩值见表 16-5。

直螺纹接头安装时的最小拧紧扭矩值　　　　　　　表 16-5

钢筋直径（mm）	≤16	18～20	22～25	28～32	36～40
拧紧扭矩（N·m）	100	200	260	320	360

（5）钢筋骨架质量控制：

①骨架的焊接拼装在坚固的工作台上进行，操作时符合以下要求：拼装时按设计图纸放大样，放样时应考虑焊接变形；拼装前检查每根接头是否符合焊接要求；在需要焊接的位置用楔形卡卡住，防止电焊局部变形。待所有焊接点卡好后，先在焊缝两端点焊定位，然后进行焊缝施焊；施焊顺序宜由中到边对称地向两端进行，先焊骨架下部，后焊骨架上部。相邻的焊缝采用分区对称跳焊，不得顺方向一次焊成。安装后主钢筋间距允许偏差不超过±20mm，螺旋筋间距允许偏差不超过±10mm，钢筋骨架长允许偏差不超过±10mm，直径允许偏差不超过±5mm，保护层厚度允许偏差不超过±10mm。

②钢筋笼具有强劲的内支撑或辅助支撑，在吊装和就位过程中为防止扭曲变形。钢筋骨架要竖直起吊，钢筋骨架起吊垂直后按照设计高程将钢筋笼与系梁预留的钢筋进行搭接，注意焊接质量及搭接长度。

16.14　声测管安装

16.14.1　声测管材料要求

声测管采用 4 根 $\phi 50 \times 1.2$mm 钢管，使用的材料应经权威机构检验合格并有合格证书。其材质应有足够的刚度，在灌注混凝土的过程中不应因受力而弯曲、变形、脱开；且与混凝土粘结良好，不应在声测管和混凝土间产生缝隙（即包裹不住）。

16.14.2　声测管连接

每根桩基布置 3～4 根声测钢管，供超声波检测用，钢管下端用钢板封头，上端露出桩顶 30cm，施工时应注意保持钢管竖直，并不得堵塞管道。声测管接头和底部均应密封，不漏浆，确保管道畅通。声测管中间连接采用车丝套筒连接，声测管与加劲钢筋连接在一起。

16.14.3　声测管耐压和密封性能

声测管应进行液压试验检验耐压和密封性能，试验压力按最大工作压力的 2 倍，试验持续时间 15s，管道应无渗漏和永久变形。

16.14.4　声测管布置

桩径大于 1.5m 以上时等间距埋设四根管。

16.14.5　声测管的安装

声测管可直接固定在钢筋笼内侧上，固定点的间距一般不超过 2m，其中声测管底端和接头部位宜设固定点，对于无钢筋笼的部位，声测管可用钢筋支架固定。固定方式可采用焊接或绑扎，当采用焊接时，应避免烧穿声测管或在管内壁形成焊瘤，影响钢管的通直。

16.15　混凝土浇筑方法及质量保证措施

混凝土由孔口设置的串筒下料至孔底，串筒底端出料口距混凝土筑面不超过 2m，防止产生混凝土离析现象。

16.15.1　桩身混凝土灌注

除按一般混凝土灌注有关规定办理外，还应注意以下事项：

（1）浇筑前须再次清除孔底渣土，采用干灌法施工，由拌合站集中制料，混凝土罐车运输至孔边，为防止混凝土在下料时产生离析，混凝土通过料斗和串筒下料，串筒底距浇筑面不超过 2m。混凝土采用插入式振捣器下至孔底人工分层振捣密实，层厚不超过 30cm，振捣上层混凝土时，插入式振动棒移位间距不得超过其作用半径的 1.5 倍，插入式振动棒应插入下层混凝土 5~10cm。若桩基地下水渗漏较大（超过 6mm/min），干灌不能保证混凝土施工质量时，采用水下混凝土浇筑。

（2）孔内混凝土应尽可能一次连续灌注完毕，若施工接缝不可避免时，应按一般混凝土施工浇筑施工缝的规定办理，并一律设置上下层的锚固钢筋。锚固钢筋的截面积应根据施工缝位置验算。无资料时可按桩截面积的 1%配筋。

（3）灌注桩身混凝土，采用的溜槽及串筒必须离混凝土灌注面 2m 以内，当倾落高度超过 10m时，需同时在串筒内错开焊接几块减速板，作为减速装置，以免混凝土离析，影响混凝土整体强度。在灌注混凝土过程中，注意防止地下水进入，不得有超过 50mm 厚的积水层，否则，应设法把混凝土表面积水层用导管吸干，才能灌注混凝土。

（4）浇筑桩身混凝土主要应保证其符合设计强度，要保证混凝土的均匀性、密实性，因此防止孔内积水影响混凝土的配合比和密实性。对孔壁渗水，不容忽视，因桩身混凝土浇筑时间较长，如果渗水过多，将会影响混凝土质量，降低桩身混凝土强度，可在桩身混凝土浇筑前采用防水材料封闭渗漏部位。对于出水量较大的孔可用木楔打入，周围再用防水材料封闭，或在集中漏水部分嵌入泄水管，装上阀门，在施工桩孔时打开阀门让水流出，浇筑桩身混凝土时，再关闭，这样也可解决其影响桩身混凝土质量的问题。桩身混凝土的密实性，是保证混凝土达到设计强度的必要条件。为保证桩身混凝土浇筑的密实性，一般采用串流筒下料，串流筒距离孔底小于 2m，并分层（30cm 一层）振捣浇筑（采用捣固棒）的方法，其中的浇筑速度是关键，即力求在最短的时间内完成一个桩身混凝土浇筑，特别是在有地下压力水情况时，要求集中足够的混凝土短时间浇入，以便领先混凝土自身重量压住水流的渗入。

（5）在灌注桩身混凝土时，相邻 10m 范围内的挖孔作业应停止，并不得在孔底留人。

（6）灌注桩身混凝土时，应留置试块，每根桩不得少于1组（3件），及时提出试验报告，如图16-11所示。

16.15.2 混凝土工程质量保证措施

（1）地方性材料选择优质砂子、石子，使用前必须取样按照砂、石配合比配料过秤投料，以确保混凝土的质量。

（2）原材料、半成品必须有出厂合格证（材料证明）或检验报告，不允许不合格产品投入工程使用。

（3）混凝土应有符合要求的配合比，由工地试验室先试配，驻地办、中心试验室验证合格后才能使用。

（4）混凝土浇筑若遇雨天时，应经常测定砂石含水量，及时按实际调整混凝土配合比，并做好已浇筑混凝土的保护。

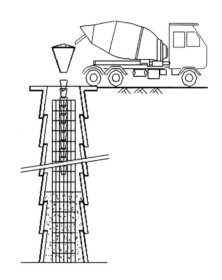

图 16-11 串筒灌注施工示意图

（5）下落的混凝土应采用串筒和漏斗，不得发生离析现象，应保证混凝土表面养护时间，派专人负责养护。

（6）对班组进行施工技术交底，浇捣混凝土实行挂牌制，谁浇捣的部位，就由谁负责混凝土的浇捣质量。

（7）捣桩身混凝土时，工作人员要勤用插入式振动棒将混凝土振动密实、均匀，活动串筒不能高于混凝土2m。

（8）采用现浇钢筋混凝土及混凝土护壁时，每挖一段应护壁一段，不得在上一挖段没有护壁的情况下就挖下一段，以保证井下施工人员的安全。当发现护壁有蜂窝时应及时补强，严重时返工重来，以防造成事故。

16.16 桩身混凝土质量检查

（1）桩基础所需原材料进场后，应对水泥、砂、石进行检验合格后方能使用，水泥、砂、石检验标准见表16-6、表16-7。

水泥检验标准及检查方法表   表 16-6

序号	性质	检验项目	检验标准（允许偏差）	检查方法	备注
1	关键	品种	符合设计要求	查合格证，并现场取样作物理化学性能检测	查看厂家或供货单位提供的化验资料
2	关键	强度等级	符合混凝土的配合比设计要求		
3	关键	出厂时间	三个月以内	查出厂日期	
4	一般	保管情况	无受潮变质		

砂、石检验标准及检查方法表   表 16-7

序号	性质	检验项目	检验标准（允许偏差）	检查方法
1	关键	石子强度	符合设计要求	试验报告
2	关键	石子规格、材质	符合规范要求	试验报告

序号	性质	检验项目	检验标准（允许偏差）	检查方法
3	关键	石子含泥量	≤2%	试验报告
4	关键	砂子规格、材质	符合规范要求	试验报告
5	关键	砂子含泥量	≤5%	试验报告

（2）混凝土配合比必须经试验确定后，报送监理工程师审批。上料拌和时要严格按施工配合比计量过磅，控制好水灰比和混凝土的搅拌时间，确保混凝土的质量。

（3）桩身混凝土浇筑过程中，每桩在出料口现场取样 3～4 组，做抗压强度试验。桩混凝土浇筑完毕后，应及时派专人用麻袋、草帘加以覆盖并浇清水进行养护。

第 5 篇

路基路面篇

路面路基施工

　　和其他普通公路一样，山区高速公路也是由路面和路基构成，这两个构成部分决定了山区高速公路的使用寿命，如果路面和路基的施工质量能够保证，高速公路的使用寿命就可以适当延长，山区的出行安全也能得到进一步的保证。路基位于高速公路的基层，它不仅要承担自身重量，还需要承载车辆的重量，这就要求路基必须具有较好的强度和稳定性，否则，会引发坑槽和坍塌等安全事故。如果要保证高速公路路面的平稳度以及强度，必须严格把控高速公路路面、路基的施工质量。

第 17 章

西南山区高填方路基关键技术

路基是公路的主要工程结构物，路基是在天然地表按照道路的设计线形和设计横断面的要求开挖或填筑而成的岩土结构物。路基的两个基本性能要求是：（1）整体稳定性。在地表开挖或填筑路基时必然会改变原地面地层结构的受力状态，原来处于稳定的地层可能失衡，导致路基失稳。（2）变形大小。路基在自重和行车荷载作用下，将产生不同程度的变形。软弱地基、路堤填土压实不足或路基潮湿、过湿等所产生的路堤沉陷、固结变形、不均匀变形都会导致路面出现过量变形和较大应力，致使路面过早损坏。

17.1 高填方路基沉降变形机理

17.1.1 影响路基沉降稳定的因素

公路路基的整体稳定性和变形条件是保证公路工程质量和路面耐久性的基本前提。影响路基沉降稳定的因素可概括为两大类：自然因素和人为因素。

影响路基沉降稳定的自然因素包括：

（1）地理条件：公路沿线的地形、地貌和海拔高度不仅影响公路路线规划设计，同时影响到路基的设计。

（2）地质条件：沿线岩石种类及风化程度，岩层走向、倾向和倾角、层理、厚度、节理发育程度，以及有无断层、不良地质现象等，都对路基稳定性有一定影响。

（3）气候：如气温、湿度、日照、降水、冰冻深度、年蒸发量、风力风向等，共同影响路基水温情况。在一年之中，气候有季节性的变化，因此路基水温情况也随之变化。同时气候还受地形影响，例如山顶和山脚、山南坡和山北坡气候差别大，这都会严重影响路基稳定性。

（4）水文和水文地质条件：水文条件指地面径流、河流洪水位、常水位，有无积水和积水期的长短等。水文地质条件是指地下水位、地下水移动情况、有无层间水、泉水等。这些情况都会不同程度影响路基的稳定，如处理措施不当，往往会导致路基出现各种病害。

（5）土壤类别：土是路基填筑的基本材料，不同的土类具有不同的工程性质，直接影响到路基路面的强度和稳定性。

（6）植物覆盖：植物覆盖层能够减缓地面水流速，调节表层土的水温状况，植物根系深入土层，在一定程度上对表层土起到固结的作用，从而在一定程度上影响路基水温情况的变化。

17.1.2 影响路基沉降稳定的人为因素

（1）荷载作用：路基承受着路基路面自重（静载）和汽车轮重（动载）两种荷载。随着现代交通运输的急速发展，交通量的逐年增长，动载对路基的稳定性受到很大的影响。

（2）施工方法：正确的施工方法是保证路基稳定的重要因素。对土质路堤，既要选择优良的路堤填料，同时还要选用正确的填筑方法和合适的施工机械。通常采用水平分层填筑自下而上逐层填筑，并把土的含水量控制在最佳范围时充分压实，保证达到《公路路基施工技术规范》JTG/T 3610—2019规定的压实度，使路基具有足够的强度和稳定性。相反，如果填筑方法不正确，压实不充分，土基在车辆荷载的重复作用下就会出现不同程度的变形沉陷，最终造成路面破坏。

（3）养护措施：包括一般措施及在设计、施工中未及时采用而在养护中加以补充的改善措施。通过及时养护可以保证路基在使用期限内具有较高的强度和稳定性。

17.1.3 地基沉降机理

地基土的沉降量，按其变形特征分为三部分：瞬时沉降、固结沉降和次固结沉降，地基最终沉降量计算公式为：

$$S_\infty = S_s + S_d + S_c \tag{17-1}$$

式中：S_s——次固结沉降（蠕变沉降）；

$\quad\quad S_d$——瞬时沉降（不排水沉降）；

$\quad\quad S_c$——固结沉降（主同结沉降）。

下面分别分析一下以上三种沉降产生的主要机理：

（1）次固结沉降S_s是指超静孔隙水压力消散为零，在有效应力基本不变的情况下，随时间继续发生的沉降量，是路基中土骨架在持续荷载下蠕变所引起的，故也称为蠕变沉降。

（2）瞬时沉降S_d是在施加荷载后瞬时发生，孔隙水来不及排出时所发生的沉降。此时土体只发生形变而没有体变，瞬时沉降与加载方式和加载速率有很大的关系。这是由于不同加载时刻，土中有效应力随着土体的固结而增大，土体的变形模量相应增大的缘故。

（3）固结沉降S_c是指在荷载作用下，孔隙水被逐渐挤出，从而土体压密产生体积变形而引起的沉降。它是由外荷载引起超孔隙水压力的水力梯度促使水从土体内排出，而应力增量转移到土体骨架上而发生沉降，它与时间有关，且主要发生体积的变化，其中包括剪切变形在内，是黏性土地基沉降最主要的组成部分。

实际上三种沉降在受力后同时开始发生的，只是某个阶段以一种沉降变形为主而已，且不同性状的土三个组成部分的相对大小及时间是不同的。通常在地基设计中只计算固结沉降。

17.1.4 路堤沉降机理

1. 路堤压实机理

路堤是利用压实机械对松散土填料进行碾压，施加机械能量使土颗粒重新排列密实，增强粗粒组之间的摩擦和咬合及增加细粒组之间的分子引力使填筑体在短时间内得到新的结构强度。研究认为土的压实特性影响因素包括：土的颗粒组成、土的矿物成分、土的结构构造以及土中的水和气体等。路基压实的目的是使路基填料密实，在松散湿土的含水量处于偏干状态时，由于粒间引力使土保持比较疏松的凝聚结构，土中孔隙大多相互连通，水少而气多，在一定的外部压实功能作用下，虽然土孔隙中的气体易被排出，密度增大，但由于较薄的强结合水水膜润滑作用不明显以及外部功不足以克服粒间引力，土粒相对移动便不显著，此时压实效果比较差。当含水量逐渐加大时，水膜变厚、土块变软，粒间引力减弱，施以外部压实功则土粒移动，加之水膜的润滑作用压实效果渐佳。在最佳含水量附近时，土的含水量最有利于土粒受击时发生相对移动，达到最大干重度，当含水量再增加到偏湿状态时，孔隙水中出现了自由水，击实时不可能使土中多余的水和气体排出，从而孔隙压力升高，抵消了部分击实功，击实功效反而下降。含水量超过一定值时，即使增大压实功，土体也达不到要求的最大干密度。

2. 路堤的变形阶段

路堤变形依据其沉降变形发展过程可分为如下三个阶段：

1）塑性—弹性变形阶段

路堤填筑过程中，填土经摊铺、洒水、分层碾压被压缩，塑性变形为主。随着填土高度的增加，下层土逐渐受上层土的压力作用，开始发生弹性压缩变形，表现出填土高度与压缩量呈线性关系，路堤横向中间变形大，两侧变形量小。

2）不均匀变形阶段

路堤土体在变形过程中，在横剖面上侧向无约束，将出现边坡应力下降，路堤内应力集中，易产生剪切变形，造成横向不均匀变形，这种变形在施工后期和运营期内比较明显。

3）蠕变阶段

当应力一定时，应变随时间不断增长的过程，就是蠕变现象。土体蠕变过程复杂，蠕变过程中仍有弹塑性变形存在。

3. 路堤的沉降组成

路堤本身的沉降包括两部分：（1）施工期沉降：路堤填土各层在施加荷载期间产生的沉降总和，该部分沉降在施工期荷载施加完成时完成；（2）工后沉降：填土荷载和路面荷载完成较长时间内蠕变产生的沉降总和。因为产生蠕变的主要原因是在分层填筑的时间间隙内产生的应力重分布会被下一工序添加的荷载所破坏，然后蠕变重新开始，因此蠕变不是连续的。

4. 影响路堤自身沉降的因素

引起路堤自身沉降的几个主要原因是：

（1）路堤填料不良引起的沉降变形。在路基填筑过程中，填料、级配很难统一控制，填料常常是路堑挖方或隧道出渣，这些填料性质差异大、级配也相差很远。一方面，在施工过程中，如果分层碾压厚度过大，小颗粒填料和软弱物质很难得到有效压实，在荷载的长期作用下，回填料会产生不协调沉降变形。另一方面，由于回填料的性质不一样，特别是有的回填料具有膨胀性，在路基排水系统局部失效后，会导致路堤出现塑性变形或沉陷破坏。

（2）压实度不足引起的沉降变形。由于压实度不足，往往导致填方路基的不均匀沉降变形。其结果是土体前期固结压力小于自重应力和各种附加应力之和，在自重作用下就会发生沉降变形，这些附加应力主要有：①车载，尤其超载情况；②含水量变化造成土体容重的改变；③地下水位升降而导致浮力作用改变；④土体饱和度改变，引起负孔隙水压力改变。这些附加应力引起土体中有效应力改变，从而导致土体发生压缩变形。

（3）路堤土体的干湿状态。在地下水的交替作用下，路基土体内含水量反复变化，土体容重在一定范围内波动，更为重要的是由毛细管张力引起的负孔隙水压力可以达到相当的数值，再加上水的软化、润滑效应，可以使土体产生沉降变形。路基或地基中地下水的动态特征对路基不均匀沉降影响很大，路堤及其地基中的地下水主要补给来源有3种类型，即地下水侧向补给、降雨补给、地表水侧向补给。其动态变化及潜蚀作用影响到土体中的有效应力分布、土体的结构特征和土体强度从而导致路基的不均匀沉降。

（4）路堤土体侧向变形。不均匀变形阶段所产生的路堤自身沉降。特别是在高路堤填筑过程中，由于受视觉和重视程度的影响，施工人员在路基碾压过程中通常在邻近边坡路段碾压较少，因而路基压实度较低；同时由于邻近边坡段的路基填土所受的侧向约束较小，甚至无侧向约束，在碾压过程中，由于土粒较小的侧向约束而导致邻近边坡一侧的路基压实度较低。因此，邻近边坡路肩部位的路基压实度将比路基中心地段的压实度相对要低，为不均匀沉降的形成提供了条件。

17.2　高填方路基病害特征与质量控制

17.2.1　高填方路基病害特征

高填方路基相对一般路基而言，具有以下一些显著特点：路基填筑高，边坡容易失稳，所以需要验算边坡稳定性；由于高填方路基土石方工程量大，石料颗粒之间的作用使路基压实质量得不到保证，工后沉降和边坡失稳等问题多，所以高填方路基对压实工艺要求较高；由于路面重力、自身重力以及汽车行车荷载较一般路基大，所以要求地基具有较高的地基承载力和稳定性；要监控高填方路基填筑过程中的沉降变形，保证高填方路基稳定；不能忽视高填方路基的工后沉降变形和差异沉降变形。其表现形式有填方裂缝、边坡失稳、路面病害等。

1. 填方裂缝

填方裂缝是指由填方内部发展而成的裂缝。填方裂缝由于其成因不同，可能出现在填方路堤的各个部位。微小的裂缝是广泛存在而且无法避免的，但是过大的裂缝却会造成路基或路面的损坏。高填路基由松散粒状材料填筑后碾压而成，在自重和其他因素影响下，路堤会产生一定程度的竖向和水平方向的变形。由于路堤各部分间变形量不同而造成不均匀沉降，在路堤的不同部位形成拉伸应变区和压缩应变区。由于填方路基的抗拉强度很低，在拉伸应变区就容易产生变形裂缝。

变形裂缝根据其产状和路基延伸方向的关系，可以分为纵向变形裂缝和横向变形裂缝。根据成因，总体上可将纵向裂缝归为两类，即一类为不均匀沉降裂缝，另一类为滑动裂缝。其中，不均匀沉降裂缝，主要是由于竖向的不均匀沉降导致。高填方路基不均匀沉降一般是由于地基存在软弱层、路基厚度不均或者压实度不均匀等因素引起的。

横向裂缝的产生主要是由于沿路堤的不均匀沉降导致。在较长沟谷地段的填方路堤,由于沿路堤纵向产生的不均匀沉降,使路堤有往沉降较大的地方产生变形的趋势,从而,在沉降中心附近,路堤形成压缩变形区域,在路堤顶部产生水平压缩。两侧沉降变形较小的段落,则由于往沉降较大的一侧移动而形成拉应变区域,在路堤顶部产生水平拉伸,当这些部位的拉应变超过填料的临界拉应变值时,路堤就会产生横向裂缝。

2. 边坡失稳

边坡失稳是特定条件下路基不均匀沉降发展的最终结果。在路基边坡失稳演化过程中,一般首先是产生纵向裂缝,近似为弧形。变形发展到一定程度,在降雨等诱发因素作用下,发生失稳。可分为整体或局部路基坍滑。

3. 路面病害

高填路基上覆沥青路面或者水泥混凝土路面,病害形式多种多样,大致分为结构性破坏和功能性损坏。引起这些病害的因素很多,其中路基不均匀沉降和其他方面联合作用对路面损害的影响最为严重,往往造成路面结构的整体变形和破裂。

1)沥青混凝土路面变形

由于路基发生不均匀沉降而导致的路面变形也是不均匀的,一般总有明显的沉降中心。当路基刚度变化不大时,路基沉降空间分布是渐变的。路基刚度相差明显时,则会出现错台,在桥头处形成桥头跳车病害。

2)纵向、横向裂缝

纵向裂缝一般发生在距路堤边缘 3~5m 处,或者在减速车道与行车道的拼接处。裂缝形式分为纵向直线形和纵向弧形。由高填方路基差异沉降引起的横向裂缝,大多是因地基或路基与构造物的差异沉降导致基层的开裂,并反射到沥青面层形成的。

3)水泥混凝土板断裂

当路基过量沉降或不均匀沉降,使路面板体脱空失去支撑或不均匀支撑时,路面板内的应力超过混凝土强度,导致路面板断裂。

17.2.2　高填方路基主要破坏形态

高填方路堤的破坏主要表现在路堤失稳和不均匀沉降而引起的路面破坏,其主要外观表现为裂缝。而路面结构的损坏有多种表现形式,可以统称为路面病害。主要表现在填挖交界带、半填半挖交界带。高填方路堤的不均匀沉降不但会导致路基本身的损坏,还会因路基顶面的不平整在路面结构内产生附加应力,附加应力本身或与车载等共同作用,将导致路面结构的损坏。此外,路基边坡失稳是路基特定部位不均匀沉降发展到一定程度之后的破坏形式。在施工和通车初期路堤失稳的情况时有发生。

1. 路基裂缝

路基裂缝是指由路基内部发展而成的裂缝。填土裂缝的类型可以从不同的方面加以分类。按部位可以分为堤面裂缝和内部裂缝,按走向可以分为横向裂缝、纵向裂缝和龟裂缝,按成因可以分为变形裂缝、滑坡裂缝和振动裂缝等。其中,对路堤影响最大、出现频率最多的是变形裂缝。

根据裂缝走向与路线走向的交叉关系,高路堤裂缝大致可分为横向裂缝(图 17-1)和纵向裂缝（图 17-2）。

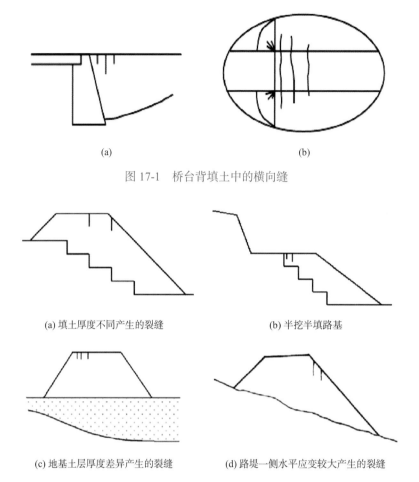

(a)   (b)

图 17-1　桥台背填土中的横向缝

(a) 填土厚度不同产生的裂缝　　　　　(b) 半挖半填路基

(c) 地基土层厚度差异产生的裂缝　　　　(d) 路堤一侧水平应变较大产生的裂缝

图 17-2　高填方路堤纵向变形裂缝

路基裂缝一般与路基及地基的不均匀沉降及变形有关，根据其产生的原因可将纵向裂缝分为变形稳定性失稳产生的不均匀变形裂缝，以及强度稳定性失稳产生的整体滑动裂缝两大类。如图 17-3 所示。

(a)   (b)

图 17-3　纵向裂缝平面发展示意图

产生高路堤纵向不均匀变形裂缝的内在因素是路堤填土变形稳定性较差，外在因素是路堤自重较大及动荷载的影响。这类裂缝平面分布近似一直线，平行于路基纵轴线，且相对集中在车辆荷载集中的行车道附近或路基排水不畅的区域，该种裂缝通常垂直向下发展，见图 17-4。

滑动裂缝是由高路堤边坡整体滑动失稳产生的，该种裂缝的平面形态呈现为在两端或一端向路缘方向发展，裂缝深度开展形态呈现为向下伸延同时弯向路基边缘的弧形，见图 17-5。

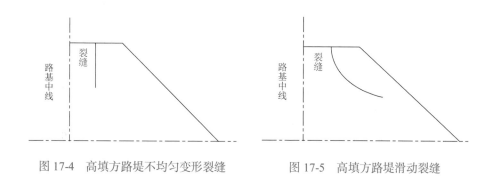

图 17-4　高填方路堤不均匀变形裂缝　　　　图 17-5　高填方路堤滑动裂缝

2. 路基整体下沉

路基沉陷是指路基表面在垂直方向上产生较大的沉落，如图 17-6 所示。路基沉陷有两种情况，一是路基填土本身的压缩、固结沉降，二是由于路基下部天然地基承载力不足，在路基自重作用下产生沉陷或向两侧挤出而造成的，如图 17-6 所示。高填方路堤下沉主要有堤身下沉与地基下陷两种类型，不均匀沉降将造成局部路段的破坏，影响公路交通。

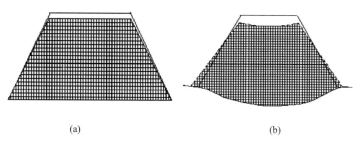

(a)　　　　　　　　　　　　　　(b)

图 17-6　路基整体下沉

由于高填方路堤的整体沉降，在已经投入运营的高等级公路上，在桥涵等构造物顶部明显凸起于前后路面的现象并不鲜见。尤其是处于软土地基上的高填方路堤段，这种现象较为普遍。其特点是无桥涵等构造物段的路面平顺完好，桥头及涵洞前后的路面无局部凹陷，在桥涵和高路堤结合部以及高填深挖路堤结合部路面间有较为明显的错台凸起，并在一定的时间范围内，凸起的高度有不断增大的趋势，严重威胁着道路的安全。

3. 路基边坡失稳

路基边坡滑塌是最常见的路基病害，主要是由路基稳定性不足引起。路堤边坡过陡、压实不足、边坡坡脚被水淘空是路堤边坡滑坡的主要原因。高填方路堤修筑技术还不完备，缺乏相应的设计与施工规范。在参照已有土质路基设计和施工规范基础上，更多的是靠设计和施工人员按照自己的经验来进行的，这些都给路基安全稳定性带来很大隐患。路基边坡失稳见图 17-7。

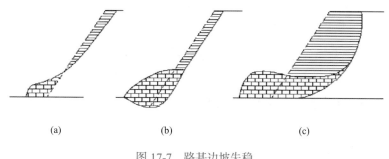

(a)　　　　　　(b)　　　　　　(c)

图 17-7　路基边坡失稳

17.2.3　山区高速公路路基质量控制

1. 路基控制

路基的修建通常用的就是自然土，修筑路基之前，应该通过试验对自然土进行分析，以确定自然土的物理学性质以及其最大干容重和最佳含水量。通过自然土的参数指导路基施工，同时检测填筑成品，通过分析相关试验结果可知，由越细的土质颗粒构成的路基，回弹模量越低，砂土构成的路基具有较高的回弹模量。所以，砂性土是构筑路基的最好材料。施工时在选择土场的时候，用来填筑路基的土的塑性指标应该尽量小。如果在道路使用过程中，路基的质量不合规或者路基受到环境条件的影响，通常会采取一定措施进行增固。其中较常用的方法就是使用石灰进行路基稳固，这种方法适用于含水量较高的土质，如果工期要求紧张，可以选择使用石灰进行土质的改良。如果施工地段处于水位较高位置，那么选择掺加粒料的方法进行土质改良，所掺加的粒料主要有砂砾、炉渣等。

2. 压实度控制

在路基压实之前，确定土质的含水量处于最佳，然后将其压实到最大密实度，所以，在进行路基填土压实时，需要随时进行土质含水量的监控，如果含水量过大，需要进行晾晒，直至含水量适宜方可进行碾压。在进行路基填土压实的过程中，应该连续施工，尽量防止暴晒和雨淋对施工过程的影响。压实时，应该选择适宜的压实机具。路基填土最为适宜的厚度是小于 30cm，压实需进行分层压实。另外，压实需要应用重型压实机具，如果是同一种类的土质，应用重型压实机具进行压实所得到的最大干密度比应用轻型压实机具进行压实所得到的最大干密度大，但是最佳的含水量又比轻型压实机具进行压实的最佳含水量小。

目前，最常应用的重型压实机具是 50t 振动压路机，在进行分层压实时，分层压实的厚度应该小于 30cm。而如果应用羊角碾进行压实时，随着压实功的增加，压实度会有大幅度的提升，另外，因为压实功的增加，土质的含水量会大幅度降低。因为土基含水量下降，而且密度提升，会一定程度地增加路基的回弹模量。在应用羊角碾进行压实的过程中，压实方式需要选择复合碾压。

3. 强度控制

路基每一层的压实密度是由压实度所反映，路基上部分的强度是由弯沉值进行反映，只有路基的压实度和弯沉值都能达到标准，路基相应的整体稳定性、整体强度以及耐久性才能达到相关标准，路基的具体施工技术相对简单，只要在进行施工的过程中，严格执行相关标准，相关负责人员在施工过程中认真负责，路基的质量一定可以保证。

17.3　高填方路基施工工艺

17.3.1　合理编制施工组织方案

制定科学的施工组织方案有利于促进工程项目施工的高效开展。因此，施工方应制定工程项目建设计划，并到施工现场开展地质调研，勘察施工现场的地形地质情况，熟悉图纸，制定针对性强、更合理的施工组织方案。

17.3.2 严格进行基底处理

为解决高填土路基沉降较大的问题，应针对其填土过高、自重过大等特点，做出提高承载力的合理处置措施，常见的处置措施有冲击压实法、强夯法、桩基加固法及垫层法等。

1. 冲击压实法

冲击压实法是指在冲击式压路机的多边形凸轮行驶过程中，轴轮中心最远点会在接触地面的时候产生动能，给地面造成冲击，产生拉、压共同作用力。由于冲击式压路机对路面的作用力不是连续的，会在某一时刻形成瞬时冲击，实现对路面的轻型强夯。因此，冲击式压路机带来的碾压效果比较显著，每次碾压对路面压实的作用区域较大，压实效率高。

2. 强夯法

强夯法能够有效提高地基的承载力，减轻高填土路基的差异沉降，防止路面开裂病害。为实现路基预期质量目标，应严格按照施工规范要求进行施工。

3. 桩基加固法

采用CFG桩等桩基作为加固方式。

4. 垫层法

为了加强填筑前基底的处理，保证地基承载力条件满足施工需要，在路基底部铺设耐风化碎石垫层，并设置土工格栅。

17.3.3 合理选取路基填料

为了确保高填方路基施工质量，需要选择适合项目实际的路基填料。路基填料的选择应该通过试验方案来确定，对原材料的质量进行判断。对于路基填土较差的地方，可采用石灰土进行换填处理，并且应该避免填土中出现大块碎石、树根等杂质。

17.3.4 路基摊铺压实

根据项目建设的实际情况，选择合适的施工机械设备进行施工。在路基摊铺压实前，需选择试验路段，确定摊铺压实方案的合理性，从而指导后续施工。高填方路基填筑施工后，采用路基断面全宽、竖向水平分层的填筑方法，按照自下到上的分层摊铺方式进行施工。首先，在路基底层画出卸料方格，将路基底层填料堆在卸料方格中，采用摊铺机进行摊平处理。对于出现的大块碎石，需进行碎石处理后方可用于填料中。每层摊铺的厚度应小于30cm，并根据试验路段的方案确定施工过程中的合理摊铺遍数。路基压实包括初压、复压和终压三个步骤，应按照先轻后重、先慢后快、先从路基边缘再到路基中线的流程进行压实，并在压实的过程中控制好排水坡度。

17.3.5 路基搭接部位施工工艺要点

1. 路基结合部位台阶开挖技术要点

路基结合部位的施工质量若控制不到位，将会对路基的稳定性造成影响，甚至引起早期病害。在工程施工过程中，需以已建路基高度作为参考，开挖新的路基施工台阶。路基结合部位台阶开挖，需采用专业的机械设备和人工配合的施工方式，首先做好路基底部的清理，避免杂填土的混入引起路基的搭接效果。各施工工序完成后，需进行力学试验检测。

2. 路基结合部位增设土工格栅施工技术要点

在高填方路基结合的位置，可通过增设土工格栅来提高结合部位的强度。土工格栅增设施工工艺如下：首先，应控制好搭接长度（应在 40cm 以上）；然后，在路基压实的过程中，需做好土工格栅防护，避免压实破坏土工格栅，应该在土工格栅铺设完工后，先摊铺填土，再压实；最后，应确保施工的连续性，施工完成后应尽快开展后续填土施工。

3. 路基结合部位强夯施工技术要点

为提高路基的结合度，保障路基的稳定性，可使用强夯工艺补强压实强度不足的区域。强夯施工要点如下：施工前，要先检查夯实设备的性能、设备技术参数是否满足施工规范。施工时应保证路基结合部位能够协同变形。路基搭接部位，按梅花桩间距进行布局，并实施强夯作业，控制各夯点间的距离为 0.5m，将搭接部位的沉降量控制在合理范围内。强夯施工完工后，要安排专业的试验检测人员进行现场检测，科学判断夯实质量。若发现质量还有待加强或存在漏夯部位，则需要进行补夯，及时填平坑底。

17.3.6 高填方路基沉降监测

为监测高填方路基的沉降情况，应科学制定高填方路基的沉降监测方案，合理选择和设置监测设备，确保监测数据准确、全面。由于环境、地理、气候条件的不同，各高填方路基的特征存在一定差异，应严格按照工程环境条件、地形地貌特征、技术特征等实际工况，制定科学的监测方案。高填方路基沉降观测中最主要的观测设备是沉降板，它能够较为直观、精确地显示监测部位路基沉降变形的程度，有助于技术人员科学、准确地对监测部位的沉降情况进行综合评估。对于地质情况相对复杂的位置，还要结合具体情况设置孔隙水压力计、应变片以及测斜管等监测设备来进行监测。

应分情况采用不同的监测频率：当填筑高度和设计堆载预压高度相近时，应填 1 层测 1 次；填筑阶段停工时，应 7d 监测 1 次；堆载预压阶段，初期 7d 监测 1 次，中期 10d 监测 1 次，后期 14d 监测 1 次；路面铺设阶段，铺一层监测 1 次；使用阶段，初期 14d 监测 1 次，后期 30d 监测 1 次。

动态沉降监测的精度、等级因沉降幅度不同而存在明显差异。轻微沉降路段由于可能进入加载预压后期或运营期等，监测等级为二级水准精度；施工阶段、堆载预压前期，其精度为三级或四级水准精度。

按照不同位置高程控制点的观测数据，分析高填方路基沉降数值的变化情况及相关性，观测数值有沉降速率、载荷大小、堆载时间等，据此绘制相关的变化曲线，分析高填方路基的状态。

17.4 高填方路基施工关键技术

17.4.1 路堤填筑

高填路堤全部采用机械化水平分层填筑碾压施工，采用挖掘机及装载机装料，大吨位自卸汽车运输，推土机配合平地机平整，重型振动压路机碾压的施工方案。每段高填路堤填筑严格按照"三阶段、四区段、八流程"的工艺流程组织施工，各区段和流程内只允许做该段和流程的作业，不允许几种作业交叉施工，并且集中力量尽快完成，以减少雨水影响。路堤填筑施工工艺流程见图 17-8。

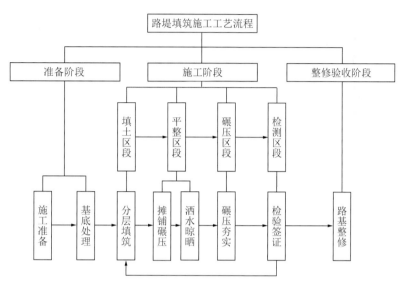

图 17-8　路堤填筑施工工艺流程图

1. 施工准备

1）测量准备

路堤填筑施工前，由项目部工程技术部的测量队按照交桩记录，对导线、中线和水准点进行复测，并根据现场情况和施工的具体要求，放样出路基坡脚线，对横断面进行检查与补测，增设水准点、中心桩，各主要控制桩均设置明显标志，加强保护，以防损坏。定期对水准点、中心桩进行闭合复测，并根据施工进展情况，及时进行测量放线。

2）原地面清表

（1）路基用地范围内的乔木、灌木丛等均应在施工前砍伐或移植清理，并妥善安置在路基用地线之外。

（2）对填方及挖方利用土路段进行清表，清表采用挖掘机、推土机、自卸汽车进行。垃圾、有机物残渣及原地面以下（200～300mm）的腐殖土、草皮、农作物的根系和表土予以清除。将符合种植土要求的表土就近堆放在临时表土堆置场，用作路堤边坡及坡脚绿化的种植土。清除下来的垃圾、废料及不适用的材料和草皮、表土、树根等，集中堆放在设计的弃土场。

（3）在清表完成后，按设计要求采取强夯、灰土挤密桩、灰土换填等对基底进行处理，并开挖台阶、结合槽。原地面清表、开挖台阶、基底处理应满足设计要求，经监理工程师签认后，方可进行路堤填筑。

3）排水系统

根据设计图纸尺寸放出路基的坡脚、边沟位置，并结合施工实际情况，修建需要的临时排水工程。

4）填筑试验

为保证压实质量，用于路基填筑的各种填料在使用前应先进行取样试验，并选择地质条件、断面形式均具代表性的地段进行填筑、压实试验，且试验长度≥200m，宽度为路基设计宽度。对压实设备类型、型号选择最佳组合方式、碾压遍数及碾压速度、工序、每层填料的松铺厚度、路基整平方法等进行确定并记录（如碾压遍数、压实后的压实度、沉降差等）。试验结束后向监理工程师提交试验成果报告，经监理工程师批准后作为该种填料施工使用时的依据，用以指导使用同种填料的各段路基填方施工。

2. 土方填筑施工

施工坚持"三线四度"控制，三线即：中线、两侧边线；四度即：厚度、密实度、拱度、平整度。施工期间在三线上每隔20m插一小红旗，明确中线、边线的控制点。控制路基分层厚度以确保每层层底的密实度；控制密实度以确保路基的压实质量及工后沉降不超标；控制拱度以确保雨水及时排出；控制平整度以确保路基碾压均匀及在下雨时路基上不积水。在路基中心线每50m处设一处固定桩，随填筑增高，在固定桩上标出每层的厚度及标高。土方填筑施工工艺流程见图17-9。

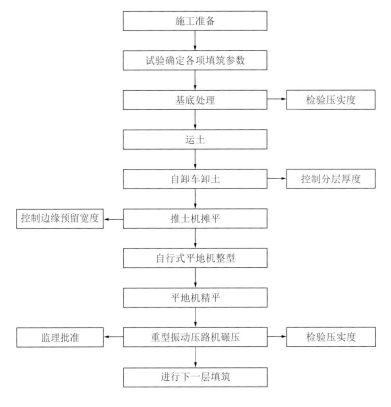

图 17-9　土方填筑施工工艺流程图

1）分层填筑

本项目高填路堤填土来自路堑开挖的土方，填筑前在线路中心、路肩处分别定出标高控制桩，每20m设一组，以控制填料厚度。填筑时应按路基横断面全宽水平分层填土，地形起伏时由低处分层填筑。分层的厚度根据试验路段确定的数据控制，填筑松铺厚度一般为30cm左右。自卸车卸土时，可根据车容量计算堆土间距，也可用白灰撒出方格控制卸土量的多少，以便平整时控制层厚均匀。

路基填筑卸土时安排好运行路线，并由专人指挥，采取以便道为填筑起点，边倒土边用铲车配合推土机推平，逐步向里延伸填土。若填方分几个作业段施工，两段交接处，不同时填筑，先填地段应按 1∶1 比例坡度分层填台阶。若两地段同时填筑则应衔接，其搭接长度不得小于 2m。每层填土，沿路基横向每侧超填 50cm 宽，以方便机械压实作业，保证完工后的路堤边缘有足够的压实度。

2）摊铺整平

填土区段完成一层填筑后，先用推土机初平，再用平地机终平，控制层面平整、均匀，无显著的局部凹凸，以保证压路机能基本均匀的进行压实。摊铺时层面做成向两侧倾斜 4% 的横向排水坡，以利雨天路基面排水。

3）洒水、晾晒

路堤填土的含水量控制在最佳含水量的 +2%～−3% 之间。当含水量超出最佳含水量的 +2% 时，采用取土坑内挖沟拉槽降低水位和在路基上摊铺、松土晾晒相结合的办法，降低填料的含水量。当含水量低于 −3% 时，洒水润湿，洒水可采用取土坑内提前洒水闷湿和路基上洒水搅拌相结合的方法。

4）碾压密实

碾压时，先用小吨位光轮压路机对松铺土表面进行预压，然后再用大吨位振动压路机碾压。压实作业施工按先压路基边缘，后压路基中间，先慢后快，先静压后振动碾压的操作规程进行碾压。

碾压施工中，压路机走行如 S 形（图 17-10），往返行驶的轮迹至少重叠 30cm，并按试验段确定的压实遍数进行碾压，一般情况下为 4～6 遍，最多时亦可达 8～10 遍，如超过 10 遍应考虑减少层厚。压实作业做到无偏压、无死角、碾压均匀，压实密度及其均匀性须经检验符合要求方可在其上继续填筑。

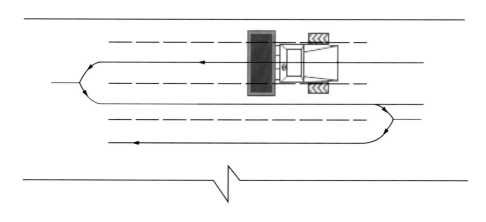

图 17-10　压路机碾压走行路线图

5）检验签证

路基每层填筑压实后，及时进行检测，每层填土检测合格，并经监理工程师认可后，再进行上层路基填筑。试验人员在取样或测试前先检查填料是否符合要求，碾压区段是否压实均匀，填筑层厚是否超过规定厚度。细粒土压实检测采用灌砂法，且定期标定；粗粒土、碎石土的压实质量采用 K30 承载板试验法进行检验。对于细粒土压实质量除进行压实度检测外，同时进行 K30 值试验。

3. 石灰改良土路拌法填筑施工

高填路堤采用石灰改良土填筑时全部采用路拌法，石灰改良土路拌法填筑施工工艺流程见图 17-11。

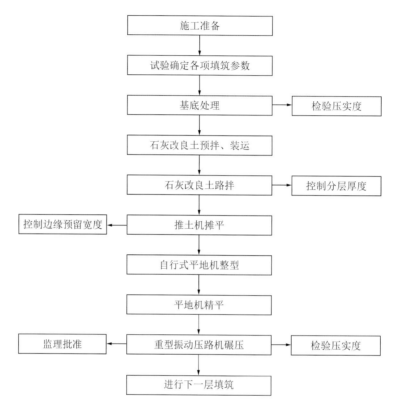

图 17-11　石灰改良土路拌法填筑施工工艺流程图

石灰土路拌施工时，应设置试验段，通过试验段来确定施工控制参数，如压路机功率、碾压遍数、碾压厚度等。影响石灰改良土路堤压实的主要参数包括：前期准备、灰土含水率、石灰的撒布和翻拌、碾压层厚度、碾压机械性能参数及碾压遍数、滞压时间等。

1）前期准备

（1）填料准备：在填土前 7d 将石灰运到工地，如发现消解未完全时，则用挖机挖开再消解，一定保证石灰全部消解完毕后才能使用，同时为保证石灰的质量须对石灰进行过筛，将杂质清除。

（2）下承层准备：改良土的下承层要求表面平整、坚实，标高、路拱、压实度、指标符合规范要求，否则应处理至符合要求，并在上土前将表面洒水润湿。

2）填料含水量控制

施工中改良土最佳压实含水率控制在 Wopt + 2.0%（±0.5%）。在开始碾压前于现场取样进行一次含水率检测，若过湿则晾晒，若过干则洒水。

3）石灰的撒布和翻拌

（1）在施工过程中，石灰的掺量和翻拌的质量直接决定着改良土路基的压实质量和强度，因此要选用撒布机时要求其精密且能自动控制石灰撒布量，选用路拌机时要求其翻拌深度充足、拌和效果良好，推荐采用撒布机均匀撒布石灰后采用稳定土路拌机翻拌法配合压路机压实的路基施工方法。

（2）具体撒布量依照现场松铺厚度和掺灰设计值进行计算。

（3）第一遍不宜翻拌到底，应留 2～3cm，以防止石灰下沉集中在底部翻拌不上来，形成灰夹层。拌和过程中应按工艺试验的配合比配料拌和均匀，色泽一致，没有灰条、灰团和花面，拌合物中不得含有土块、生石灰块。

（4）第二～三遍拌和：第二遍翻拌时，一定要翻拌到底，并对下层略有破坏，宜 1cm 左右。这样既能消除夹层素土，又能使上下两层结合更好。翻拌过程中，应跟人随拌合机随时检查翻拌深度是否满足要求。

（5）翻拌两遍后，应检查含水量，如果含水量满足要求，混合料色泽均匀一致，没有灰条、灰团和花面，没有粗细颗粒"窝或带"就算拌和合格，否则应以旋耕犁或铧犁配合作业，或者补灰，或者补水后再用拌合机翻拌至满足要求为止。

4）分层摊铺及压实厚度

路基的分层压实厚度是路基压实的主要参数之一，它直接影响路基压实的质量与工效。压实厚度确定宜根据压实标准、填实性质、压实机械类型等多个因素通过试验填筑确定，在试验工点正式填筑施工前通过碾压参数试验确定较佳压实厚度，为保证单层压实厚度的均匀性，在填料用平地机整平后进行松铺厚度检验，松铺厚度可按压实厚度增加 10% 左右的厚度确定。

5）整形

混合料拌和均匀后，采用压路机快速碾压一遍，以暴露潜在的不平整。对局部低洼处，采用人工将其表层 5cm 以上刨松并用新拌的石灰混合料进行找补平整，然后用压路机立即在初平的路段快速静压一遍，再用平地机精平。

6）碾压

（1）整形后，经检查标高、横坡、平整度、含水量、含灰量均符合要求后，既可进行碾压。压实工艺如下：先凸轮压路机静压一遍，后弱振一遍，再分别强振两遍、弱振一遍，最后静压一遍收光消除轮迹使表面光滑平整，即静压 1 遍→弱振 1 遍→强振 2 遍→弱振 1 遍→静压 1 遍，共 6 遍。若碾压完达不到设计要求的压实度时，应根据试验段确定的施工控制参数做适当调整，以满足压实度要求。碾压时，由内侧向外侧路肩进行碾压，压路机重叠 1/3 轮宽，静压速度 1.7km/h，振压时速度 2.0～2.5km/h。

（2）压实过程中，如发现弹簧、松散、起皮等现象，应及时翻开处理。在两个工作段接头处采用对接形式，前一段拌和后留下 5～8m 不进行碾压，后一段施工时将前一段留下未压部分进行再拌和、整平，与新铺段同时进行压实。严禁压路机等机械在已完成或正在碾压的灰土路段上调头或急刹车，以保证稳定土表面不受破坏。

（3）碾压时遵循先轻后重、由低向高、由外向内的原则进行。碾压过程中始终要保持灰土层表面湿润，对局部表面水分蒸发快的地方，及时地进行补洒，对出现弹簧、松散、起皮等现象的地方，及时翻开并增加路拌一次，碾压达到质量要求。

（4）碾压完成后抽检压实度，若不合格，则需要进行补压。

7）改良土的滞压时间

石灰改良土强度形成时间较长，滞压时间也不宜超过 24h，且整个压实流程应确保连续不间断。

8）改良土养生

（1）石灰改良土施工完后如果不连续铺下一层土时应洒水养生保持湿润，防止表面裂纹，养生时间不少于 7d。如连续施工则利用覆土进行自然养护，但压实完成后必须进行试验，并在 24h 内进行上层土的覆盖。

（2）在施工完一层后不再施工下一层时应中断交通、禁止车辆在已经碾压完毕的路基上通行，以免对已经粘结硬化的路基造成破坏，严禁在已完成的或正在碾压的路段上调头和急刹车。

9）石灰土强度要求

采用灰土改良时，路床、桥涵台背、填挖交界等关键部位掺石灰剂量不宜小于 5%。灰土掺配量应通过现场试验确定，要求 7d 龄期的无侧限抗压强度不低于 0.5MPa，浸水 24h 强度损失不小于 50%。

10）安全要求

（1）施工区域应设警示标志，严禁非工作人员出入。

（2）施工中应对机械设备进行定期检查、养护、维修。

（3）为保证施工安全，现场应有专人统一指挥，并设一名专职安全员负责现场的安全工作，坚持班前进行安全教育制度。

（4）改良土施工中，制定合理的作业程序和机械车辆走行路线，现场设专人指挥、调度，并设立明显标志，防止相互干扰碰撞，机械作业要留有安全距离，确保协调、安全施工。

11）环保、文明施工要求

改良土施工中，容易造成对环境的污染。为保护自然环境，在改良土拌和过程中，应减少甚至避免生石灰扬尘，并加大在环境保护方面的投入，真正将各项环保措施落实到位。与石灰接触的工作人员，需穿戴防护工作服。生产中的废弃物及时处理，运到当地环保部门指定的地点弃置。

12）质量检测

现场路基的压实质量力求多指标、多途径控制，其质量检测指标与标准见表 17-1。

质量检测指标与标准 表 17-1

项目	频率	质量标准	备注
含水率	据观察、异常时随时试验	最佳含水量±2%	开始碾压时及碾压过程中进行
均匀性	随时观察	均匀无离析	在摊铺、拌和整平过程中进行
压实度	每 1000m² 一个测点	不小于设计值	灌砂法
灰剂量	每一作业段至少 6 个样品	≥5%	钙镁离子直读仪法或滴定法

4. 路基填筑质量检验

（1）外观质量应符合下列要求：

①路基边线与边坡不应出现单向累计长度超过 50m 的弯折。

②路基边坡、护坡道、碎落台不得有滑坡、塌方或深度超过 100mm 的冲沟。

（2）路基实测项目应符合表 17-2 的规定。

路基实测项目　　　　　　　　　　　　　　　　　　　　　　　　表 17-2

项次	检查项目	规定值或允许偏差	检查方法和频率
1	弯沉（0.01mm）	不大于设计验收弯沉值	≤1000m 进行检测，落锤式弯沉仪测 40 点，自动弯沉仪或贝克曼梁测 80 点
2	纵断高程（mm）	+10，−15	水准仪：中线位置每 200m 测 2 处
3	中线偏位（mm）	50	全站仪：每 200m 测 2 点，弯道加 HY、YH 两点
4	宽度（mm）	满足设计要求	尺量：每 200m 测 4 点
5	平整度（mm）	≤15	3m 直尺：每 200m 测 2 处×5 尺
6	横坡（%）	±0.3	水准仪：每 200m 测两个断面
7	边坡	满足设计要求	尺量：每 200m 测 4 点

17.4.2　基底及填筑层补强处理

1. 灰土换填

路堤两侧排水沟外侧 1m（无排水沟则为坡脚外 2m）范围，有挡墙时为基础底面外侧 2m 范围换填 5%灰土。沿原地面超挖 $H-20$cm 后基底采用重锤或冲击碾夯压平整，压实度不小于 94%，回填 $H+20$cm 的 5%石灰土（压实度不小于 94%），填至地面以上 20cm，采用换填垫层厚度大于 1.5m 时，可采用上、下垫层法（上、下部各 50cm 灰土垫层，中间采用素土翻夯）。5%石灰土采用路拌法施工，灰土换填施工工艺流程见图 17-12。

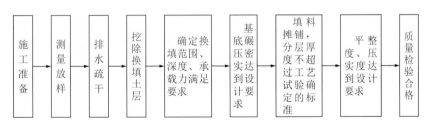

图 17-12　灰土换填施工工艺流程图

1）材料要求

（1）土料。

素土宜优先选用塑性指数 7～15 的黏土、粉质黏土或粉土，土内有机质含量不得超过 5%，不得含有冻土或膨胀土。土料应过筛，其颗粒不大于 15mm，土料中不得夹有砖、瓦或石块等。

（2）石灰。

应用Ⅱ级以上新鲜的消石灰，含氧化钙、氧化镁愈高愈好（有效 CaO + MgO 含量不宜低于 55%），使用前 1～2d 消解并过筛，其颗粒不得大于 5mm，且不应夹有未熟化的生石灰块粒及其他杂质，也不得含有过多的水分。

2）施工工艺方法要点

（1）对基槽（坑）应先验槽，消除松土，并打两遍底夯，要求平整干净。如有积水、淤泥应晾干，局部有软弱土层或孔洞，应及时挖除后用灰土分层回填夯实。

（2）灰土配合比应符合设计规定。灰土翻拌不少于3遍，使达到均匀，颜色一致，并适当控制含水量，现场以手握成团，两指轻捏即散为宜；如含水分过多或过少时，应稍晾干或洒水湿润，如有球团应打碎，要求随拌随用。

（3）铺灰应分段分层夯筑，每层最大虚铺厚度见表17-3。灰土压实度不得小于94%；夯实机具可根据工程大小和现场机具条件用人力或机械夯打或碾压，遍数按设计要求的干密度由试夯（或碾压）确定，一般不少于4遍。

最大虚铺厚度 表 17-3

夯实机具种类	压实度	虚铺厚度（mm）	备注
轻型夯实机械	≥95%	200～250	蛙式夯机、柴油打夯机等，夯实后100～150mm厚
压路机	≥95%	200～300	双轮

（4）灰土分段施工时，不得在墙角下接缝，上下两层的接缝距离不得小于500mm，接缝处应夯压密实，并作成直槎。当灰土地基高度不同时，应做成阶梯形，每阶宽不少于500mm；对做辅助防渗层的灰土，应将地下水位以下结构包围，并处理好接缝，同时注意接缝质量，每层虚土从留缝处往前延伸500mm，夯实时应夯过接缝300mm以上；接缝时，用铁锹在留缝处垂直切齐，再铺下段夯实。

（5）灰土应当日铺填夯压，入槽（坑）灰土不得隔日夯打。夯实后的灰土3d内不得受水漫泡，并及时进行基础施工与基坑回填，或在灰土表面作临时性覆盖，避免日晒雨淋。雨期施工时，应采取适当防雨、排水措施，以保证灰土在基槽（坑）内无积水的状态下进行。刚打完的灰土，如突然遇雨，应将松软灰土除去，并补填夯实；稍受湿的灰土可在晾干后补夯。

（6）冬期施工，必须在基层不冻的状态下进行，土料应覆盖保温，冻土及夹有冻块的土料不得使用；已熟化的石灰应在次日用完，以充分利用石灰熟化时的热量，当日拌和灰土应当日铺填夯完，表面应用塑料面及草袋覆盖保温，以防灰土垫层早期受冻降低强度。

3）质量控制

（1）施工前应检查原材料，如灰土的土料、石灰以及配合比、灰土拌匀程度。

（2）施工过程中应检查分层铺设厚度，分段施工时上下两层的搭接长度，夯实时加水量、夯压遍数等。

（3）每层施工结束后检查灰土垫层的压实度。换填垫层的施工质量检验应分层进行，并应在每层的压实度符合设计要求后铺填上层；垫层顶承载力平均值不得小于200kPa，最小不小于180kPa。

2.土工格栅铺设

部分高填路堤设计有土工格栅，土工格栅施工前，先对所选用的材料规格及性能进行检验，检验合格后铺设。铺设前整平下承层，使其平整度、横坡及压实质量符合设计及规范要求。铺设土工格栅时，长孔方向与路基横断面方向一致，铺设符合设计及规范要求后，再铺上垫层。其搭接宽度、竖向间距、上下层接缝错开距离、回折长度等均符合设计及规范要求后及时填筑覆盖。土工格栅施工工艺流程见图17-13。

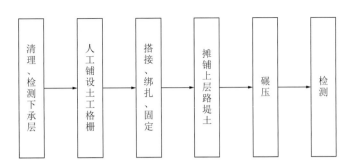

图 17-13 土工格栅施工工艺流程图

（1）铺设前整平压下承层，下承层应平整，严禁有坚硬凸出物，下承层平整度不大于2cm。

（2）土工格栅沿路堤横断面方向铺设，使强度高的受力方向垂直于路堤轴线方向。土工格栅沿路基横向铺设应尽量避免宜搭接，需要搭接时搭接长度不小于 5cm，横向两端的锚固长度不小于1.5m。土工格栅沿路堤纵向两幅搭接应连接牢固，搭接长度不小于15cm，采用细铁丝绑扎。

（3）铺设土工格栅时应拉直平顺，紧贴下承层，不得有扭曲、折皱和破损，做到密排放置，联结牢固。土工格栅用U形锚钉锚固于台阶上，并用U形固定钉固定，土工格栅铺设大样见图17-14。

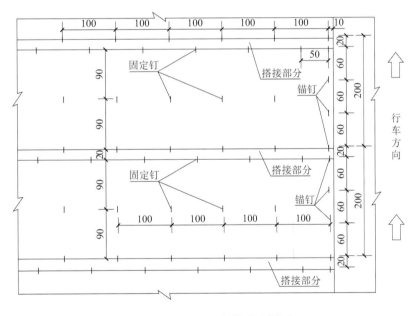

图 17-14 土工格栅铺设大样图

（4）土工格栅铺设过程中不应出现任何损坏，否则应重新铺设，铺设完成后应及时（48h内）进行填筑施工，尽量避免长时间暴晒或暴露使其性能劣化，否则应拆除已铺设的土工格栅，重新铺设新的土工格栅。

（5）采用自卸汽车沿铺设的土工格栅两侧边缘倾卸填料，形成运料的交通便道，并将土工格栅张紧。填料不允许直接卸在土工格栅上，应卸在已铺好的填料上，卸料高度不超过1m，卸料后立即摊铺，以免出现局部下陷。施工便道填成后，再由两侧向中心平行于路堤中线对称填筑，保持填筑施工面呈U形。

（6）土工格栅的第一层上填料采用轻型摊铺和碾压机械摊铺、碾压，摊铺从两边向中间推进，碾压自两边向中间进行，其压实度保持达到规范要求。

（7）一切车辆、施工机械不得直接在铺好的土工格栅上横向行走，只允许沿路基轴线方向行驶。

（8）质量检测。

土工格栅施工的质量检测包括土工格栅施工所选用的材料规格及性能检验、下承层的平整度、横坡及压实质量的检验以及土工格栅铺设的质量检验；施工时按设计及规范要求施工，及时进行跟踪检测，符合设计及规范要求后方可填筑覆盖。土工格栅铺设的允许偏差及检验标准见表 17-4。

土工格栅铺设的允许偏差及检验标准表　　　　　表 17-4

序号	检查项目	允许偏差（mm）	检查方法和频率
1	下承层平整度、拱度	±20	每200m 等间距检查 4 处
2	搭接宽度	≥50（横向）≥150（纵向）	尺量：抽查2%
3	回折锚固长度	±50	尺量：抽查2%
4	上下层接缝错开距离	±50	尺量：抽查2%

3.强夯施工

强夯施工工艺流程见图 17-15。

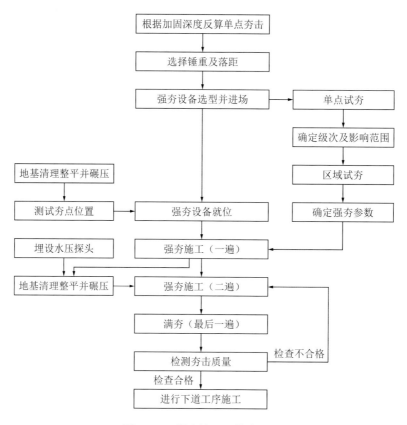

图 17-15　强夯施工工艺流程图

1）施工准备

（1）场地平整，清除表层土，进行表面松散土层碾压，修筑机械设备进出道路，排除地表水，施工区周边做排水沟以确保场地排水通畅防止积水。

（2）强夯施工前，应查明强夯场地范围内地下构造物和管线的位置及标高，采取必要措施，防止因强夯施工造成损坏。

（3）测量放线，定出控制轴线、强夯场地边线，标出夯点位置，并在不受强夯影响的地点，设置若干个水准基点。

2）设备选型

夯锤选用弹性模量高的圆柱形钢质夯锤，或选用厚钢壳内浇钢筋混凝土制作的圆柱形夯锤，直径 2m，锤重 10～15t，落距 8～15m。在夯锤底部必须对称设置 4～6 个与其顶面贯通的排气孔，以利夯锤着地时坑底空气迅速排出和减小起锤时坑底的吸力，排气孔的直径一般为 10～15cm。

起重设备选用起重能力大于锤重 1.5 倍的单缆或复缆（利用滑轮组）履带起重机，起重机最大提升高度应大于 10m，并配有辅助门架等缓冲消能支撑构造，防止落锤时吊臂过大振动、后仰，造成倾覆事故。若选用复缆起重机时应配有自动脱钩装置，自动脱钩采用开钩法或用付卷筒开钩。

3）试夯

施工前按设计确定的强夯参数在有代表性的场地上进行工艺性试夯试验，通过单点试夯确定单点夯击次数，通过区域试夯确定初选的强夯参数是否合理，最后通过强夯前后测试数据的对比，检验强夯效果，确定有关工艺参数。强夯基本指标设计参数见表 17-5。

强夯基本指标设计参数表　　　　　　　　　　　　　表 17-5

要求加固深度（m）	夯击遍数（遍）	夯点布置形式	夯点间距（cm）	单点夯击能（kN·m）	夯击次数（次）	最佳夯击能（kN·m）	满夯夯击能（kN·m）	满夯夯击次数（次）
>5	3	梅花形	500	2000	8	16000	800	3

强夯参数必须在施工时通过试夯调整确定

（1）单点夯击能。

单点夯击能与加固土体的深度有关，本项目强夯施工设计要求加固深度大于 5m，建议主、副夯单点夯击能应达到 2000kN·m。

（2）锤重及落距。

锤重及落距决定了单点夯击能的大小，单点夯击能为锤重与落距之乘积，可根据采取的单点夯击能选择相应的锤重及落距。夯击加固深度、夯锤质量、夯锤落距的关系公式如下：

$$H = a\sqrt{mh} \tag{17-2}$$

式中：H——加固深度，单位 m；

　　　m——夯锤质量，单位 t；

　　　h——夯锤落距，单位 m；

　　　a——修正系数，其值 0.34～0.80，应根据现场试夯结果确定。

（3）夯点布置及间距。

夯点布置是否合理对于夯实效果有直接影响，本项目强夯施工夯点设计采用梅花形布置，夯点间距 5m，强夯平面布置见图 17-16。

（4）夯击遍数及次数。

夯击遍数采用两遍加满夯一遍，第一、二遍为间隔跳夯方式施工，设计每个夯位夯击 8 次，每一遍完成全部夯点的夯击后，平整场地进行下一遍夯击。最后一遍采用单点夯击能为 800kN·m 的低能量满夯，设计每个夯位夯击 3 次，目的是将场地表层松土夯实，互相搭夯不小于 1/3 夯痕（图 17-17）。每个夯位连夯，夯点的夯击次数按现场试夯得到的夯击次数和夯沉量关系曲线确定，以最后两击平均夯沉量不得超过 5cm 控制，否则加击。

（5）间隔时间。

两遍夯击之间的间隔时间取决于填料中超静孔隙水压力的消散时间，等填料中孔隙水压力大部分消散，地基稳定后再夯下一遍。对黄土夯击间隔时间不少于 7d，具体由试夯确定。

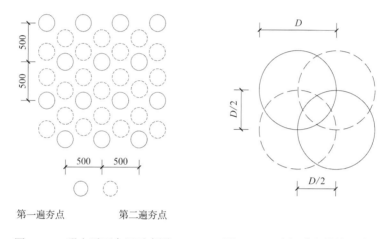

第一遍夯点　　　　第二遍夯点

图 17-16　强夯平面布置示意图　　　图 17-17　全幅满夯搭接示意图

4）质量控制

（1）路堤每填筑至强夯设计面时，应按规范要求检测路堤强夯前的压实度，并做好详细记录，压实度应达到设计要求。

（2）由于路基边缘是压实机具碾压的薄弱环节，在采用强夯对路基进行补压时，应加强对路基边坡边缘地带的补压，可在设计范围外每边各大出影响深度的一半布置一圈夯击点。

（3）强夯施工必须按照试夯确定的夯击参数执行，夯击路线尽量使相邻轴线的夯击间隔时间拉长，特别是当土的含水量较高时。

（4）施工中出现"弹簧"现象时，可采用增加强夯分层、分段晾晒的方法施工，也可加铺砂砾（或碎石）垫层后进行施工，但必须保证强夯效果。

（5）各夯点应放线定位，夯完后检查夯坑位置，发现偏差及漏夯应及时纠正。强夯施工时应对每一夯击点的夯击能量、夯击次数和每次夯沉量等进行详细记录。

（6）强夯过程的记录及数据整理：

①每个夯点的夯坑深度、夯坑体积都须记录。

②场地隆起和下沉记录，特别是邻近有建（构）筑物时。

③每遍夯击后场地的夯沉量、填料量记录。

④附近建筑物的变形监测。

⑤孔隙水压力增长、消散监测，每遍夯点的加固效果检测；为避免时效影响，最有效的是检

验干密度，其次为静力触探，以及时了解加固深度。

⑥满夯前应根据设计基底标高，考虑夯沉预留量并整平场地，使满夯后接近设计标高。

⑦记录最后2击的贯入度，看是否满足设计或试夯要求值。

（7）强夯应满足最后两击的夯沉量之差不大于5cm，最后两击的夯沉量之和不大于10cm，夯击后对上部震松的土层碾压至路基要求的压实度（94%）。

5）施工注意事项

（1）强夯施工前应对起重机、滑轮组及脱钩器等全面检查，并进行试吊、试夯，一切正常方可强夯，干燥天气进行强夯时宜洒水降尘。

（2）强夯施工前应查明周边构筑物分布，通过试夯等确定合理的保护间距、保护措施，确保周边构筑物的安全，强夯施工产生的噪声不应大于《建筑施工场界环境噪声排放标准》GB 12523—2011的规定。强夯施工过程中应加强对周边构筑物的观察，当造成不利影响时，应设置监测点，并采取隔振沟等隔振减震措施。

（3）一般既有建筑50m范围内不宜采用强夯处理措施。强夯处理离一般村民砖瓦房住宅距离应大于200m，离窑洞距离应大于300m；对于半填半挖路基填方区强夯，或强夯区紧邻深挖边坡路段，应先施工强夯，再进行边坡开挖施工，以避免边坡振动垮塌；当桥台、涵洞附近需进行强夯时，可先进行路基范围的强夯后，再施工桥台、涵洞。

（4）起吊夯锤保持匀速，不得高空长时间停留，严禁急升猛降防锤脱落。夯锤起吊后，臂杆和夯锤下及附近15m范围内严禁站人。停止作业时，将夯锤落至地面。

（5）夯击过程中，当夯坑底倾斜大于30°时，将坑底填平再进行夯击，夯坑中心偏移的允许偏差应不大于0.1D（D为夯锤直径）。

（6）强夯施工顺序必须按自路基中线向两侧逐次推进的方式进行控制，绝不可自周边向中心渐次推进。施工过程中若出现与试夯获取的信息差异较大时，应及时对施工信息进行综合分析找出原因，调整施工参数，实施动态控制。

4. 高速液压夯施工

当强夯条件受限时，依据沟底湿陷性黄土等级及厚度分别采用换填5%灰土垫层或灰土挤密桩处理后，在分层填筑碾压达到规定标高及密实度的基础上，采用高速液压夯进行补强处理。高速液压夯施工工艺流程见图17-18。

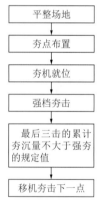

图 17-18 高速液压夯施工工艺流程图

1）施工准备

（1）对需采用高速液压夯补强处理的场地进行平整碾压。

（2）测量放线，定出控制轴线、高速液压夯场地边线，标出夯点位置，并在不受高速液压夯影响地点，设置若干个水准基点。

2）确定夯击参数

路堤每填筑1.8m需使用高速液压夯进行补强处理，高速液压夯夯点采用梅花形布置，夯点中心间距d不大于1.5D（D为高速液压夯夯板的直径）。夯击两遍，第一遍夯击完成后，在其每三个夯点形成的三角形中心设置1处夯击点，进行补强夯击施工。每个夯击点的夯击次数以最后三击的累计夯沉量不大于15mm控制。高速液压夯夯点布置见图17-19。

3）设备选型

本项目设计采用36kJ高速液压夯进行补强处理，高速液压夯夯板的直径宜为1m。

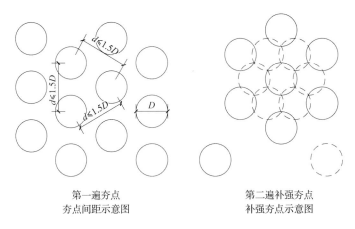

第一遍夯点
夯点间距示意图

第二遍补强夯点
补强夯点示意图

图 17-19 高速液压夯夯点布置示意图

4）质量控制

（1）路堤须分层填筑、碾压，在夯击前必须按设计要求的压实标准、平整度等进行检验，检测合格后，方可进行高速液压夯实点的布设。

（2）每填筑 1.8m 使用 36kJ 高速液压夯强档进行补强处理，压实度达到 94%。每个高速液压夯实机夯实点，若检测结果达不到设计要求时，应采取补夯措施，至达到设计要求为止。

5）施工注意事项

（1）施工时须严格控制夯点与结构物的台背距离，以 50cm 为宜，距离过小易损坏结构物，距离过大，台背填土夯实效果受到影响。

（2）每一层高速液压夯击施工完成后，须对场地进行整平处理，再进行上层土的填筑施工。

（3）填筑层表面干燥时要适量洒水，防止表面粉尘化，影响能量向深层传递。

5. 灰土挤密桩施工

灰土挤密桩施工工艺流程见图 17-20。

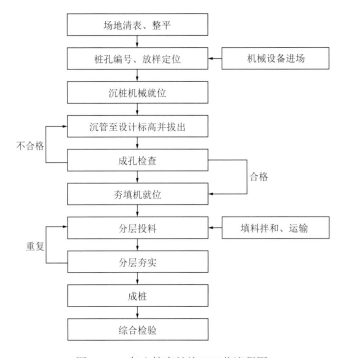

图 17-20 灰土挤密桩施工工艺流程图

1）适用范围

灰土挤密桩适用于条件受限无法强夯处理的 II 级以上自重湿陷性黄土桥头路基，或 IV 级自重湿陷性黄土高路堤（填土高度 > 4m）；适用于加固地下水位以上、天然含水量 12%～23%、厚度 5～15m 的新填土、杂填土、湿陷性黄土以及含水率较大的软弱地基。当地基土的含水率大于 23%、饱和度大于 65% 时，应通过试验段确定灰土桩的适用性，若不适宜设置灰土桩，应进行排水晾干或采用其他措施处理。

2）桩的构造和布置

灰土桩桩径采用 40cm、梅花形布置，一般路段桩长为 6m，路堤高度小于 8m 桩间距为 1.2m；路堤高度大于 8m 桩间距为 1.0m，具体桩间距根据施工试桩时黄土干密度及要求达到的最大干密度来计算确定。

3）施工注意事项

（1）施工前应在现场进行成孔、夯填工艺和挤密效果试验，以确定分层填料厚度、夯击次数和夯实后干密度等要求。

（2）灰土挤密桩的成孔施工采用沉管法，施工设备进场前，应先切实了解场地的工程地质条件和周围环境，对沉桩区域进行整平，对石灰进行试验，并做好 10% 灰土的标准击实，测试并调整好现场素土的含水量，以确保其是否接近土的最佳含水量，再对桩位进行准确定位。

（3）沉桩机械须准确定位，并检测导杆的垂直度，再进行沉桩施工，施工桩长比设计超深 20～30cm。桩机就位要求平稳准确，桩管与桩孔中心相互对中，在施工过程中桩架不应发生移位或倾斜。

（4）桩管沉至设计深度后应及时拔出，以免在土中搁置过久增大拔管阻力。成孔后夯实机就位，向孔内填已拌和好的 10% 灰土，每层填料厚度控制在 25～40cm 以内，锤击次数不少于 10 次（由成桩试验确定），应达到使桩体压实度满足设计要求为止，直至距孔口 20cm 为止。

（5）孔位布置采用梅花形布置，直径 40cm，间距 1m 或 1.2m，沉桩时采取间隔成孔，二次插入，以利于沉管插入及拔出。

（6）桩管上需设置显著牢靠的尺度标志，每 0.5m 标注一点。沉管过程中应注意观察桩管的贯入速度和垂直度变化。拔管成孔后由专人检查桩孔的质量，观测孔径、孔深及垂直度是否符合要求。

（7）填料夯实。桩孔填料的选择按照设计要求进行，质量比为 10%，配制灰土时要充分搅拌至颜色均匀，同时在拌和过程中洒水使其含水量接近最佳含水量。夯填施工由人工配合填料，机械连续夯击，填土与夯击要配合好，且要保证施工的连续性。夯实机就位要平正稳固，夯锤与桩孔相互对中，使夯锤能自由下落，并且定时检查夯锤的偏位情况，发现问题及时处理。

（8）为保证夯填质量，要严格控制并记录每一桩孔的填料数量和夯实时间，夯实施工由专人监督和检测。

（9）桩孔中心点的偏差不应超过桩距设计值的 5%；桩孔垂直度偏差不应大于 1.5%；夯实机械的锤击次数不能过少；灰土桩施工，决定工程质量的关键是桩孔夯填的质量，抽检数量不应少于桩孔总数的 2%。施工中严格控制填料量，专人操作并认真监督夯填过程，施工后切实进行检验测试，保证填料的压实度满足规范和设计要求。

4）质量控制

灰土挤密桩在施工过程中应做好消石灰质量、素土质量、填料配合比、灰土含水率、桩孔深度、直径和垂直度的控制。具体检测方法如下：

（1）灰土挤密桩所用石灰中活性 CaO、MgO 含量不应低于 55%，宜采用Ⅲ级钙质消石灰或Ⅱ级镁质消石灰。粒径应小于 5mm，夹石量不大于 5%。检验时同一厂家、同一产地的石灰，每 200t 为一批，不足 200t 也按一批计。

（2）灰土挤密桩所用土的质量应符合设计要求，且有机质含量不应大于 5%。检验时同一取土地点、相同土性的土，每 1000m³ 为一批，不足 1000m³ 也按一批计。

（3）填料的配合比、最优含水率应符合设计。每批次拌和的灰土均应检验。

（4）桩孔深度、直径和垂直度，每根桩均应检验，通过孔底夯实后尺量。

5）质量检测

灰土挤密桩处理后的复合地基承载力特征值应不小于 200kPa。

17.4.3　路拱整形及边坡整修

（1）路堤按设计标高填筑完毕后，进行平整和测量，恢复各项标桩，按设计图纸要求检查路基中线位置、纵坡、横坡、边坡和相应的标高等，根据检查结果编制整修计划报监理工程师核查与批准，然后对其外形进行整修，使之与设计图纸符合，尺寸误差满足规定要求。

（2）按设计要求修筑路拱，采用平地机配合人工切土、补土。修整的路基表层厚 150mm 以内，松散的或半埋的尺寸 >100mm 的石块，应从路基表面层移走，再补填同类土，并用光面钢轮压路机将表面碾压平整，不得有松散、软弹、翻浆现象。

（3）挂线控制边坡坡度，直线段每隔 20m 设置一道坡度标志线，曲线段每隔 10m 设置一道坡度标志线，并用坡度尺实时检测实际坡度。当锤球垂线与对准线重合时表示坡度符合要求，当锤球垂线与对准线不重合时（虚线位置）表示坡度不符合要求。边坡坡度尺检查见图 17-21。

（4）路堤两侧超填部分应予以切除，边坡修整需填筑一级修整一级，低边坡用推土机或平地机刮土整修成型，高边坡用挖掘机和人工联合整形，尽量避免超刷并及时夯拍。边坡采用液压振动夯或牵引式机械振动夯碾压夯实，边坡压实见图 17-22。

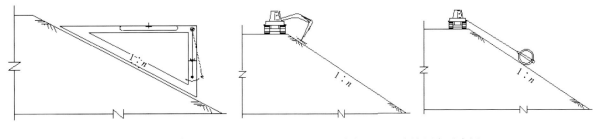

图 17-21　边坡坡度尺检查示意图　　　　　图 17-22　边坡压实示意图

（5）边坡受雨水冲刷形成小冲沟时，应将原边坡挖成台阶，分层填补，仔细夯实。如填补的厚度很小（100～200mm），而又是非边坡加固地段时，可用种草整修的方法以种植土来填补。

（6）整修后的边坡达到转折处棱线分明、直线处平整、曲线处圆顺，没有凹凸，几何尺寸和压实度符合设计要求。

（7）路基边坡修整成形后进行测量检验，检验结果符合设计、规范要求。

17.4.4　高填路堤边坡监测

（1）对填方边坡高度大于 20m 的高填路堤及其他可能产生较大变形的路堤边坡需实施动态监测。

（2）观测断面应根据填方边坡高度、自然地面坡度、覆盖层厚度、覆盖层土的物理力学指标、地表水汇集、地下水发育情况等综合确定，宜布设在易发生填方基底变形的地段。一般沿线路纵向每隔 100m 设一个观测断面（不足 100m 地段，亦应设一个观测断面）。同一路段不同观测项目的测点宜布置在同一横断面上。

（3）在路堤填筑过程中分别在填方坡脚外、各级平台、路肩处设置位移观测标志，对边坡进行施工过程及工后监测。可在填筑并且碾压密实的土质边坡上深埋混凝土桩作观测点，混凝土桩长、宽、深分别为 20cm、20cm、40cm，采用 C20 混凝土现浇，基点测头采用直径不小于 $\phi16$ 的钢筋制作，长 30cm，顶端磨成半球形，中间刻十字。高填路堤边坡监测断面见图 17-23。

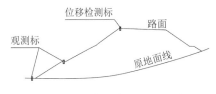

图 17-23　高填路堤边坡监测断面示意图

（4）高填路堤原地面地基处理后，应先埋设填方坡脚外观测桩，固桩后立即进行首次观测，每一分级边坡补强加固施工完成后，立即在边坡平台上设置观测桩，并立即进行首次位移观测，首次位移观测资料（包括填方坡脚外、各级平台、路肩）应及时报送业主、设计、监理单位。

（5）用施工平面控制点和水准点必须设置在变形区以外，作为边坡监测的基准点，基准点、位移观测桩在观测期间必须采取有效措施加以保护，还应在标杆上设醒目的警示标志，并将其列入竣工成果永久保存。

（6）观测桩测量应用全站仪、水准仪进行，测量结果应满足规范要求，同时应有专项记录簿，并编入竣工资料内。

（7）观测桩在填筑施工期间每天观测一次，如果两次填筑间隔时间较长，前两天每天观测一次，以后每 3d 观测一次。整段路堤填筑完成后，每 3d 至少观测一次，一个月后每 7d 观测一次，三月后每一个月观测一次，一直观测到竣工验收时为止，每次均应及时整理观测资料。

（8）观测控制标准：路堤中心线地面沉降速率每昼夜不大于 1cm，坡脚水平位移速率每昼夜不大于 0.5cm。如果超出此限应立即停止填筑并通知相关单位进行处理。待采取措施处理、路堤恢复稳定后，方可继续填筑。

（9）观测资料：正常情况下每个月向业主、设计、监理单位报一次观测资料（含沉降曲线，即沉降点的时间—填土高度—沉降量关系曲线），非正常情况下及时通报。

（10）高边坡观测期限为施工开始至竣工后一年，施工期间布置观测桩应予保留以备将来使用。

17.4.5　高填路堤坡脚挡墙、驳岸施工

（1）高填路堤坡脚处设置挡土墙和驳岸防护，挡土墙高 8m，墙长 51m，墙底宽 4.24m，墙顶宽 3m。墙顶设计 1.2% 纵坡，墙身采用 C20 混凝土现浇，墙背后设 50cm 厚袋装砂砾，基础底设 5% 水泥稳定砂砾，挡墙上下左右间距 2~3m 交错 ϕ100PE 管泄水孔，最下排高处地面或者常水位 30cm，泄水孔进水口包裹透水土工布，挡墙每 10~15m 设一道沥青木板伸缩缝，缝宽 2cm。挡墙基础埋深最小为 1.5m。桩底标高低于原地面线，挡土前优先施工，施工完成后再填筑路基。

（2）驳岸墙长 33.6m，墙高 8m，底宽 1.92m，顶宽 0.6m，墙顶设置 1.2% 纵坡，驳岸每隔 10~15m 设置一道伸缩缝，缝宽 2cm，为了排除驳岸背后可能积水，在驳岸中部设置交错排列的泄水孔，间距 2~3m，底部泄水孔高出地面 30cm，泄水孔采用 ϕ100PE 管，泄水孔进水口包裹透水土工布。驳岸墙身及基础采用 C20 混凝土现浇，驳岸距离路基坡脚相对较远，由于驳岸场地及便道不畅，因此优先填筑路基，驳岸待挡墙施工完后，再行施工。

（3）挡墙与驳岸施工使用钢模板，使用前进行打磨处理，并刷隔离剂，禁止使用变形、扭曲的模板，不使用的模板应码放整齐。模板采用 ϕ12 对拉螺杆配 ϕ48×3.5mm 钢管架进行横竖向加固，对拉螺杆按 50cm×50cm 间距布置，并设置 ϕ48×3.5mm 斜撑钢管，斜撑钢管底部必须支撑在稳固的垫块上。

（4）混凝土浇筑通过溜槽进行浇筑，浇筑期间派专人检查模板稳定情况，发现松动、变形等及时处理。浇筑混凝土时分层进行，每层厚度不大于 30cm，并采用插入式振动棒振捣密实，插入式振动棒移动半径不大于作业半径的 1.5 倍，且插入下层混凝土深度 5~10cm，与模板保持 5~10cm 的间距。

17.4.6　高填路堤边坡防护施工

高填路堤边坡坡面采用预制混凝土拱形骨架防护，骨架内草灌结合绿化，骨架采用 C25 混凝土预制，M10 水泥砂浆砌缝，缝宽 1cm，护脚现浇 C20 混凝土加固，骨架每隔 14.1m 设伸缩缝一道，缝宽 2cm，采用沥青木屑板全断面填塞，坡形护肩下面（包括各级边坡处）与预制块形成的三角区域采用现浇 C20 混凝土护面，防止雨水下渗，坡面每隔 56m 设置一道踏步，踏步宽 1m，踏步两侧各设一道伸缩缝，骨架施工必须在路基两侧增宽填筑的 0.3m 的土方清除后再压实的边坡上采用挖槽法施工，挖槽土方及时清除。

第 18 章

西南山区路面施工质量控制

我国是一个多山的国家，我国的山地占国土面积的 33%，丘陵占 10%，崎岖高原占 10% 以上。大体上讲，山区面积占国土 50% 以上，并且山区大部分地区经济滞后，为提高人民生活水平，交通便利是一个必要条件，因此，解决好山区的交通状况非常重要。然而，由于地形的限制，在山区高速公路建设中遇到不少问题，在路线线性选择上就无可避免地出现许多桥、隧道、陡坡等结构形式，这些往往是路面结构形式的薄弱环节。而且随着交通量的不断增大，并伴随着许多超载超限的车辆，使得路面结构出现车辙、裂缝、拥包、泛油、水损害等早期破坏，给国家带来了许多的经济损失。

18.1 路面施工中的质量问题

18.1.1 路基质量不达标

路基压实度不足或者软土地基处理不达标，致使路面开裂或者变形。在山区高速公路施工中，公路桥梁也是主要环节，但在具体施工中经常发生桥头台背回填质量不达标，引起跳车等问题。在石质路堑超挖部分回填时，没有全面检验回填的材料，致使回填材料不合格，形成软夹层。挖方路堑的渗沟质量不达标，致使地下水浸泡路基。

18.1.2 下封层、黏层、防水粘结层质量问题

下封层局部剥落，基层裸露，导致下面层与基层粘结较差。沥青面层间粘结不良。上下面层芯样粘结性差，取芯出现分离情况。防水粘结层与桥面板粘结较差。

18.1.3 沥青面层质量问题

1.拌合楼生产前流量未标定

沥青混合料拌合楼在施工过程中，拌合楼操作手根据以往工地经验设置转速比例，拌合楼经常出现溢料等，影响生产效率及级配的稳定性控制。施工配合比与生产配合比不吻合。

2.运输车辆装料不规范

运料车在装料过程中，粗集料往往会滚落到车厢四周而细集料留在中间，这就会造成装料环节的离析现象。在大面积施工过程中，料车驾驶员由于长时间的工作，身体疲劳，极有可能导致

315

料车覆盖不到位、混合料到达施工现场以后温度不满足要求。

3. 铺面离析

沥青混合料离析通常分为骨料级配离析和温度离析。骨料级配离析是指沥青混合料中大粒径骨料聚集，处于较为明显的不均匀混合状态，一般由机械因素引起；温度离析是指沥青混合料中各部分温度出现明显差异。

4. 路面车辙

车辙是沥青路面常见的一种病害，影响了行车的舒适性、安全性，降低了路面使用寿命。

18.2　路面工程质量控制

18.2.1　基层平整度的控制

如果土层不同，施工过程也需要不同程度地进行路面平整度的控制，如果路基的土质使用的是石灰稳定土，那么其平整度控制起来相对容易，在控制平整度的过程中，首先应该使用平地机进行刮平。如果底基层使用的是石灰土，那么其具有相对较低的平整度要求，而如果底基层使用的是水泥稳定碎石，其平整度要求相对较高，另外它会对面层平整度产生较为明显的影响。面层是否平整，直接关系到行车的安全。水泥进行材料的稳定作为底基层的土体，不像粉煤灰以及石灰土，施工时间要求相对不严格，那么水泥类稳定材料会因为施工时间受到限制，继而对其强度产生较大的影响。

18.2.2　沥青混凝土面层平整度的控制

很多原因对沥青混凝土面层平整度产生一定的影响，比如：碾压机具、基层平整度、施工缝的连接以及碾压时间、温度等。具有不符合相关规定平整度的基层，会对面层造成一定影响，而且主要影响的是面层的松铺厚度，另外也会造成其压实度不一致等，这样的道路，经过一段时间的行车，平整度会显著下降，因此，控制基层的平整度十分有必要。施工接缝能否正确处理也决定着基层能否具有最佳的平整度。施工结束的当天，使用长度为 3m 直尺，在接缝处进行平整度的检查，在进行检查的过程中，需要选择适宜的横断面，刻画上直线，并且使用切割机切出立茬作为标记。同时，应该将接缝处粒径较大的石料剔除，并且补充细料，然后清理接缝处。次日继续施工时，需要将熨平板放置在已经压实好的路面上，将木板垫在熨平板和路面之间，木板的厚度即为松铺厚度，在进行熨平板预热的过程中，需要格外注意，控制熨平板的温度和混合料的温度保持一致，然后开始进行布料施工。这样的操作，可以保证接头处的平整，同时也能保证路面平整度。

18.2.3　裂缝的防治

路面产生裂缝，大致可以分为两类：（1）非荷载裂缝：面层自身因为温度的原因产生的裂缝或者是基层开裂所产生的裂缝。（2）荷载裂缝：反复行车造成的裂缝，路面基层所承受的拉应力大于路面基层抗弯拉强度，这样就会产生裂缝，并且形状不规则。在设计过程中，必须充分考虑这两方面，施工过程把控每个环节，预防非荷载裂缝的产生。在基层的具体施工时，尽量选择收缩性较小的水泥稳定类结构。水泥类稳定材料造成裂缝的原因通常是温缩和干缩。不管是哪一种，都和材料的塑性指标以及材料的含水量有着直接的关系，在选择材料的时候，需要反复通过试验测试材料的塑性指标，确保其塑性指标在允许范围内。另外在施工过程中，需要采用添加缓凝减水剂等方式，调整水泥类稳定材料的含水量，使其含湿量达到最佳，旨在控制裂缝的产生。

第 19 章

大永高速公路后掺法温拌环氧沥青材料

环氧沥青是一种由环氧树脂、固化剂与沥青、增容剂、增韧及其他助剂经复杂的化学改性所得的混合物。其本质是采用成本及价格相对低廉的沥青材料对环氧进行改性，提升环氧材料的柔韧性及抗冲击能力，本身化学反应不可逆。

20 世纪 50 年代，美国壳牌公司研制出强度、高温性能及耐久性都具有突出优势的环氧沥青材料机场道面。1967 年，美国首次将 ChemCo System 公司环氧沥青应用于圣马特奥海沃德大桥钢桥面，并取得良好的应用效果。此后，密级配环氧沥青在美国、加拿大、中国和部分东亚国家专门用于铺设正交异性桥面。自 2000 年我国南京长江二桥环氧沥青混合料铺装成功以来，环氧沥青凭借其优良的高温稳定性能和强度特性，在大跨径正交异性钢箱梁桥面铺装工程中得到广泛应用。截至目前，应用于钢桥面的环氧沥青已经超过 10 万 t，应用面积总计超过 650 万 ft²，创造了巨大的经济社会效益。

目前，国外广泛使用的环氧沥青产品有美国 Chem Co（双组分）和日本 TAF（三组分），国内主流产品为东南大学参与研发的宁武化工 HLJ。养护完成的环氧沥青混合料强度高、变形小，其马歇尔稳定度一般超过 40kN，是普通沥青混合料的 4～5 倍；劈裂强度可超过 10MPa，是普通沥青混合料的 10 倍甚至更大；模量约为 10000MPa，为普通沥青混凝土的 10 倍以上。环氧沥青材料的组成复杂，需基于环氧沥青的固化动力学、性能指标，确定合适固化剂及增柔、增韧材料，并着力解决材料各成分间的相容性。

19.1 环氧沥青材料

基于拌和生产工艺的差异，可将环氧沥青分为热拌环氧沥青、温拌环氧沥青和冷拌环氧沥青。热拌环氧沥青的代表产品为日本大有建设株式会社 TAF 环氧沥青材料，温拌环氧沥青的代表产品为美国化学系统公司（Chemco Systems）的环氧沥青，冷拌环氧沥青的代表产品为我国的树脂沥青组合体系（ERS）。环氧沥青是以环氧聚合物为连续相，沥青、增容剂、增韧剂等其他助剂为非连续填充的复杂化学系统。环氧沥青不属于沥青材料，其本质是改性的环氧树脂。环氧树脂按化学结构可以分为缩水甘油醚类、缩水甘油脂类、缩水甘油胺类、脂环族环氧树脂、环氧化烯烃类以及新型环氧树脂。目前用于环氧沥青制备的环氧树脂多为双酚 A 型缩水甘油醚环氧树脂（E-51），该环氧树脂化学结构式如图 19-1 所示。E-51 环氧树脂介电常数 $\varepsilon = 3.9$（属极性物质），密度 $\rho =$

1.28g/cm³，黏度为 8000～15000MPa·s（25℃），是一种高分子聚合物。

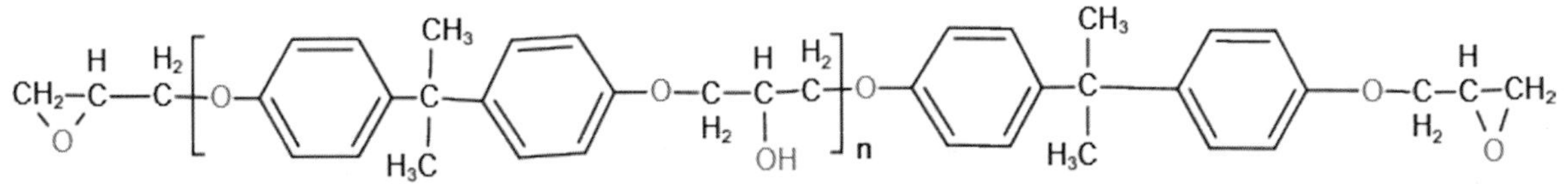

图 19-1　环氧树脂分子结构

单纯环氧树脂属线型的热塑性材料，本身不会硬化，且不具任何使用性能，只有加入固化剂，使它由线型结构交联成网状或体型结构，形成不溶不熔物，才能发挥出优良的使用性能。

石油沥青是石油经过各种炼制工艺加工而得到的产品，其化学组分复杂，可以视为一种由多组分组成的高聚物混合物，介电常数 $\varepsilon = 2.6～3.0$（属非极性/弱极性物质）。根据四组分法，可将石油沥青大致分为四类：沥青质、胶质、芳香芬及饱和芬。

环氧沥青成分复杂，相容性是其研发和控制的难题，而环氧固化物的性能在很大程度上取决于固化剂。因此，环氧沥青材料需解决材料相容性，选择合适固化剂以及进行增柔、增韧处理三个核心问题。

19.1.1　环氧沥青相容性

目前，研究人员已探索出一系列增强环氧沥青相容性的方法，主要有改变分子链结构、形成接枝和嵌段共聚物、添加相容剂、形成 IPN 结构、形成化学交联等。针对相容性的研究重点集中于环氧树脂与沥青的物理混合属性研究，少有对环氧沥青化学反应的微观分析。有研究者采用四组分分析法解释了环氧树脂和沥青的共混机理：环氧树脂和沥青只在局部发生化学反应，消耗部分芳香芬和饱和芬；同一种环氧树脂与不同型号的沥青在同一条件下调配时，基质沥青的胶质和沥青质含量之和越小，软化点差就越小，环氧树脂和沥青的相容性越好。

为分析环氧树脂与沥青之间的相容性，从相容性的判定原则之溶解度相近原则入手，根据《公路工程沥青及沥青混合料试验规程》JTG E20—2011 规定的试验方法测定沥青的四组分含量，测得各组分对应的溶解度参数，相应数据见表 19-1。相关学者对环氧树脂的溶解度参数进行研究，相应数据见表 19-2。

沥青四组分的含量及溶解度参数　　　　　　　　　　　　　表 19-1

	饱和芬	芳香芬	胶质	沥青质
质量分数	13.69	46.32	23.61	11.89
溶解度参数（J/cm³）$^{1/2}$	15.244	18.722	22.365	22.365

各环氧树脂样品的溶解度参数计算值　　　　　　　　　　　表 19-2

样品名称	CYD-128	E-441	E-442	CYD-011
溶解度参数（J/cm³）$^{1/2}$	17.780	21.084	21.026	29.155

从表 19-1、表 19-2 可知，在研究环氧树脂与沥青的相容性时，不能简单地把沥青认知为一种

单一的物质，而应将其视为多种物质的混合物。溶解度参数相近原则可解释聚合物之间的共混过程，实际上是分子链间相互扩散的过程，并受分子链之间作用的制约。分子链间相互作用的大小，可以用溶解度参数来表示。溶解度参数的符号为δ，其数值为单位体积内聚能密度的平方根。不同组分之间的相容性好坏，也可以用溶解度参数δ之差来衡量，即δ越接近，其相容性越好。

目前，增强环氧沥青相容性的主要有表面的改性处理、互穿聚合物网络（IPN）技术、共溶剂法、选用增容效果固化剂法等。

1. 表面的改性处理

1）顺酐化改性沥青

通过极性单体共聚面引入极性基来改善极性单体共混聚合物的相容性的方法要涉及整个聚合工艺的改变，比较复杂。较为简便的是将已合成的聚合物进行化学改性，这是聚合物后反应的一种类型。

东南大学陈志明、亢阳等在基质沥青中用顺丁烯二酸酐进行改性。通过基质沥青与顺丁烯二酸酐发生 Dies-Alder 反应，打开沥青中的双键，让顺丁烯二酸酐接枝到沥青的双键上，改变沥青的极性，从而改善其与环氧树脂的相容性。当采用其他酸酐类固化剂时，会与顺酐化沥青中的酸酐键发生反应形成羧酸负离子，羧酸负离子再与环氧基反应，形成氧负离子。氧负离子继续与环氧基反应。上述两种链式反应几乎同步发生，产物相互缠结、穿插，最终形成三维立体互穿的聚合物网络。以顺酐转化率为指标，反应温度、顺酐添加量和搅拌速率为考察因素开展正交设计，优选出最佳制备工艺为：基质沥青顺酐化工艺温度为 150℃，顺酐添加量为基质沥青质量的 2%，搅拌速度为 200r/min 时顺酐转化率最高。由于顺酐无法与基质沥青完全反应，顺酐化沥青中残留的游离顺酐会影响环境。贾辉等采用加入高分子脂肪族多元醇中和环氧沥青中的游离顺酐，中和剂与顺酐反应生成对沥青起到改性作用的脂类聚合物，保证了环氧沥青材料的绿色制备和使用。湖北大学蒋涛等使用过氧化二异丙苯（DCP）作为引发剂制备顺酐化沥青，其制备工艺为：顺酐添加量为基质沥青质量的 4%，反应时间在 4～5h，温度为 120～140℃，DCP 用量为顺酐添加的 0.5%。北京化工大学熊金平等使用过氧化苯甲酰（BPO）作为引发剂制备顺酐化沥青，其制备工艺为：顺酐添加量为基质沥青质量的 4%～5%，反应时间为 4h，温度为 140℃，BPO 用量为顺酐添加的 0.5%～1%。

以上三种不同的顺酐化工艺，足以证明顺酐化改性沥青虽然能解决其相容性，但因石油沥青油源差异等问题，顺酐化改性沥青的最佳工艺缺乏学界共识，难以形成优质产品而广泛使用。且根据试验发现沥青经过顺酐改性后，沥青分子质量增大，会导致沥青黏度剧增甚至于结块，给顺酐化沥青与环氧树脂的混合过程造成一些潜在的困难。

2）环氧树脂的非极化改性

由于环氧树脂属于极性物质，与沥青的相容性不好。通过改性环氧树脂来降低其介电常数，可有效地解决环氧树脂与沥青的相容性问题。

长安大学李炜光等人通过改性环氧树脂，在环氧树脂分子的主链中接枝极性较低的基团以减小极性，使其与基质沥青之间具有较好的相容性。图 19-2（a）为未改性的环氧树脂，环氧树脂分散较不均匀，而经过改性的环氧树脂尺寸较小，能够较均匀的分散，如图 19-2（b）

所示。

　　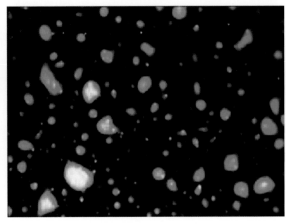

(a) 未进行环氧树脂改性的环氧沥青　　　　　　　　(b) 进行环氧树脂改性的环氧沥青

图 19-2　环氧树脂改性前后与沥青混合物荧光照片

2. 互穿聚合物网络（IPN）技术

互穿聚合物网络（IPN）是以化学方法制备互穿网络聚合物（IPN）共混物的技术，两种聚合物分子在共混体系内互相贯穿，在分子水平上达到"强迫互容"和"分子协同"效应，是一种比较有效提高共混物相容性的方法。

曹东伟等采用聚氨酯改性环氧树脂来制备环氧沥青，不需加入相容剂便能制备出性能优异的环氧沥青。所谓的聚氨酯改性环氧树脂即在环氧树脂分子链段上引入聚氨酯中的柔性 C-C 链和 C-O-C 链，又有活性的酰胺基团，与环氧树脂可形成互穿网络结构，相容性增加。当聚氨酯改性环氧树脂与沥青交联后，相互缠结的网络相对固定，两个聚合物网络相互协同作用，当受到外力作用时，力比单独交联网络更加分散，因此要破坏网络结构就需要形成更大的应力，进一步提升材料的强度和韧性。

3. 共溶剂法

当两种相容性较差的聚合物进行共混时，由于分散相和连续相界面的张力过大，两组分间缺乏亲和性，故界面黏合力低，所形成的两相材料体系具有薄弱的相界面，力学性能差，在加工或使用过程中会出现分层或断裂现象。为了改善界面状况和不合理的两相结构形态，需要加入第三组分，即通常所说的"增容剂"。它是一种既可增加聚合物共混组分之间的相容性，又能强化聚合物之间界面粘结的一类聚合物或小分子体系。其增容作用的物理本质是：（1）降低界面张力，促进分散度增加；（2）提高相形态的稳定性；（3）改善组分间的界面粘结；（4）提高共混物的力学性能。增容剂分为微相分离型增容剂和均相型增容剂。

南京林化所黄坤等以环氧树脂、长链脂肪酸和多元醇为原料，合成出一端含羟基和环氧基团、另一端含脂肪族长链的相容剂，经测试发现相容效果良好，该增容剂即微相分离型增容剂。随后，他又用蔗糖聚醚接枝 C12-14 烷基缩水甘油醚，合成的接枝共聚物对环氧树脂和沥青具有两亲性，能够增加共混物中环氧树脂相和沥青相的界面层厚度，改善环氧沥青的力学性能和减小环氧固化体系的尺寸。通过加入该专用增容剂，无须对基质沥青和环氧树脂进行改性，配合常规的环氧树脂—固化剂固化体系便可制得热固性环氧沥青材料。通过荧光显微镜观察发现：由于增容剂的乳化作用，使得沥青与树脂相容性良好。在固化后的环氧树脂中，沥青以微米级球形颗粒分散在环氧树脂和固化剂固化后所形成的连续相中。

目前，利用这类表面活性剂一端具有能够亲和沥青的非极性结构、一端具有能够亲和环氧树脂的极性结构的结构特点，使得其在环氧树脂—沥青共混体系中起到乳化作用，形成胶束，将沥青分散到环氧树脂固化体系基体中，形成热固性沥青。南京大学潘磊、武汉工程大学杨隽、湖北大学蒋涛、河北工业大学王丽杰等均通过制备这类表面活性剂作为增容剂来制备高性能环氧沥青。上述学者的试验结果证明，该类表面活性剂能够增强环氧树脂和沥青的相容性，使原本不能均匀固化的环氧树脂—沥青—固化剂体系，最终能够均匀固化成环氧沥青复合材料。

4.选用增容效果固化剂法

采用长碳链脂肪族酸酐固化剂能够显著提高相容性，这类固化剂虽然不含有和环氧树脂相同的环氧基团，但它结构中的羧基、羟基、酸酐基等极性基团能够和环氧树脂相亲，脂肪族聚合物的长碳链与沥青相亲。该固化物具备均相型增容剂的结构特点，故能够改善相容性，改善环氧沥青的各项性能指标。不同固化剂固化的环氧沥青材料的 SME 显微照片如图 19-3 所示。

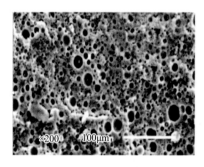 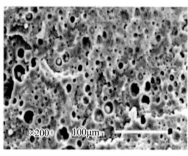 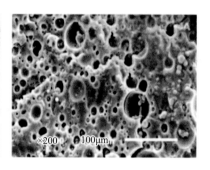

(a) 单独使用葵二酸　　　　　　　(b) 复配 8 份甲基四氢苯　　　　　　(c) 复配 8 份桐油酸酐

图 19-3　环氧沥青材料的 SEM 显微照片

从图 19-3 可以看出，在环氧沥青固化物中沥青作为分散相，环氧树脂为连续相，沥青呈液滴状分散在环氧树脂中。使用葵二酸为固化剂时，如图 19-3（a）所示，沥青相的粒径较为均匀，在 10～20μm 之间，分布间距也较为均匀；而在葵二酸中复配 8 份甲基四氢苯（MeTHPA）或桐油酸酐（TOA）后，如图 19-3（b）、图 19-3（c）所示，沥青相的粒径变得不均匀，一些在 2～5μm 左右，另一些在 20～50μm 左右，分布间距也变得不均匀，说明固化剂的选择对环氧沥青的相容性有一定的影响。

19.1.2　环氧沥青增柔、增韧

环氧树脂、酚醛树脂和不饱和聚酯树脂胶粘剂固化后伸长率低，脆性较大，当粘结部位承受外力时很容易产生裂纹，并迅速扩展，导致胶层开裂，不耐疲劳，不能作为结构粘结之用。因此，必须设法降低脆性，增大韧性，提高承载强度。凡是能降低脆性，增加韧性，而又不影响胶粘剂其他主要性能的物质就是增韧剂。可分为橡胶类增韧剂和热塑性弹性体类增韧剂。

（1）橡胶类增韧剂：该类增韧剂的品种主要有液体聚硫橡胶、液体丙烯酸酯橡胶、液体聚丁二烯橡胶、丁腈橡胶、乙丙橡胶及丁苯橡胶等。

（2）热塑性弹性体：热塑性弹性体是一类在常温下显示橡胶弹性、在高温下又能塑化成型的合成材料。因此，这类聚合物兼有橡胶和热塑性塑料的特点，它既可以作为复合材料的增韧剂，又可以作为复合材料的基体材料。这类材料主要包括聚氨酯类、苯乙烯类、聚烯烃类、聚酯类、间规1，2-聚丁二烯类和聚酰胺类等产品，苯乙烯类和聚烯烃类增韧剂使用相对较多。

适用于复合材料的其他增韧剂还有低分子聚酰胺和低分子的非活性增韧剂，如苯二甲酸酯类。非活性的增韧剂也可称为增塑剂，它不参与树脂的固化反应。

不同类型的增韧剂，有着不同的增韧机理。液体聚硫橡胶可与环氧树脂反应，引入一部分柔性链段，降低环氧树脂模量，提高了韧性，但却牺牲了耐热性。液体丁腈橡胶作为环氧树脂的增韧剂，室温固化时几乎无增韧效果，粘结强度反而下降；只有中高温固化体系，增韧与粘结效果较明显。端羧基液体丁腈橡胶增韧环氧树脂，固化前相容，固化后分相，形成"海岛结构"，既能吸收冲击能量，又基本不降低耐热性。T-99多功能环氧固化剂固化环氧树脂使交联结构中引进了柔性链段，不产生分相结构，在提高韧性的同时基本不降低耐热性。

纳米粒子由于尺寸非常小（1～100nm），具有极大的比表面积，表面原子又有极高的不饱和性，因此表面活性非常大。纳米粒子可与环氧基团在界面上形成远大于范德华力的作用，能很好地引发微裂纹，吸收能量；且纳米粒子具有很强的刚性，裂纹在扩展时遇到纳米粒子发生择向或偏转，吸收能量而达到增韧目的。此外，纳米粒子与树脂具有良好的相容性，使基体对冲击能量的分散能力和吸收能力提高，导致韧性增大。因而，可采用纳米SiO_2和纳米黏土等材料对环氧沥青进行增韧。

天然橡胶有很强的自粘性和可加工性能，是天然可再生资源。天然橡胶分固体胶和胶乳，形成固体胶后，分散需进行塑炼处理和高速剪切，且难以分散，而采用天然胶乳可实现均匀分散和添加，材料的自粘性特性还可改善环氧材料自愈性差的特点，增加抗冲击能力和柔韧性。

19.1.3　环氧沥青固化剂

能和环氧树脂的环氧基及羟基作用，使树脂交联的物质，叫固化剂，也叫硬化剂或交联剂。根据硬化所需的温度不同可分为加热硬化剂和室温硬化剂两类。根据化学结构类型的不同，可分为胺类硬化剂、酸酐类硬化剂、树脂类硬化剂、咪唑类硬化剂及潜伏性硬化剂等。按硬化剂的物态不同可分为液体硬化剂和固体硬化剂两类。固化剂是环氧树脂结合剂中的一个重要组成部分，对固化物的最终性能起决定性作用。环氧沥青固化剂的选择和确定要综合以下因素进行考虑：

（1）环氧沥青在拌和、运输过程中黏度适宜，且在一定时间范围内波动变化较小。以保证环氧沥青混合料的拌和均匀性、裹附效果及施工抗离析。

（2）结合工程特点及使用需求，综合硬化后的材料强度、柔韧性及抗冲击效果。

（3）外界环境条件对固化物的影响较小，且可快速开放交通。

（4）来源方便，节能环保，无毒或低毒，做到对外界影响最小。

常用的固化剂种类和性能见表 19-3。

常用的固化剂种类和性能　　　　　　　　　　　表 19-3

分类	名称	用量（%）	固化条件	特性
脂肪胺	乙二胺	6～8	20℃/4d + 20℃/2h + 100℃/30min	常温固化，适用期短，毒性和刺激性大，胶层脆
	二乙烯三胺	10～11	20℃/4d + 20℃/2h + 100℃/30min	常温固化，适用期短，与乙二胺比较，毒性略低，性能略好
	三乙烯四胺	13～14	20℃/7d + 20℃/2h + 100℃/30min	常温固化，适用期短，与乙二胺比较，毒性略低，性能略好
	苯二甲胺	16～18	常温/1d 或 70℃/1h	可常温固化，比二乙烯三胺耐热性、耐溶剂性好，毒性低
芳香胺	间苯二胺	14～15	80℃/2h + 150℃/2h	耐热、耐药品性、电性能好，可用于胶粘剂
	二氨基二苯基甲烷	27～30	80℃/2h + 150℃/2h	耐热、耐药品性、电性能好，可用于胶粘剂
	二氨基二苯基砜	35～40	130℃/2h + 200℃/2h	耐热、电性能优异，适用期长，毒性小，可用于耐热胶粘剂
改性胺	120 固化剂（β-羟乙基乙二胺）	16～18	室温/1d 或 80℃/3h	吸水性强，需密闭贮存。黏度小，毒性低，和环氧树脂反应快，适用期短
	593 固化剂（二乙烯三胺与环氧丙烷丁基醚加成物）	23～25	室温/1d	黏度小，毒性低，适用期短，室温迅速固化，固化物韧性较好
	703 固化剂（苯酚、甲醛、乙二胺缩合物）	20	室温/4～8h	与环氧树脂的反应速度比常驻用的脂肪胺快，可配制室温固化胶粘剂用，固化物性能好
	591 固化剂（氰乙基化二乙烯三胺）	20～25	80℃/12h	与二乙烯三胺相比较反应放热湿度低，使用期长，毒性小，胶层的韧性和耐冲击性、耐溶剂性好，但耐热性、电性能较差
	793 固化剂（丙烯腈改性的己二胺，2-甲基咪唑）	25～30	70～100℃/3h	既可常温固化，又可中温固化，把应放热峰较低，适用期较长，毒性低，固化物性能良好，韧性好，对金属、陶瓷、玻璃、塑料等都有良好的胶接性能
	105 缩胺（苯二甲胺缩合物）	30～35	室温/7d 或 室温/1d + 100℃/30h	可配制室温固化胶粘剂用，与苯苯二甲胺比较，毒性和蒸汽压低，显著改善了苯二甲胺在过程中的"白化"现象，固化物既有较高的热变形温度又有较好的韧性
	590 固化剂	15～20	常温/7d 或 室温/1d + 100℃/2h	使用方便，毒性比间苯二胺低
低分子聚酰胺	650、651、200、400、203、300、500 等	40～100	室温或 65℃/3h	用量不严格，使用期比脂肪胺长，毒性小，对金属、玻璃、陶瓷等多种材料有良好的粘结性能，固化物收缩小、抗冲、抗弯、耐热冲击、电性能好，但耐热、耐溶剂性差
咪唑类固化剂	咪唑	3～5	60～80℃/6～8h	毒性低，用量小，适用期长，中温固化，固化物热变形高，其他性能和用芳胺固化的性能大致相同，用它配制的胶粘剂，胶接强度好，耐热、耐溶剂性亦好，是目前较理想的一种固化剂，也可作促进剂用。其中 2-乙基-4-甲基咪唑性能较全面，室温为液体，易与环氧树脂结合，是胶粘剂中常用的一种固化剂
	2-甲基咪唑	3～5	60～80℃/6～8h	
	2-乙基-4-甲基咪唑	2～6	60～80℃/6～8h	
	704 固化剂（2-甲基咪唑与环氧丁基醚加成物）	10	60～80℃/6～8h	
	781 固化剂（2-甲基咪唑与丙烯腈加成物）	10	60～80℃/6～8h	

续表

分类	名称	用量（%）	固化条件	特性
酸酐固化剂	顺丁烯二酸酐	30~40	160~200℃/2~4h	熔点较低，易与树脂混和，适用期长，固化物硬而脆
	邻苯二甲酸酐	76	150℃/6h	易升华，与树脂混熔较难，固化后胶层介质性能较好（除强碱外）
	十二烯基琥珀酸酐	130	85℃/2h + 150℃/12~24h	液体与树脂易混和，适用期长，胶层韧性好，耐热冲击性、电性能好但耐药品性差
	六氢苯二甲酸酐	80	80℃/2h + 150℃/12~24h	熔点低，易与树脂混和，混合物黏度低，适用期限长，固化物耐用药品性、耐热性及电性能较好
	"70"酸酐	50~70	100℃/2h + 150℃/4h	液体，易与树脂混和，挥发性小
	纳迪克酸酐	60~80	80℃/3h + 120℃/3h + 200℃/3h	耐热性好，热稳定性优于苯酐、顺酐及四氢苯酐的固化物
	聚壬二酸酐	70	100~150℃/12h	熔点低，易与树脂混和，适用期长，胶层韧性好，耐热冲击性好
	3，3′，4，4′，-苯酮四酸二酐	与顺酐混用顺酐50~80 酮酐28~50	200℃/24h	固化物耐热性、耐药品性好，可作耐热胶胶粘剂用
潜伏性固化剂	三氯化硼-单乙胺络合物	1~5	120℃/2h + 150℃/3h	吸湿性强，和环氧树脂混合物室温下可储存数月，用量少，但固化时间长，可配制单组分胶粘剂用
	双氰胺	4~9	180℃/1h	和环氧树脂混和后室温下储存期在一年以上，主要用于配制单组分胶粘剂和粉末涂料
	癸二酸二酰肼	30	165℃/0.5h	和环氧树脂混和后室温下储存期 > 4 个月，配制单组分胶粘剂用在-50~60℃温度范围内抗剪强度几乎无变化
	594，596 固化剂	7~10	120℃/2~3h	黏度低，即使在低温下也能保持低黏度，和环氧树脂有极好的混溶性，储存期3~4 个月，主要用于单一组分胶粘剂和无溶液剂浸渍漆

19.2　环氧沥青固化体系

环氧沥青固化体系不同于纯环氧树脂的单一固化过程，与环氧树脂固化体系相比，固化进程更加复杂。一方面，环氧沥青中含有沥青这种复杂的有机物，沥青中的羧基、羟基等活性基团会参与到固化反应中去，固化反应伴随着多种副反应，难以分析；另一方面，固化剂种类繁多，与沥青的相互作用复杂，不同类型的固化剂对环氧沥青的固化有重要影响。双酚 A 型环氧树脂分子式见图 19-4。

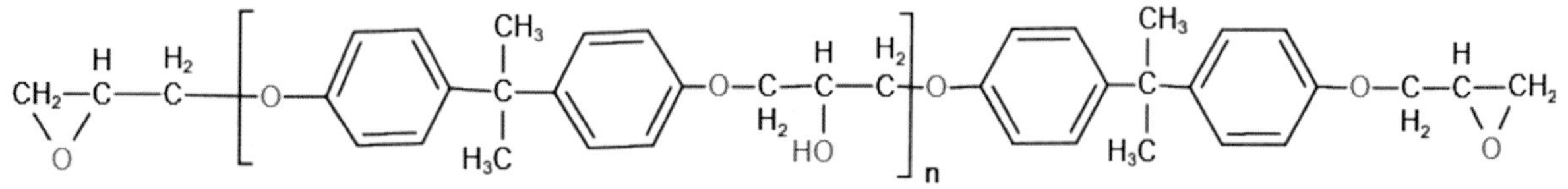

图 19-4　双酚 A 型环氧树脂分子式

环氧树脂除与固化剂反应外，沥青中还存在一定数量的活性有机官能团会与环氧树脂发生固化反应。通常情况下，沥青中存在少量的羧酸，羧基可与环氧基发生化学反应。因此，环氧沥青固化反应至少存在羧基与环氧基和固化剂基团与环氧基两种化学反应。

19.2.1 环氧基与羧基化学反应

通常，羧基与环氧树脂的化学反应主要有以下几种：

（1）羧基与环氧基的酯化反应：

（2）羧基与上一步反应生成的羟基或环氧树脂本身含有的羟基进行酯化反应：

（3）环氧基与羟基醚化反应：

在用碱性催化剂的情况下，羧基与环氧化合物的反应表现出高度的选择性，而且可以在较低的温度下（100～130℃）反应。碱会先与羧基反应形成羧酸根负离子，然后再与环氧基反应。

因为烃氧负离子的碱性较羧酸根负离子的碱性强，又会产生如下反应：

因此，在碱性催化剂的作用下，羧基对环氧基开环产生酯化反应，当有过量的环氧基存在时，则只有当羧酸类化合物全部反应之后，碱性催化剂才能对羧基与环氧基的醚化反应起催化作用。

19.2.2　环氧基与酸酐的反应

酸酐与环氧基的反应与有机酸相同。但是因为酸酐的分子中无水，并且需要活化酸酐分子结构，反应更加复杂。以甲基四氢邻苯二甲酸酐与环氧反应为例，其可能的固化反应如下：

（1）酸酐开环生成邻苯二甲酸单酯：

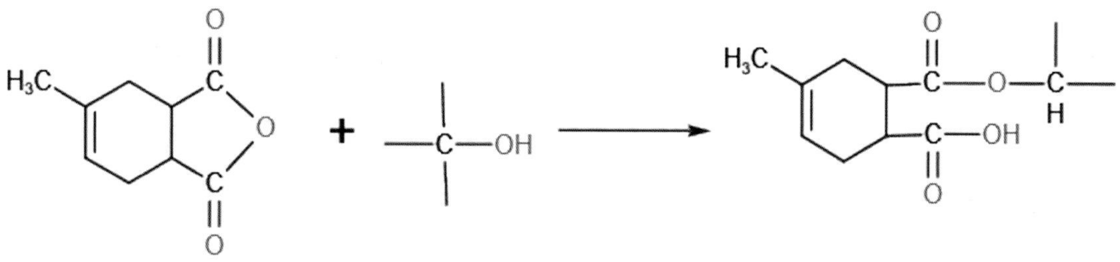

（2）新生成单酯中的羟基和环氧基反应生成邻苯二甲酸二酯：

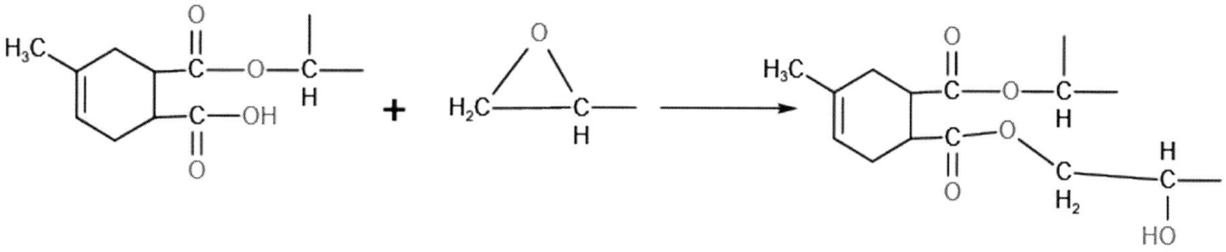

（3）环氧基与新生成的羟基或早已存在的羟基发生醚化反应：

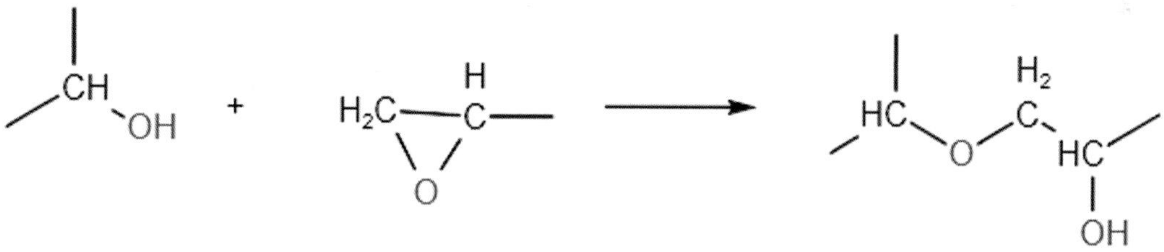

（4）邻苯二甲酸单酯与羟基反应生成二元酯和水：

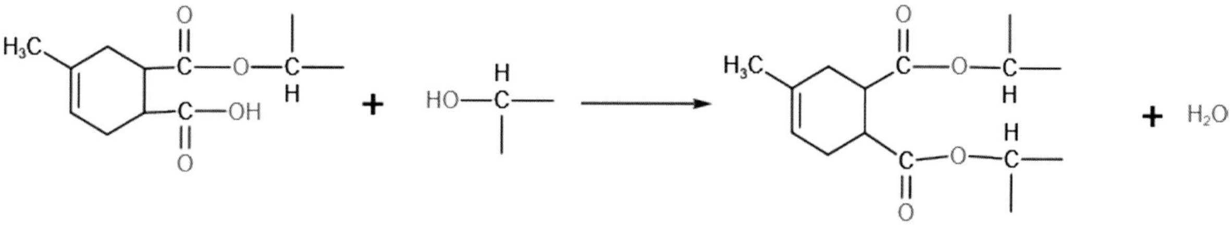

19.3　环氧沥青制备及性能指标

环氧沥青的制备工艺：准确称量 100g 道路用 A 级石油沥青，结合沥青的强度等级、黏度等级，在 140～185℃范围确定合适的温度下搅拌均匀，再将固化剂、助剂或改性材料加热至 80～120℃逐步加入混和并搅拌均匀，将所有环氧沥青材料组分全部混和均匀后，倒入聚四氟乙烯模板（模板尺寸依据美国规范 ASTM D638 进行制作，样品为哑铃状拉伸试件）中，并用刮刀将多余环氧沥青刮除后，放入 120℃的干燥箱恒温固化 12～24h，即制得热固性环氧沥青结合料。

环氧沥青材料组分相对复杂，且属化学改性材料，组成成分的改变可能会影响固化效果、固化速度，尤其是环氧沥青的容许施工时间。因此，除按要求进行环氧沥青材料性能检验外，使用前应开展环氧沥青配伍性及相容性检测，评价和验证存储时间和温度对环氧沥青材料容留时间的影响。具体方法如下：

（1）存储稳定性检测，检测环氧沥青 B 组分在现场控制温度存放一周后 B 组分的离析均匀性和存储前后容留时间的改变；

（2）老化检测，环氧沥青材料使用在表面层结构时，应额外开展热老化及紫外老化对环氧沥青强度及断裂延伸率的影响研究。

环氧沥青结合料性能应符合以下要求（表 19-4）。

环氧沥青结合料技术要求   表 19-4

性能指标		单位	技术要求			试验方法
			热拌	温拌	冷拌	
拉伸强度（23℃）		MPa	≥2.0	≥1.5	≥2.0	《建筑防水涂料试验方法》GB/T 16777—2008
断裂延伸率（23℃）		%	≥100	≥200	≥50	《建筑防水涂料试验方法》GB/T 16777—2008
吸水率（7d，25℃）		%	≤0.3	≤0.3	≤0.3	《塑料 吸水性的测定》GB/T 1034—2008
黏度至1Pa·s 时间	23℃	min				沥青布氏旋转黏度试验仪
	120℃	min		≥50		

19.4 环氧沥青性能试验

后掺法温拌环氧沥青为双组分材料，其中 A 组分为双酚 A 型环氧树脂（牌号 E-51 或 E44 及其改性物），B 组分采用 A 级道路石油沥青、高分子酸酐类复合固化剂、增容剂、聚合物材料、促进剂等相关助剂。通过在沥青材料中添加聚合物改性材料，可提升环氧沥青的柔韧性和初始未固化强度。采用环氧沥青两阶段拌和的后掺法工艺的前提是将发生化学反应的材料分两阶段添加，有效解决环氧沥青所有组合混和后拌和、等料、运输及待料环节的施工风险，影响容留的施工环节仅包括摊铺及碾压，时间紧凑，周期短，施工风险小，并能减少应用限制。但后掺法温拌环氧沥青应用的前提是单纯采用环氧沥青 B 组分可与各种规格集料能拌和均匀，且无花白料。适当提高排水混合料的用油量，按 5%估计，A 组分宜不高于 10%，建议 A 组分：B 组分的比例不大于100：500，本产品的 A 组分与 B 组分比例为 100：750。

19.4.1 环氧沥青 A 组分

环氧树脂采用岳阳石化生产的双酚 A 型环氧树脂（牌号 E-51），其技术指标见表 19-5。

环氧树脂技术指标　　　　　　　　　　　　表 19-5

技术指标	技术要求	测试结果
黏度（23℃，Pa·s）	11～15	14.658
环氧当量（g/mol）	185～192	189
含水量（%）	≤0.05	0.02
闪点（℃）	≥200	282
密度（g/cm³）	1.16～1.17	1.166
外观	透明	透明

19.4.2　环氧沥青 B 组分

沥青在环氧沥青中起到填充作用，改善环氧材料的柔韧性，因此，环氧沥青生产用的沥青材料宜满足道路石沥青要求。具体采用的基质沥青为壳牌 70 号 A 级道路石油沥青，技术指标检测结果见表 19-6。

70 号 A 级沥青技术指标　　　　　　　　　　表 19-6

技术指标	技术要求	测试结果
针入度（25℃，100g，5s，0.1mm）	60～80	68
针入度指数 PI	−1.5～1.0	0.23
软化点（℃）	≥46	47.8
延度（10℃，5cm/min，cm）	≥20	26.7
动力黏度（60℃，Pa·s）	≥180	219
闪点（℃）	≥260	273
蜡含量（%）	≤2.2	1.4
溶解度（%）	≥99.5	99.9
密度（25℃，g/cm³）		1.003
RTFOT 后残留		
质量变化（%）	≤0.8	0.21
残留针入度比（25℃，%）	≥61	73.2
残留延度（10℃，cm）	≥6	8.6

提高和解决环氧沥青各组分的相容性，可实现低环氧体系掺量条件下的高性能特征和效果。环氧沥青 B 组分技术指标见表 19-7。

B 组分技术指标　　　　　　　　　　　　　　　　　表 19-7

项目	试验结果
黏度（120℃，mPa·s）	468
密度（25℃，g/cm³）	1.015
颜色	黑色
酸值（mg，氢氧化钾/g）	52
闪点（℃）	231

19.4.3　环氧沥青性能

环氧沥青的抗拉强度是材料抗断裂性能、层间粘结体系整体性的重要表征。环氧沥青受拉破坏时的应力应变可采用拉伸试验进行评估，拉伸试验按《建筑防水涂料试验方法》GB/T 16777—2008 开展。试验温度为(23 ± 2)℃，试验前应在 23℃试验温度下至少放置 3h，拉伸速率为(500 ± 50)mm/min。环氧沥青结合料的黏度采用 Brookfield 黏度计，按沥青旋转黏度试验方法开展。技术指标及试验结果见表 19-8。

温拌环氧沥青技术指标及结果　　　　　　　　　　　　　表 19-8

性能指标	试验结果	技术要求	试验方法	备注
拉伸强度（23℃，MPa）	3.1	≥1.5	《建筑防水涂料试验方法》GB/T 16777—2008	为缩短环氧排水混合料养生时间，结合工艺特点，适当缩短容许施工时间
断裂延伸率（23℃，%）	236	≥200	《建筑防水涂料试验方法》GB/T 16777—2008	
黏度至 1Pa·s 时间（min）	45	≥40	《公路工程沥青及沥青混合料试验规程》JTG E20—2011	

第 20 章

大永高速公路路面施工关键技术

环氧沥青材料价格昂贵，传统施工工艺容留风险大，环氧沥青路面在国内的应用案例较少，采用后掺法工艺有效解决了环氧沥青混合料施工容留时间短的问题，为环氧沥青材料的规模化应用提供了契机。基于后掺法施工工艺，依托昭通大永高速公路项目开展了环氧沥青混凝土示范应用。

20.1 级配碎石底基层施工技术

20.1.1 原材料及配合比情况

原材料及配合比情况见表 20-1～表 20-3。

级配碎石粗集料技术规格　　　　　　　　　　表 20-1

试验项目	单位	技术要求	试验方法
压碎值	%	≤26	T0316
针片状颗粒含量	%	≤20	T0312

级配碎石细集料技术规格　　　　　　　　　　表 20-2

试验项目	单位	技术要求	试验方法
颗粒分析	—	满足级配要求	T0302
塑性指数	—	适宜范围 15～20	T0118
有机质含量	%	≤10	T0313
硫酸盐含量	%	≤0.8	T0341

水：使用饮用水，经过化验后，符合要求，可使用到拌和生产中。

级配碎石底基层目标配合比　　　　　　　　　　表 20-3

0～5mm	5～10mm	10～20mm	20～30mm
32%	21%	23%	24%

最大干密度 2.388g/cm³，最佳含水率 4.0%。

20.1.2 级配碎石底基层施工工艺流程

级配碎石底基层施工工艺流程见图20-1。

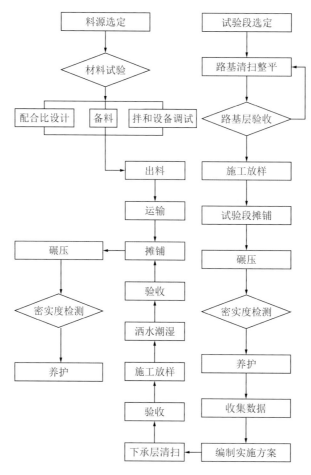

图 20-1 级配碎石底基层施工工艺流程

20.1.3 施工准备

（1）检查并整理下承层，使其满足施工要求，并适量洒水，保持其湿润。在已合格的下承层上，放出中线桩，然后根据底基层设计宽度，用全站仪放出底基层的两侧边缘线，施工前进行支模工序。

（2）底基层施工前，在两侧适当位置，距中心线同一位置处放出高程控制桩并挂钢丝，控制桩采用钢钎，直线段每10m设一钢钎，弯道加密为5m。钢钎要牢固，位置要准确，基准线用3mm粗的钢丝，并用张紧器张紧，在钢钎处用细绳对钢丝加以绑扎，使之牢固。

20.1.4 拌和与运输

（1）拌和采用厂拌法拌和，集料按重量比例掺配，并按重量比加水，拌和时混合料的含水率适当根据天气情况来调整，宜高于最佳含水率的0.5%～1.0%，用以补偿后续工序的水分损失，试验室对混合料的含水率、筛分等检测指标要随时进行监控，对不合适的及时予以调整。

（2）拌和使用1台WDB-800拌合机拌和，其生产能力为700t/h。

（3）碎石与细集料由装载机进料，铲料时，铲斗应离地面 20cm 左右，以免带入杂物污染料源。石料进仓后在拌和过程中应始终保持料仓内有石料，不得中途停料，料仓贮满料后，即开动拌合机上料搅拌，同时加水。从皮带输送混合料到出料是一个连续的过程，在拌合楼的控制室由一名控制员对整个拌合场的上料、拌和、卸料进行控制操作，在拌合楼开盘后的第一斗料卸车时，须经专职的质检员对其外观质量进行检查，若发现水量过大或过小，拌和不均匀，应对第一车料予以废弃，再检查第二车，直到拌和均匀，质量稳定可靠为止。

拌合站人员要记录好每日的开盘时间、终盘时间以及中途出现的停机时间及原因，便于查询有关资料。

（4）将拌合机内的死角中得不到充分搅动的材料及时排出。

（5）运输混合料的运输车辆采用解放自卸车，运输时分散车辆的压力，车辆均匀地在已完成的铺筑层整个表面上通过，速度宜缓，减少不均匀碾压。运输车辆每天在装料前要将车厢清洗干净。运输过程中尽快将混合料运送到铺筑现场，以减少水分损失。拌合站放料时，保持装载高度均匀，为防止离析现象的发生，放料时车辆要前后移动三次，到达摊铺现场注意控制卸料速度。

（6）为防止水分蒸发，混合料在运输中加以覆盖，并保持装载高度均匀，防止离析现象的发生。同时在施工过程中注意拌和能力与运输能力相匹配。

20.1.5　摊铺

（1）试验段摊铺前应根据天气情况洒布适量水于路基表面，防止混合料摊铺时与干燥路基直接接触导致水分瞬间大量流失。摊铺采用一台徐工 953 与一台徐工 903 摊铺机成梯队作业，一次性完成半幅一层施工，两台摊铺机间距控制在 5～10m 范围内。摊铺机的组装宽度分别为 8.5m、8.0m。摊铺时靠中分带一侧摊铺机在前，外侧走钢丝内侧走滑靴，后面一台摊铺机外侧走钢丝，内侧在已铺筑成型的松铺面上走滑靴的方法来控制高程和摊铺厚度。前后两台摊铺机重叠 30～40cm，中间施工纵缝辅以人工修整。

（2）摊铺机就位首先由测量人员放出起始位置的标高，摊铺机熨平板按此标高就位。熨平板仰角调整为 20cm，夯锤大小定 800 转/min，行驶速度起步为 1.5m/min，摊铺机运行平稳后逐渐提高到 2.5～3.0m/min 并保持此速度。以上参数暂定为此，根据现场实际情况再进行合理调整。

（3）试验段松铺系数暂按 1.25 控制，松铺厚度为 25cm。每 20m 一个断面，现场由测量人员跟踪监测试验段顶面标高，同时采用插钎法和挖验法检测松铺厚度和压实厚度，如发现有变化时，小范围内的及时调整松铺系数，以确保压实厚度满足设计要求。摊铺根据拌和能力、摊铺能力、碾压的及时性，暂定 50m 为一个压实段，两台摊铺机成梯队作业，进行联合摊铺，为避免纵向接缝，相邻两幅的摊铺须保证 30～40cm 宽度的摊铺重叠。摊铺时摊铺机的螺旋布料器应有三分之二埋入混合料中。

（4）摊铺过程中，摊铺机后设专人找补粗细集料离析现象，对局部粗集料"窝"进行铲除，换填新混合料或补充细混合料并拌和均匀。

（5）摊铺前始终保持有 3 台运输车等待卸料，以保持摊铺机能够连续作业。

20.1.6 碾压

（1）碾压原则：先轻后重、先慢后快、超高路段从低到高碾压。

（2）碾压长度：一次碾压长度为50～80m。碾压段落必须层次分明，设置明显的分界标志。

（3）碾压注意事项：摊铺、修整后，压路机应在全宽内紧跟慢压；以"稳压—弱振—强振—稳压收面"进行压实；碾压应重叠1/3轮宽；稳压要充分，振压不起浪、不推移；强振避免过振，避免造成结构层表面松散和集料振碎现象。严禁压路机在施工和完工的路段掉头，避免紧急制动，出现个别拥包时，由专配工人进行铲平处理。

为确保级配碎石底基层边缘的压实度，路缘有10cm超宽碾压。压实后，表面平整均匀、无轮迹。施工过程中，及时采用3m直尺进行平整度检测。

（4）试验段拟采用两套压实方案：

碾压方案一（K60＋279.5～K60＋439.5）。

初压采用双钢轮压路机静压1遍，速度1.5～1.7km/h，稳压时由低至高紧跟摊铺机后面与路线呈45°斜角，压路机转弯时出现的拥包，安排专人进行铲平处理。初压后现场技术人员进行外观检测及用3m直尺进行平整度检测，不合格处进行人工小修。低洼处填补细料，高出的地方用铁锹铲除并换填部分细料；复压采用单钢轮压路机去静回振碾压1遍、振压3遍，速度2.0～2.5km/h。复压胶轮压路机碾压1遍，速度2.0～2.5km/h；终压采用宝马203双钢轮压路机以2.0～2.5km/h的速度错1/3轮静压至表面平整、密实、无明显轮迹。

复压结束后立即检测压实度，若压实度较低，则单钢轮按振压1遍增加直至检测合格。

碾压方案二（K60＋439.5～K60＋599.5）。

初压采用双钢轮压路机静压1遍，速度1.5～1.7km/h，稳压时由低至高紧跟摊铺机后面与路线呈45°斜角，压路机转弯时出现的拥包，安排专人进行铲平处理。初压后现场技术人员进行外观检测及用3m直尺进行平整度检测，不合格处进行人工小修。低洼处填补细料，高出的地方用铁锹铲除并换填部分细料；复压采用单钢轮压路机振压3遍，速度2.0～2.5km/h，胶轮压路机碾压2遍，速度2.0～2.5km/h；终压采用宝马203双钢轮压路机以2.0～2.5km/h的速度错1/3轮静压至表面平整、密实、无明显轮迹。

复压结束后立即检测压实度，若压实度较低，则单钢轮按振压1遍增加直至检测合格。

①直线段由外侧向中心碾压，超高段由低向高碾压。每道碾压与上道碾压相重叠1/3轮宽，并且使每层整个厚度和宽度完全均匀地压实到规定的密实度为止。

②碾压过程中，混合料的表面要始终保持潮湿，如果表面水分蒸发得快，及时用洒水车补洒少量的水。从加水拌和到碾压终了的延迟时间不超过3h。碾压完成后用灌砂法检测压实度，按频率进行检测。

③严禁压路机在已完成的或正在碾压的路段上"调头"和急刹车，以保证混合料表面不受破坏。

④注意事项：

a. 碾压过程中如有"弹簧""松散"现象要及时换填处理，然后整平后再碾压。

b. 碾压后的表面要平整、密实、无轮迹。

c.通过标高对比确认松铺系数，附检查评定表。

⑤施工作业人员要求：

a.应由工长或技术人员对操作人员进行培训和技术、安全交底，做到熟练掌握级配碎石均匀性，含水率如何控制，拌和、碾压如何控制等技术和施工安全技术操作规程。操作人员要保持稳定。

b.尊重、服从工程技术人员和监理工程师的指挥，严格按合同条款和技术规范施工。

c.加强施工控制，确保施工质量。

d.保证机械设备完好，各级人员分工明确，生产安排合理有序，严格按照工艺要求施工。

e.严格控制填料质量，所用填料必须与取样试验的级配碎石一致。

f.以压实度为检测工作的核心，当压实度不能满足设计要求时，应仔细检查填料质量、松铺厚度及施工工艺等。查明原因并采取相应措施，必须保证底基层施工的压实度满足设计要求。

g.试验检测工作要及时到位，保证数据真实可靠。

h.碎石场设专人控制底基层填料的质量，路段上设专人控制布料间距、松铺厚度、摊铺宽度、碾压及试验检测等。保证每道工序均在受控状态。

20.1.7 接缝处理

级配碎石底基层采用梯队摊铺，前后摊铺机控制在10m以内，纵向接缝一次碾压密实。

横向接缝与车道方向垂直并遵循以下方式设置：

①必须做横向接缝的，用3m直尺纵向安放在接缝处，确定出平整度不符合要求的点，沿横向断面铲除该位置至斜面下断头部分的混合料，清理干净后，摊铺机从接缝处起步摊铺。

②压路机沿接缝横向碾压，由上一段压实层逐渐推向新铺层，碾压完毕后再正常碾压，碾压结束的接缝纵向平整度以3m直尺检测符合要求方可。

20.1.8 养护及交通管制

碾压完成后，要及时封闭交通，做好禁行标志。成型后，进行自检，自检合格，上报监理申请验收。成型后的级配碎石底基层，为保证表面不受破坏，禁止开放交通并尽快摊铺水稳碎石基层。

20.1.9 质量检验

1.基本要求

（1）配料准确。

（2）塑性指数满足设计要求。

2.试验检测

级配碎石底基层实测项目见表20-4。

级配碎石底基层实测项目 表 20-4

项次	检查项目		规定值或允许偏差				检查方法和频率
			基层		底基层		
			高速公路	其他公路	高速公路	其他公路	
1	压实度（%）	代表值	98	98	96	96	每 200m 测 2 点
		极值	94	94	92	92	
2	弯沉值（0.01mm）		符合设计要求		符合设计要求		
3	平整度（mm）		8	12	12	15	3m 直尺：每 200m 测 2 处×5 尺
4	纵断高程（mm）		+5，−10	+5，−15	+5，−15	+5，−20	水准仪；每 200m 测 4 点
5	宽度（mm）		符合设计要求		符合设计要求		尺量：每 200m 测 4 点
6	厚度（mm）	代表值	−8	−10	−10	−12	每 200m 测 2 点
		合格值	−10	−20	−25	−30	
7	横坡（%）		±0.3	±0.5	±0.3	±0.5	水准仪：每 200m 测 2 个断面

压实度检测：振动压路机振压 2 遍后，每增加一遍即进行压实度检测，压实度检测采用灌砂法，当压实度达到最大干密度的 96% 以上，并且不再上升时，即可确定最佳碾压遍数。

（1）平整度检测：现场施工技术员进行外观检测及用 3m 直尺进行平整度检测，间隙超过 12mm 时进行人工小修。低洼处填补细料，高出的地方用铁锹铲除并换填部分细料，同时安排现场技术人员做好平整度检测记录。

（2）含水率检测：运输车到现场后用酒精燃烧法进行含水量检测，每天早、中、晚各检测多次，测得混合料在运输过程中的水分散发，如含水量与生产配比值有偏差，可要求拌合站适当增加含水量。混合料碾压成型后检测含水量，每 50m 检测两次，如果偏低或过高立即要求拌合站调整含水量，以免影响压实度。

（3）弯沉检测：检测车采用后轴重 10t 的 BZZ-100 标准车，检测仪器由贝克曼梁弯沉回弹仪、百分表及表架组成。

20.2 水泥稳定碎石基层施工技术

20.2.1 原材料及配合比情况

原材料及配合比情况见表 20-5～表 20-7。

水泥稳定碎石基层粗集料技术规格 表 20-5

试验项目	单位	技术要求	试验方法
压碎值	%	≤ 26	T0316
针片状颗粒含量	%	≤ 22	T0312

水泥稳定碎石基层细集料技术规格 表 20-6

试验项目	单位	技术要求	试验方法
颗粒分析	—	满足级配要求	T0302
塑性指数	—	≤ 17	T0118
有机质含量	%	≤ 2	T0313
硫酸盐含量	%	≤ 0.25	T0341

水：使用饮用水，经过化验后，符合要求，可使用到拌和生产中。

水泥：水泥采用强度等级为 32.5 或 42.5 且满足本细则要求的普通硅酸盐水泥；所用水泥初凝时间应大于 3h，终凝时间应大于 6h 且小于 10h。气温高于 30℃时，水泥进入拌缸温度不应超过 50℃，超过 50℃时应采取降温措施，气温低于 15℃时，水泥进入拌缸温度应不低于 10℃。

水泥稳定碎石基层目标配合比 表 20-7

0～5mm	5～10mm	10～20mm	20～30mm
29%	18%	27%	26%

最大干密度 2.422g/m³，最佳含水率 4.8%，水泥用量 4.0。

20.2.2 施工工艺

施工工艺见图 20-1。

20.2.3 混合料的拌和

（1）试验段施工时，拌和采用 1 台 WDB-800 型稳定土拌合站生产，拌和能力大约 700t/h。拌和过程中水泥与集料按重量比例掺配，并按重量比加水，拌和时混合料的含水量适当根据天气情况来调整，宜高于最佳含水量的 0.5%～1.0%，用以补偿后续工序的水分损失，试验室对混合料的含水量和水泥剂量、筛分等检测指标要随时进行监控，对不符合要求的进行重新调整。

（2）在正式拌制混合料前，根据试验室提供的已批复的配合比中各种材料的比例及含水量，设定拌合站自动计量数据，并准确计算应加水数量，使其符合计量准确的要求。同时使混合料颗粒组成和含水量满足规定的要求。

（3）拌和过程中，试验员要经常抽验混合料的含水量、水泥剂量、级配范围，确保出料质量；应从拌合站取料，每隔 2h 测定一次含水率，每隔 4h 测定一次结合料的剂量，并做好记录。拌和后的混合料应完全均匀，含水量适当，无粗细颗粒离析现象。

（4）当进行拌和操作时，各个冷料仓料斗口的钢筋网要经常维护，以免超粒径碎石进入料斗。料斗上设有专人负责指挥捅料，保证水泥稳定碎石材料按顺序下到输料口，确保各种材料连续均匀地进入输料机的皮带上，并将拌合机内死角中得不到充分搅拌的材料及时排出。

（5）水泥稳定碎石使用的材料为碎石＋石屑＋水＋水泥，碎石与石屑由装载机进料，铲料时，铲斗应离地面 20cm 左右，以免带入杂物污染料源。石料进仓后在拌和过程中应始终保持料仓内有石料，不得中途停料，料仓贮满料后，即开动拌合机上料搅拌，同时加水。从皮带输送混合料到出料是一个连续的过程，在拌合楼的控制室由一名控制员对整个拌合场的上料、拌和、卸料进行控制操作，在拌合楼开盘后的第一斗料卸车时，须经专职的质检员对其外观质量进行检查，若发现水量过大或过小，拌和不均匀，应对第一车料予以废弃，再检查第二车，直到拌和均匀，质量稳定可靠为止。

20.2.4　混合料运输

（1）混合料运输配备12台30t以上的运料车，施工时要根据运输距离、运输时间等因素调节车辆数量，既要保证前场摊铺不等料，又不能因车辆过多而使运料车停车待铺，要保证拌和、运输、摊铺施工的连续作业。运料时严禁超载运输，避免混合料遗漏污染路面，同时保证施工安全。

（2）混合料出场时要过磅称重并记录拌和出场时间，运至摊铺现场时，由专人负责收料、检查、指挥倒料。收料人员要先检查来料外观有无异常、含水量是否正常等，并记录料车到场时间，然后组织料车倒料，倒料时指挥人员与摊铺机手应密切配合，使倒料与摊铺之间保持连续作业，不允许出现停机待料的情况。为避免料车碰撞摊铺机，指挥人员应指挥料车在倒至距摊铺机30cm时立即停下，开始慢慢升斗，等摊铺机工作时推着料车前进。行进过程中指挥人员应随时提醒驾驶员不能完全松开刹车，以免将料倒在地上，同时也不能踩死刹车，以保证摊铺机正常前进。

（3）运输时，运输车辆应均匀地在已完成的下承层的整个表面上通过，速度宜缓。为防止运输过程中混合料水分蒸发，混合料在出场时应进行覆盖。装料时应注意保持装载高度均匀，同时注意卸料速度、数量，运料车按照"前、后、中"的移动顺序进行装料以减少混合料在下落过程中的重力离析。

（4）基层混合料的运输及出场应记录每辆车的出场编号（车编号写在汽车明显位置），并记录出场时间，现场人员记录到场摊铺时间。

20.2.5　混合料的摊铺

（1）试验段摊铺前进行支模工序，对级配碎石表面进行洒水，摊铺采用一台徐工953摊铺机、一台徐工903摊铺机成梯队作业，一次性完成半幅一层施工，两台摊铺机间距控制在5～10m范围内。摊铺机的组装宽度分别为8.5m、8.0m。摊铺时靠中分带一侧摊铺机在前，后面一台摊铺机外侧走钢丝，内侧在已铺筑成型的松铺面上走滑靴的方法来控制高程和摊铺厚度。前后两台摊铺机重叠300～400mm，中间施工纵缝辅以人工修整。

（2）摊铺机就位首先由测量人员放出起始位置的标高，摊铺机熨平板按此标高就位。熨平板仰角调整为20cm，夯锤大小定800转/min，行驶速度起步为1.5m/min，摊铺机运行平稳后逐渐提高到2.5～3.0m/min并保持此速度。以上参数暂定为此，根据现场实际情况再进行合理调整。

（3）试验段松铺系数暂按1.35控制，松铺厚度为25.7cm。每20m一个断面，现场由测量人员跟踪监测试验段顶面标高，同时采用插钎法和挖验法检测松铺厚度和压实厚度，如发现有变化时，小范围内的及时调整松铺系数，以确保压实厚度满足设计要求。

（4）摊铺过程中，设专人找补粗细集料离析现象，对局部粗集料"窝"进行铲除，换填新混合料或补充细混合料并拌和均匀。

（5）水泥稳定碎石基层38cm，采用两层连续摊铺施工工艺各19cm，连接层间施工全自动水泥浆喷洒机喷洒水泥浆粘结，水灰比为1:1.5。

（6）摊铺前始终保持有5台运输车等待卸料，以保持摊铺机能够连续作业；摊铺时避免纵向接缝，分两幅摊铺时，纵向接缝处应加强碾压，存在纵向接缝时，纵缝应垂直相接，严禁斜接。

（7）混合料从装车到运输至现场，时间不宜超过1h，超过2h应作为废料处理，运至拌合站废料仓集中处理。

混合料的碾压、接缝处理步骤及要求见本书20.1.6、20.1.7。

20.2.6　养护及交通管制

（1）碾压完成后立即覆盖节水保湿养护膜养护，养护时间不少于7d，养护要到位，不能有漏盖现象发生。

（2）养护期间应封闭交通，严禁任何车辆通行。封闭交通设专人负责，并在封闭路段起终点处设禁行标志及路障。保证其强度符合要求后才可开放交通。

（3）养护至上层结构层施工前1～2d，方可掀开薄膜。

（4）养护要及时，安排专人巡视。对现场被破坏养护的地方进行及时处理，如养护薄膜破损需及时更换。

20.2.7　检测

（1）试验段施工期间应及时检测下列技术项目：
①施工所用原材料的全部技术指标。
②混合料拌和时的结合料剂量，应不少于4个样本。
③混合料拌和时的含水率，应不少于4个样本。
④混合料拌和时的级配，应不少于4个样本。
⑤不同碾压工艺下的混合料压实度，宜设定2～3种压实工艺，每种压实工艺的压实度检测样本应不少于4个。
⑥混合料压实后的含水率，应不少于6个样本。
⑦混合料击实试验测定干密度和含水率，应不少于3个样本。
⑧7d龄期无侧限抗压强度试件成型，样本量应符合要求。

（2）对已完工的水泥稳定碎石基层按照表20-8进行检测，压实度检测须在现场及时进行，现场混合料的含水量采用酒精燃烧法快速测定（在试验室内采用烘箱进行比对试验，确定偏差系数后采用此方法），对达不到要求的及时进行处理。

水泥稳定碎石基层检查项目及检验标准　　表20-8

项次	检查项目		规定值或允许偏差	检查方法和频率
1	压实度（%）	代表值	≥98	每200m测2点
		极值	≥94	
2	平整度（mm）		8	3m直尺：每200m测2处×5尺
3	纵断高程（mm）		+5，−10	水准仪：每200m测2个断面
4	宽度（mm）		符合设计要求	尺量：每200m测4点

项次	检查项目		规定值或允许偏差	检查方法和频率
5	厚度（mm）	代表值	−8	每200m测2点
		合格值	−10	
6	横坡（%）		±0.3	水准仪：每200m测4个断面
7	强度（MPa）		强度标准值不小于4MPa	

注：本表中以路段长度规定的检查频率为双车道的最低检查频率，对多车道应按车道数与双车道之比相应增加检查数量。

（3）外观要求：

①表面平整密实，无坑洼、无明显离析、无软弹现象，无浮浆现象，表面露石，粗集料镶嵌紧密，边线整齐，边缘无松动现象。

②施工接槎平整、稳定。

③采取随机取样方式，不得在现场人为挑选位置，否则，评价结果无效。

（4）水泥稳定碎石应在规定龄期内钻取芯样，评价芯样外观，芯样顶面、四周应均匀、致密，芯样的高度应不小于实际摊铺厚度的90%。

20.3 沥青混凝土下面层施工技术

20.3.1 施工准备

1. 配合比设计

沥青混合料下面层配合比：最佳油石比为3.8%，毛体积相对密度2.514g/cm³。

（1）生产配合比：（23～28mm）：（17～23mm）：（11～17mm）：（7～11mm）：（4～7mm）：（0～7mm）：（矿粉）=10%：17%：23%：14%：8%：24%：4%。

（2）目标配合比：（20～30mm）：（10～20mm）：（10～15mm）：（5～10mm）：（3～5mm）：（0～3mm）：（矿粉）=16%：19%：10%：25%：1%：28%：1%。

2. 材料准备

1）粗集料

粗集料采用曲靖腾江建筑劳务有限公司生产的石灰岩碎石。面层沥青混合料粗集料要求：粗集料应选用粒径大于5cm，含泥量不大于1.0%的石料轧制，碎石形状应接近立方体。其技术指标见表20-9。

沥青混合料粗集料技术要求 表20-9

试验项目	单位	技术要求		试验方法
		上面层	中、下面层	
石料压碎值不大于	%	26	28	T0316
表观相对密度不小于	t/m³	2.60	2.50	T0304
吸水率不大于	%	2.0	3.0	T0304

续表

试验项目	单位	技术要求		试验方法
		上面层	中、下面层	
对沥青的粘附性不小于	级	5	4	T0616
坚固性不大于	%	12	12	T0314
针片状颗粒含量不大于 其中粒径 > 9.5mm 不大于 其中粒径 < 9.5mm 不大于	%	15 12 18	18 15 20	T0312
含泥量 < 0.075mm 颗含量不大于	%	1	1	T0310
软石含量不大于	%	3	5	T0320
石料磨光值 PSV 不小于	—	42	—	T0321
洛杉矶磨耗损失不大于	%	28	30	T0317

2）细集料

面层沥青混合料细集料要求：细集料粉尘含量应较低且干净、坚硬、干燥、无风化、无杂质和其他有害物质，并有适当的颗粒级配。细集料宜采用石灰岩机制砂和石屑，上面层也可采用与粗集料相同岩性的细集料。细集料不同料源、品种、规格不得混杂堆放，应采用有效避雨措施。其技术指标见表 20-10。（细集料应满足《公路沥青路面施工技术规范》JTG F 40—2004 中表 4.9.2 的质量要求，沥青混合料用的机制砂或者石屑规格应满足《公路沥青路面施工技术规范》JTG F 40—2004 中表 4.9.4 的质量要求。）

沥青混合料细集料技术要求　　　　　　　　　表 20-10

试验项目	单位	高速公路	试验方法
表观相对密度不小于	—	2.50	T0328
坚固性（> 0.3mm 部分）不大于	%	12	T0340
含泥量（小于 0.075mm 的含量）不大于	%	3	T0333
砂当量不小于	%	60	T0334
亚甲蓝值不大于	g/kg	1.4	T0346
棱角性（流动时间）不小于	s	30	T0345

3）填料

填料必须采用石灰岩矿粉，矿粉采用昭通立通劳务有限公司生产的矿粉。矿粉要求干燥、洁净，能从矿粉仓自由流出，施工过程中禁止使用回收粉尘替代矿粉。其技术指标应符合表 20-11 的规定。

沥青混合料细集料技术要求　　　　　　　　　表 20-11

试验项目	单位	技术要求	试验方法
表观密度不小于	t/m³	2.50	T0352
含水量不大于	%	1	T0103 烘干法
粒度范围 < 0.6mm < 0.15mm < 0.075mm	% % %	100 90～100 75～100	T0351
外观	—	无团粒结块	—

试验项目	单位	技术要求	试验方法
亲水系数	—	< 1	T0353
塑性系数	—	< 4	T0118
加热安定性	—	无明显变色	T0355

4）沥青

沥青采用 70 号 A 级道路石油沥青。要求质地均匀，运到现场的沥青都应附有制造厂的证明和出厂试验报告，试验员应对到场的每车沥青进行取样检测，合格后才可存放入罐。70 号 A 级道路石油沥青技术要求见表 20-12。

70 号 A 级道路石油沥青技术要求   表 20-12

检验项目	单位	技术要求	试验方法
针入度（25℃，100g，5s）	0.1mm	60～80	T0604
针入度指数 PI	—	−1.5～+1.0	T0606
软化点（R&B）不小于	℃	45	T0606
60℃动力黏度不小于	Pa·s	160	T0620
10℃延度不小于	cm	20	T0605
15℃延度不小于	cm	100	
蜡含量（蒸馏法）不大于	%	2.2	T0615
闪点不小于	℃	260	T0611
溶解度（三氯乙烯）不小于	%	99.5	T0607
密度(15℃) 不小于	g/cm³	实测记录	T0603
TFOT（或 RTFOT）后			
质量变化不大于	%	±0.8	T0609
残留针入度比不小于	%	61	T0604
残留延度（10℃）不小于	cm	6	T0605

3. 机械设备准备

机械设备配置表见表 20-13。

机械设备配置表   表 20-13

序号	设备名称	规格型号	单位	数量	性能
1	沥青拌合站	AMP5000	台	1	良好
2	装载机	CLG855N	台	5	良好
3	摊铺机	福格勒 SUPER2100-3	台	2	良好
4	洒水车	12T	台	2	良好

序号	设备名称	规格型号	单位	数量	性能
5	胶轮压路机	三一 SPR300C-8	台	2	良好
6	双钢轮压路机	戴纳派克 CC6200PLUS	台	3	良好
7	双钢轮压路机	悍马 HD0128V	台	1	良好
8	小型压路机		台	1	良好
9	自卸运输车		辆	15	良好

4.试验检测仪器

试验检测仪器配置表见表20-14。

试验检测仪器配置表　　　　　　　　　　表20-14

序号	仪器设备名称	型号规格	数量	备注
1	马歇尔稳定度测定仪	LWD-101-2A	1	已标定
2	调温调速沥青延伸度仪	LYY-7C	1	已标定
3	高低温恒温水浴	HW-30	1	已标定
4	全自动沥青软化点仪	SYD-2806G	1	已标定
5	电子控温远红外干燥箱	HB-101-2A	1	已标定
6	自动混合料拌合机	LBH-10	1	已标定
7	智能数显沥青针入度仪	SZR-8	1	已标定
8	马歇尔标准击实仪	JSB15-1	1	已标定
9	全自动沥青抽取仪	GSY-V	1	已标定
10	车辙成型机	HYCX-1	1	已标定
11	混合料最大相密度仪	HLM-2	1	已标定
12	燃烧法含量测定仪	HYRS-6A	1	已标定
13	沥青粗集料压碎试验仪	LD-Ⅱ	1	已标定
14	沥青旋转薄膜烘箱	HW-3601	1	已标定
15	沥青标准黏度计	SYD-0621	1	已标定
16	电子秤、托盘、容量瓶、直尺等	—	若干	已标定

20.3.2　施工工艺及方案

沥青下面层混合料采用集中厂拌法生产，摊铺一次成形，拟采用两台福格勒SUPER2100-3摊铺机摊铺、40辆50t自卸车运输、三台戴纳派克CC6200PLUS双钢轮压路机、一台悍马HD0128V双钢轮压路机、两台三一SPR300C-8胶轮压路机组合碾压成形工艺。

施工工艺流程为：整理下承层→喷洒透层油→洒布同步碎石封层→测量放样→混合料拌和→混合料运输→混合料摊铺→碾压→检验（合格）→成形验收，施工工艺图见图20-2。

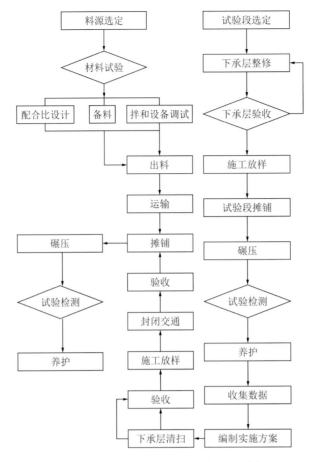

图 20-2　沥青下面层混凝土施工流程图

20.3.3　混合料拌和

（1）标段路面采用 1 台 AMP5000 型沥青拌合站，其生产能力为 320t/h。

（2）各种原材料要符合要求并得到监理工程师的批复。

（3）按照试验室外委确定的目标配合比进行生产配合比设计，按照生产配合比通过试验段试铺进行生产配合比验证，验证后的配合比再用于施工生产。

（4）拌和前将粗细集料充分烘干，各种规格的集料、矿粉和沥青都必须按生产配合比的要求进行配料，拌和时间由试拌确定，必须使所有集料颗粒全部裹覆沥青结合料，并以沥青混合料拌和均匀为度。拌和时间不宜少于 45s，其中干拌时间不少于 5~10s。

（5）拌和时严格控制集料中超大粒径的含量，严格控制沥青、集料的加热温度。集料加热温度应比沥青加热温度高 10~30℃，热混合料成品在贮料仓储存后，其温度下降不得超过 10℃。沥青混合料的施工温度见表 20-15。

沥青混合料的施工温度　　　　　　　　　　　　　　　表 20-15

沥青品种	AC-25（C）沥青下面层混合料	测量部位
沥青加热温度	155~165℃	沥青加热罐
混合料出厂温度	140~165℃，超过 180℃废弃	运料车
混合料贮出料仓贮存温度	贮料过程中降温不超过 10℃	

沥青品种	AC-25（C）沥青下面层混合料	测量部位
摊铺温度	不低于135℃	摊铺机
初压温度	不低于130℃	摊铺层内部
碾压终了温度	不低于80℃	碾压层内部
开放交通温度	不高于50℃	—

（6）拌合楼控制室要逐盘打印沥青及各种矿料的用量和拌和温度，并定期对拌合楼的计量和测温进行校核。

（7）沥青拌合楼安排专人对沥青混合料温度测量，并将所测量的沥青混合料温度记录在案。如发现温度异常时及时报告沥青拌合楼控制室进行调整。同时要注意目测检查混合料的均匀性，及时分析异常现象。观察混合料有无花白、冒青烟和离析等现象。如若确认是质量问题，应作废料处理并及时调整。

（8）拌合站每天做一组混合料试样马歇尔试验，同时试验检验油石比、矿料级配。天然矿料级配和油石比计算得出理论密度。

（9）每天结束后，用拌合楼打印的各料数量，进行总量控制，以各仓用量及各仓筛分结果，在线抽查矿料级配。计算平均施工级配和油石比，与设计结果进行校核。以每天产量计算平均厚度，与路面设计厚度进行校核。

（10）每周分析一次检测结果，计算油石比、各级矿料通过量和沥青混合料物理力学指标检测结果的标准差和变异系数，检验生产是否正常。

20.3.4 混合料运输

（1）采用数字显示插入式热电偶温度计检测沥青碎石混合料的出厂温度和运到现场温度。插入深度要大于150mm。在运料卡车侧面中部设专用检测孔，孔口距车厢底面约300mm。

（2）拌合机向运料车放料时，运料车应前后移动，分"前、后、中"三次装料，以减少粗集料的离析现象。拌合站设置专职安全员进行指挥运输车辆及拌合站内施工机械设备的运行，避免施工机械过多拥挤而导致拌合站出现断料现象。

（3）运输车辆必须保养完好，自卸千斤顶工作正常。车厢要打扫干净，并在车厢底板和侧板涂层油水混合液（洗洁剂∶植物油∶水＝1∶4∶5），但不得有余液积聚在车厢底部。每辆车必须配备一把铁锹和铲刀，每次装料后，不能使沥青混合料超出车厢板，对于装料时粘在车厢板顶上的沥青混合料及时用铁锹清理，以防冷却后卸料时落入摊铺机被铺入路面，影响工程质量。每次卸完料以后，料车驾驶员在现场应趁热将后挡门上的细沥青混合料用小铲刀铲除干净，避免冷却变硬后造成后挡门难以完全闭合，使沥青混合料滴漏在路上，污染路面。

（4）运料车应有篷布覆盖设施，卸料过程中继续覆盖直至到卸料结束取走篷布，能够保温或避免污染环境。运料车的篷布四角必须系紧，严禁只系车辆前两头现象，防止车辆在行驶过程中篷布未系紧而飘动的现象出现。

（5）连续摊铺过程中，派设专人指挥运料车在摊铺机前 10～30cm 处停住，不得撞击摊铺机。卸料过程中运料车应挂空挡，靠摊铺机推动前进。

（6）为保证摊铺连续性，综合考虑各方面因素，计划投入载重 50t 自卸汽车 40 辆以上。

（7）沥青混合料运输车的运量要比摊铺量有所富余，开始摊铺时在施工现场等候卸料的运料车不少于 5 辆，运输量要与生产量及摊铺机相匹配。

（8）拌和与摊铺相适应，当天或当班不能完成压实的混合料不得运往现场。

（9）混合料运到现场后，要及时检验其温度和质量，由专门的测温人员对混合料进行到场温度的检测记录。已经离析的混合料、结成不能压碎的硬壳团块混合料或在运料车卸料时留于车上的混合料、低于规定温度的混合料以及被雨淋湿的混合料都要废弃不得使用。

（10）运输车禁止在已完成铺筑的下面层上急刹车、急转弯，车辆掉头尽量在桥面隧道等进行，然后缓慢倒至摊铺机前，避免破坏下承层。

20.3.5　混合料摊铺

（1）AC-25C 沥青下面层的摊铺采用两台福格勒 SUPER2100-3 摊铺机成梯队摊铺，采用非接触式平衡梁控制厚度、平整度，两幅之间应有 5～10cm 搭接宽度，接缝位置必须避开车道轮际带，并于下层的纵向接缝错开 20cm 以上，表层接缝宜设在半幅路面的中线处。

（2）摊铺机就位后，将熨平板进行预热 0.5～1h，温度不低于 120℃，松铺系数暂定 1.25，松铺厚度 10cm。准备三块木板和 5mm 厚钢板 6 块，宽为 20cm，木板厚度为 10cm，通过垫木板和薄钢板调整熨平板高度，木板厚度与松铺厚度相等，使摊铺机熨平板坐在标准木板上，并调整料位器，使厚薄指示灯熄灭，然后上料摊铺。

（3）摊铺机熨平板必须拼接紧密，不能有缝隙，防止卡入粒料将铺面拉出条痕。摊铺时调整好摊铺机熨平板的激振强度，使各块熨平板的激振力一致。为避免激振强度不均使摊铺层粗、细料在表面和摊铺层下部分布不均，摊铺的初始压实度 ≥ 85%。

（4）摊铺机调整到最佳工作状态，调好螺旋布料器两端的自动料位器，并使料门开度、链板送料器的速度和螺旋布料器的转速相匹配，螺旋布料器内混合料表面以略高于螺旋布料器 2/3 为度，使熨平板的挡板前混合料的高度在全宽范围内保持一致，避免摊铺层出现离析现象。

（5）将摊铺机的电子感应器接通电源，开始铺筑。摊铺速度应根据拌合机的产量、施工机械配套情况及摊铺厚度、摊铺宽度、摊铺机行走速度，基质沥青按 2～6m/min 范围内予以调整选择。选择做到缓慢、均匀、不间断地摊铺。严禁任意以快速摊铺几分钟，然后再停下来等下一车料。摊铺时用餐应分批轮换交替进行，切忌停铺用餐，争取做到每天收工停机一次。在摊铺面层时必须采取措施防止层面之间污染。

（6）摊铺过程中，设专人检查铺筑宽度、厚度、平整度路拱及温度，对不合格之处及时进行调整。

（7）沥青混合料未压实前，施工人员不得进入踩踏，一般不用人工不断地整修。只有在特殊情况下，如局部离析，需在现场技术人员指导下，允许用人工找补或更换混合料，缺陷较严重时予以铲除，并调整摊铺机或改进摊铺工艺。

（8）摊铺遇雨时，立即停止施工，并清除未成形的混合料，遭受雨淋的混合料应废弃，不卸入摊铺机摊铺。摊铺沥青混合料时，气温宜在 20℃以上，当气温低于 10℃时，不得摊铺热拌沥青混合料。

（9）在 AC-25C 沥青下面层施工过程中，摊铺机不能出现停机待料现象，沥青拌合楼也不能出现因为没车装料而停机现象。必须保持摊铺机工作的连续性和平稳性。

（10）摊铺机在开工前做好加油工作，不要在摊铺施工过程中停机加油。由于摊铺机受料频率过高影响平整度，运料车每次必须装满沥青混合料，选用 50t 以上四桥自卸车，减少摊铺机受料和翼板合超的次数，减小粗、细料离析和混合料重力式的离析现象。

（11）摊铺过程中不得随意变换速度，避免中途停顿。每车料卸完后摊铺机要收斗一次，但应注意摊铺机集料斗应在刮板尚未露出，尚有约 10cm 厚的热料时，下一辆运料车即开始卸料，以减少离析及摊铺机集料斗边缘沥青混凝土温度下降。

（12）对外形不规则、路面厚度不同、空间受限制以及人工构造物接头等摊铺机无法工作的地方，经监理工程师批准可以采用人工铺筑混合料。

（13）除个别情况外，凡是经摊铺机摊铺的沥青混凝土严禁人工找补或搂平，各类人员（除检测人员）不得在未经碾压的路面上行走。

20.3.6　混合料碾压

（1）混合料完成摊铺后，要立即检查宽度、厚度、平整度、路拱及温度，对不合格处要及时进行调整。

（2）沥青混合料的碾压按初压、复压、终压三个阶段进行，遵循"紧跟、慢压、高频、低幅"原则。为保证压实度和平整度，初压应在混合料不产生推移、开裂等情况下尽量在摊铺后较高温度下进行。初压严禁用轮胎压路机施工，以保证面层横向平整度。钢轮碾压速度初压时 2～3km/h，复压和终压时钢轮振动压路机宜为 3～4.5km/h、轮胎压路机宜为 3～5km/h，终压时轮胎压路机宜为 4～6km/h、钢轮压路机宜为 3～6km/h。

（3）摊铺段选用两种方案，各段碾压完成后进行压实度、平整度等指标检测，确定两种方案的可行性，碾压方案如下：

方案一：初压采用 1 台 BOMAG 双轮振动压路机以 2～3km/h 的碾压速度，紧跟摊铺机由低边向高边均匀错 1/3 轮去静回振一遍；相邻碾压至少重叠 1/3 轮宽，初压后检查平整度和路拱，必要时予以调整。初压时压路机喷淋系统必须间隙喷水，喷水量调至最小并以不粘混合料为宜，以减小初压时混合料表面温度损失。复压采用 2 台三一胶轮压路机以 3～5km/h 的碾压速度错 1/3 轮各碾压一遍，再用 2 台双轮压路机以 3～4.5km/h 的碾压速度错 1/3 轮宽振压 2 遍。终压采用 1 台 BOMAG 钢轮压路机以 3～6km/h 的碾压速度错 1/3 轮静压 2 遍，至无轮迹为止。

方案二：初压采用 1 台 BOMAG 双钢压路机以 2～3km/h 的碾压速度，紧跟摊铺机由低边向高边均匀错 1/3 轮去静回振 1 遍；相邻碾压至少重叠 1/3 轮宽，初压后检查平整度和路拱，必要时予以调整。初压时压路机喷淋系统必须间隙喷水，喷水量调至最小并以不粘混合料为宜，以减小初压时混合料表面温度损失，复压采用 2 台双钢振动压路机以 2～3km/h 的碾压速度错 1/3 轮各碾压 1 遍，再用两台胶轮压路机以 3～4.5km/h 的碾压速度错 1/3 轮碾压 2 遍；终压采用 1 台双钢轮压路机以 3～6km/h 的碾压速度错 1/3 轮静压 2 遍，至无轮迹为止。

碾压方案对比见表 20-16。

碾压方案对比　　　　　　　　　　表 20-16

序号	方案一	方案二	备注
初压	一台双钢轮压路机去静回振 1 遍	一台双钢轮压路机去静回振 1 遍	
复压	2 台胶轮压路机碾压 2 遍、2 台双钢轮压路机各振压 1 遍	2 台双钢轮压路机各振压 2 遍、2 台胶轮压路机碾压 2 遍	
终压	1 台双钢轮压路机静压 2 遍	1 台双钢轮压路机静压 2 遍	

（4）碾压时，压路机严禁中途停顿、转向或制动，起动要缓慢，停止时要滑行。当压路机来回交替碾压时，前后两次停留点相距 10m 以上，并驶出压实起始线 3m 以外。

（5）压实时，对接缝处的混合料应骑缝碾压达到无明显缝迹为止。在沿着结构物或压路机压不到的地方，采用振动夯板充分压实。

（6）碾压过程中，如出现局部"泛油"的时候，应立即清除此部分，换填新的混合料。胶轮压路机在刚开始作业时（不洒水）经常会出现粘轮现象，应及时将粘在轮胎上的"油饼"清除，以防止其掉在路面，压路机碾压后形成"油斑"。

（7）碾压过程中注意事项：

①注意碾压程序，不得将集料颗粒压碎，在不产生严重推移和裂缝的前提下，初压、复压、终压都应在尽可能高的温度下进行，同时不得在低温状况下反复碾压，使石料棱角磨损、压碎，破坏集料嵌挤。

②碾压路线及碾压方向不应突然改变而导致混合料推移，碾压区的长度大体稳定，两端的折返位置随摊铺机前进而推进，横向不得在相同的断面上。压路机起动、停止必须减速缓行，不准刹车制动。

③碾压时应将压路机的驱动轮面向摊铺机，从外侧向中心碾压，在超高段则由低向高碾压，在坡道上应将驱动轮从低处向高处碾压。初压后应检查平整度、路拱，有严重缺陷时进行修整乃至返工。

④复压紧跟在初压后开始，且不得随意停顿，压路机碾压段的总长度应尽量缩短，通常不超过 60～80m。当采用不同型号的压路机组合碾压时宜安排每一台压路机做全幅碾压，防止不同部位的压实度不均匀。复压宜优先采用重型的轮胎压路机进行搓揉碾压，以增加密水性，其总质量不宜小于 30t，吨位不足时附加重物。冷态时轮胎充气压力不小于 0.55MPa，轮胎发热后不小于 0.6MPa，且各个轮胎的气压大体相同，相邻碾压带应重叠 1/3～1/2 的碾压轮宽度，碾压至要求的压实度为止。对于边、角等大型压路机难以压实的部位应采用小型振动压路机做补充碾压。

⑤碾压轮在碾压过程中应保持清洁，有混合料粘轮应立即清除。对钢轮可涂刷隔离剂或防胶粘剂（洗洁剂∶植物油∶水 = 1∶4∶5），但严禁刷柴油。采用喷水方式时必须严格控制喷水量且呈雾状，不得漫流，以防混合料降温过快。轮胎压路机开始碾压阶段可适当烘烤、由专人涂刷少量隔离剂或防胶粘剂，也可少量喷水，并先到高温区碾压使轮胎尽快升温，之后停止洒水。轮胎压路机外围加设围裙保温。

⑥在当天碾压尚未冷却的沥青层面上，不能停放压路机和其他车辆，并防止矿料、油料和杂物散落在上面。

⑦对初压、复压、终压段落设置明显标志，便于压路机操作手辨认，对松铺厚度、碾压顺序、压路机组合、碾压遍数、碾压速度及碾压温度设专人管理和检查，使沥青下面层做到既不漏压也不超压。碾压至段落分界处时应延长碾压长度，确保接头处充分压实。

⑧设置专人量测初压温度、复压温度、碾压终了温度并指挥压路机碾压。

20.3.7　接缝的处理

沥青路面的施工必须接缝紧密、连接平顺，不得产生明显的接缝离析。接缝施工用 3m 直尺检查，确保平整度符合要求。

施工结束时，当碾压完毕后用 3m 直尺检查平整度，端部切成垂直面，并将路面及接缝面清洗干净，干燥后涂刷粘层沥青。对于施工结束时留下的横向接缝全部采用平接缝（平接缝应做到紧密粘结，充分压实，连接平顺）。

相邻两幅及上、下层的横向接缝均应错位 1m 以上，横向接缝的碾压先用钢筒式压路机进行横向碾压，碾压时压路机应位于已压实的混合料层上，伸入新铺层的宽度为 10～15cm，然后每压一遍逐渐向新铺混合料移动 20cm 左右，直至全部在新铺层上为止，再改为纵向碾压。

当半幅施工或因特殊原因而产生纵向冷接缝时，宜加设挡板或加设切刀切齐，也可以在混合料尚未完全冷却前用镐刨除边缘留下毛茬的方式，但不宜在冷却后采用切割机作纵向接缝。加铺另外半幅前应涂洒少量沥青，重叠在已铺层上 5～10cm，再铲走铺在前半幅上面的混合料，碾压时由边向中碾压留下 10～15cm，再跨缝挤紧压实。或者先在已压实的路面上行走碾压新铺层 15cm 左右，然后压实新铺部分。

20.3.8　平整度控制

（1）施工面层时注意清除表面污染，保证表面清洁；做好桥头搭板前后、面层施工接缝和桥梁接缝等位置衔接。

（2）严格控制面层集料最大粒径的含量和级配的准确性，以减少压实系数的波动，从而保证路面平整度。

（3）注意机械设备的调试和日常检修，采用具有自动调整摊铺厚度的装置（非接触式平衡梁）的摊铺机进行沥青面层的施工；注意减少压路机初压产生的推挤现象，保证平整度。

（4）合理确定拌和、运输、摊铺能力，以保证均匀连续不断地摊铺。

20.3.9　下面层施工过程控制标准

下面层施工过程控制标准见表 20-17。

下面层施工过程控制标准　　　　　　　　表 20-17

序号	试验项目	检测频率	技术要求	试验方法
1	混合料外观	随时	观察集料粗细、均匀性、离析、油石比、色泽、冒烟、有无花白料、油团等各种现象	目测

序号	试验项目		检测频率	技术要求	试验方法
2	拌和温度	沥青、集料加热温度	逐盘检测评定	符合施工技术规范规定	传感器自动检测、显示并打印
3		混合料出厂温度	逐车检测评定	符合施工技术规范规定	传感器自动检测、显示并打印，出厂时逐车按 T0981 人工检测
4			每盘检测记录，每天取平均值评定		传感器自动检测、显示并打印
5	矿料级配	0.075mm	逐盘在线检测	±2%	计算机采集数据计算
6		≤2.36mm		±5%	
7		≥4.75mm		±6%	
8		0.075mm	逐盘检测，每天汇总 1 次取平均值评定	±1%	按施工技术规范附录 G 总量检验
9		≤2.36mm		±2%	
10		≥4.75mm		±2%	
11		0.075mm	每台拌合机每天 1～2 次，以 2 个试样的平均值评定	±2%	T0725 抽提筛分与标准级配比较的差
12		≤2.36mm		±5%	
13		≥4.75mm		±6%	
14	沥青用量（油石比）		逐盘在线检测	±0.3%	计算机采集数据计算
15			逐盘检测，每天汇总 1 次取平均值评定	±0.1%	按施工技术规范附录 F 总量检验
16			每台拌合机每天 1～2 次，以 2 个试样的平均值评定	±0.3%	抽提 T0722、T0721
17	马歇尔试验:空隙率、稳定度、流值		每台拌合机每天 1～2 次，以 4～6 个试件的平均值评定	符合施工技术规范规定	T0702、T0709
18	浸水马歇尔试验		必要时（试件数同马歇尔试验）	符合施工技术规范规定	
19	车辙试验		必要时（以 3 个试件的平均值评定）	符合施工技术规范规定	T0719
20	铺筑外观		随时	表面平整密实，不得有明显轮迹、裂缝、推挤、油汀、油包等缺陷，且无明显离析	目测
21	施工温度	摊铺温度	逐车检测评定	符合施工技术规范规定	T0981
22		碾压温度	随时	符合施工技术规范规定	插入式温度计实测
23	厚度	50mm 以下	随时	设计值的 5%	施工时插入量测法量测松铺厚度及压实厚度
24		50mm 以上	随时	设计值的 8%	
25		一个台班区段的平均值厚度	50mm 以下	每 2000m² 一点，单点评定	−3mm	总量检验
26			50mm 以上		−5mm	
27	压实度		钻芯法每 2000m² 检查一组并逐个试件评定计算平均值	试验室标准密度 97%；最大理论密度 93%；试验段密度 99%	T0924 或 T0922
28	弯沉（0.01mm）		分车道 1 测点/20m	符合设计要求	T0951 或 T0953
29	平整度	中面层σ（mm）	分车道全部检测	≤1.5	T0934
30		下面层σ（mm）	分车道全部检测	≤1.8	
31	渗水系数（mL/min）		每 200m 检测一个断面，每个断面分行车道、超车道、硬路肩位置检测，每一台班区段评定并计算平均值	≤200	T0971

20.3.10 气候及开放交通

（1）沥青混合料摊铺避免在雨期进行。当路面带水或潮湿时，应暂停施工。

（2）当地气温低于 10℃时，不得进行沥青面层施工。

（3）未经压实遭雨淋的沥青混合料应全部清除，更换新料。

（4）碾压结束后现场采用小彩旗、反光锥、警示牌等禁行标志封闭施工段落。待表面温度自然降至 50℃以下后，方可允许开放交通。

20.3.11 质量检验

对已完工的沥青混凝土面层按照表 20-18 的要求进行检测。

沥青混凝土面层检测要求　　　　　　　　　　　　　　表 20-18

项次	检查项目		规定值或允许偏差	检查方法和频率
1	压实度（%）		试验室标准密度的 96%（*98%）； 最大理论密度的 92%（*94%）； 试验段密度的 98%（*99%）	按《公路工程质量检验评定标准 第一册 土建工程》JTG F80/1—2017 附录 B 检查，每 200m 测 1 处，每处 5 点
2	弯沉值（0.01mm）		符合设计要求	按《公路工程质量检验评定标准 第一册 土建工程》JTG F80/1—2017 附录 I 检查
3	渗水系数		SMA 路面 120ml/min；其他沥青路面 200ml/min	渗水试验仪：每 200m 测 1 处
4	厚度（mm）	代表值	总厚度：−5% 下面层：−10%	按《公路工程质量检验评定标准 第一册 土建工程》JTG F80/1—2017 附录 H 检查，双车道每 200m 测 1 处
		合格值	总厚度：−10% 下面层：−20%	
5	中线平面偏位（mm）		20	经纬仪：每 200m 测 2 点
6	纵断高程（mm）		±15	水准仪：每 200m 测 2 个断面
7	宽度（mm）	有侧石	±20	尺量：每 200m 测 4 个断面
		无侧石	不小于设计	
8	横坡（%）		±0.3	水准仪：每 200m 测 2 处
9	矿料级配		满足生产配合比要求	T0725，每台班 1 次
10	沥青含量		满足生产配合比要求	T0722、T0721、T0735，每台班 1 次
11	马歇尔稳定度		满足生产配合比要求	T0709，每台班 1 次

注：带*号的是指 SMA 路面，其他为普通沥青混凝土路面。

20.4 沥青混凝土中面层施工技术

20.4.1 施工准备

1. 配合比设计

沥青混合料中面层配合比：最佳油石比为 4.4%，温拌剂掺量为混合料的 5%，毛体积相对密度 2.512g/cm³。

（1）生产配合比：（17~23mm）:（11~17mm）:（7~11mm）:（4~7mm）:（0~7mm）:
（矿粉）= 14%:33%:10%:15%:24%:4%。

（2）目标配合比：（10~20mm）:（10~15mm）:（5~10mm）:（3~5mm）:（0~3mm）:
（矿粉）= 32%:7%:28%:2%:30%:1%。

2. 材料准备

粗集料、细集料和填料见本书第 20.3.1 条 2. 材料准备中的相应内容。

SBS 改性沥青为中铁十九局集团第三工程有限公司大关至永善高速公路 LM1 标项目经理部
沥青拌合站自制。中面层采用改性沥青，改性沥青为 SBS（I-D）型。沥青采用现场改性沥青，改
性沥青罐中必须加设搅拌设备并进行搅拌，使用前改性沥青必须搅拌均匀。改性沥青的质量控制
按表 20-19 的指标控制。

SBS（I-D）改性石油沥青技术要求 表 20-19

指标	单位	技术要求	备注
针入度（25°C，100g，5s）	0.1mm	40~60	
针入度指数PI，不小于		≥0	
软化点（R&B），不小于	°C	≥60	
60°C动力黏度，不小于	Pa·s	≥800	
延度 5°C，5cm/min，不小于	cm	≥15	
运动黏度 135°C，不大于	Pa·s	≤3	
闪点，不小于	°C	≥230	
溶解度（三氯乙烯），不小于	%	≥99	
弹性恢复 25°C，不小于	%	≥75	
离析、48h 软化点差（25°C），不小于	°C	≤2.5	
质量变化，不大于	%	≤±1.0	
针入度比（25°C），不小于	%	≥65	
延度（5°C），不小于	cm	≥15	

机械设备准备和试验检测仪器见本书第 20.3.1 条 3、4 内容。

20.4.2　施工工艺及方案

沥青中面层混合料采用集中厂拌法生产，摊铺一次成形，拟采用两台福格勒 SUPER2100-3 摊
铺机摊铺、15 辆 50t 自卸车运输、3 台戴纳派克 CC6200PLUS 双钢轮压路机、1 台悍马 HD0128V
双钢轮压路机、两台三一 SPR300C-8 胶轮压路机组合碾压成形工艺。

施工工艺流程及流程图见本书第20.3.2条。

20.4.3　施工准备

（1）中面层采用 AC-20C 路面结构形式，厚度为 6cm，施工前按照要求对 AC-20C 沥青混凝土中面层进行目标配合比及生产配合比设计，并按要求对其进行不少于 300m 长度的试验路段试铺工作，最后形成总结报告，上报总监办批复后进行大面积施工。

（2）检查和整理封层，摊铺前须对封层进行清扫，不应有浮动的石屑及灰尘，如灰尘过多，要提前冲洗。

（3）中面层摊铺中，过桥摊铺时摊铺机走无接触平衡梁。

20.4.4　混合料拌和

混合料拌和步骤及要求见本书第20.3.3条。

沥青混合料的施工温度见表20-20。

沥青混合料的施工温度　　　　　　　　　表 20-20

沥青品种	AC-20C 沥青中面层混合料	测量部位
沥青加热温度	160～165℃	—
混合料出厂温度	170～185℃，超过195℃废弃	运料车
混合料贮出料仓贮存温度	贮料过程中降温不超过 10℃	
摊铺温度	不低于 160℃	摊铺机
初压温度	不低于 150℃	摊铺层内部
碾压终了温度	不低于 90℃	碾压层内部
开放交通温度	不高于 50℃	—

另外，AC-20C 沥青混合料应先将车辙剂加入后与集料进行干拌，集料仓温度控制在 180～195℃之间，干拌时间比常规干拌时间延长 8～10s。干拌完成后喷入热沥青进行湿拌，拌和温度不低于 170℃，但不得超过 190℃，沥青混合料出厂温度为 170～185℃。

20.4.5　混合料运输

为保证摊铺连续性，综合考虑各方面因素，计划投入载重50t自卸汽车15辆以上。

其余步骤及要求见本书第20.3.4条。

20.4.6　混合料摊铺

混合料摊铺步骤及要求见本书第20.3.5条。

另外，摊铺长度以 500m 以上为开机条件，并尽可能长，以减少接槎、保证平整度。

混合料碾压、接缝处理、平整度控制、中面层施工过程控制等步骤及要求见本书第 20.3.6～20.3.11 条。

20.5 环氧沥青混凝土上面层施工技术

20.5.1 施工准备

后掺法环氧沥青混合料施工准备内容主要包括人、原材料及施工机械设备及配套装置。本节重点介绍人员组织和调度及施工机械设备及配套装置的准备。

1. 人员组织和调度

人是工程质量控制的重要影响因素，也是能系统关联工程项目"质量、进度、投资"三大目标的关键。质量管理行为是在一定的管理模式、组织机构及法规制度下进行的，实现人员的合理组织调度对工程项目质量管控具有重要意义。我国环氧沥青混合料施工专业化还有待提高，除少部分技术人员以外，实际施工操作人员大部分缺乏环氧沥青材料学知识，甚至意识不到其容留风险的存在及生产施工的苛刻条件等问题，造成难以挽回的质量损失。后掺法环氧沥青混合料在施工准备过程中需格外注意人员的组织和调度。人员的组织调度对象包括管理人员和生产人员。

1）领导决策

环氧沥青混合料施工是一个连续、紧密的过程，领导决策（Leadership Decision）应采用科学的决策方法和技术，从若干个有价值的方案中选择其中一个最佳方案，并在实施中加以完善和修正，以实现领导目标的活动过程。后掺法环氧沥青混合料施工过程中，项目经理作为施工单位法定代表人的施工现场代表，其领导决策意见将被技术管理人员、生产工人设为工作导向，故决策偏差将会导致现场秩序混乱或出现较大的混合料质量问题。

决策过程实际上是对诸多处理方案的提出和选择，环氧沥青混合料的施工生产受环境因素影响较大，决策时需基于项目实施的客观情况进行方案的策划和选择，并积极编制决策应急预案，避免紧急情况发生时出现混乱，确保按照合理的决策方案实施，并积极反馈，采取适当的紧急预案措施弥补损失。

2）工作小组成立

在环氧沥青路面施工质量控制过程中，要积极开展质量管理（Quality Control）小组研讨，牢固工程质量控制的群众基础，避免在施工过程中出现"消防式"的单靠经理和少数技术人员开展的质量管理模式。

首先，结合环氧沥青材料特点及工程项目实施的环境条件，确定环氧沥青的施工工艺和方法。大永高速公路桥隧比高、连续下坡、隧道占比高的特点，决定了不能采用气味大、刺激性强的高温热拌，常用温拌环氧沥青容留时间短，受温度影响大，也无法实施或成本代价高昂，因而综合采用后掺法温拌环氧沥青进行施工。成立的生产工作小组应由施工项目专家、全体管理人员、技术负责人及工人代表组成。并在施工前、施工中及施工后密切配合，保持信息畅通，确保施工工作顺利开展。施工前，工作小组需要积极开展工作部署会议，以项目目标为基础展开研讨，针对各部门所需提出决策建议，进行有效的环氧沥青混合料施工管控。需要在会议中强调，环氧沥青混合料具有优良的路用性能，但是作为一种热固性材料，不同于传统的沥青路面，施工条件苛刻，容留风险大，生产工作小组需要时刻保持警惕，设立备选施工方案防范施工风险。在项目准备阶段做好安排统筹，尽量减少或转移环氧沥青混凝土的施工容留风险。施工中，各部门要保持信息畅通，对各自工作岗位出现的问题及时作出反馈。后掺法环氧沥青混合料施工涉及多方合作，包括拌合站、混合料运输环节车队以及环氧树脂添加、摊铺碾压环节等小组。施工全员需紧密配合，保证各环节施工的连续性，确保施工按计划进行。施工后，工作小组应积极召集会议对已完结的工程项目进行经验总结和分享，为后续施工积累经验数据。后掺法环氧沥青混合料施工虽已取得突破性进展，但仍有继续研究突破的空间，各个后掺法环氧沥青混合料施工工程项目的经验积累都是其实现规模化推广应用的必要保障。

3）人员培训

区别于传统沥青路面施工的特点，后掺法环氧沥青路面施工涉及新材料、新工艺的推广应用，对在岗人员进行培训是保证施工质量的必要手段。

培训内容应包括环氧沥青混合料各成分的化学反应机理、施工质量控制的风险源及其控制和转移、后掺法环氧沥青混合料施工工艺及施工控制要点、施工技术规范等。其中，要重点关注工作交接节点的人员组织和培训工作，例如，B组分混合料拌和均匀性、环氧树脂添加量、拌和温度及出料温度等的控制，运输过程的保温、防水措施，以及摊铺、碾压过程中的注意事项，均有必要在施工前完成培训，保障环氧沥青路面的施工质量。

4）生产动员

近年来，高速公路建设逐渐向高原山区省份延展，待建高速所处地域地势崎岖，气候环境条件复杂，高原山区路面施工管控难度大，同时，沥青路面施工是一个连续的过程，日趋恶劣的施工条件对项目管理人员、技术人员及现场工人的身心抗压能力都提出了更大的挑战。要充分发挥参与人员的积极性，必须建立以法律为保障、以利益为导向、以技能培训为支撑的动员模式。

公路建设工程工作强度大、技术性强，施工前宜召开生产动员会，提高各方施工生产的积极性。环氧沥青混合料施工生产动员需要紧盯质量目标，坚定信心，凝聚团队力量。此外，在生产动员过程中，注意强调奖惩制度，提高参与人员的生产积极性。

2. 原材料的生产和检验

原材料是施工质量形成的重要因素，对原材料质量控制做好缺陷预防工作，对确保施工质量的稳定性具有重要意义。后掺法环氧沥青路面的质量缺陷预防工作要从原材料就开始实施。

贯彻质量第一的标准，各类材料都应在施工前以"批"为单位进行检查，不符合技术要求的材料不得进场。对于各种矿料，以同一料源、同一次购入并运至生产现场的相同规格材料为一"批"；对于环氧沥青，以同一来源、同一次购入且储入同一沥青罐的同一规格的环氧沥青为一"批"。材料试样的取样数量与频度应按现行试验规程的规定进行。工程开始前，应对材料的存放场地、防雨和排水措施进行确认，进场的各种材料的来源、品种、质量应与招标及提供的样品一致，不符合要求的材料严禁使用。

在环氧沥青路面的生产过程中，应按表20-21规定的检查项目与频度，对各种原材料进行抽样试验，其质量应符合相关规程规定的技术要求。未列入表中的材料质量检查项目和频度，按材料质量要求确定。

施工过程中材料质量检查的项目与频度 表 20-21

材料	检查项目	检查频度	试验规程规定的平行试验次数或一次试验的试样数
粗集料	外观（石料品种、含泥量等）	随时	—
	针片状颗粒含量	随时	2~3
	颗粒组成（筛分）	随时	2
	压碎值	必要时	2
	磨光值	必要时	4
	洛杉矶磨耗值	必要时	2
	含水量	必要时	2
细集料	颗粒组成（筛分）	随时	2
	砂当量	必要时	2
	含水量	必要时	2
	松方单位重	必要时	2
矿粉	外观	随时	—
	<0.075mm 含量	必要时	2
	含水量	必要时	2
石油沥青	针入度	每 2~3d 1 次	3
	软化点	每 2~3d 1 次	2
	延度	每 2~3d 1 次	3
	含蜡量	必要时	2~3
环氧沥青 B 组分	黏度	每天 1 次	2
	强度	必要时	2
	断裂延伸率	必要时	2
	容留时间	必要时	1

鉴于环氧沥青材料特性以及后掺法施工工艺的特点，施工前应确定混合料最佳拌和温度及容留时间，以保障施工质量。后掺法环氧沥青容留时间检测方法及注意事项可参考以下内容：

（1）将环氧沥青 A、B 组分加热至所需温度，按设计比例混和均匀后，用布氏黏度计进行跟踪测试，每批取材 2 组进行测试并记录黏度数据。若采用自动采集黏度数据的黏度计时，过程中应采用人工采集数据对自动采集的黏度数据进行核对校验，达到 3Pa·s 时停止记录。当两组环氧沥青黏度达 3Pa·s 的时间偏差超过 5min 时，则重新取材进行测试。

（2）根据环氧沥青为温拌型特征，选取 100℃、110℃、120℃、130℃四个温度进行布式黏度的测定，开始阶段每间隔 5min 记录一次黏度数据，当体系黏度增长较快时，逐渐缩短记录的时间间隔至每 1min 记录一次，当黏度达 3Pa·s 时结束测量，黏度达 3Pa.s 的时间确定为对应温度条件下环氧沥青材料的容许施工时间。

（3）材料品质及稳定性校验。

试验采用后掺法环氧沥青路面目标配合比设计确定的最佳油石比与级配。试验室模拟后掺法施工工艺，在特定温度下采用拌合锅将各种规格的集料、环氧沥青 B 组分、填料及外掺剂拌和 120s，制备环氧 B 组分混合料。在环氧 B 组分混合料中按量添加环氧沥青 A 组分，并在特定温度下二次拌和 120s，完成后掺法环氧沥青混合料成品制备。

按《公路工程沥青及沥青混合料试验规程》JTG E 20—2011 规定的击实法（T0701），在后掺法混合料制备完成后，每间隔 10min 成型一个马歇尔试件，并测量试件高度，混合料开始出现发干现象后每 5min 成型一个马歇尔试件，至混合料完全发干为止。制作的马歇尔试件置于温度为

120℃的烘箱中养生至混合料完全固化后，按照《公路沥青路面施工技术规范》JTG F 40—2004，进行后掺法环氧沥青混合料马歇尔稳定度与空隙率指标测试。

测定成型并完全固化的马歇尔试件稳定度及空隙率，满足以下任意条件时，即可终止试验并确定环氧沥青的容留时间：成型的后掺法环氧沥青混合料马歇尔试件空隙率较初始增大 1.5%，成型的环氧沥青混合料马歇尔试件强度衰减值大于等于 30%，环氧沥青混合料不满足技术标准的各项要求。

3. 试验段铺筑

在后掺法温拌环氧沥青路面大面积施工前，应铺筑试验段。即使同一施工单位在材料、机械设备及施工方法与其他工程完全相同，也应利用其他工程的结果，再铺筑新的试验路段检验和核验。按确定的生产配合比进行试拌、生产混合料铺筑试验段，试验段长度不宜小于 200m。

后掺法温拌环氧沥青路面的试验段铺筑，分试拌及试铺两个阶段，应包括下列试验内容：

（1）检验各种施工机械的类型、数量及组合方式是否匹配。

（2）通过试拌确定拌合机的操作工艺，通过试铺确定摊铺和压实工艺，确定松铺系数等。

（3）验证后掺法专用摊铺机喷洒树脂的效果及二次搅拌的均匀性。

（4）验证环氧沥青混合料生产配合比设计，提出生产用的标准配合比和最佳沥青用量。

（5）对环氧沥青 B 组分混合料加 A 组分进行试验室内拌锅、制件，检验 B 组分混合料性能与效果、容许施工时间等是否符合要求。

具体需在沥青拌合厂取环氧沥青 B 组分混合料，进行 B 组分含量的测定及筛分试验，并后掺 A 组分后制备马歇尔试件、车辙试件等，进行性能试验；在摊铺过程中在摊铺机螺旋布料器不同横断面位置取环氧沥青混合料并现场成型马歇尔试件，运送至试验室养生后固化完全后进行混合料性能试验。

在试验路段铺筑中，混合料性能指标应符合表 20-22 的要求，根据试验室成型马歇尔试验结果及现场成型马歇尔试验结果，验证 A 组分添加的均匀性及准确性，并根据 B 组分混合料燃烧、筛分试验结果验证生产配合比与目标配合比混合料性能的一致性，分析拌合厂对配合比控制情况的准确性。

后掺法温拌环氧沥青混合料的技术要求 表 20-22

检查项目		技术要求			试验方法
		EAC、ESAC	ESMA	EOGFC	
击实方法（双面）（次）		75		50	T0702
试件尺寸（mm）		$\phi 101.6 \times 63.5$			T0702
稳定度（kN）	未固化	≥5		≥3	T0709
	固化	≥40		≥15	T0709
流值（0.1mm）		20～50		20～50	T0709
空隙率（%）		≤4.5	≤4.0	18～25	T0705
		用于钢桥面时，≤3.0			
沥青饱和度		≥55	≥75	—	T0705

检查项目	技术要求			试验方法
	EAC、ESAC	ESMA	EOGFC	
粗集料骨架间隙率 VCA_{mix}	—	$\leqslant VCA_{dry}$	—	T0705
析漏（%）	—	$\leqslant 0.3$	$\leqslant 0.3$	T0732
肯塔堡飞散试验（%）	—	$\leqslant 15$	$\leqslant 20$	T0733
60℃动稳定度（次/mm）	$\geqslant 12000$		$\geqslant 6000$	T0719
总变形量（mm）	$\leqslant 3$		$\leqslant 5$	T0719
浸水马歇尔试验残留稳定度（%）	$\geqslant 90$		$\geqslant 80$	T0709
冻融劈裂试验的冻融劈裂强度比（%）	$\geqslant 90$		$\geqslant 80$	T0729
低温弯曲试验破坏应变（-10℃，50mm/min，$\mu\varepsilon$）	$\geqslant 2.5 \times 10^{-3}$		$\geqslant 2000$	T0715
	$\geqslant 3000 \times 10^{-3}$			
渗水系数（mL/min）	$\leqslant 80$		$\geqslant 5000$	T0730
	用于钢桥面时，不渗水			

4.施工机械设备及配套装置

后掺法施工工艺将 A 组分（环氧树脂）在摊铺现场雾状添加并二次拌和，需对摊铺机进行改造，并研发配套的设备，包括拌合楼环氧沥青 B 组分添加装置、树脂加热设备及输送设备等。

1）环氧沥青 B 组分添加罐

环氧沥青 B 组分添加罐放置在拌合楼，能实现 B 组分的储存，且具备控温加热、强制搅拌功能，同时满足液体材料实现内外循环的需求。设计简图如图 20-3 所示。

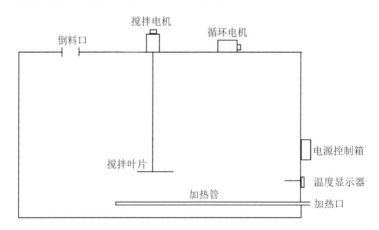

图 20-3　环氧沥青 B 组分添加罐设计简图

2）后掺法专用摊铺机

在传统沥青路面摊铺机的设计基础上，后掺法专用摊铺机主要从环氧树脂智能同步添加强力搅拌及分散两个方面进行了增设和改造。

（1）环氧树脂智能同步添加装置。

后掺法专用摊铺机中的环氧树脂智能同步添加装置（图 20-4），通过调整摊铺速度、刮板速度，同时将环氧树脂精确计量后以雾状喷洒。环氧树脂的添加及分散装置串联摊铺机主机刮板电机液压系统获取动力，装置采用模块化设计，安装、拆卸方便，结构简单，成本低廉。其中，树脂添加量的精确计算见式(20-1)。

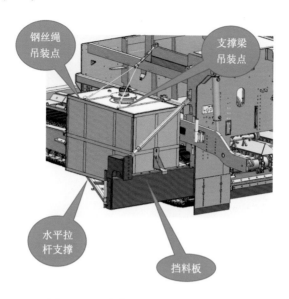

图 20-4　环氧树脂智能同步添加装置

$$Q = A \cdot S \cdot v \cdot r \cdot \rho_1 \cdot \frac{P}{\rho_2} \cdot 10^{-3} \tag{20-1}$$

式中：Q——表示每一挡位下刮板运行一转所需的树脂流量，单位 L/min；

A——刮板输料效率，%；

S——进料口截面面积，单位 m^2；

v——刮板速度，单位 m/min；

r——摊铺机电机转速，单位 r/min；

ρ_1——沥青混合料密度，单位 kg/m^3；

P——环氧沥青 A 组分占混合料的质量比，%；

ρ_2——树脂在添加温度下的密度，单位 kg/m^3。

主要技术方案如下：

①储存环氧沥青 A 组分的保温容器悬挂在摊铺机两侧，容器内侧与台车架链接，外侧与水平拉杆相贴；后侧固定至螺旋挡料板；上外侧用软连接与机架固定，保证保温储料容器固定稳妥。

②储存环氧沥青 A 组分的保温容器设置加装滤芯的加料口、储料的液位显示计、流量计、温度计及搅拌装置，环氧树脂控温范围通常为 70～90℃。

③环氧树脂同步摊铺智能计量装置串联摊铺机主机刮板电机液压系统获取动力。刮板速度与摊铺速度有关，可通过料位器自动调整，不同刮板速度下环氧沥青 A 组分添加量与刮板速度呈线性关系，与进料量保持相对固定的比例。

④环氧沥青 A 组分的喷洒装置型号结合喷洒量的大小合理选择，确保喷洒时液体呈雾状，增加喷洒液体的均匀性。喷头型号有 6530、6520、6515、6510、6506 及 6503。

（2）树脂加热装置。

环氧树脂温度控制是后掺法施工工艺的重要内容。为适应复杂的施工环境，需保证摊铺机两侧树脂罐内的树脂温度达 70～90℃。在施工作业之前合适的时间，采用大功率柴油燃烧器，在树脂罐预留的加热口进行快速加热。通过树脂罐上的智能温度显示器或温枪，实时掌握树脂罐内温度，使温度加热到合适区域。

（3）强力搅拌装置。

添加环氧树脂前，B 组分与集料、矿粉在拌合楼的拌和均匀性是环氧树脂均匀分散的重要前提。环氧树脂分散与混合料拌和强力搅拌装置如图 20-5 所示。

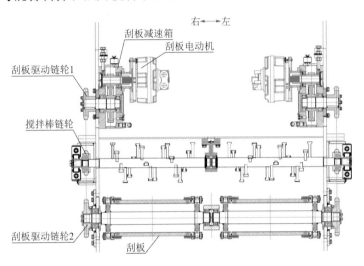

图 20-5　强力搅拌装置

①超大驱动力的螺旋系统带载启动能力强，可提高螺旋工作转速，加强集料布料过程的分散与拌和，改善横向离析现象。

②物料超满埋螺旋输送，二次搅拌充分，有效减少横向、竖向、纵向、片状离析；同时减少料车装卸料、摊铺机收斗等前道工序造成的离析。大小物料均匀输送，改善片状、V 字形离析，有效防止离析窝的出现。

③调节螺旋前方挡料板高度，根据需要上下调节可有效防止大粒料沿挡料板下沿滚落于地面，改善高度方向离析。

④调节螺旋料槽宽度，畅通物料输送通道，避免摊铺过程出现"死料"现象，改善横向离析和纵向带状离析。

⑤整幅单机超宽度摊铺，避免了并机梯形作业时接缝的带状及温度离析，螺旋反向叶片数量可变、角度可调，提高塞料能力，改善中缝处离析。

⑥进料坞连接摊铺机液压系统实现刮板与搅拌装置的连动。后掺法工艺用环氧沥青混合料摊铺机实物图如图 20-6 所示。

3）路面同步加热装置

路面同步加热装置在摊铺机前挡料板安装大功率柴油燃烧器，并通过管道布置输至路面，实现路表加热及烘干作用，增强层间粘结效果，便于在加铺环氧沥青混凝土层后，实现环氧沥青混凝土的快速固化。路面同步加热装置可有效解决隧道水泥混凝土路面铣刨清洗后难以快速干燥、铺筑时混合料温度下降较快等路面铺筑结构的冷连接问题，满足不同气候环境条件下的施工问题及层间粘结问题。

图 20-6 后掺法工艺用环氧沥青混合料摊铺机

4）碾压设备

后掺法环氧沥青路面施工应配备足够数量的压路机，选择合理的压路机组合方式及初压、复压、终压的碾压步骤，以达到最佳的碾压效果。钢轮碾压可较好地提高路面平整度，胶轮碾压可以比较好地防止出现排水沥青表面纹理过于粗糙的问题，在一定程度上有助于提高路面抗飞散性能和降低轮胎振动引起的噪声。

高速公路铺筑双车道沥青路面的压路机数量不宜小于 5 台，施工气温低、风大、碾压层薄时，压路机数量应适当增加。为保证环氧排水路面的压实效果，初压与复压采用 11～13t 钢轮压路机，终压宜采用 20t 以上的胶轮压路机，为防止较高温度下胶轮压路机粘轮，宜采用隔离剂喷淋装置。后掺法环氧沥青路面的碾压组合见表 20-23。

环氧排水路面碾压指标要求　　　　　　　　　　　　　　　　　表 20-23

压路机吨位（t）		碾压流程	碾压速度（km/h）	碾压遍数
钢轮压路机	胶轮压路机	初压	2.0～3.0	2～3
11～13	20 以上	复压	2.5～3.5	5～7
		终压	2.0～3.0	1～2

5. 安全生产保障与环境保护

1）安全生产保障

后掺法环氧沥青混合料施工应贯彻"安全第一，预防为主"的方针。施工企业必须建立健全安全生产责任制和群防群治制度，确保参与施工人员的人身及财产安全。确立安全生产责任制，任何一项建设工程都应明确安全责任人，包括法定代表人和主要负责人、企业安全管理机构负责人和安全员等。

公路工程建设规模大、周期长、参与人员复杂且项目所在地气候条件恶劣、地势复杂，建立安全生产保障难度较大。据统计，建设工程施工事故率仅次于交通事故，环氧沥青混合料生产及施工多为连续作业，建立人员、机械安全保障制度对提高建设工程安全生产管理水平，防止和避免安全事故的发生十分必要。

（1）定期开展安全教育培训。

施工生产安全教育培训对象一般包括管理人员、特种作业人员及企业员工等。除《中华人民共和国安全生产法》《建设工程安全生产管理条例》《职业安全健康管理体系》和国际劳工组织（ILO）167号公约等规定外，后掺法环氧沥青混合料还应特别注意革新工艺和变换岗位的安全教育。新工艺、新设备及新产品的安全性须有相应级别的安全教育，要按新的安全操作规程教育和培训参加操作的岗位员工和有关人员，使其了解后掺法工艺、环氧沥青及其混合料的材料特征及相关的安全技术；当组织内部员工发生岗位调换或长期请假的情况时，必须对新员工进行安全生产技术培训和教育，以使其掌握现岗位安全生产的特点和要求。开展安全教育应是经常性的、定期的，内容应包括：安全技术措施，例如防护装置、保险装置、信号装置和防爆装置等，预防施工人员在生产过程中发生工伤事故的各项措施；职业卫生措施，包括道路施工过程中防尘、防毒、防噪声、通风、照明、取暖、降温等措施；辅助用房间和措施，辅助用房间和措施是安全生产过程中安全卫生的有效保障，包括休息室、淋浴室、消毒室、厕所及冬季取暖室等。

（2）保障工人食宿、紧急医疗等后勤工作。

路面施工大部分施工地点位于野外，有效保障员工食宿、紧急医疗服务是沥青路面可以长期、持续地进行施工作业的前提。

（3）沥青施工中的安全措施。

沥青施工主要是突出人、车、机、电、毒五个方面的安全管理，应把好人员素质关。结合路面工程施工特点，主要是防止以下事故的发生：

第一，防止意外交通事故的发生。①严把人员素质关，载重车辆司机及场内机械驾驶员一定要持证上岗；②进出拌和现场、路面进出口、较急弯道及陡坡处设立交通标志牌、反光板等，必要时设专人指挥交通；③夜间施工时，在车辆进出口处及施工现场搞好照明设施；④在临时通车路段及交叉口处设限速标志牌。

第二，防触电事故的发生。①场内架设的电线应绝缘良好，悬挂高度及线间距必须符合电业部门的安全规定，埋入地下也要有足够的安全深度，并在适当位置树立标志；②工地安装变压器必须符合电业部门的要求，并设专人管理，施工用电要尽量保持三相平衡；③各种电气设备应配有专用开关，室外开关插座应外装防水箱并加锁，在操作处加设绝缘垫层；④各种电气设备的检查维修，应由持证上岗的电工操作，一般应停电作业，如必须带电作业，应有可靠的安全措施并派专人监护；⑤有雷雨天气不得爬杆带电作业，室外如无特殊防护装置时必须使用绝缘拉杆拉闸。

第三，防机械伤害事故。①沥青拌合楼的各种机电设备在运转前均需由机工、电工、电脑操作人员进行详细检查，确认正常完好后才能合闸运转；沥青拌合机的启动、停机，必须按规定程序进行；拌合机运行中，不得使用工具伸入滚筒内掏挖或清理，需要清理时必须停机，如需人员进入搅拌鼓内工作时，鼓外要有人监护；料斗升起时，严禁有人在斗下工作或通过，检查料斗应将保险链挂好。②沥青摊铺机驾驶员不得擅离岗位，运料车向摊铺卸料时，应协调配合，同步行进，防止倒撞；换挡必须在摊铺机完全停止时进行，严禁强行挂挡和在坡道上换挡或空挡滑行；驾驶力求平稳，不得急剧转弯，弯道作业时，熨平装置的端头与路缘石的间距不得小于10cm，以免发生碰撞；用柴油清洗摊铺机时，不得接近明火。③压路机严禁没有熄火、下无支垫三脚木的情况下，进行机下检修；压路机应停放在平坦、坚实并对交通及施工作业无妨碍的地方，停放在坡道上时，前后轮应置垫三角木；压路机前后轮的刮板应保持平整良好，碾轮刷油的人员应与司机密切配合，必须跟在碾轮行走的后方，要注意压路机的转向。

第四，沥青混凝土拌合楼的安全措施。沥青混凝土拌合楼现场的所有施工有关人员都要戴防毒面罩，以防尘防毒。摊铺现场所有施工人员都要戴防毒面罩，以防沥青中毒，同时穿上防烫劳保鞋，以防被沥青混合料的高温烫伤，确保施工现场人员的安全健康。

2）环境保护措施

沥青拌和设备设置应远离居民区，能最大限度地避免附近居民受尘烟的污染。污水、垃圾及废料的处理：污水池经常洒药和清理沉淀物；垃圾集中堆放，定期送到当地指定地点处理。在施工过程中严禁把废料堆放在路坡上或向桥下抛弃，防止路面污染，搞好环境卫生。

防尘措施：用来运输可能产生粉尘材料的敞篷运输车，配备两边和尾部的挡板，可能产生粉尘的材料不能装得高于两边和尾部的挡板，并用干净的防水布盖好，防水布遮盖严密，超出两边和尾部挡板至少 300mm；安装冲洗设备，确保离开工地的车辆不能有泥土、碎片等带到公共道路上；不焚烧能产生烟或其他污染空气的燃料，禁止在工地点火燃烧残留废物。

20.5.2　施工过程控制

沥青路面施工质量是人、机、料、法、环、测各要素综合作用的结果，质量风险来源于质量管理体系、信息传递、工作流程、加工制造、产品检验等过程。除常规环氧沥青路面施工质量风险源以外，后掺法环氧沥青混合料的质量风险源分布在容留时间、混合料层间处理、环氧沥青 B 组分的生产和运输、二次拌和、摊铺、碾压等环节，各个环节存在的质量风险隐患及管控重点可以下文为参考。

1. 环氧沥青 B 组分混合料生产

环氧沥青 B 组分为沥青、固化剂、增溶剂及其他助剂的共混物，基于环氧沥青材料的特殊性，黏温曲线的测定、容留时间的测定、B 组分与集料的拌和是环氧沥青混合料施工过程控制的重要内容。

1）黏温曲线的测定

环氧沥青作为沥青胶结料，与一般沥青或改性沥青在不同温度变化下的黏度变化存在较大差异。一般的沥青或改性沥青，在某一特定的温度条件下，其黏度基本稳定，通常不会随时间的增加而发生较大的变化，而环氧沥青在某一温度条件下，伴随着快速的固化反应，其黏度会随时间逐渐增大。当固化反应进行到一定的阶段时，黏度会突然增大，环氧沥青进入凝胶状态，此时，环氧沥青混合料便丧失可施工性，且温度越高，固化反应速率越快，进入凝胶状所需的时间越短，即环氧沥青混合料可容许的施工时间越短。因此，在环氧沥青固化进入凝胶状之前，必须完成环氧沥青混凝土的铺筑及碾压等施工环节。

环氧沥青在一定温度下的黏度不宜过大，也不宜过小。沥青黏度太低，则摊铺中容易出现离析现象；黏度过高，则碾压不密实。为减小环氧沥青混合料的容留风险，测定环氧沥青黏度-时间曲线，用于指导环氧沥青混合料施工，确定拌和温度以及压实温度的重要环节。

取施工用环氧沥青 B 组分，在工地试验室采用布氏旋转黏度仪测试 100℃、110℃、120℃、130℃条件下环氧沥青 B 组分的黏温曲线，用于确定拌和温度的范围；测定 100℃、110℃、120℃、130℃条件下环氧沥青混合料的黏温曲线，用于确定摊铺及碾压温度范围。其中，环氧树脂掺量按计算的施工掺量添加，转子采用 27 号转子，转速设定为 50r/min。注意进行黏度测试时，每分钟记录一次黏度值。

2）环氧沥青 B 组分混合料拌和

环氧沥青 B 组分混合料的拌制应在沥青拌合站采用间歇式拌合机，并应符合下列要求：

总拌和能力满足施工进度要求。拌合机除尘设备完好，能达到环保要求。冷料仓的数量满足配合比需要，通常不宜少于 4～5 个。若需要外掺纤维或其他改性剂时，应配备添加纤维等外掺剂的设备。

环氧沥青 B 组分采用的间歇式拌合机应配备计算机设备。在拌和过程中，逐盘采集并打印各个传感器测定的材料用量和沥青混合料拌和量、拌和温度等各种参数，每个台班结束时打印出一个台班的统计量，并进行环氧沥青 B 组分混合料生产质量及铺筑厚度的总量检验。若总量检验的数据有异常波动，应立即停止生产，并分析原因，及时整顿。

拌合机的矿粉仓应配备振动装置以防止矿粉起拱。添加消石灰、水泥等外掺剂时宜增加粉料仓，也可由专用管线和螺旋升送器直接加入拌合锅。拌合机应有二级除尘装置。经一级除尘部分可直接回收使用，二级除尘部分应废弃。对因除尘造成的粉料损失应补充等量的新矿粉。

间隙式拌合机宜备有保温性能好的成品储料仓。在贮存过程中混合料温降不得大于 5℃，且不能有环氧沥青 B 组分混合料滴漏。贮存时间不宜超过 8h，推荐随拌随用。

环氧沥青 B 组分混合料拌和设备的各种传感器应定期检定，检修频率至少每年一次，设备搬运或重新安装时须重新检定。冷料供料装置需经标定并得出集料供料曲线。

后掺法温拌环氧沥青 B 组分路面混合料拌和主要从以下四个步骤展开：

（1）试拌。在正式拌和之前，应先进行试拌，采用插入式温度计测试出料温度，取环氧沥青 B 组分与矿料的拌合物至保温桶中，运送至拌合站试验室，通过燃烧试验检测矿料级配及环氧沥青 B 组分含量，其余 B 组分混合料按比例添加环氧沥青 A 组分，制作马歇尔试件，检测其性能指标，如不符合要求，则重新进行试拌，至各项指标符合要求为止。

（2）环氧沥青 B 组分的保温。在拌和前，将环氧沥青 B 组分从环氧沥青 B 组分储存罐中泵入储油罐中并保温，保温温度控制为 120℃。

（3）控制矿料加热温度。根据各冷料仓矿料比例向拌合机进料，加热后进入加热仓。按生产配合比设计所确定的各热料仓集料质量及矿粉的质量，投入拌缸，然后出料并测量出料温度。重复 3～5 遍，直至出料温度稳定在 115～125℃范围内。

（4）控制出料温度。当矿料温度稳定在规定范围内后，即可加入环氧沥青 B 组分进行拌和，并测量其出料温度，要求控制在 115～125℃范围内。

2. 环氧沥青 B 组分混合料的运输

环氧沥青 B 组分混合料运输，必须要注意以下几点要求：

（1）运料车在使用前必须清扫干净，并在车厢板上涂一薄层隔离剂，且车厢底部不得有积液存在；

（2）从拌合机向运料车卸料时，运料车应前、中、后挪动位置装料，以减少装料过程中混合料的离析；

（3）运料车运输过程中必须采取保温措施，以防止混合料温度下降过快，并采用苫布等覆盖，以防雨、防污染及防遗漏；

（4）若运输至摊铺地点的环氧沥青 B 组分混合料施工温度过低，不符合施工要求，或混合料已经结成团块、已遭雨淋，不得铺设；

（5）运料车的运力应稍有富余，施工过程中摊铺机前方应有运料车等候，为保证路面的连续摊铺作业，高速公路、一级公路应待等候的运料车多于 5 辆后开始摊铺；

（6）摊铺过程中运料车应在摊铺机前 100～300mm 处停住，空挡等候，由摊铺机推动运料车前进，开始缓缓卸料，避免撞击摊铺机。

3. 环氧沥青混合料摊铺

后掺法环氧沥青混合料摊铺采用带树脂智能添加及搅拌功能的专用摊铺机。为减少纵横向接缝的离析及温度离析，宜采取大功率、具有二次螺旋布料搅拌等功能、可动态变换摊铺宽度的一体式抗离析履带式摊铺机。摊铺机的受料斗应涂刷薄层隔离剂或防胶粘剂。摊铺机的受料斗应涂刷薄层隔离剂或防胶粘剂，摊铺机摊铺的料槽宽度不宜大于 30cm。避免在摊铺过程中环氧沥青混合料后掺拌和不及时铺筑成为"废料"，影响质量。具体操作如下：

（1）摊铺前将环氧沥青 A 组分加热到 85～100℃并灌入智能同步树脂添加装置中。

（2）摊铺机熨平板应拼装严密，严禁存在缝隙，摊铺机开工前应提前 0.5～1h 预热熨平板不低于 100℃。铺筑过程中应选择熨平板的振捣或夯锤压实装置具有适宜的振动频率和振幅，以提高路面的初始压实度。熨平板加宽连接应仔细调节至摊铺的混合料没有明显的离析痕迹。

（3）摊铺前，应安排专人再一次检查下承层粘结层质量，黏层不足、污染部位及时清理干净并补撒粘层。由于特殊原因停机待料，导致温度低于 100℃时，抬起摊铺机熨平板，作横向接缝。在路面狭窄部分、平曲线半径过小的匝道或加宽部分，以及小规模工程不能采用摊铺机铺筑时可用人工摊铺混合料。人工摊铺应符合下列要求：

半幅施工时，路中一侧宜事先设置挡板。环氧沥青混合料宜卸在铁板上，摊铺时应扣锹布料，不得扬锹远甩。铁锹等工具宜沾防胶粘剂或加热使用。边摊铺边用刮板整平。刮平时应轻重一致，控制次数，严防集料离析。摊铺不得中途停顿，并加快碾压。如因故不能及时碾压时，应立即停止摊铺，并对已卸下的环氧沥青混合料覆盖苦布保温。

（4）摊铺机按预定的摊铺速度连续均匀、不间断地摊铺，摊铺过程中严禁随意调整变换摊铺机摊铺速度，以提高平整度，减少混合料的离析。摊铺过程中应经常检测松铺厚度是否符合规定，以便随时进行调整。摊铺速度宜控制在 2～5m/min 的范围内。当发现混合料出现明显的离析、波浪、裂缝、拖痕时，应分析原因，予以消除。

（5）上面层摊铺时应采用自动找平方式，宜采用平衡梁或雪橇式摊铺厚度控制方式，中面层根据情况选用找平方式。环氧沥青路面施工的最低气温应符合要求，不宜低于 10℃，寒冷季节遇大风降温，不能保证迅速压实时不得铺筑。

（6）摊铺机的螺旋布料器应相应于摊铺速度调整到保持一个稳定的匀速平稳转动，两侧应保持送料器满埋，埋深高度不宜少于 2/3 高度的混合料，以减少在摊铺过程中混合料的离析。摊铺过程不宜用人工反复修整。必要时由人工作局部找补或更换混合料，应需仔细进行，特别严重的缺陷应整层铲除。

（7）运输车辆未倒在摊铺机上的 B 组分混合料，应在专门地点清除。不得在铺筑路面的前方倒料或遗留在待摊铺的路面上。在摊铺过程中，应安排专人观察和保障环氧沥青 A 组分的正常供应，记录摊铺过程温度。出现异常时应及时暂停摊铺，解决问题。

4. 环氧沥青混合料碾压

碾压过程中温度过低或者碾压机械组合不到位，都不能很好地将混合料压实。环氧沥青混合料固化后，承载能力达不到要求，也容易因交通荷载等作用而使路面发生破坏。混合料在碾压过程中要经过初压、复压、终压三个环节。对环氧沥青混合料，在终压后路面温度应不低于80℃，否则混合料难以压实，影响路面施工质量。碾压环节的具体要求如下：

1）初压

初压应在不碰撞摊铺机的前提下紧跟摊铺机后碾压，尽快压实表面，减少热量散失。实践证明采用振动压路机或轮胎压路机直接碾压无严重推移、碾压效果良好时，可免去初压直接进入复压工序。通常采用钢轮压路机静压1~2遍。碾压时应将压路机的驱动轮面向摊铺机，从外侧向中心碾压，在超高路段则由低向高碾压，在坡道上应将驱动轮从低处向高处碾压。初压后应检查平整度、路拱，有严重缺陷时进行修整乃至返工。

2）复压

复压应紧跟初压，且不得随意停顿。采用不同型号的压路机组合碾压时宜安排每一台压路机作全幅碾压。防止不同部位的压实度不均匀。轮胎压路机总质量不宜小于25t，吨位不足时宜附加重物，使每一个轮胎的压力不小于15kN，冷态时的轮胎充气压力不小于0.55MPa，轮胎发热后不小于0.6MPa，且各个轮胎的气压大体相同，相邻碾压带应重叠1/3~1/2的碾压轮宽度，碾压至要求的压实度为止。当摊铺厚度小于30mm时，不宜采用振动压路机碾压。相邻碾压带重叠宽度为100~200mm，振动压路机折返时应先停止振动。对路面边缘、加宽及港湾式停车带等大型压路机难于碾压的部位，宜采用小型振动压路机或振动夯板碾压。

3）终压

终压应紧接复压，若经复压后已无明显轮迹时可免去终压。终压可选用双轮钢筒式压路机或关闭振动的振动压路机碾压，碾压遍数不宜少于2遍，至无明显轮迹为止。碾压采用振动压路机时，应遵循"紧跟、慢压、高频、低幅"的原则，采取高频率、低振幅的方式慢速碾压。

除此之外，在实际施工中，环氧沥青混凝土的压实层的最大厚度不宜大于100mm。环氧沥青路面施工应配备足够数量的压路机，并保障一定的富余度。碾压设备的数量宜根据碾压宽度、摊铺厚度、摊铺碾压时的气候条件确定。铺筑双车道环氧沥青路面的压路机数量不宜少于4台。施工气温低、风大、碾压层薄时，压路机数量应适当增加。碾压采用钢轮初压、胶轮与钢轮复压结合的方式，在不影响构造深度的前提下，胶轮碾压遍数宜适当增加。钢轮压路机采用刮板条加涂植物油方式避免粘轮，不宜喷水碾压。

压路机应以慢而均匀的速度低速碾压。压路机的碾压路线及碾压方向不应突然改变而导致混合料推移。碾压时宜采用紧跟碾压方式，作业区重复长度不宜小于5m。两端的折返位置应随摊铺机前进而推进，纵、横向不得在相同的断面上。压路机碾压速度见表20-24。

压路机碾压速度 表20-24

压路机类型	初压（km/h）		复压（km/h）		终压（km/h）	
	适宜	最大	适宜	最大	适宜	最大
钢筒式压路机	1~2	3	1~3	5	2~4	5
轮胎压路机	1~3	3	1~3	5	不推荐	
振动压路机	2~3（静压或振动）	3（静压或振动）	3~4.5（振动）	5（振动）	3~6（静压）	6（静压）

碾压轮在碾压过程中应保持清洁。碾压钢轮或胶轮设备应安装紧贴橡胶条，并定时清理刮条的料渣，避免成团混合料掉落路面上。不得采用柴油代替隔离剂或防胶粘剂。压路机不得在未碾压成型路段转向、调头、加水或停留。在当天成型的路面上，不得停放各种机械设备或车辆，不得散落矿料、油料等杂物。

5. 接缝处理

在摊铺时宜选择大宽度全幅专用后掺法环氧沥青混合料摊铺机，避免出现纵向接缝。当条件受限，需以纵向接缝拼接时，纵向接缝部位的施工应符合下列要求：

环氧沥青路面的施工应接缝紧密、连接平顺，不得产生明显的接缝离析。上下层的纵缝应错开 150mm（热接缝）或 300～400mm（冷接缝）及以上。相邻两幅及上下层的横向接缝均应错位 1m 以上。接缝施工应用 4m 或更长的直尺检查，确保平整度符合要求。

在摊铺时，采用梯队作业的纵缝应采用热接缝，将已铺部分留下 100～200mm 宽度暂不碾压，作为后续部分的基准面，然后进行跨缝碾压以消除缝迹。当半幅施工或因特殊原因而产生纵向冷接缝时，宜加设挡板或加设切刀切齐。但不宜在冷却后采用切割机作纵向切缝。加铺另半幅前应涂洒少量环氧沥青，重叠在已铺层上 50～100mm，再铲走铺在前半幅上面的混合料，碾压时由边向中碾压留下 100～150mm，再跨缝挤紧压实。或者先在已压实路面上行走碾压新铺层 150mm 左右，然后压实新铺部分。

横向接缝处理时，表面层横向接缝应采用垂直的平接缝，不宜采用斜接缝。平接缝宜趁尚未冷透时，用凿岩机或人工垂直刨除端部层厚不足的部分，使工作缝成直角连接。当采用切割机制作平接缝时，宜在铺设当天混合料冷却但尚未结硬时进行。刨除或切割不得损伤下层路面，切割时留下的泥水应冲洗干净，待干燥后涂刷黏层油。铺筑新混合料接头应使接槎软化，压路机先进行横向碾压，再纵向碾压成为一体，应充分压实、连接平顺。

后掺法温拌环氧沥青路面施工质量需要大量的细致工作，要以班组为平台，以团队建设为核心，以质量风险预防为手段，以杜绝错漏检为原则，以持续改进为动力，以系统提升质量信誉为目标，做好环氧沥青容留时间的预测、排水沥青路面施工各个过程的全过程、精细化管控，最大可能地实现环氧沥青路面施工质量风险的可防可控。

环氧沥青混凝土路面见图 20-7。

图 20-7　环氧沥青混凝土路面

20.5.3 养生与质量测评

1. 交通管制及养生

路面养生阶段，应覆盖表面保温至自然冷却，不得采用洒水冷却方式提前开放交通。当预计马歇尔稳定度低于 20kN 时，重载车辆不可通行。已铺筑好的环氧沥青层应严格控制交通，做好保护，保持整洁，不得造成污染。严禁在环氧沥青层上堆放施工产生的弃土或杂物，严禁在已铺筑的环氧沥青层上制作水泥砂浆。

2. 质量检测与评定

环氧沥青路面施工应落实质量预防和零缺陷的管理理念，按全面质量管理要求，建立健全有效的质量保证体系，从人员配备、设备投入、原材料控制等方面做好质量缺陷预防工作，严格对各项施工工序的质量进行检查评定，确保施工质量的稳定性。施工单位在施工过程中，应随时对施工质量进行自检。监理应按要求自主地进行试验，并对承包商的试验结果进行认定，如实评定质量，计算合格率。当发现有质量低劣等异常情况时，应立即追加检查。施工过程中无论是否已经返工补救，所有数据均应如实记录，不得丢弃。

1）后掺法环氧沥青混合料施工工艺可行性及铺筑效果检验

为验证后掺法施工工艺的可行性及检验铺筑效果，通过施工现场成型的试件与试验室模拟后掺法工艺制备试件的性能差异来验证混合料拌和的均匀性。

在摊铺前将制件人员分成两组，第一组人员负责摊铺现场马歇尔试件的制件，第二组人员负责试验室试件的制件。第一组人员在摊铺机摊铺过程中于螺旋布料器上取样制件，每摊铺 100m 在摊铺机左、右两侧分左、中、右三个位置取样；第二组人员用保温桶在拌合站沥青混合料卸料口处取样。

在工地试验室模拟后掺法施工工艺制备试件，称取一定质量的混合料置于温度为 120℃ 的拌合机中，按计算量掺入环氧沥青 A 组分，拌和后制备马歇尔试件。将现场成型的试件运输至试验室，连同试验室按后掺法制作的试件一起放入 120℃ 的烘箱养生固化，测试现场制作马歇尔试件及试验室制作马歇尔试件的空隙率及稳定度，试验结果见表 20-25。待路面养生一周，具备一定强度后，对路面进行部分指标工后检测，检测结果见表 20-26。

现场及试验室马歇尔试验结果　　　　　　　　　　表 20-25

取样位置	现场制件						试验室制件
	摊铺机左侧			摊铺机右侧			
	左	中	右	左	中	右	
稳定度（kN）	83.6	87.4	92.1	91.8	86.3	82.9	84.7
孔隙率（%）	3.6	3.3	3.0	3.1	3.4	3.6	3.2

路面工后检测指标结果　　　　　　　　　　表 20-26

检测指标	渗水系数（mL/min）	构造深度（mm）	平整度（mm）
检测结果	30	0.723	0.61
设计要求	≤200	≥0.55	≤1.2

从表 20-25 及表 20-26 的检测结果可知，采用摊铺机添加的环氧沥青 A 组分能通过强力搅拌装置均匀的分散到 B 组分与矿料拌和好的混合料中，经工后检测，路面的渗水系数、构造深度、平整度均满足设计要求。通过该实体项目的铺筑，证明了后掺法施工工艺的可行性。

2）后掺法环氧沥青混合料的压实度检验

环氧沥青路面的压实度，通过适度钻芯取样进行抽检和校核。易发生温缩裂缝的严寒地区的表面层、桥面铺装沥青层，以及当使用改性沥青的钻孔试样表面形状发生改变，难以准确测定密度时，可免于钻孔取样，严格控制碾压。

3）竣工验收阶段的工程质量检查与验收

按现行沥青路面的指标和频率要求，对后掺法环氧沥青混合料实体工程的质量进行检测和组织验收。

参考文献

[1] 岳志贤. 山区高速公路施工安全风险评价研究 [D]. 北京: 北京交通大学硕士学位论文, 2020.

[2] 程军勇. 西南山区高速公路路线设计优化的探讨 [J]. 江西建材, 2017, 221(20): 151-152.

[3] 魏建军. 西南山区公路建设施工期的环境保护 [J]. 公路交通技术, 2006, 4(2): 123-125.

[4] 吴明先, 赵立廷, 陈常明, 等. 西南山区高速公路总体设计问题与分析 [J]. 公路, 2022, (5): 1-8.

[5] 陈传友. 西南地区水资源及其评价 [J]. 自然资源学报, 1992, 7(4): 312-328.

[6] 黎兆联. 西南地区五省、区、市公路三级自然区划研究 [D]. 重庆: 重庆交通学院硕士学位论文, 2003.

[7] 彭建兵, 王启耀, 庄建琦, 等. 黄土高原滑坡灾害形成动力学机制 [J]. 地质力学学报, 2020, 26(5): 714-730.

[8] 殷跃平, 李滨, 张田田, 等. 印度查莫利"2.7"冰岩山崩堵江溃决洪水灾害链研究 [J]. 中国地质灾害与防治学报, 2021, 32(3): 1-8.

[9] 铁永波, 张宪政, 龚凌枫, 等. 西南山区典型地质灾害链成灾模式研究 [J]. 地质力学学报, 2022, 28(6): 1071-1080.

[10] 朱颖. 复杂艰险山区铁路选线与总体设计论文集 [M]. 北京: 中国铁道出版社, 2010.

[11] 朱颖, 魏永幸. 复杂艰险山区铁路地质灾害风险与减灾选线策略 [J]. 高速铁路技术, 2018, 9(S2): 1-4.

[12] 魏永幸, 岳志勤, 李光辉. 复杂艰险山区地质灾害识别与铁路减灾选线 [J]. 高速铁路技术, 2019, 10(3): 1-5.

[13] 张广泽, 蒋良文, 宋章, 等. 横断山区川藏线山地灾害和地质选线原则研究 [J]. 铁道工程学报, 2016, 33(2): 21-24.

[14] 宋章, 魏永幸, 王朋, 等. 复杂艰险山区地质灾害特征及减灾选线研究 [J]. 高速铁路技术, 2020, 5(11): 8-12.

[15] 陈迎. 山区高速公路施工的特点与施工技术分析 [J]. 交通世界, 2017, 22: 54-55.

[16] 陈洁丽. 山区高速公路施工的特点与施工技术 [J]. 黑龙江交通科技, 2013, 10(2): 34.

[17] 李锋. 对山区高速公路施工的特点分析及施工技术探究 [J]. 四川水泥, 2018, (7): 144.

[18] 尹平. 山区高速公路施工安全问题的原因分析及对策研究 [J]. 中外公路, 2007, 27(2): 213-215.

[19] 王景春, 徐日庆, 侯卫红, 等. 公路施工安全事故诱因与预警管理的探讨 [J]. 中国安全科学学报, 2007, 17(11): 73-78.

[20] 王开凤. 山区高速公路施工安全评价及预警研究 [D]. 武汉: 武汉理工大学, 2009.

[21] 郭内强, 杜召华, 曾威, 等. 山区高速公路施工风险防控与安全管理探讨 [J]. 湖南交通科技, 2017, 43(2): 291-294.

[22] 张海宁. 山区高速公路施工特点与施工技术要求 [J]. 建筑技术开发, 2019, 46(10): 38-39.

[23] 王玉松. 岩质高陡边坡开挖稳定性分析及支护优化设计 [D]. 贵州: 贵州大学硕士研究生论文, 2021.

[24] 李邹军. 开采扰动岩质高陡边坡实时监测及稳定性研究 [D]. 太原: 太原理工大学硕士学位论文, 2021.

[25] 陈丽俏. 山区公路高边坡防护与加固技术 [J]. 交通节能与环保, 2018, 14(2): 59-61.

[26] 王毅. 研究山区公路高边坡病害防治和加固技术 [J]. 黑龙江交通科技, 2021, 328(6): 266-267.

[27] 林刚. 山区公路边坡崩塌的成因及处理对策分析 [J]. 江西建材, 2020, 4: 144-145.

[28] 朱浩, 赵明杰, 朱益军. 某矿区岩质高边坡的滑塌机理分析与病害治理 [J]. 灾害学, 2018, 33(z1): 120-123.

[29] 戴楠. 预应力锚索在公路边坡加固中的应用 [J]. 工程建设与设计, 2017, (16): 111-112.

[30] 阮航, 张勇慧, 朱泽奇, 等. 一种改进的公路边坡稳定性模糊评价方法研究 [J]. 岩土力学, 2015, 36(11): 3337-3344.

[31] 王玉民. 基于极限分析的土质和岩质边坡稳定性研究 [D]. 长沙: 中南大学, 2013.

[32] 刘锋矢. 粤西山区高速公路高边坡崩塌成因分析与治理措施 [J]. 交通世界, 2019, 494(8): 20-22.

[33] 宫长兴. 山区高速公路高边坡安全稳定性监测探析 [J]. 交通建设与管理, 2022, (5): 144-145.

[34] 钟元庆. 基于 SPA-FAHP 法的改扩建山区高速高边坡施工安全评估 [J]. 筑路机械与施工机械化, 2019, (10): 92-97.

[35] 王海燕, 张德军. 山区公路高边坡工程开挖施工安全风险评估技术——以湖北山区为例 [J]. 交通运输研究, 2019, (2): 67-75.

[36] 叶咸, 陈华斌, 吴铸, 等. 山区高速公路路堑高边坡工程施工安全总体风险评估技术探讨 [J]. 公路, 2018, (3): 42-47.

[37] 杨勇. 山区高速公路隧道工程施工中的安全管理 [J]. 交通世界, 2021, (29): 159-160.

[38] 林源. 山区公路隧道施工质量控制分析 [J]. 城市建筑, 2019, 16: 117-178.

[39] 张力. 复杂地质条件下公路隧道施工关键技术及质控要点阐述 [J]. 房地产导刊, 2017, (20): 120.

[40] 覃可宽. 基于山区复杂地质条件下的隧道施工技术分析 [J]. 桥隧工程, 2018, 1: 75-77.

[41] 侯艳娟, 张顶立, 李鹏飞. 北京地铁施工安全事故分析及防治对策 [J]. 北京交通大学学报, 2009, 33(3): 52-59.

[42] 张成平, 张顶立, 王梦恕. 浅埋暗挖隧道施工引起的地表塌陷分析及其控制 [J]. 岩石力学与工程学报, 2007, 26(增 2): 3601-3608.

[43] 张成平, 张顶立, 王梦恕, 等. 城市隧道施工诱发的地面塌陷灾变机制及其控制 [J]. 岩土力学, 2013, 31(增 1): 303-309.

[44] CHOU W I, BOBET A. Prediciton of ground deformations in shallow tunnels in clay [J]. Tunnelling and Underground Space Technology, 2002, 17(1): 3-19.

[45] 肖锐. 高速公路隧道施工技术及其控制要点分析——以平兴高速公路南山隧道为例 [J]. 工程技术: 文摘版, 2018, (1): 214.

[46] 杨云. 浅谈铁路隧道下穿既有高速公路隧道施工的控制技术 [J]. 低碳世界, 2017, (4): 235-236.

[47] 骆春雨. 山区高速公路隧道病害及处治关键技术分析 [J]. 城市道桥与防洪, 2018, (2): 146-148+18.

[48] 杨锦凤. 广西山区高速公路隧道交通安全设施设置应用研究 [J]. 西部交通科技, 2020, 2: 166-168.

[49] 杨荣. 公路隧道施工安全风险评价与安全管理策略 [J]. 工程建设与设计, 2020, 9: 276-278.

[50] 田慧生. 山区高速公路隧道施工安全控制 [J]. 交通世界, 2019, 13: 116-117.

[51] 周建强, 袁崇洋, 詹伟, 等. 山区高速公路隧道洞口段边坡稳定性监测 [J]. 科技创新与应用, 2019, 17: 129-131.

[52] 翟寒科. 山区高速公路隧道洞口边坡稳定性及其防护分析 [J]. 居业, 2019, 10: 104-105.

[53] 赵威. 山区高速公路隧道洞口边坡稳定性分析及防护研究 [J]. 北方交通, 2017, (1): 80-84.

[54] 郭迎春, 郭龙生. 公路边坡稳定性及防护加固技术 [J]. 中国科技博览, 2016, (2): 15-16.

[55] 刘丽. 干线公路强暴雨对边坡稳定性的影响与防护设计 [J]. 公路工程, 2018, (4): 253-257, 262.

[56] 傅金阳. 公路山岭隧道洞口施工风险分析与评估 [J]. 湖南交通科技, 2010, 36(2): 158-162.

[57] 单飞. 高等级公路边坡防护及加固技术 [J]. 辽宁省交通高等专科学校学报, 2014, (2): 27-29.

[58] 中华人民共和国国土资源部. DZ/T 0284—2015 地质灾害排查规范 [S]. 北京: 中国标准出版社, 2015.

[59] 许强, 李华, 李术才, 等. T/CAGHP001—2018 地质灾害分类分级标准(试行) [S]. 北京: 中国地质灾害防治工程行业协会, 2018.

[60] 王宇, 祝传兵, 张杰, 等. 云南高原山区地质灾害与应急地质工作方法 [M]. 昆明: 云南科技出版社, 2020.

[61] 袁道先. 我国岩溶资源环境领域的创新问题 [J]. 中国岩溶, 2015, 34(2): 98-100.

[62] 王宇. 岩溶高原地下水径流系统垂向分带 [J]. 中国岩溶, 2018, 37(1): 1-8.

[63] 铁永波, 徐勇, 张勇, 等. 南方山地丘陵区地质灾害调查工程主要进展与成果 [J]. 中国地质调查, 2020, 7(2): 1-12.

[64] 杨迎冬, 晏祥省, 王宇, 等. 云南省地质灾害特征及形成规律研究 [J]. 灾害学, 2021, 36(3): 131-139.

[65] 康晓波. 云南高原岩溶塌陷发育特征及成因机制 [J]. 中国地质灾害与防治学报, 2022, 33(5): 50-58.

[66] 王宇. 西南岩溶地区岩溶水系统分类、特征及勘查评价要点 [J]. 中国岩溶, 2002, 21(2): 114-119.

[67] 彭淑惠, 王宇, 张世涛. 昆明岩溶断陷盆地的环境地质问题及治理对策 [J]. 地质灾害与环境保护, 2008, 19(2): 98-103.

[68] 王宇, 张贵, 张华, 等. 云南省岩溶水文地质环境地质调查与研究 [M]. 北京: 地质出版社, 2018.

[69] 云南省地矿局第一水文地质工程地质大队. 昆明地区城市地质环境综合评价研究 [R]. 昆明: 云南省地质矿产局, 1990.

[70] 邓启江, 李星宇, 吕琼, 等. 昆明市岩溶塌陷发育特征和防治措施 [J]. 中国岩溶, 2009, 28(1): 23-29.

[71] 杨永峰. 泸沽湖机场工程区地质构造对岩溶发育的控制及工程影响 [D]. 成都: 成都理工大学, 2011.

[72] 黄奇波, 覃小群, 李腾芳, 等. 云南省丽江市泸沽湖机场岩溶水文地质调查与塌陷易发性评价工作方案 [R]. 桂林: 中国地质科学院岩溶地质研究所, 2020.

[73] 王木群. 岩溶对隧道工程的影响及岩溶处置技术研究 [D]. 长沙: 中南大学硕士学位论文, 2011.

[74] 吴跃华, 郑极新. 隧道岩溶与处置技术探讨 [J]. 西部探工程, 2009, 3(9): 154-155.

[75] 蒋飞. 浅析高速公路隧道岩溶处理技术 [J]. 山西建筑, 2018, 44(27): 172-173.

[76] 陈昌玉. 有关高速公路隧道施工技术的研究 [J]. 黑龙江交通科技, 2012, 7: 107.

[77] 于群. 盾构隧道近距离下穿既有隧道影响规律的研究 [D]. 北京: 北京交通大学, 2020.

[78] 谢琪. 盾构隧道与溶洞安全距离及溶洞处置技术研究 [D]. 南宁: 广西大学, 2018.

[79]　宋胜浩. 从断裂带内部结构剖析油气沿断层运移规律 [J]. 大庆石油学院学报, 2006, 30(3): 17-20.

[80]　周庆华. 从断裂带内部结构探讨断层封闭性 [J]. 大庆石油地质与开发, 2005, 24(6): 1-3.

[81]　Tauber S, Hoffmann-rothe A, Janssen C, et al. Internal structure of the Precordilleran fault system(Chile): Insights from structural and geophysical observations [J]. Journal of Structural Geology, 2002, 24(1): 123-143.

[82]　Mizoguchi K, Hirose T, Shimamoto T, et al. Internal structure and permeability of the Nojiama fault, southwest Japan [J]. Journal of Structural Geology, 2008, 30(4): 1-12.

[83]　Holland M, Urai J L, Martel S. The internal structure of fault zones in basaltic sequences [J]. Earth and Planetary Science Letters, 2006, 248(1/2): 301-315.

[84]　付广, 殷勤, 杜影. 不同填充形式断层垂向封闭性研究方法及其应用 [J]. 大庆石油地质与开发, 2008, 27(1): 1-5.

[85]　付晓飞, 方德庆, 吕延防, 等. 从断裂带内部结构出发评价断层垂向封闭性的方法 [J]. 地球科学——中国地质大学学报, 2005, 30(3): 328-335.

[86]　邵顺妹. 断层泥研究的现状和进展 [J]. 高原地震, 1994, 6(3): 51-56.

[87]　周新桂, 邓宏文, 操成杰, 等. 储层构造裂缝定量预测研究及评价方法 [J]. 地球学报, 2003, 24(2): 175-180.

[88]　武红岭, 张利容. 断层周围的弹塑性区及其地质意义 [J]. 地球学报, 2002, 23(1): 11-16.

[89]　陈伟, 吴智平, 侯峰, 等. 断裂带内部结构特征及其与油气运聚关系 [J]. 石油学报, 2010, 31(5): 774-780.

[90]　史文东. 断裂带封闭势研究及应用 [J]. 油气地质与采收率, 2004, 11(4): 16-18.

[91]　陈星宇. 断层破碎带隧道涌水特征试验研究 [D]. 西安: 长安大学, 2015.

[92]　周森, 张学民, 龙万学, 等. 新旧交错隧道穿越断层破碎带施工风险控制技术研究 [J]. 公路交通科技(应用技术版), 2018, (8): 211-215.

[93]　郑扬. 跨海盾构隧道穿越断层破碎带失稳机理与预加固方法研究 [D]. 济南: 山东大学硕士学位论文, 2022.

[94]　汪振, 钟紫蓝, 黄景琦, 等. 走滑断层错动下山岭隧道关键断面变形及损伤演化 [J]. 建筑结构学报, 2020, 41(S1): 425-433.

[95]　孙文昊, 陈立保, 李沛松, 等. 正断层错动对海底盾构隧道管片及环缝接头影响分析 [J]. 铁道标准设计, 2021, 65(10): 87-92.

[96]　郭翔宇, 耿萍, 丁梯, 等. 逆断层黏滑作用下隧道力学行为研究 [J]. 振动与冲击, 2021, 40(17): 249-258.

[97]　李智毅, 唐辉明. 岩土工程勘察 [M]. 武汉: 中国地质大学出版社, 2000.

[98]　徐干成, 白洪才, 郑颖人, 等. 地下工程支护结果 [M]. 北京: 中国水利水电出版社, 2002.

[99]　郑颖人. 地下工程围岩稳定分析与设计理论 [M]. 北京: 人民交通出版社, 2012.

[100] 张鹏. 隧道穿越断层破碎带安全施工技术 [J]. 施工技术, 2020, 49(增): 775-776.

[101] 秦锋. 隧道穿越断层破碎带开挖支护施工技术 [J]. 设备管理与维修, 2017, (5): 80-82.

[102] 张晓亮. 下狮提隧道穿越断层破碎带施工技术 [J]. 山西建筑, 2017, (1): 163-165.

[103] 柳彦军, 刘家奇, 徐继保, 等. 高地应力富水软岩铁路隧道变形机理及施工控制措施 [J]. 科学技术与

工程, 2022, 22(21): 9364-9371.

[104] 宗绪. 高地应力软岩隧道变形控制设计与施工技术研究 [J]. 科技创新与应用, 2023, 13: 182-185.

[105] 郭小龙, 谭忠盛, 喻渝. 成兰铁路软岩隧道大变形控制技术及变形控制基准研究 [J]. 铁道学报, 2022, 44(3): 86-104.

[106] 李赛. 高地应力软岩隧道变形特征研究 [D]. 石家庄: 石家庄铁道大学硕士学位论文, 2022.

[107] 王建宇. 对形变压力的认识——隧道围岩挤压性变形问题探讨 [J]. 现代隧道技术, 2020, 57(4): 1-11.

[108] 崔岚. 深埋隧道应变软化围岩与支护相互作用分析 [D]. 武汉: 华中科技大学, 2016.

[109] 朱永全. 隧道工程 [M]. 北京: 中国铁道出版社, 2007: 23-43.

[110] Lan Cui, Zheng Jun-Jie, Zhang Rong-Jun, et al. A numerical procedure for the fictitious support pressure in the application of the convergence-confinement method for circular tunnel design [J]. International Journal of Rock Mechanics and Mining Sciences, 2015, 78(1): 336-349.

[111] 李建敦, 肖靖, 江鸿, 等. 浅埋软岩隧道大变形特征及控制措施 [J]. 科学技术与工程, 2022, 22(3): 1243-1249.

[112] 汪波, 王振宇, 郭新新, 等. 软岩隧道中基于快速预应力锚固支护的变形控制技术 [J]. 中国公路学报, 2021, 34(3): 171-182.

[113] 张梅, 何志军, 张民庆, 等. 高地应力软岩隧道变形控制设计与施工技术 [J]. 现代隧道技术, 2012, 49(6): 13-22, 69.

[114] 李沿宗, 尤显明, 赵爽. 极高地应力软岩隧道贯通段变形控制方案研究——以兰渝铁路木寨岭隧道为例 [J]. 隧道建设, 2017, 37(9): 1146-1152.

[115] 王军. 浅谈隧道瓦斯的防治 [J]. 江西建材, 2016, 178(1): 156-160.

[116] 许璐. 山区高速公路桥梁设计关键问题研究 [D]. 西安: 长安大学硕士学位论文, 2009.

[117] 陈金宏. 山区高速公路桥梁施工技术要点 [J]. 科技创新与应用, 2022, 8: 135-137.

[118] 李璐. 山区高速公路桥梁设计的原则与方法分析 [J]. 智能城市, 2020, 21: 39-40.

[119] 苏倩倩, 陈燕, 白凌峰. 地铁保护区内市政桥梁结构设计研究 [J]. 天津建设科技, 2021, 31(6): 18-21.

[120] 王文利, 何舒婷, 赵瀚淳. 变参数桥梁结构模型设计与理论分析 [J]. 武汉交通职业学院学报, 2021, 23(4): 128-132.

[121] 董夫印. 高架桥梁预制立柱安装局部设计与施工优化 [J]. 建筑技术开发, 2021, 48(23): 114-116.

[122] 吴辉. 基于山区浅覆盖层花岗岩地质桥梁基础优化设计 [J]. 工程建设与设计, 2021(22): 17-19, 39.

[123] 刘容, 刘瑞. 山区高速公路桥梁设计关键问题分析 [J]. 交通世界, 2022, 19: 71-73.

[124] 吴维平, 吴维华. 解读山区高速公路桥梁施工技术要点 [J]. 江西建材, 2018, (1): 111-112.

[125] 靳军鹏. 山区高速公路桥梁施工技术要点分析 [J]. 文摘版: 工程技术, 2016, (3): 203.

[126] 付丽红. 山区高速公路桥梁施工技术要点浅析 [J]. 文摘版: 工程技术, 2016, (6): 245.

[127] 陈坤. 山区高速公路桥梁施工技术要点与质量管理 [J]. 黑龙江交通科技, 2018, 41(5): 127-129.

[128] 罗江. 山区高速公路桥梁施工技术要点与质量管理研究 [J]. 交通世界(上旬刊), 2018, (19): 82-83.

[129] 谢国武. 云南田上大桥桥基边坡稳定性研究 [D]. 重庆: 重庆交通大学硕士学位论文, 2020.

[130] 杜国斌. 探究公路施工中的滑坡危害及治理措施 [J]. 交通建设, 2018, 13: 243-244.

[131] 张辛. 探讨公路施工中的滑坡危害与防范治理 [J]. 城市建筑, 2014, 6: 267.

[132] 袁文红. 公路施工中的滑坡危害及其防治措施 [J]. 科技创新与应用, 2013, 36: 217.

[133] 黄勇, 楚威风. 公路工程中滑坡的危害与施工技术分析 [J]. 企业技术开发, 2014, 33(6): 158-159.

[134] 张新安. 浅谈滑坡的危害及整治滑坡的工程措施 [J]. 内蒙古科技与经济, 2010, 2: 110-111.

[135] 杨一芩. 山区高速公路路基路面施工质量控制策略 [J]. 建材与装饰, 2017, (34): 257-258.

[136] 崔晓如. 高填方路基沉降变形分析与预测及其控制标准研究 [D]. 长沙: 长沙理工大学硕士学位论文, 2010.

[137] 徐晓宇. 高填方路基沉降变形特性及其预测方法研究 [D]. 长沙: 长沙理工大学硕士论文, 2005.

[138] 李亮, 吴侃, 陈冉丽, 等. 小波分析在开采沉陷区地表裂缝信息提取的应用 [J]. 测绘科学, 2010, 35(1): 166-167.

[139] 文鸿雁. 基于小波理论的变形分析模型研究 [D]. 武汉: 武汉大学博士学位论文, 2004.

[140] 鲁金金. 基于小波、神经网络与混沌理论的变形预测模型研究 [D]. 桂林: 桂林理工大学硕士学位论文, 2009.

[141] 张叶华. 小波神经网络在图像去噪与压缩中的应用研究 [D]. 成都: 成都理工大学硕士学位论文, 2009.

[142] 夏元友, 刘鹏, 莫介臻. 高速公路软基沉降预测系统及其应用研究 [J]. 公路, 2005, (08): 275-279.

[143] 中华人民共和国行业标准. JTJ 073.1—2001 公路水泥混凝土路面养护技术规范 [S]. 北京: 人民交通出版社, 2001.

[144] 贾颖. 贵州省山区高速公路高填方路基变形规律及设计标准研究 [D]. 重庆: 重庆交通大学硕士学位论文, 2016.

[145] 王顺兴. 山区高填路基差异沉降标准和控制技术研究 [D]. 西安: 长安大学硕士学位论文, 2008.

[146] 李谊. 高填方路基施工工艺及沉降监测分析 [D]. 重庆: 重庆交通大学硕士学位论文, 2011.

[147] 李谊. 高填方路基施工工艺及沉降监测分析 [J]. 交通世界, 2022, 35: 70-72.

[148] 古芸琳. 山区高速公路路面设计关键技术研究 [D]. 重庆: 重庆交通大学硕士学位论文, 2013.

[149] 郭素军. 山区高速公路路面设计关键技术研究 [J]. 黑龙江交通科技, 2015, 258(8): 59.

[150] 徐小剑. 试析山区高速公路路面工程的质量管控 [J]. 中国公路, 2019, (23): 116-117.